全国应用型高等院校土建类"十二五"规划教材

钢筋混凝土与砌体结构

（第2版）

主编　徐凤纯　王丽玫

中国水利水电出版社
www.waterpub.com.cn

内 容 提 要

本书属"全国应用型高等院校土建类'十二五'规划教材"之一,依据最新颁布的《混凝土结构设计规范》(GB50010—2010)和《砌体结构设计规范》(GB50003—2011),结合院校学生实际能力和就业特点,根据教学大纲及培养技术应用型人才的总目标来编写。

本教材对基本理论的讲授以应用为目的,教学内容以必需、够用为度,突出实训、实例教学,力求体现高职高专、应用型本科教育注重职业能力培养的特点。本书共分上、下两篇,上篇为钢筋混凝土结构,共13章;下篇为砌体结构,共6章。本书取消或弱化了理论偏难的公式推导和计算,侧重于在实际工程施工中遇到的有关结构知识,内容兼顾了不同院校的教学需要,部分内容可视各学校情况选学。

本书可作为高职高专院校、应用型本科院校土建类建筑工程、工程造价、建设监理等专业教材使用;亦可为工程技术人员的参考借鉴,也可作为成人、函授、网络教育、自学考试等参考书使用。

图书在版编目(CIP)数据

钢筋混凝土与砌体结构/徐凤纯,王丽玫主编.——
2版.—北京:中国水利水电出版社,2013.3 (2017.8重印)
全国应用型高等院校土建类"十二五"规划教材
ISBN 978-7-5170-0704-3

Ⅰ.①钢… Ⅱ.①徐…②王… Ⅲ.①钢筋混凝土结
构-高等学校-教材②砌块结构-高等学校-教材 Ⅳ.
①TU375②TU36

中国版本图书馆 CIP 数据核字(2013)第 050627 号

书 名	全国应用型高等院校土建类"十二五"规划教材 **钢筋混凝土与砌体结构(第2版)**
作 者	主 编 徐凤纯 王丽玫
出版发行	中国水利水电出版社 (北京市海淀区玉渊潭南路1号D座 100038) 网址:www.waterpub.com.cn E-mail:sales@waterpub.com.cn 电话:(010)68367658(营销中心)
经 售	北京科水图书销售中心(零售) 电话:(010)88383994、63202643、68545874 全国各地新华书店和相关出版物销售网点
排 版	中国水利水电出版社微机排版中心
印 刷	北京嘉恒彩色印刷有限责任公司
规 格	184mm×260mm 16开本 24.5印张 581千字
版 次	2008年8月第1版 2008年8月第1次印刷 2013年3月第2版 2017年8月第4次印刷
印 数	10001—14000册
定 价	**48.00元**

编 写 委 员 会

主 任 委 员：郭维俊　王皖临　李洪军

副主任委员：王丽玫　王明道　郭大州　薛新强　张新华　杜俊芳

委　　　员：（按拼音先后排序）

安　昶　白香鸽　曹雪梅　常积玉　陈志华　邓智勇

丁纯刚　丁小艳　范建洲　樊松丽　归晓慧　韩　庆

贺　云　侯　捷　计荣利　江传君　李广辉　李松岭

李艳华　李险峰　李学田　李　泽　刘　琦　刘　勇

刘永坤　刘玉芸　刘　云　雒六元　罗秋滚　马光鸿

马守才　暮雪华　彭　颖　皮凤梅　钱　军　覃爱萍

盛培基　汪　辉　王丽英　王　玲　汪　洋　王一举

魏大平　吴春光　邬琦姝　姚艳红　杨锦辉　杨文选

杨晓军　杨晓宁　杨志刚　许崇华　徐凤纯　张国玉

张国珍　张海燕　张　军　张明朗　张彦鸽　张志鹏

赵冬梅　赵书远　赵珍玲　周　巍　庄　森　邹露萍

本 册 主 编：徐凤纯　王丽玫

本册副主编：皮凤梅　丁小艳　计荣利

本 册 参 编：张　峰　贺　云　杨锦辉　李广辉

序

　　随着我国建设行业的快速发展，建筑行业对专业人才的需求也呈现出多层面的变化，从而对院校人才培养提出了更细致、更实效的要求。我国因此大力发展职业技术教育，大量培养高素质的技能型、应用型人才，教育部也就此提出了实施要求和教改方案。快速发展起来的高等职业教育和应用型本科教育是直接为地方或行业经济发展服务的，是我国高等教育的重要组成部分，应该以就业为导向，培养目标应突出职业性、行业性的特点，从而为社会输送生产、建设、管理、服务第一线需要的专门人才。

　　在上述背景下，作为院校三大基本建设之一的高等职业及应用型本科教育的教材改革和建设必须予以足够的重视。目前，技术型、应用型教育的办学主体多种多样，各种办学主体对培养目标也各有理解，使用的教材也复杂多样，但总体来讲，相关教材建设还处于探索阶段。

　　有鉴于此，中国水利水电出版社于2007年组织了全国几十所院校共同研讨土建类高职高专、应用型本科教学的现状、特点和发展，启动了《全国应用型高等院校土建类"十一五"规划教材》的编写和出版工作。

　　本套教材从培养技术应用型人才的总目标出发予以编写，具有以下特点：

　　（1）教材结合当前院校生源和就业特点、以培养"有大学文化水平的能工巧匠"为教学目标来编写。

　　（2）教材编写者均经过院校推荐、编委会资格审定筛选而来，均为院校一线骨干教师，具有丰富的教学和实践经验。

　　（3）教材结合新知识、新技术、新工艺、新材料、新法规、新案例，对基本理论的讲授以应用为目的，教学内容以"必需、够用"为度；在教材的编写中加强实践性教学环节，融入足够的实训内容，保证对学生实践能力的培养。

　　（4）教材编写力求周期短、更新快，并建立新法规、新案例等新内容的网上及时更新地址，从而紧跟时代和行业发展步伐，体现高等技术应用性人才的培养要求。

　　本套教材图文并茂、深入浅出、简繁得当，可作为高职高专院校、应用型本科院校土建类建筑工程、工程造价、建设监理等专业教材使用，其中小部分教材根据其内容特点明确了适用的细分专业；该套教材亦可为工程技术人员的参考借鉴，也可作为成人、函授、网络教育、自学考试等参考用书使用。

　　《全国应用型高等院校土建类"十一五"规划教材》的出版是对高职高专、应用型本科教材建设的一次有益探索，限于编者的水平和经验，书中难免有不妥之处，恳请广大读者和同行专家批评指正。

编委会

2008 年 5 月

前　　言

随着我国经济的飞速发展，国家的基础设施建设已成为经济建设的最主要任务之一，建筑行业对人才的需求与培养也提出了更高的要求。为适应社会需求，进一步提高专业人才培养的质量，我们针对教学改革对教材建设的需要，结合新技术、新材料、新需求，组织编写了这部体现应用型、技术型教育特色的实用性教材。

本教材依据我国现行的《建筑结构可靠度设计统一标准》（GB50068—2001）、《混凝土结构设计规范》（GB50010—2010）、《砌体结构设计规范》（GB50003—2011）、《建筑结构荷载规范》（GB50009—2001）和《高层建筑混凝土结构技术规程》（JGJ3—2002），并结合编者长期教学实践的经验，根据教学大纲及专业人才培养目标所体现的知识和能力要求，从培养技术应用型人才的总目标出发，对基本理论的讲授以应用为目的，教学内容以必需、够用为度，力求体现应用型本科、高职高专教育注重职业能力培养的特点，尽量做到语言精练、概念清楚、体系完整、突出应用。本书既可作为应用型本科院校、高职高专院校土建类专业的学习用书，也可作为工程技术人员的参考书。

全书分两篇，第一篇为钢筋混凝土结构，共13章；第二篇为砌体结构，共6章。主要内容包括混凝土结构材料的力学性能；钢筋混凝土结构的设计方法；钢筋混凝土受弯构件正截面承载力计算；钢筋混凝土受弯构件斜截面承载力计算；钢筋混凝土受压构件承载力计算；钢筋混凝土受扭构件承载力计算；钢筋混凝土受拉构件承载力计算；钢筋混凝土构件的变形和裂缝宽度验算；预应力混凝土构件；梁板结构；钢筋混凝土单层厂房；多高层混凝土框架结构；砌体的材料和砌体的力学性能；砌体结构构件承载力计算；砌体结构房屋的墙体体系及其承载力验算；砌体结构的墙体设计；过梁、墙梁和挑梁设计。本书取消或弱化了理论偏难的公式推导和计算，侧重于在实际工程施工中遇到的有关结构知识。本书内容兼顾了不同院校的教学需要，部分内容可视各学校情况选学。

参加本教材编写工作的有：廊坊师范学院建筑工程学院王丽玫（第一篇第1章、第2章、第10章和第二篇第17章），皮凤梅（第一篇第3章、第8

章、第 9 章和第二篇第 17 章和第 18 章），贺云（第一篇第 8 章），杨锦辉（第一篇第 9 章），李广辉（第一篇第 1 章）；淮北职业技术学院徐凤纯（第一篇第 4 章、第 5 章），张峰（第一篇第 6 章、第 11 章、第 13 章和第二篇第 19 章）；漯河职业技术学院丁小艳（第一篇第 5 章、第 7 章和第二篇第 14 章、第 15 章）；咸阳中铁管理干部学院计荣利（第一篇第 12 章和第二篇第 16 章）。全书由徐凤纯、王丽玫最后统稿并修订部分内容。

限于编者的水平和经验，书中不妥之处，恳请广大读者和同行专家批评指正。

编者

2013 年 1 月

目　录

第二篇　砌　体　结　构

第一篇

钢 筋 混 凝 土 结 构

第1章 绪 论

1.1 钢筋混凝土结构的一般概念

以混凝土为主要材料建造的结构称为混凝土结构。主要有素混凝土结构、钢筋混凝土结构、预应力混凝土结构、钢管混凝土结构、钢骨混凝土结构、纤维混凝土结构等。其中以钢筋混凝土结构（Reinforced Concrete Structure，也可简称为 RC）应用最广。

钢筋和混凝土是建筑工程中重要的建筑材料。混凝土抗压强度较高，而抗拉强度却很低，而钢筋的抗压和抗拉的能力都很强。因此，将两种材料有机地结合在一起共同工作，混凝土主要承受压力，钢筋主要承受拉力，两种材料各自发挥其优势，成为具有良好工作性能的钢筋混凝土构件或钢筋混凝土结构。

素混凝土结构是指不配置任何钢材的混凝土结构。由于承载力低、性质脆，很少用作受力结构，常用于路面和一些非承重结构。预应力混凝土结构是指在结构构件制作时，在其受拉部位上人为地预先施加压应力的混凝土结构。型钢混凝土结构又称为钢骨混凝土结构，是用型钢或用钢板焊成的钢骨架作为配筋的混凝土结构。型钢混凝土结构承载能力大、抗震性能好。但耗钢量较多，可在高层、大跨或抗震要求较高的工程中采用。钢管混凝土结构是指在钢管内浇捣混凝土做成的结构。钢管混凝土结构的构件连接较复杂，维护费用大。常见混凝土结构构件形成如图 1-1 所示。

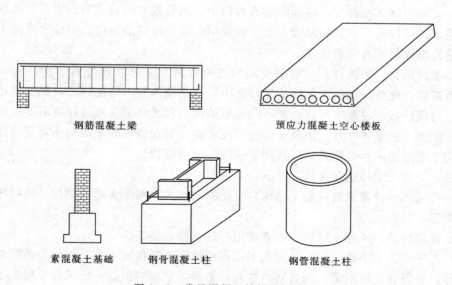

钢筋混凝土梁　　　　　　　　　　　　预应力混凝土空心楼板

素混凝土基础　　　钢骨混凝土柱　　　　　　钢管混凝土柱

图 1-1　常见混凝土结构构件形式

在多数情况下，混凝土结构是由钢筋和混凝土组成的钢筋混凝土结构。钢筋混凝土结构是由一系列受力类型不同的构件所组成，这些构件称为基本构件。钢筋混凝土基本构件按其主要受力特点的不同可以分为：受弯构件，如各种单独的梁、板以及由梁、板组成整体的楼盖、屋盖等；受压构件，如柱、剪力墙和屋架的压杆等；受拉构件，如屋架的拉杆、水池的池壁等；受扭构件，如带有悬挑雨篷的过梁、框架的边梁等。也有不少构件受力情况复杂，如压弯构件、拉弯构件、弯扭构件、拉弯扭构件等。

本书重点讲述钢筋混凝土结构的材料性能、设计原则、计算方法和构造措施。钢筋和混凝土这两种性质不同的材料之所以能有效地结合在一起而共同工作，主要是基于以下三个条件：

（1）混凝土凝结硬化后与钢筋黏结在一起，从而保证在外荷载的作用下，钢筋与相邻混凝土能够共同变形。

（2）钢筋与混凝土两种材料的温度线膨胀系数几乎相同（钢筋为 $1.2 \times 10^{-5}/℃$，混凝土为 $1.0 \times 10^{-5} \sim 1.5 \times 10^{-5}/℃$），当温度发生变化时，不致产生较大的温度应力而破坏两者之间的黏结，从而保持结构的整体性。

（3）混凝土包围在钢筋的外围，不仅对钢筋起到了良好的保护作用，而且也保证了两种材料在一起共同工作。

钢筋混凝土结构除了能较合理地应用这两种材料的性能外，还有以下优点：

（1）强度高，耐久性好。混凝土的强度随时间而增长，适当的保护层厚度使钢筋不易锈蚀，因此钢筋混凝土结构的耐久性比较好。若处于侵蚀性的环境时，可以适当选用水泥品种及外加剂，增大保护层厚度，就能满足工程要求。

（2）耐火性好。比起容易燃烧的木结构和导热快且抗高温性能较差的钢结构，混凝土结构遭受火灾时，混凝土起隔热作用，使钢筋不致达到或不致很快达到降低其强度的温度，经验表明，虽然经受了较长时间的燃烧，混凝土常常只损伤表面。对承受高温作用的结构，还可应用耐热混凝土。

（3）就地取材。在混凝土结构的组成材料中，用量较大的石子和砂容易就地取材，有条件的地方还可以将工业废料制成人工骨料应用，这对材料的供应、运输和降低土木工程结构的造价都提供了有利的条件。

（4）节约钢材，经济性好。混凝土结构在一般情况下可以代替钢结构，从而节约钢材、降低造价。此外，混凝土结构的维修较少，与钢结构和木结构相比，保养费用少。

（5）可模性好。混凝土可以按照不同模板的尺寸和式样浇筑成设计所需要的构件。

（6）刚度大、整体性好。混凝土结构刚度较大，对现浇混凝土结构而言其整体性尤其好，宜用于变形要求小的建筑，也适用于抗震、抗爆结构。

但是，混凝土结构也存在以下缺点：

（1）自重大。普通钢筋混凝土结构自重比钢结构大。对于大跨度结构、高层建筑结构的抗震都是不利的。

（2）抗裂性差。混凝土结构在正常使用时往往带裂缝工作。

（3）工序多、工期长。建造较为费工，现浇混凝土结构施工易受到季节的影响。

此外，补强修复较困难、隔热隔声性能较差等，这些缺点在一定条件下限制了混凝土结构的应用范围。不过随着人们对于混凝土结构这门学科研究认识的不断提高，上述一些缺点已经或正在逐步加以改善。例如，目前国内外均在大力研究轻质、高强混凝土以减轻混凝土的自重；采用预应力混凝土（Prestresed Concrete，简称 PC）技术以减轻结构自重和提高构件的抗裂性；采用预制装配构件以节约模板加快施工速度；采用工业化的现浇施工方法以简化施工；采用黏钢技术和碳纤维技术加固进行补强等。

1.2　混凝土结构的发展简况

混凝土结构是在 19 世纪中期开始得到应用的，由于当时水泥和混凝土的质量都很差，同时设计计算理论尚未建立，所以发展比较缓慢。直到 19 世纪末，随着生产的发展，以及试验工作的开展、计算理论研究的深入、材料及施工技术的改进，这一技术才得到了较快的发展。目前已成为现代工程建设中应用最广泛的建筑结构之一。

混凝土结构的发展，大体上可以分为以下三个阶段。

（1）第一阶段是从钢筋混凝土发明至 20 世纪初。这一阶段，所采用的钢筋和混凝土的强度都比较低，混凝土结构仅应用在简单的结构及构件中，如拱、板等。主要用来建造中小型楼板、梁、拱和基础等构件。计算理论套用弹性理论，设计方法采用容许应力法。

（2）第二阶段是从 20 世纪初到第二次世界大战前后。随着水泥和钢铁工业的发展，混凝土和钢材的质量不断改进、强度逐步提高。这一阶段钢筋和混凝土的强度有所提高，例如在美国 20 世纪 60 年代使用的混凝土抗压强度平均为 $28N/mm^2$，20 世纪 70 年代提高到 $42N/mm^2$，近年来一些特殊需要的结构混凝土抗压强度可达 $80\sim100N/mm^2$，而实验室做出的抗压强度最高已达 $266N/mm^2$。美国在 20 世纪 70 年代钢材平均屈服强度已达 $420N/mm^2$。预应力钢筋所用强度则更高，而预应力混凝土的应用不仅克服钢筋混凝土易产生裂缝这一缺点，同时又对材料强度提出了更高的要求，而高强度混凝土及钢筋的发展反过来又促进了预应力混凝土结构应用范围的不断扩大，如高层建筑、桥隧建筑、海洋结构、压力容器、飞机跑道及公路路面等方面。这些均为进一步扩大钢筋混凝土的应用范围创造了条件，特别是自 20 世纪 70 年代以来，很多国家已把高强度钢筋和高强度混凝土用于大跨、重型、高层结构中，在减轻自重、节约钢材上取得了良好的效果。同时混凝土结构的试验研究开始进行，在计算理论上已开始考虑材料的塑性，已开始按破损阶段计算结构的破坏承载力。

（3）第三阶段是从第二次世界大战以后到现在。这一阶段的特点是随着高强钢筋和高强混凝土的出现，预制装配式混凝土结构、高效预应力混凝土结构、泵送商品混凝土以及各种新的施工技术等广泛地应用于各种土木工程，如超高层建筑、大跨度桥梁、跨海隧道、高耸结构等。在计算理论上已过渡到充分考虑混凝土和钢筋塑性的极限状态设计理论，在设计方法上已过渡到以概率论为基础的多系数表达的设计公式。

为改善钢筋混凝土自重大的缺点，世界各国已经大力研究发展了各种轻质混凝土（由胶结料、多孔粗骨科、多孔或密实的细骨科与水拌制而成），重力密度一般不大于 18kN/m^3，如陶粒混凝土、浮石混凝土、火山渣混凝土、膨胀矿渣混凝土等。轻质混凝土可在预制和现浇的建筑结构中采用，制成预制大型壁板、屋面板、折板以及现浇的薄壳、大跨、高层结构。由于轻质、高强混凝土材料的发展以及结构设计理论水平的提高，使得混凝土结构应用跨度和高度都不断地增大。例如，我国目前最高的建筑是上海的环球金融中心，其主体为钢筋混凝土结构，其中部分柱配置了一些钢骨，地上101层、高492m。随着高层建筑的发展，高层建筑结构分析方法和试验研究工作在我国得到了极为迅速的发展，许多方面已达到或接近国际先进水平。所有这些都显示了近代钢筋混凝土结构设计和施工水平的迅速发展。此外，对于防射线混凝土、纤维混凝土等也正在积极研究中，并已在有特殊要求的结构上开始应用。纤维混凝土使混凝土的性质获得飞跃的发展，把混凝土的拉、压强度比从1/10提高到1/2，并且具有早强和收缩、徐变小的特性。

混凝土结构在水利工程、桥隧工程、地下结构工程中的应用也极为广泛。用钢筋混凝土建造的水闸、水电站、船坞和码头在我国已是星罗棋布。如黄河上的刘家峡、龙羊峡、小浪底水电站和长江上的葛洲坝水利枢纽工程、三峡工程等。

钢筋混凝土和预应力混凝土桥梁也有很大的发展，如著名的武汉长江大桥引桥；福建乌龙江大桥，最大跨度达144m，全长548m；四川泸州大桥，采用了预应力混凝土T形结构，3个主跨为170m，主桥全长1255.6m，引道长达7000m，是目前我国最长的公路大桥。为改善城市交通拥挤，城市道路立交桥也在迅速发展。

随着混凝土结构在工程建设中的大量使用，我国在混凝土结构方面的科学研究工作已取得较大的发展。在混凝土结构基本理论与设计方法、可靠度与荷载分析、单层与多层厂房结构、大板与升板结构、高层、大跨、特种结构、工业化建筑体系、结构抗震及现代化测试技术等方面的研究工作都取得了很多新的成果，基本理论和设计工作的水平有了很大提高，已达到或接近国际水平。

1.3　本课程的特点与学习方法

本课程主要介绍混凝土和钢筋的基本力学性能、钢筋混凝土结构设计方法及钢筋混凝土基本构件受力特点及设计方法和有关构造要求。

因此，学习该课程时要注意：

(1) 混凝土结构通常是由钢筋和混凝土相结合而形成的一种结构。

钢筋混凝土材料与理论力学中的刚性材料以及材料力学、结构力学中理想弹性材料或理想弹塑材料有很大的区别。为了对钢筋混凝土结构的受力性能与破坏特征有较好了解，就要很好地掌握钢筋和混凝土的力学性能。

(2) 混凝土结构计算公式具有经验性。

由于混凝土结构材料的自身性能较复杂，同时还有其他因素要影响其性能，目前从学科的发展现状而言，有些方面的设计理论还不够完善。在某些情况下，构件承载力和变形的取值还得参照试验资料的统计分析，处于半经验半理论状态。因此学习时要正确理解其本质现象并注意计算公式的适用条件。例如混凝土结构在裂缝出现以前的受力状态，与理想弹性结构相近。但是在裂缝出现以后，与理想弹性材料有显著不同。同时混凝土结构的受力性能还与结构的受力状态、配筋方式和配筋数量等多种因素有关，目前还难以用一种简单的数学或力学模型来描述。因此，目前主要以混凝土结构构件的试验与工程实践经验为基础进行分析，虽然不完全科学严谨，然而它们却能够较好地反映结构的真实受力性能。

（3）对本课程要注意全面掌握，学会考虑多因素综合分析的设计方法。

混凝土结构课程针对的是结构和构件的设计，需要遵循建筑方针，考虑适用、经济（造价、材料用量）、安全、施工可行，同时还牵涉到方案的比较、构件的选型、强度和变形的计算方面以及构造要求等，是一个综合性的问题，设计时需要多方面比较。

（4）明白分析公式与设计公式之间的区别，了解和掌握我国当前有关混凝土结构设计的技术和经济政策。

学习本课程不单要懂得理论，更重要的是实践和应用。工程实际情况是非常复杂的，建筑结构上的实际荷载和实际材料指标与规范规定的大小会有一定的出入。它们可能高于规范规定的数值，也可能低于规范规定的数值。此外，不同结构的重要性也不一样，它们对结构的安全、适用和耐久的要求不相同。为了使混凝土结构设计满足技术先进、经济合理、安全适用、确保质量的要求，将混凝土结构各种分析公式用于设计时，要考虑上述各种因素的影响。本课程的内容是遵照我国有关的国家标准、特别是 GB50010—2010《混凝土结构设计规范》编写的。

GB50010—2010 体现了国家的技术经济政策、技术措施和设计方法，反映了我国在混凝土结构学科领域所达到的科学技术水平。例如进行混凝土结构设计时离不开计算。但是，现行的计算方法一般只考虑荷载效应，而其他影响因素，如混凝土收缩、温度变化以及地基不均匀沉降等难于用计算公式来表达。GB50010—2010 根据长期的工程实践经验，总结出一些构造措施来考虑这些因素的影响。因此，在学习本课程时，除了要对各种计算公式了解和掌握以外，对于各种构造措施也必须给予足够的重视。在设计混凝土结构时，除了进行各种计算之外，还必须检查各项构造要求是否得到满足。

（5）GB50010—2010 的掌握、应用与不断探索创新的重要性。

各国都制订有专门的技术标准的设计规范。在学习混凝土结构时，应该很好地熟悉、掌握和运用它们。但是也要了解，混凝土结构是一门年轻和迅速发展的学科，许多计算方法和构造措施还不一定尽善尽美。也正因为如此，各国每隔一段时间都要对其结构设计标准或规范进行修订，使之更加完善合理。因此，在学习和运用规范的过程中，不仅要善于发现问题、灵活运用，而且要勇于进行探索与创新。另外，我国目前正在执行的混凝土结构设计规范就有建筑工程、水利工程、交通土建工程、铁路运输工程等方面各种不同类型的版本，工程使用时要因地制宜、灵活应用。

？ 复习思考题

1. 混凝土是由哪几种材料组成的？为什么在混凝土内要配置钢筋？
2. 钢筋和混凝土结合在一起共同工作的基础有哪些？
3. 混凝土结构有哪些优点和缺点？它的缺点可以用什么办法加以克服？
4. 混凝土结构在工程方面的应用，你能举例说明吗？
5. 学习本课程应注意的问题是什么？

第2章 混凝土结构材料的力学性能

本章要点

- 掌握钢筋与混凝土的主要物理力学性能以及钢筋与混凝土的黏结性能;
- 了解钢筋的形式和品种;
- 理解钢筋的应力-应变关系;
- 掌握混凝土的强度和变形性能及钢筋与混凝土的黏结性能。

2.1 钢 筋

2.1.1 钢筋的品种、等级和成分

钢筋的品种较多,化学成分以铁元素为主,还含有少量的其他元素。按化学成分主要分为碳素钢和普通低合金钢。

在碳素钢中根据含碳量的多少分为三类:低碳钢(含碳量小于 0.25%)、中碳钢(含碳量为 0.25%~0.6%)和高碳钢(含碳量为 0.6%~1.4%)。随着含碳量的增加,钢筋的强度随之提高,但塑性和可焊性有所降低。主要原因在于低碳钢的化学成分中磷、硫含量多,使钢筋容易发生脆断,塑性降低,而且影响焊接质量。

普通低合金钢是在低碳钢中加入少量的合金元素,如锰、硅、钒、钛等元素以提高钢筋的强度。目前我国生产的低合金钢有锰系($20MnSi$、$25MnSi$)、硅钒系($40Si_2MnV$、$45SiMnV$)、硅钛系($45Si_2MnTi$)等系列。低合金钢一般以主要合金元素命名,在低合金钢名称中,代号前面的数字表示含碳量的万分数,合金元素符号后面的数字表明该元素含量的百分数,小于 1.5% 的不标注。以 $40Si_2MnV$ 为例,含意为:0.4% 的平均含碳量,2% 的硅,1% 的锰,1% 的钒。

按钢筋的加工方法,又可分为热轧钢筋、热处理钢筋、冷加工钢筋等。热轧钢筋是低碳钢、普通低合金钢在高温下轧制而成,根据强度的高低分为 HPB300 级(热轧光面钢筋,符号为Φ)、HRB335 级(热轧带肋钢筋,符号Φ)、HRB400 级(热轧带肋钢筋,符号Φ)、HRB500 级(热轧带肋钢筋,符号Φ)、RRB400 级(余热处理钢筋,符号Φ^R)等。

热处理钢筋是将特定强度的热轧钢筋再通过加热、淬火和回火等调质工艺处理的钢筋。热处理后的钢筋强度能得到较大幅度的提高,而塑性降低并不多。热处理钢筋有 $40Si_2Mn$、$48Si_2Mn$ 和 $45Si_2Cr$ 三种。

冷加工钢筋是由热轧钢筋或盘条经冷拉、冷拔、冷轧、冷轧扭加工后而成。经冷加工后,其强度提高,但塑性降低,用于预应力构件时易造成脆性断裂。

我国用于混凝土结构的钢筋主要有热轧钢筋、热处理钢筋、预应力钢丝、钢绞线及预应

力螺纹钢筋五种。在钢筋混凝土结构中主要采用热轧钢筋，在预应力混凝土结构中这五种钢筋均会用到。

2.1.2 钢筋的形式

钢筋混凝土结构中所采用的钢筋，有柔性钢筋和劲性钢筋。柔性钢筋即普通钢筋，是我国使用的主要钢筋形式。柔性钢筋的外形可分为光圆钢筋与变形钢筋，变形钢筋有螺纹形、人字纹形和月牙纹形等，如图2-1所示。

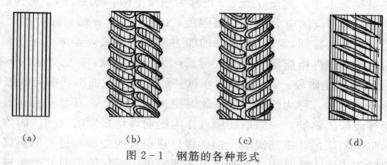

图2-1 钢筋的各种形式

(a) 光圆钢筋；(b) 螺纹钢筋；(c) 人字纹钢筋；(d) 月牙纹钢筋

光圆钢筋直径通常为6～20mm，变形钢筋的直径通常为6～50mm。当钢筋直径在12mm以上时，通常采用变形钢筋。当钢筋直径在6～12mm时，可采用变形钢筋，也可采用光圆钢筋。直径小于6mm的常称为钢丝，钢丝外形多为光圆，但因强度很高，故也有在表面上刻痕以加强钢丝与混凝土的黏结作用。

钢筋混凝土构件中的钢筋网、平面和空间的钢筋骨架可采用铁丝将柔性钢筋绑扎成型，也可采用焊接网和焊接骨架。

劲性钢筋是以角钢、槽钢、工字钢、钢轨等型钢作为结构构件的配筋。

2.1.3 钢筋的力学性能

钢筋的力学性能有强度和变形。单向拉伸试验是确定钢筋性能的主要手段。经过钢筋的拉伸试验可以看到，钢筋的拉伸应力-应变关系曲线可分为两类：有明显流幅的（图2-2）和没有明显流幅的（图2-3）。

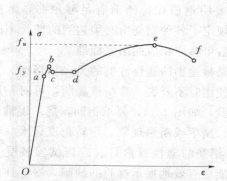

图2-2 有明显流幅的钢筋应力-应变曲线

图2-3 没明显流幅的钢筋的应力-应变曲线

图 2-2 表示了一条有明显流幅的钢筋的应力-应变曲线。在图 2-2 中：oa 为一段斜直线，其应力与应变之比为常数，应变在卸荷后能完全消失，称为弹性阶段，与 a 点相应的应力称为比例极限（或弹性极限）。应力超过 a 点之后，钢筋应变较应力增长得快，除弹性应变外，还有卸荷后不能消失的塑性变形。到达 b 点后，钢筋开始屈服，即使荷载不增加，应变却继续发展，增加很多。b 点位置与加载速度、断面形式、表面光洁度等因素有关，称为屈服上限；达到 b 点时，ε 出现塑性流动现象，降至 c 点后，σ 不增加而 ε 急剧增加，$\sigma-\varepsilon$ 关系接近水平，直至 d 点，c 点称为屈服下限，水平段 cd 称为屈服台阶；c 点则称屈服点，与 c 点相应的应力称为屈服强度。d 点以后，σ 随 ε 的增加而继续增加，钢筋内部晶粒经调整重新排列，抵抗外荷载的能力又有所提高，至 e 点 σ 达最大值，而与 e 点应力相应的荷载是试件所能承受的最大荷载称为极限荷载，e 点对应的 σ 称为钢筋的极限强度，de 段称为强化阶段。e 点以后，在试件的最薄弱截面出现横向收缩，截面逐渐缩小，塑性变形迅速增大，称为颈缩现象，此时应力随之降低，直至 f 点试件拉断。

对于有明显流幅的钢筋，一般取屈服点作为钢筋设计强度的依据。因为屈服之后，钢筋的塑性变形将急剧增加，钢筋混凝土构件将出现很大的变形和过宽的裂缝，以致不能正常使用。在实际工程中，构件大多在钢筋尚未或刚进入强化阶段时就产生破坏，只在个别意外的情况和抗震结构中，受拉钢筋可能进入强化阶段，因此钢筋的抗拉强度也不能过低，与屈服强度太接近是很危险的。含碳量低的低碳钢也称为软钢，含碳量愈低则钢筋的流幅愈长、伸长率愈大，即标志着钢筋的塑性指标好。这样的钢筋不致突然发生危险的脆性破坏，由于断裂前钢筋有相当大的变形，足够给出构件即将破坏的预告。因此，强度和塑性这两个方面的要求，都是选用钢筋的必要条件。

试验表明，钢筋的受压性能与受拉性能类同，其受拉和受压弹性模量也是相同的。图 2-3 表示没有明显流幅的钢筋的应力-应变曲线，a 点相应的应力称为比例极限，约为 $0.65\sigma_b$。a 点前的应力-应变关系为线弹性，而 a 点后，应力-应变关系为非线性，有一定塑性变形，且没有明显的屈服点。此类钢筋的比例极限大约相当于其抗拉强度的 65%。一般取抗拉强度的 85%，即残余应变为 0.2%时的应力作为条件屈服点。一般来说，含碳量高的钢筋，质地较硬，没有明显的流幅，其强度高，但伸长率低，下降段极短促，其塑性性能较差。

伸长率是反映钢筋塑性性能的指标。钢筋拉断后的伸长值与原长的比率称为伸长率。伸长率越大，表明钢筋在拉断前有足够预兆，延性越好。国家标准规定了各种钢筋所必须达到的伸长率的最小值，有关参数可参照相应的国家标准。

冷弯性能是检验钢筋塑性性能的另一项指标。为使钢筋在加工、使用时不开裂、弯断或脆断，可对钢筋试件进行冷弯试验，如图 2-4，要求钢筋弯绕一辊轴弯心而不产生裂缝、鳞落或断裂现象。弯转角度愈大、弯心直径 D 愈小，钢筋的塑性就愈好。冷弯试验较受力均匀的拉伸试验能更有效地揭示材质的缺陷，冷弯性能是衡量钢筋力学性能的一项综合指标。

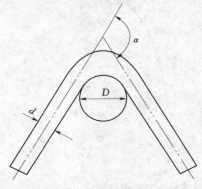

图 2-4　钢筋的冷弯试验

此外，根据需要，钢筋还可做冲击韧性试验和反弯试验，以确定钢筋的有关力学性能。GB1499—98《钢筋混凝土用热轧带肋钢筋》对混凝土结构所用钢筋的机械性能作出规定：对于有明显流幅的钢筋，其主要指标为屈服强度、抗拉强度、伸长率和冷弯性能四项；对于没有明显流幅的钢筋，其主要指标为抗拉强度、伸长率和冷弯性能三项。

2.1.4　钢筋混凝土结构对钢筋性能的要求

用于混凝土结构中的钢筋，一般应能满足下列要求：

（1）强度。

指钢筋的屈服强度及极限强度。屈服强度是设计的主要依据（对无明显流幅的钢筋，取它的条件屈服强度）。采用高强度钢筋可以节约钢材，取得较好的经济效果。

（2）塑性。

指钢筋的伸长率和冷弯性能。保证钢筋在断裂前有足够的变形，能给出构件将要破坏的预警信号，保证安全。另外在施工时，钢筋要经过各种加工，所以钢筋要保证冷弯试验的要求。钢筋的伸长率和冷弯性能是施工单位验收钢筋是否合格的主要塑性指标。

（3）可焊性。

要求钢筋具备良好的焊接性能，保证焊接强度，焊接后钢筋不产生裂纹及过大的变形。

（4）耐火性及低温性能。

热轧钢筋的耐火性能最好，冷轧钢筋其次，预应力钢筋最差。结构设计时应注意混凝土保护层厚度满足对构件耐火极限的要求。

在寒冷地区要求钢筋具备抗低温性能，以防钢筋低温冷脆而致破坏。

（5）钢筋与混凝土的黏结力。

黏结力是钢筋与混凝土得以共同工作的基础，在钢筋表面上加以刻痕、或制成各种纹形，都有助于或大大提高黏结力。钢筋表面沾染油脂、糊着泥污、长满浮锈都会损害这两种材料的黏结。为了保证钢筋与混凝土共同工作，对钢筋的各项要求应满足 GB50204—2002《混凝土工程施工验收规范》中的规定。

2.2　混　凝　土

2.2.1　混凝土的强度

混凝土是由水泥、砂、石材料用水拌和硬化后形成的人工石材，是一种不均匀、不密实的混合体，且其内部结构复杂。因此混凝土的强度也就受到许多因素的影响，如水泥的品质和用量、骨料的性质、混凝土的级配、水灰比、制作的方法、养护环境的温湿度、龄期、试件的形状和尺寸、试验的方法等，故而在建立混凝土的强度时要规定一个统一的标准作为依据。

2.2.1.1　立方体抗压强度

立方体试件的强度比较稳定，所以我国把立方体强度值作为混凝土强度的基本指标，并把立方体抗压强度作为评定混凝土强度等级的标准。

（1）测定的方法。

我国国家标准 GBJ81—85《普通混凝土力学性能试验方法》规定以边长为 150mm 的立方体为标准试件，标准立方体试件在（20±3）℃的温度和相对湿度 90％以上的潮湿空气中养护 28 天，按照标准试验方法测得的具有 95％保证率的立方体抗压强度作为混凝土的立方体抗压强度标准值，用符号 $f_{cu,k}$ 表示，单位为 N/mm²。

（2）强度等级的划分及有关规定。

在工程实际中，不同类型的构件和结构对混凝土强度的要求是不同的。为了应用的方便，我国 GB50010—2010 按立方体抗压强度标准值 $f_{cu,k}$ 将混凝土强度等级划分有 C15、C20、C25、C30、C35、C40、C45、C50、C55、C60、C65、C70、C75 和 C80，共 14 个等级。14 个等级中的数字部分即表示以 N/mm² 为单位的立方体抗压强度标准值。例如，C35 表示立方体抗压强度标准值为 35N/mm²。其中，C50～C80 属高强度混凝土范畴。

GB50010—2010 规定，素混凝土结构的混凝土强度等级不应低于 C15；钢筋混凝土强度的强度等级不应低于 C20；当采用 HRB500 和 RRB400 级钢筋及以上钢筋时，混凝土强度等级不应低于 C25；预应力混凝土结构的混凝土强度等级不应低于 C30；当采用钢绞线、钢丝、热处理钢筋作预应力钢筋时，混凝土强度等级不宜低于 C40，承受重复荷载的钢筋混凝土构件，混凝土强度等级不应低于 C30。

（3）影响立方体抗压强度的因素。

我国取边长为 150mm 的混凝土立方体作为标准试块，其材料消耗和重量都较适中，便于搬运和试验。但若用边长为 200mm 或 100mm 的立方体试块来测定混凝土的强度时，就会发现前者的数值偏低，而后者的数值偏高，这就是所谓的"尺寸效应"。因为如果试块的尺寸小，则摩擦力的影响较大；而若试块的体积大，则摩擦力的影响较小，且试块内部结构含瑕疵的可能性也较大。所以，根据对比试验的研究结果，GB50010—2010 规定，当用边长为 200mm 和 100mm 的立方体试块时，所得强度数值要分别乘以强度换算系数 1.05 和 0.95 加以校正。

试块的标准试验方法也有具体的规定，通常情况下，由于试验机钢压板的刚度很大，压板除了对试块施加竖向压力外，还对试块表面产生向内的摩擦力，摩擦力约束了试块的横向变形，阻滞了裂缝的发展，从而提高了试块的抗压强度。GB50010—2010 规定的标准试验方法是不涂油脂试块的试验数据，不涂油脂也是符合工程实际情况的。

试块的强度还和试验时的加荷速度有关。加荷速度过快，则材料来不及反应，不能充分变形，内部裂缝也难以开展，可得出较高的强度数值。反之，若加荷速度过慢，则所得强度数值较低。标准的加荷速度为每秒 0.15～0.25N/mm²。

混凝土的强度还和龄期有关。在一定的温度和湿度情况下，混凝土强度的增长，开始很快，其后趋慢，但可以持续增长多年。

2.2.1.2 轴心抗压强度

在工程中，钢筋混凝土受压构件的尺寸，往往是高度 h 比截面的边长 b 大很多的棱柱体。在棱柱体上所测得的强度称为混凝土的轴心抗压强度，能更好地反映混凝土的实际抗压能力。当 $h/b = 2～3$ 时，轴心抗压强度即摆脱了摩擦力的作用而趋于稳定，达到纯压状态。所以轴心抗压强度的试件往往取 150mm×150mm×300mm、150mm×150mm×

450mm 等尺寸。我国《普通混凝土力学性能试验方法》规定以 150mm×150mm×300mm 的棱柱体作为混凝土轴心抗压强度试验的标准试件。

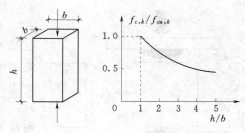

图 2-5　混凝土轴心抗压强度与立方体抗压强度的关系

轴心抗压强度的试件是在与立方体试件相同条件下制作的，经测试其数值要小于立方体抗压强度，其抗压强度关系如图 2-5 所示。考虑到实际结构构件制作、养护和受力情况，实际构件强度与试件强度之间存在的差异，GB50010—2010 基于安全取偏低值，轴心抗压强度标准值与立方体抗压强度标准值的关系按下式确定

$$f_{c,k} = 0.88\alpha_1\alpha_2 f_{cu,k} \tag{2-1}$$

式中　α_1——棱柱体强度与立方体强度之比，对混凝土强度等级为 C50 及以下的取 $\alpha_1 = 0.76$，对 C80 取 $\alpha_1 = 0.82$，在此之间按直线规律变化取值；

　　　α_2——高强度混凝土的脆性折减系数，对 C40 及以下取 $\alpha_2 = 1.00$，对 C80 取 $\alpha_2 = 0.87$，中间按直线规律变化取值；

　　0.88——考虑实际构件与试件混凝土强度之间的差异而取用的折减系数。

2.2.1.3　轴心抗拉强度

混凝土的抗拉强度很低，与立方体抗压强度之间为非线性关系，一般只有其立方体抗压强度的 1/17～1/8。中国建筑科学研究院等单位对混凝土的抗拉强度作了系统的测定，试件用 100mm×100mm×500mm 的钢模筑成，两端各预埋一根直径为 16mm 的钢筋，钢筋埋入深度为 150mm 并置于试件的中心轴线上，如图 2-6 所示。试验时用试验机的夹具夹紧试件两端外伸的钢筋施加拉力，破坏时试件在没有钢筋的中部截面被拉断，其平均拉应力即为混凝土的轴心抗拉强度。

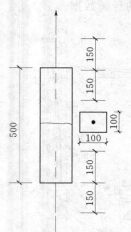

图 2-6　混凝土抗拉强度试验试件

经修正后，其与混凝土立方体抗压强度的关系为

$$f_{t,k} = 0.88 \times 0.395 f_{cu,k}^{0.55}(1 - 1.645\delta)^{0.46} \times \alpha_2 \tag{2-2}$$

式中　δ——变异系数，当 $f_{cu,k} > 60\text{N/mm}^2$ 时，取 $\delta = 0.1$。

系数 0.395 和指数 0.55 是根据原规范确定抗拉强度试验数据再加上我国近年来对高强混凝土研究的试验数据，统一进行分析后得出的。

0.88 的意义和式（2-1）的取值相同。

在用上述方法测定混凝土的轴心抗拉强度时，保持试件轴心受拉是很重要的，也是不容易完全做到的。因为混凝土内部结构不均匀，试件的质量中心往往不与几何中心重合，钢筋的预埋和试件的安装都难以对中，而偏心和歪斜又对抗拉强度有很大的干扰。为避免这种情况，常用劈拉试验来测定混凝土的抗拉强度。劈拉试验（图 2-7）可以克服轴心受拉试验中存在的对中问题。试验中采用边长为 150mm 的立方体标准试件，通过弧形钢垫条施加压力 F，试件中间截面有着均匀分布的拉应力，当拉应力达到混凝土的抗拉强度时，试件劈裂成两半。

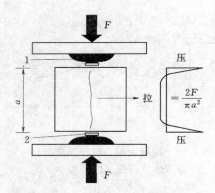

图 2-7 劈拉试验
1—钢垫条；2—木质垫层

劈拉试验的试件可做成圆柱体或立方体，如图2-7，试件与立方体抗压强度的试件相仿或相同。劈拉试验不需用拉力机，用压力机通过垫条对试件中心面施加均匀线分布荷载，除垫条附近外，中心截面上将产生均匀的拉应力，当拉应力达到混凝土的抗拉强度时，试件即被劈裂成两半。按照弹性理论，截面的横向拉力，即混凝土的抗拉强度为

$$f_{sp} = \frac{2F}{\pi a^2} \tag{2-3}$$

式中　F——破坏荷载；

　　　a——立方体边长。

当然，试件大小和垫条尺寸都会影响劈拉试验的结果，故应根据实际情况乘以不同的修正系数。对于同一混凝土，轴拉试验和劈拉试验测得的抗拉强度并不相同。劈拉强度 f_{sp} 与立方体强度 f_{cu} 的关系为

$$f_{sp} = 0.19 f_{cu}^{3/4} \tag{2-4}$$

2.2.1.4　混凝土的复合受力强度

上述各种单向受力状态，在钢筋混凝土结构中是少见的，较多的则是处于双向、三向或兼有剪应力的复合受力状态。复合受力强度是钢筋混凝土结构的重要理论问题，由于问题的复杂性，目前对于混凝土复合受力强度主要还是依据试验所得的经验数据。

（1）双向受力强度。

试验时沿试件的两个平面作用着法向应力 σ_1 和 σ_2，沿板厚方向的法向应力 $\sigma_3 = 0$，试件处于平面应力状态。图2-8表示双向受力混凝土试件的试验结果。双向受压强度大于单向受压强度，双向受压强度比单向受压强度最多可提高27%左右。第三象限为双向受压情况，由于双向压应力的存在，相互制约了横向的变形，因而抗压强度和极限压应变均有所提高。应力比为0.3~0.6时，有最大受压强度值，约为（1.25~1.60）f_c。峰值应变均超过单轴受压时的峰值应变。

一轴受压、一轴受拉状态（第二、四象限）任意应力比情况下，其压、拉强度均低

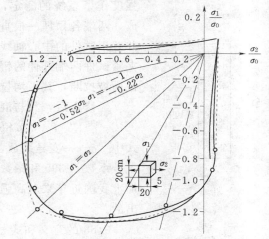

图 2-8　混凝土双向受力的强度曲线

于相应单轴强度。在第二、四象限，试件一个平面受拉，另一个平面受压，其相互作用的结果，正好助长了试件的横向变形，故而在两向异号的受力状态下，强度要降低。

双轴受拉状态（第一象限）不论应力比多大，抗拉强度均与单轴抗拉强度接近。图中第一象限为双向受拉应力状态，σ_1 和 σ_2 相互间的影响不大，无论 σ_1/σ_2 比值如何，实测破坏强度基本上接近单向抗拉强度。

图 2-9 所示为混凝土试件受平面法向应力和剪应力共同作用的强度曲线。从图中可以看到剪应力 τ 和正应力 σ 的相关关系，混凝土的抗剪强度随拉应力增大而减小，当 $\sigma < 0.6 f_c$ 时，抗剪强度随压应力增大而增大；当 $\sigma = 0.6 f_c$ 时，抗剪强度达最大值；当 $\sigma > 0.6 f_c$ 时，抗剪强度随压应力增大而减小。

在有剪应力作用时，混凝土的抗压强度将低于单向抗压强度。所以在钢筋混凝土结构构件中，若有剪应力的存在将影响受压强度。

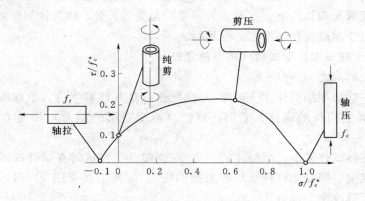

图 2-9　混凝土受平面法向应力和剪应力的强度曲线

（2）三向受压强度。

实际工程中常见的是三向受压状态。三向受压试验一般在等侧压条件下进行。混凝土在三向受压的情况下，横向变形受到侧向压应力 σ_2 的约束，限制了微裂缝的发展，因此纵向抗压强度 σ_1 有所提高（图 2-10）。由于受到侧向压力的约束作用，最大主压应力轴的抗压强度 $f'_{cc}(\sigma_1)$ 有较大程度的增长，其变化规律随两侧向压应力（σ_2，σ_3）的比值和大小而不同。常规的三轴受压是在圆柱体周围加液压，在两侧向等压（$\sigma_2 = \sigma_3 = f_c > 0$）的情况下进行的。

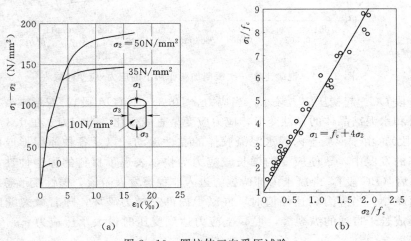

图 2-10　圆柱体三向受压试验

（a）三向受压 $\sigma_1 - \varepsilon_1$ 关系；（b）σ_1 与 σ_2 的关系

由试验给出的 σ_1 与 σ_2 的经验公式为

$$\sigma_1 = f_c' + 4\sigma_2 \qquad\qquad (2-5)$$

工程中采用的钢管混凝土柱、螺旋箍筋柱、密排侧向箍筋柱都是此原理的应用，通过提供侧向约束，以提高混凝土的抗压强度和延性。

2.2.2 混凝土的变形性能

混凝土的变形可分为两类。一类是在荷载作用下的受力变形，如一次短期加荷、多次重复加荷以及荷载长期作用下的变形。另一类则与受力无关，称为体积变形，如混凝土收缩、膨胀以及由于温度变化所产生的变形等。

2.2.2.1 混凝土在一次短期加荷作用下的变形

（1）混凝土的应力-应变曲线。

混凝土在一次短期加荷作用下的应力-应变曲线是其最基本的力学性能，曲线的特征是研究钢筋混凝土构件的强度、变形、延性（承受变形的能力）和受力全过程分析的依据。

一般取棱柱体试件来测试混凝土的应力-应变曲线，测试时在试件的四个侧面安装应变仪读取纵向应变。混凝土试件受压时典型的应力-应变曲线见图 2-11，整个曲线大体上呈上升段与下降段两个部分。

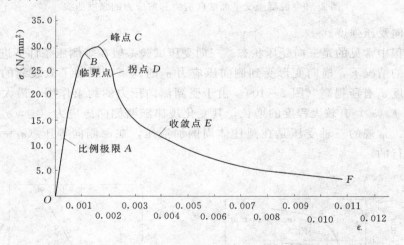

图 2-11　混凝土在一次短期加荷作用下的应力-应变曲线

在上升段 OC：起初压应力较小，当应力 $\sigma \leqslant 0.3f_c$ 时（OA 段），变形主要取决于混凝土内部骨科和水泥结晶体的弹性变形，应力应变呈直线变化。当应力 σ 在 $0.3f_c \sim 0.8f_c$ 范围时（AB 段），由于混凝土内部水泥凝胶体的黏性流动，以及各种原因形成的微裂缝亦渐处于稳态的发展中，致使应变的增长较应力为快，表现了材料的弹塑性性质。当应力 $\sigma > 0.8f_c$ 之后（BC 段），混凝土内部微裂缝进入非稳态发展阶段，塑性变形急剧增大，曲线斜率显著减小。当应力到达峰值时，混凝土内部黏结力破坏，随着微裂缝的延伸和扩展，试件形成若干贯通的纵裂缝，混凝土应力达到受压时最大承压应力 $\sigma_{\max}$（C 点），即轴心抗压强度 f_c。

在下降段 CE：当试件应力达到 C 点后，随着裂缝的贯通，试件的承载能力将开始下降。在峰值应力以后，裂缝迅速发展，内部结构的整体受到愈来愈严重的破坏，传力路线不断减少，试件的平均应力强度下降，因而应力-应变曲线向下弯曲，直到曲线出现"拐点" D。超过 D 点，曲线开始凸向应变轴，这时只靠骨料间的咬合力及摩擦力与残余承压面来承受荷载。随着变形的增加，应力-应变曲线逐渐凸向水平轴方向发展，此段曲线中曲率最大的一点 E 称谓"收敛点"。从收敛点 E 点开始以后的曲线称为收敛段，这时贯通的主裂缝已很宽，内聚力几乎耗尽，对无侧向约束的混凝土，收敛段 EF 已失去结构意义。

如果测试时使用的是一般性的试验机，则由于机器的刚度小，试验机在释放加荷过程中积累起来的应变能所产生的压缩量将大于试件可能的变形，于是试件在此一瞬间即被压碎，从而测不出应力-应变曲线的下降段。故而必须使用刚度较大的试验机，或者在试验时附加控制装置以等应变速度加载，或者采用辅助装置以减慢试验机释放应变能时变形的恢复速度，使试件承受的压力稳定下降，试件不致破坏，才能测出下降段，得到混凝土受压时应力-应变全曲线。

强度等级不同的混凝土，有着相似的应力-应变曲线，图 2-12 为圆柱体试件的试验结果。由图可见，随着混凝土强度等级的提高，其相应的峰值应变也略增加。曲线的上升段形状都是相似的，而强度等级高的混凝土下降段顶部陡峭，应力急剧下降，曲线较短，残余应力相对较低；而强度等级低的混凝土，其下降段顶部宽坦，应力下降甚缓，曲线较长，残余应力相对较高，其延性较好。

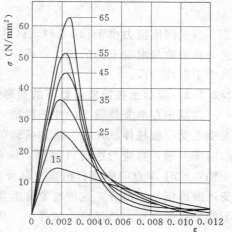

图 2-12　强度等级不同的混凝土的应力-应变曲线

在实用上，GB50010—2010 根据试验结果并顾及混凝土的塑性性能，将混凝土轴心受压的应力-应变曲线加以简化以便应用（如图 2-13），其所采用的表达式为

在上升段，当 $\varepsilon \leqslant \varepsilon_0$ 时取为二次抛物线

$$\sigma_c = f_c \left[1 - \left(1 - \frac{\varepsilon_c}{\varepsilon_0} \right)^n \right] \qquad (2-6)$$

当 $\varepsilon_0 < \varepsilon_c \leqslant \varepsilon_{cu}$ 时，取为水平线

$$\sigma_c = f_c \qquad (2-7)$$

$$n = 2 - \frac{1}{60}(f_{cu,k} - 50) \qquad (2-8)$$

$$\varepsilon_0 = 0.002 + 0.5(f_{cu,k} - 50) \times 10^{-5} \qquad (2-9)$$

$$\varepsilon_{cu} = 0.0033 - (f_{cu,k} - 50) \times 10^{-5} \qquad (2-10)$$

式中　σ_c——对应于混凝土压应变为 ε_c 时的混凝土压应力；

　　　ε_0——对应于混凝土压应力刚达到 f_c 时的混凝土压应变，当由式（2-9）计算的 ε_0 值小于 0.002 时，应取为 0.002；

ε_{cu}——正截面处于非均匀受压时的混凝土极限压应变，当由式（2-10）计算的 ε_{cu} 值大于 0.0033 时，应取为 0.0033；正截面处于轴心受压时的混凝土极限压应变应取为 0.002；

n——系数，当按式（2-8）计算的 n 值大于 2.0 时，应取为 2.0；

$f_{cu,k}$——混凝土立方体抗压强度标准值。

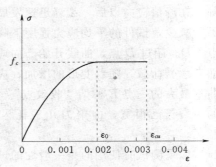

图 2-13 GB50010—2010 规范中采用的应力-应变曲线

（2）混凝土受压时横向变形系数。

混凝土试件在受压时，纵向受到压缩，产生压缩应变 ε_1，横向膨胀产生拉应变 ε_2，横向拉应变与纵向压应变之比称为横向变形系数 v_c，即

$$v_c = \frac{\varepsilon_2}{\varepsilon_1} \tag{2-11}$$

当纵向压应力小于 $0.5f_c$ 时，试件大体处于弹性阶段，v_c 值保持为常数，可取为 0.2，这个数值就是混凝土的泊松比。当压应力大于 $0.5f_c$ 后，横向变形系数将增大，说明材料已处于塑性阶段。

2.2.2.2 混凝土在重复荷载下的变形性能

混凝土在重复荷载下的变形性能，也就是混凝土的疲劳性能。图 2-14（a）所示为混凝土受压棱柱体试件在一次加荷卸荷下的应力-应变曲线。加荷时的应力-应变曲线 OA 凸向应力轴，当应力达到 A 点后，卸荷为零，卸荷时的应力-应变曲线为 AB′，且凸向应变轴，此时 A 点的应变有相当一部分在卸荷过程中瞬时恢复了。当停留一段时间后，应变还能再恢复一部分，这种现象称为弹性后效，即图中的 BB′；剩下来的一部分 OB′ 段是不能恢复的变形，将保留在试件中，称为残余应变 ε_{cp}。

混凝土受压棱柱体试件受多次重复荷载作用下的应力-应变曲线如图 2-14（b）所示。当用小于 $0.5f_c$ 的应力做多次重复荷载试验时，起初其加荷卸荷应力-应变曲线都与图 2-14（a）的情况类似，经多次加、卸荷作用后加荷卸荷应力-应变曲线愈来愈闭合，最终成为一条直线且与曲线在原点处的切线大体平行。应力-应变曲线呈直线状态后，塑性变形不再增长，混凝土试件按弹性工作，即使重复循环加荷数百万次也不致破坏。但是，当用高于疲劳强度的应力加荷，经过几次重复循环之后，应力-应变曲线很快就变成直线，接着反向弯曲，曲线由凸向应力轴而凸向应变轴，变形不断增加，表明混凝土试件即将破坏。

一般来说，混凝土的疲劳破坏归因于混凝土微裂缝、孔隙、弱骨料等内部缺陷，在承受重复荷载之后产生应力集中，导致裂缝发展、贯通，结果引起骨料与砂浆间的黏结破坏所致。混凝土发生疲劳破坏时无明显预兆，是属于脆性性质的破坏，开裂不多，但变形很大。采用级配良好的混凝土、加强振捣以提高混凝土的密实性，并注意养护，都有利于混凝土疲劳强度的提高。

在实际工程中，工业厂房中的吊车梁，在其整个使用期限内吊车荷载作用重复次数可达 200 万～600 万次，因此在疲劳试验机上用脉冲千斤顶对试件快速加、卸荷的重复次数，也不宜低于 200 万次。通常把试件承受 200 万次（或更多次数）重复荷载时发生破坏的压应力值，称为混凝土的疲劳强度。

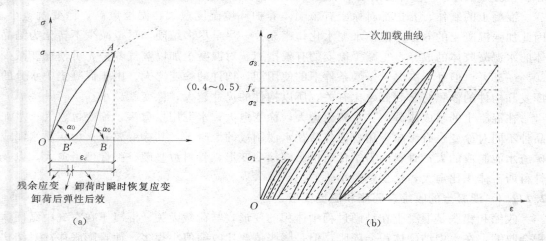

(a)　　　　　　　　　　　　　　　　　(b)

图 2-14　混凝土在重复荷载作用下的应力-应变曲线
(a) 混凝土一次加荷的应力-应变曲线；(b) 混凝土多次重复加荷的应力-应变曲线

2.2.2.3　混凝土在荷载长期作用下的变形

在荷载的长期作用下，混凝土的应变随时间而增长的现象称为徐变。图 2-15 为混凝土试件徐变的试验曲线。当试件应力加荷至 $0.5f_c$ 并保持应力不变，图中为加荷后立即出现的瞬时弹性变形，其后随着时间的推移，变形继续增长，即为徐变变形。徐变在开始的前 4 个月增长很快，半年后可完成总徐变量的 70%～80%，其后逐渐缓慢，一年后趋于稳定。经过两年时间之后，徐变量约为加荷时瞬时变形的 2～4 倍，此时若卸去荷载，一部分应变立即恢复，ε_{cu} 称之为卸荷时瞬时恢复变形，其数值略小于加荷时的瞬时变形。再过 20 天左右，又有一部分变形得以恢复，这就是卸荷后的弹性后效 ε_c，其余很大一部分变形是不可恢复的，将残存在试件中的 ε_{cr} 称为残余变形。

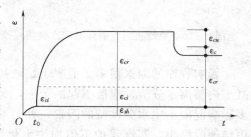

图 2-15　混凝土的徐变
（加荷卸荷应变与时间的关系曲线）

混凝土产生徐变的原因，主要归因于混凝土中未晶体化的水泥凝胶体。在持续的外荷载作用下产生黏性流动，压应力逐渐转移给骨料，骨料应力增大，试件变形也随之增大。卸荷后，水泥胶凝体又逐渐恢复原状，骨料遂将这部分应力转回给凝胶体，于是产生弹性后效。另外，当压应力较大时，在荷载的长期作用下，混凝土内部裂缝不断发展，也使应变增加。

影响徐变的因素主要有受力大小、外部环境、内在因素等。试验表明，徐变与长期荷载作用的应力成正比，此时称为线性徐变。线性徐变在加荷初期增长很快，至半年徐变大部分完成，其后增长渐小，一年后趋于稳定。当应力较大时，由于微裂缝在长期荷载作用下不断地发展，塑性变形急剧增加，徐变与应力不成正比，称为非线性徐变。当应力更高时，试件内部裂缝进入非稳态发展，非线性徐变变形骤然增加，变形是不收敛的，将导致混凝土破坏。在实际工程中，构件长期处于不变的高应力作用下是不安全的，设计时要注意。

混凝土的制作、养护都对徐变有影响。养护环境湿度愈大、温度愈高，徐变就愈小。因此加强混凝土的养护，促使水泥水化作用充分，尽早尽多结硬，尽量减少不转化为结晶体的水泥凝胶体的成分，是减少徐变的有效措施。对混凝土加以蒸气养护，可使徐变减少 $20\% \sim 35\%$。但处于高温、干燥条件下的使用期，构件的徐变增大。由于混凝土中水分的挥发和构件的体积与其表面之比有关，所以构件的尺寸越大，徐变就越小。

在混凝土的组成成分中：水灰比愈大，徐变愈大；水泥用量愈多，徐变也愈大；水泥品种不同对徐变也有影响，用普通硅酸盐水泥制成的混凝土，其徐变要较火山灰质水泥或矿渣水泥制成的大；骨料的力学性质也影响徐变变形，骨料愈坚硬、弹性模量愈大，以及骨科所占体积比愈大，徐变就愈小。

2.2.2.4　混凝土的收缩、膨胀和温度变形

收缩和膨胀是混凝土在结硬过程中体积的变形，与荷载无关。混凝土在空气中结硬体积会收缩，在水中结硬体积会膨胀，但是膨胀值要比收缩值小很多，而且膨胀往往对结构受力有利，所以一般对膨胀可不予考虑。

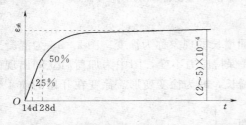

图 2 - 16　混凝土的收缩随时间发展的规律

图 2 - 16 为混凝土收缩随时间变化规律曲线，收缩变形是随时间而增长的。结硬初期收缩变形发展得很快，半个月大约可完成全部收缩的 25%，1 个月可完成约 50%，2 个月可完成约 75%，其后发展趋缓，一年左右趋于稳定。混凝土收缩变形的试验值很分散，最终收缩值约为 $(2 \sim 5) \times 10^{-4}$，对一般混凝土常取为 3×10^{-4}。

影响收缩的因素很多，混凝土结硬初期，水泥水化凝结作用引起体积的凝缩，以及混凝土内游离水分蒸发逸散引起的干缩，是产生收缩变形的主要原因。就环境因素而言，大多影响混凝土中水分保持的因素，都会对混凝土的收缩造成影响。湿度大、温度高的环境中结硬收缩小，蒸汽养护不但加快水化作用，而且减少混凝土中的游离水分，使收缩减少。混凝土的制作方法和组成也是影响收缩的重要因素。密实的混凝土收缩小；水泥用量多、水灰比大、收缩就大；用强度高的水泥制成的混凝土收缩较大；骨料的弹性模量高、粒径大、所占体积比大，收缩小。

当混凝土受到各种制约不能自由收缩时，将在混凝土中产生拉应力，甚而导致混凝土产生收缩裂缝。裂缝会影响构件的耐久性、疲劳强度和观瞻，还会使预应力混凝土发生预应力损失，以及使一些超静定结构产生不利的影响。为了减少结构中的收缩应力，可设置伸缩缝，必要时也可使用膨胀水泥。

当温度变化时，混凝土也随之热胀冷缩，混凝土的线温度膨胀系数与钢筋的相近，当温度变化时在混凝土和钢筋间引起的内力很小，不致产生不利的变形。但是钢筋没有收缩性能，当配置过多时，由于对混凝土收缩变形的阻滞作用加大，会使混凝土收缩开裂；对

于大体积混凝土，表层混凝土的收缩较内部为大，而内部混凝土因水泥水化热蓄积得多，其温度却比表层为高，若内部与外层变形差较大，也会导致表层混凝土开裂，对于烟囱、水池等结构，在设计时也要注意温度应力的影响。

2.2.3 混凝土的弹性模量和变形模量

在钢筋混凝土结构中，无论是进行超静定结构的内力分析，还是计算构件的变形、温度变化和支座沉陷对结构构件产生的内力，以及预应力构件等都要应用到混凝土的弹性模量。

（1）弹性模量。

在材料力学中，弹性模量可以衡量弹性材料应力-应变之间的关系。弹性模量高，表示材料在一定应力作用下，所产生的应变相对较小。混凝土是弹塑性材料，它的应力-应变关系只是在应力很小的时候，或者在快速加荷进行试验时才近乎直线。

用棱柱体标准试件，将应力增加到 σ_A，然后卸载至零。在 $0 \sim \sigma_A$ 间加载 $5 \sim 10$ 次，不断消除塑性变形，直至应力-应变曲线逐渐稳定成为线弹性。该直线斜率即为混凝土弹性模量 E_c（图 2-17）。

过应力-应变曲线原点作曲线的切线，该切线的斜率即为原点弹性模量，也称原始或初始弹性模量，简称以 E_c 表示，从图 2-18（a）中可得

$$E_c = \tan\alpha \qquad (2-12)$$

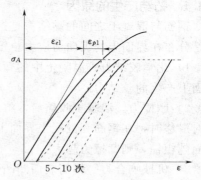

图 2-17 混凝土弹性模量的测定方法

式中 α——混凝土应力-应变曲线在原点处的切线与横坐标的夹角。

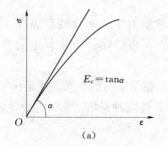

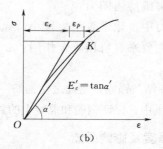

图 2-18 混凝土的弹性模量
（a）原点切线模量；（b）割线模量

（2）变形模量。

也称割线模量，作原点 O 与曲线任一点 $K(\sigma_k、\varepsilon_k)$ 的连线，其所形成的割线的正切值，即为混凝土的变形模量 [图 2-18（b）]，可表达为

$$E'_c = \tan\alpha' \qquad (2-13)$$

式中 α'——割线与横坐标的夹角。

割线模量随混凝土的应力而变化，是一个变数。设 $v = \varepsilon_{ce}/\varepsilon_{cp}$ 为反映混凝土弹塑性性能指标的弹性系数，则曲线上任一点的变形模量可用弹性模量来表示

$$E'_c = \frac{\sigma_c}{\varepsilon_c} = \frac{\varepsilon_{c\!e}}{\varepsilon_c} \cdot \frac{\varepsilon_c}{\varepsilon_{c\!e}} = v E_c \tag{2-14}$$

2.3 钢筋与混凝土的黏结

钢筋和混凝土能共同工作，除了二者具有相近的线膨胀系数外，更主要的是由于混凝土硬化后，钢筋与混凝土之间产生了良好的黏结力。黏结和锚固是钢筋和混凝土形成整体、共同工作的基础，是这两种材料共同工作的保证，使之能共同承受外力、共同变形、抵抗相互间的滑移。而钢筋能否可靠地锚固在混凝土中则直接影响到这两种材料的共同工作，也关系到结构和构件的安全和材料强度的充分利用。

2.3.1 黏结产生的原因

钢筋与混凝土之间的黏结力是指钢筋和混凝土接触界面上沿钢筋纵向的抗剪能力，也就是分布在界面上的纵向剪应力。钢筋与混凝土的黏结主要由四部分组成：

1）化学胶结力。混凝土中的颗粒产生的化学黏着力或吸附力，使钢筋和混凝土在接触面上产生的胶结力。

2）摩擦力。混凝土收缩后，将钢筋紧紧地握裹住而产生的力，当钢筋和混凝土产生相对滑移时，在钢筋和混凝土界面上将产生摩擦力，钢筋和混凝土之间的挤压力越大、接触面越粗糙，则摩擦力越大。

3）机械咬合力。钢筋表面凹凸不平与混凝土产生的机械咬合作用而产生的力，主要取决于混凝土的抗剪强度。变形钢筋的横肋会产生这种咬合力，它的咬合作用往往很大，是变形钢筋黏结力的主要来源，是锚固作用的主要成分。

4）钢筋端部的锚固力。一般是用在钢筋端部弯钩、弯折，在锚固区焊接钢筋、短角钢等机械作用来维持锚固力。

各种黏结力中，化学胶结力较小。光面钢筋黏结力主要来自胶结力和摩擦力，而变形钢筋的黏结力主要来自机械咬合作用。二者的差别，可以用钉入木料中的普通钉和螺丝钉的差别来理解。

实际上，黏结与锚固则是通过在钢筋一定长度上黏结应力的积累、或某种构造措施将钢筋"锚固"在混凝土中，保证钢筋和混凝土的共同工作，使两种材料正常、充分地发挥作用。

2.3.2 黏结强度及影响因素

2.3.2.1 黏结强度的测定

黏结强度的测定主要采用拔出试验来完成。将钢筋的一端埋置在混凝土试件中，在伸出的一端施加拉拔力，称为拔出试验。图 2-19（a）所示的拔出试验主要用于测定锚固长度。试验中黏结应力分布不均匀，加上张拉端局部应力的影响，故不能准确测定黏结强度 τ_u。图 2-19（b）所示的拔出试验在张拉端设置了（2～3）d 长的套管，可避免张拉端局部应力的影响；有黏结的锚固长度仅为 $5d$，其上黏结应力分布较均匀，由此测定的黏结强度 τ_u 较为准确。

设拔出力为 F，则以黏结破坏（钢筋拔出或混凝土劈裂）时钢筋与混凝土界面上最大

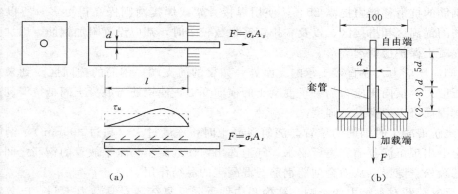

图 2-19 拔出试验

(a) 锚固长度拔出试验；（b）黏结强度拔出试验

平均黏结应力作为黏结强度 τ_u，即

$$\tau_u = \frac{F}{\pi dl} = \frac{\sigma_s A_s}{\pi dl} \qquad (2-15)$$

式中　d——钢筋直径；

　　　l——钢筋锚固长度或埋长。

　　经测定，黏结应力的分布曲线如图 2-19（a）所示，从拔力一边的混凝土端面开始迅速增长，在靠近端面的一定距离处达到峰值，其后逐渐衰减。钢筋埋入混凝土中的长度 l 愈大，将钢筋从混凝土试件中拔出所需的力就愈大。但是若 l 过长，则过长部分的钢筋不起作用，因为过长部分的黏结力会很小，甚至为零。所以受拉钢筋在支座或节点中应有足够的长度，称为"锚固长度 l"，以保证钢筋在混凝土中有可靠的锚固。

2.3.2.2　影响黏结强度的因素

　　影响黏结强度的主要因素有混凝土强度及保护层厚度、钢筋间距、横向配筋及侧向压应力，以及浇筑混凝土时钢筋的位置等。

　　1）混凝土强度。光圆钢筋及变形钢筋的黏结强度都随混凝土强度等级的提高而提高。此外，混凝土的质量对黏结力和锚固的影响很大。水泥性能好、骨料强度高、配比得当、振捣密实、养护良好的混凝土对黏结力和锚固非常有利。

　　2）保护层厚度。钢筋的混凝土保护层太薄，可能使外围混凝土因产生径向劈裂而使黏结强度降低。增大保护层厚度，保持一定的钢筋间距，可以提高外围混凝土的抗劈裂能力，有利于黏结强度的充分发挥。

　　3）钢筋间距。钢筋混凝土构件截面上有多根钢筋并列在一排时，钢筋间的净距对黏结强度有重要影响。钢筋间距过小，外围混凝土将发生水平劈裂，形成贯穿整个梁宽的劈裂裂缝，造成整个混凝土保护层剥落，黏结强度显著降低。一排钢筋的根数越多，净间距越小，黏结强度降低的就越多。就黏结力的要求而言，为了保证黏结锚固性能可靠，应取保护层厚度不小于钢筋的直径，以防止发生劈裂裂缝。

　　4）横向配筋。横向钢筋（如梁中的箍筋）可以限制混凝土内部裂缝的发展，提高黏结强度。横向钢筋还可以限制到达构件表面的裂缝宽度，从而提高黏结强度。设置箍筋可将纵向钢筋的抗滑移能力提高 25%，使用焊接骨架或焊接网则提高得更多。所以在直径较大钢筋的锚固区和搭接区，以及一排钢筋根数较多时，都应设置附加钢筋，以加强锚固或防止混凝土保护层劈裂剥落。

5）侧向压应力。在直接支承的支座处，如梁的简支端，钢筋的锚固区受到来自支座的横向压应力，横向压应力约束了混凝土的横向变形，使钢筋与混凝土间抵抗滑动的摩阻力增大，因而可以提高黏结强度。

6）浇筑混凝土时钢筋的位置。浇筑混凝土时，深度过大（超过 300mm），钢筋底面的混凝土会出现沉淀收缩和离析泌水、气泡逸出，使混凝土与水平放置的钢筋之间产生强度较低的疏松空隙层，从而会削弱钢筋与混凝土的黏结作用。

7）反复荷载对黏结力的影响。结构和构件承受反复荷载对黏结力不利。反复荷载所产生的应力愈大、重复的次数愈多，则黏结力遭受的损害愈严重。

此外，钢筋表面形状对黏结强度也有影响，变形钢筋的黏结强度大于光圆钢筋，所以变形钢筋的末端一般无需作成弯钩。

? 复习思考题

1. 试绘出有明显流幅的钢筋的拉伸曲线图，说明各阶段的特点，指出比例极限、屈服强度、极限强度的含义。

2. 软钢和硬钢的拉伸图有什么不同？其抗拉强度设计值各取图中何处的应力值作为依据？

3. 选用钢筋时要注意什么要求？为什么冷弯性能是衡量钢材力学性能的一项综合指标？

4. 在钢筋混凝土结构中，宜采用哪些钢筋配筋？为什么？

5. 钢筋混凝土结构对钢筋的性能有哪些要求？

6. 混凝土的基本强度指标有哪些？各用什么符号表示？它们相互之间有怎样的关系？

7. 试述混凝土在短期、一次加载轴心压力作用下的应力-应变曲线的特点。

8. 强度等级不同的混凝土，其应力-应变曲线各有什么特点？

9. 混凝土处于三向受压时其变形特点如何？

10. 混凝土在重复荷载作用下，其应力-应变曲线有何特征？

11. 混凝土的徐变和收缩有什么不同？是由什么原因而引起的？各自的变形特征是什么？

12. 混凝土的受压变形模量有几种表达方式？我们国家是怎样确定混凝土的受压弹性模量的？

13. 混凝土的收缩和徐变对钢筋混凝土结构各有什么影响？减少徐变和收缩的措施有哪些？

14. 为什么钢筋和混凝土能够共同工作？它们之间的黏结力是由哪几部分组成的？提高钢筋和混凝土之间的黏结力，可采取哪些措施？

15. 影响黏结强度的因素有哪些？

第 3 章 钢筋混凝土结构的设计方法

本章要点

- 掌握结构设计的一些基本概念，包括对结构的功能要求、设计基准期、两类极限状态、结构的作用、荷载的代表值等；
- 理解结构可靠度的基本原理；
- 熟悉近似概率极限状态设计法在混凝土结构设计中的应用；
- 了解混凝土结构耐久性的意义、主要影响因素、钢筋的锈蚀以及耐久性设计的一般规定。

3.1 结构设计的基本要求

3.1.1 结构的功能要求

结构设计的目的是要使所设计的结构在规定的设计使用年限内，在正常维护条件下，能够完成由其用途所决定的全部功能要求，而不需要进行大修加固。根据我国《建筑结构可靠度设计统一标准》，建筑结构应满足的功能要求可概括为如下几点：

(1) 安全性。结构在预定的使用期限内，应能承受正常施工、正常使用时可能出现的各种荷载、外加变形（如超静定结构的支座不均匀沉降）、约束变形（如由于温度及收缩引起的构件变形、受到约束时产生的变形）等的作用。在偶然荷载（如地震、强风）作用下或偶然事件发生时和发生后，应仍能保持结构的整体稳定性，不发生倒塌或连续破坏。

(2) 适用性。结构在正常使用荷载作用下具有良好的工作性能，例如不发生影响正常使用的过大挠度、永久变形和动力效应（过大的振幅和振动），或产生使用者感到不安的裂缝宽度。

(3) 耐久性。结构在正常使用和正常维护条件下，在规定的使用期限内应有足够的耐久性。例如不发生由于混凝土保护层碳化或裂缝宽度过大而导致的钢筋锈蚀，以致影响结构的使用寿命。

良好的结构设计应能满足上述功能要求，这样设计的结构是安全可靠的。

建筑结构的设计使用年限，是指设计规定的结构或结构构件不需进行大修即可按其预定目的使用的时期。设计使用年限可按《建筑结构可靠度设计统一标准》确定，业主可提出要求，经主管部门批准，也可按业主的要求确定。一般建筑结构的设计使用年限为50年。各类工程结构的设计使用年限是不统一的。就总体而言，桥梁应比房屋的设计使用年限长，大坝的设计使用年限更长。

注意，结构的设计使用年限虽与其使用寿命有联系，但不等同。超过设计使用年限的结构并不是不能使用，而是指它的可靠度降低了。

3.1.2 建筑结构的安全等级

在进行建筑结构设计时，应根据结构破坏可能产生的后果严重与否，即危及人的生命、造成经济损失和产生社会影响等的严重程度，采用不同的安全等级进行设计。

我国《建筑结构可靠度设计统一标准》根据建筑物的类型和破坏的后果，将建筑结构划分为 3 个安全等级，见表 3 - 1。设计时应根据具体情况加以选择，有特殊要求的建筑物安全等级另行确定。

表 3 - 1　建筑结构的安全等级

安全等级	破坏后果的影响程度	建筑物的类型
一级	很严重	重要的建筑物
二级	严重	一般的建筑物
三级	不严重	次要的建筑物

整个建筑结构中的各类构件，安全等级宜与整体结构相同，以达到等强度设计。但其中部分构件的安全等级，可根据其在承载受力中的重要程度适当调整，但不得低于三级。

3.1.3 结构功能的极限状态

整个结构或结构的一部分超过某一特定状态就不能满足设计指定的某一功能要求，这个特定状态称为该功能的极限状态。例如，构件即将开裂、倾覆、滑移、压曲、失稳等。也就是说，能完成预定的各项功能时，结构处于有效状态；反之，则处于失效状态。有效状态和失效状态的分界，称为极限状态，是结构开始失效的标志。

欧洲混凝土委员会（CEB）、国际预应力混凝土协会（FIP）、国际标准化组织（ISO）等国际组织以及我国《建筑结构可靠度设计统一标准》都把结构的极限状态分为两类，即承载能力极限状态和正常使用极限状态。

（1）承载能力极限状态。

结构或构件达到最大承载能力或者达到不适于继续承载的变形状态，称为承载能力极限状态。当结构或构件由于材料强度不够而破坏，或因疲劳而破坏，或产生过大的塑性变形而不能继续承载，结构或构件丧失稳定，结构转变为机动体系时，结构或构件就超过了承载能力极限状态。超过承载能力极限状态后，结构或构件就不能满足安全性的要求。

承载能力极限状态的出现概率应当很低，因为它可能导致人身伤亡和财产重大损失。

（2）正常使用极限状态。

结构或构件达到正常使用或耐久性能中某项规定限度的状态称为正常使用极限状态。例如，当结构或构件出现影响正常使用的过大变形、过宽裂缝、局部损坏和振动时，可认为结构或构件超过了正常使用极限状态。超过了正常使用极限状态，结构或构件就不能保证适用性和耐久性的功能要求。

正常使用极限状态可理解为结构或结构构件使用功能的破坏或受损害，或结构质量的恶化。与承载能力极限状态相比，由于正常使用极限状态对生命的危害较小，故允许出现的概率可高些。虽然如此，但仍应予以足够的重视，在结构或构件按承载能力极限状态进行计算后，还应该按正常使用极限状态进行验算。

3.1.4 结构上的作用、荷载效应和结构抗力

1. 结构上的作用

结构上的作用就是使结构产生内力（应力）、变形（位移、应变）和裂缝等的各种原因的总称。按其出现的方式不同，可分为直接作用和间接作用两种。

（1）直接作用。直接以力的形式施加在结构上的作用，称为直接作用，通常也称为结构的荷载。例如结构的自重、楼面上的人群及物品重量、风压力、雪压力等。

在工程中最常见的作用大部分都是直接作用，也就是常说的荷载。因此，对荷载又可以进一步的细分。荷载按其作用时间的长短和性质，可分为三类：

1）永久荷载。指在结构设计使用期间内，其值不随时间而变化，或其变化幅度与平均值相比可以忽略不计的荷载。例如结构的自重、土压力、预应力等荷载，永久荷载又称为恒荷载。

2）可变荷载。指在结构设计使用期间内，其值随时间而变化，且其变化幅度与平均值相比不可忽略不计的荷载。例如楼面活荷载、屋面活荷载、风荷载、雪荷载等，可变荷载又称为活荷载。

3）偶然荷载。指在结构设计使用期间内不一定出现，而一旦出现，其值很大且持续时间很短的荷载。例如地震力、爆炸力、撞击力等。

（2）间接作用。能够引起结构外加变形、约束变形或振动的各种原因，称为间接作用。例如，混凝土的收缩、温度变化、基础的差异沉降、地震等。间接作用不仅与结构本身的特性有关，还受到外界因素的影响。

2. 荷载的代表值

由于任何荷载都具有不同性质的变异性，所以在建筑结构设计中不可能直接引用反映荷载变异性的各种统计参数，通过复杂的概率运算进行具体设计。因此，在建筑结构设计时，除了采用能便于设计者使用的设计表达式外，对荷载仍应赋予一个规定的量值，这个量值就是荷载的代表值。

荷载可根据不同的设计要求，规定不同的代表值，以使之能更确切地反映它在设计中的特点。对永久荷载应采用标准值作为代表值，对可变荷载应根据设计要求采用标准值、组合值、频遇值或准永久值作为代表值，对偶然荷载应按建筑结构使用的特点确定其代表值。荷载标准值是荷载的基本代表值，而其他代表值都可在标准值的基础上乘以相应的系数后得出。

（1）荷载标准值。

荷载标准值是指结构在正常的使用情况下，在其设计基准期为 50 年的期间内，可能出现的具有一定保证率的最大荷载值。

我国 GB50009《建筑结构荷载规范》对荷载值的标准值的取值方法作出了具体的规定。

永久荷载标准值，如结构自重，由于其变异性不大，而且概率分布多为正态分布，一般以其分布的均值作为荷载标准值。由此，即可按结构设计规定的尺寸和材料或结构构件

单位体积的自重（或单位面积的自重）平均值确定。对于自重变异性较大的材料，尤其是制作屋面的轻质材料，考虑到结构的可靠性，在设计中应根据该荷载对结构有利或不利，分别取其自重的下限值或上限值。在 GB50009 的附录 A 中，对某些变异性较大的材料，都分别给出其自重的上限值和下限值。

可变荷载标准值，如楼面和屋面活荷载、雪荷载、风荷载等，是根据观测资料和试验数据，并考虑工程实践经验而确定，可由 GB50009 各章中的规定确定。

（2）可变荷载组合值。

当有两种或两种以上的可变荷载在结构上要求同时考虑时，由于所有可变荷载同时达到其单独出现时可能达到的最大值的概率极小，因此，除主导荷载（产生最大效应的荷载）仍可用其标准值作为代表值外，其他伴随荷载均应采用相应时段内的最大荷载值，也就是用小于其标准值的组合值为荷载代表值。这种经过调整后的可变荷载代表值，称为可变荷载组合值。

我国 GB50009 规定，用可变荷载的组合值系数与相应的可变荷载标准值的乘积来确定可变荷载的组合值。

（3）可变荷载频遇值。

可变荷载的频遇值是指结构上偶尔出现的较大荷载。它与时间有较密切的关系，即在规定的设计基准期 50 年内，具有较短的总持续时间或较少的发生次数的特性，这使结构的破坏性有所减缓。

我国 GB50009 规定，可变荷载频遇值应取可变荷载标准值乘以荷载频遇值系数。

（4）可变荷载准永久值。

可变荷载的准永久值是指在结构上经常作用的可变荷载。在规定的期限内，该部分可变荷载具有较长的总持续时间，对结构的影响类似于永久荷载。

我国 GB50009 规定，可变荷载准永久值应取可变荷载标准值乘以荷载准永久值系数。

3. 荷载效应

结构上的作用使结构产生的内力（如弯矩、剪力、轴向力、扭矩等）、变形（如挠度、弯曲、拉伸等）和裂缝等统称为"作用效应"，以"S"表示。当"作用"为"荷载"时，引起的效应称为"荷载效应"。

在混凝土结构设计计算中，一般仅考虑荷载这种直接作用方式。由于结构上的作用是随时间、位置和各种条件的变化而变化的，是一个不确定的随机变量，所以一般来说荷载效应也是一个随机变量，但是荷载与荷载效应之间通常按某种关系相联系。荷载效应是结构设计的依据之一。

4. 结构抗力

结构或构件承受作用效应的能力称为结构抗力，用"R"表示，如构件的强度、刚度、抗裂度、受弯承载力等。影响结构抗力的主要因素是材料性能（强度、变形模量等物理力学性能）、几何参数以及计算模式的精确性等。考虑到材料性能的变异性、几何参数及计算模式精确性的不确定性，所以由这些因素综合而成的结构抗力也是随机变量。

3.2　概率极限状态设计法

3.2.1　结构的极限状态方程

结构构件完成预定功能的工作状况可以用作用效应 S 和结构抗力 R 的关系式来描述，构件每一个截面满足 $S \leqslant R$ 时，才认为构件是可靠的，否则认为是失效的。这种由作用效应 S 和结构抗力 R 组成的表达式称为结构功能函数，用 Z 来表示

$$Z = g(R,S) = R - S \tag{3-1}$$

如上所述，S 和 R 都是非确定性的随机变量，故 $Z = g(R, S)$ 亦是一个随机变量函数。根据 S、R 取值的不同，Z 值可能出现三种情况，如图 3-1 所示。按 Z 值的大小不同，可以用来描述结构所处的三种不同的工作状态：

当 $Z > 0$ 时，即 $R > S$，表示结构能够完成预定功能，结构处于可靠状态；

当 $Z = 0$ 时，即 $R = S$，表示结构处于极限状态，$Z = g(R, S) = 0$ 称为极限状态方程；

当 $Z < 0$ 时，即 $R < S$，表示结构不能完成预定功能，结构处于失效状态。

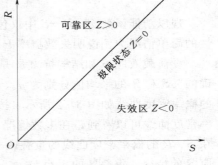

图 3-1　极限状态方程取值示意图

可见，结构要满足功能要求，就不能超过极限状态，则结构可靠工作的基本条件为

$$Z \geqslant 0 \tag{3-2}$$

或

$$R \geqslant S \tag{3-3}$$

结构设计中经常考虑的不仅是结构的承载能力，多数场合还需要考虑结构对变形或开裂等的抵抗能力，也就是说要考虑结构的适用性和耐久性的要求。由此，上述的极限状态方程可推广为

$$Z = g(x_1, x_2, \cdots, x_n) \tag{3-4}$$

式中，$g(\cdots)$ 是函数记号，在这里称为功能函数。$g(\cdots)$ 由所研究的结构功能而定，可以是承载能力，也可以是变形或裂缝宽度等。x_1，x_2，$\cdots$，x_n 为影响该结构功能的各种荷载效应以及材料强度、构件的几何尺寸等。结构功能则为上述各变量的函数。

3.2.2　结构的可靠度

概率极限状态设计法又称近似概率法。这个设计方法的基本概念是用概率分析方法来研究结构的可靠性。鉴于抗力和荷载效应的随机性，安全可靠应该属于概率的范畴，应当用结构完成其预定功能的可能性（概率）的大小来衡量，而不是用一个定值来衡量。当结构完成其预定功能的概率达到一定程度时，或不能完成其预定功能的概率（失效概率）小到某一公认的、大家可以接受的程度时，就认为该结构是安全可靠的。

结构在规定的时间内，在规定的条件下，完成预定功能的能力称为结构的可靠性。规定时间是指结构的设计使用年限，所有的统计分析均以该时间区间为准。所谓的规定条件，是

指正常设计、正常施工、正常使用和维护的条件，不包括非正常的，例如人为的错误等。

结构的可靠度是结构可靠性的概率度量，即结构在设计使用年限内，在正常条件下，完成预定功能的概率。因此，结构的可靠度是用可靠概率 P_s 来描述的。

3.2.3 失效概率与可靠指标

结构不能够完成预定功能的概率（$R < S$ 的概率）称为"失效概率"，以 P_f 表示。显然，可靠概率 P_s 与失效概率 P_f 的两者的关系为

$$P_s + P_f = 1.0 \qquad (3-5)$$

或

$$P_s = 1.0 - P_f \qquad (3-6)$$

现以功能函数 $Z = R - S$ 中仅包含两个正态分布随机变量 R 和 S 且极限状态方程为线性的简单情况为例说明失效概率 P_f 的确定方法。

设荷载效应 S 和结构抗力 R 是彼此独立的，在静力荷载作用下这个假设基本上是正确的。S 和 R 的平均值分别为 μ_S、μ_R，标准差分别为 σ_S、σ_R，荷载效应 S 和结构抗力 R 的概率密度曲线如图 3-2 所示。按照结构设计的要求，显然 μ_R 应该大于 μ_S。从图中的概率密度曲线可以看到，在多数情况下构件的抗力 R 大于荷载效应 S。但是，由于离散性，在 S、R 的概率密度曲线的重叠区（阴影部分），仍有可能出现构件的抗力 R 小于荷载效应 S 的情况。重叠区的大小与 μ_S、μ_R 以及 σ_S、σ_R 有关。μ_R 比 μ_S 大得越多（μ_R 远离 μ_S），或者 σ_R 和 σ_S 越小（曲线高而窄），都会使重叠的范围减少。所以，重叠区的大小反映了抗力 R 和荷载效应 S 之间的概率关系，即结构的失效概率。重叠的范围越小，结构的失效概率越低。从结构安全的角度可知，提高结构构件的抗力（例如，提高承载能力），减小抗力 R 和荷载效应 S 的离散程度（例如，减小不定因素的影响），可以提高结构构件的可靠程度。所以，加大平均值之差 $\mu_R - \mu_S$，减小标准差 σ_R 和 σ_S 即可以使失效概率降低。

由概率论可知，两个相互独立的正态随机变量之差也是正态分布的。所以 Z 也是服从正态分布的随机变量。图 3-3 表示 Z 的概率密度分布曲线。图中的阴影部分表示出现 $Z < 0$ 事件的概率，也就是构件失效的概率，可表示为

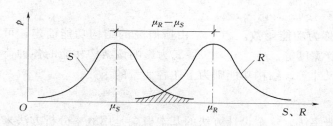

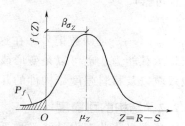

图 3-2　S、R 的概率密度分布曲线　　　　图 3-3　Z 的概率密度分布曲线

$$P_f = P(Z < 0) = \int_{-\infty}^{0} f(Z) \mathrm{d}z \qquad (3-7)$$

按式（3-7）计算失效概率 P_f 比较麻烦，故改用一种可靠指标的计算方法。从图 3-3 可以看到，阴影部分的面积与 μ_Z 和 σ_Z 的大小有关：增大 μ_Z，曲线右移，阴影面积将减少；减小 σ_Z，曲线变得高而窄，阴影面积也将减少。如果将曲线对称轴至纵轴的距离

表示成 σ_z 的倍数，取

$$\mu_z = \beta \sigma_z \tag{3-8}$$

则

$$\beta = \frac{\mu_z}{\sigma_z} = \frac{\mu_R - \mu_S}{\sqrt{\sigma_R^2 + \sigma_S^2}} \tag{3-9}$$

可以看出 β 越大，则失效概率 P_f 越小。所以 β 和失效概率 P_f 一样可以作为衡量结构可靠度的一个指标，称为可靠指标。β 与失效概率 P_f 之间有一一对应关系，见表 3-2。

表 3-2   可靠指标与失效概率

可靠指标 β	2.7	3.2	3.7	4.2
失效概率 P_f	3.5×10^{-3}	6.9×10^{-4}	1.1×10^{-4}	1.3×10^{-5}

需要注意的是：β 是在随机变量均服从正态分布，且极限状态方程为线性时得出的，所以应用公式（3-9）计算可靠指标的前提是随机变量应服从正态分布，并要求极限状态方程是线性的。

可靠度理论认为：安全的概念是相对的，所谓"安全"只是失效概率 P_f 相对较小而已。失效概率不可能为零，故不存在绝对安全的结构。只要通过设计把失效概率控制在某一个能够接受的限值以下就可以了。这个限值称为允许失效概率，记作 $[P_f]$，当用可靠指标表示时，限值就称为目标可靠指标，记作 $[\beta]$。

工程设计的目标是使安全等级不同的建筑物，将失效概率控制在某个可以接受的很小的数值，并使结构的各部分在各种状态下失效概率大致均衡，即达到"等强度状态"。这种设计原则是比较科学和合理的。例如，通过设计规范控制设计，使混凝土构件在达到抗弯强度的同时，抗剪强度、锚固强度、裂缝、变形等也几乎同时达到限值。这样的设计充分利用了材料的抗力，比较经济合理。当然，根据破坏形态（延性、脆性）的差别，失效概率的限值也应不同。

我国《建筑结构可靠度设计统一标准》根据结构的安全等级和破坏类型，在对代表性的构件进行可靠度分析的基础上，规定了承载能力极限状态设计时的目标可靠指标 $[\beta]$ 值，见表 3-3。

结构破坏分为延性破坏和脆性破坏。延性破坏有明显的预兆，目标可靠指标稍

表 3-3   结构安全等级与目标可靠指标 $[\beta]$

破坏类型	安 全 等 级		
	一级	二级	三级
延性破坏	3.7	3.2	2.7
脆性破坏	4.2	3.7	3.2

低；脆性破坏常为突发性破坏，无明显预兆，危险性大，故目标可靠指标稍高。另外，根据安全等级的不同，目标可靠指标也有区别，对重要建筑的 $[\beta]$ 稍高。

3.3 极限状态实用设计表达式

采用概率极限状态方法用可靠指标进行设计，需要大量的统计数据，且当随机变量不服从正态分布、极限状态方程是非线性时，计算可靠指标比较复杂。对于一般常见的工程

结构，直接采用可靠指标进行设计工作量大，有时会遇到统计资料不足而无法进行的困难。考虑到多年来的设计习惯和实用上的简便，《建筑结构可靠度设计统一标准》提出了便于实际使用的设计表达式，称为实用设计表达式。

实用设计表达式把荷载、材料、截面尺寸、计算方法等视为随机变量，应用数理统计的概率方法进行分析，采用了以荷载和材料强度的标准值分别与荷载分项系数和材料分项系数相联系的荷载设计值、材料强度设计值来表达的方式。这样既考虑了结构设计的传统方式，又避免设计时直接进行概率方面的计算。下面就对其进行详细的介绍。

3.3.1 分项系数

考虑到实际工程与理论及试验的差异，直接采用标准值（荷载、材料强度）进行承载能力设计尚不能达到目标可靠指标要求，故在 GB50068—2001《建筑结构可靠度设计统一标准》的承载能力设计表达式中，采用了增加"分项系数"的办法。分项系数是按照目标可靠指标并考虑工程经验确定的，它使计算所得结果能够满足可靠度要求。以下分别介绍荷载分项系数和材料分项系数。

1. 荷载分项系数

由于荷载是随机变量，考虑其有超过荷载标准值的可能性，以及不同变异性的荷载可能造成结构计算时可靠度不一致的不利影响，因此，在承载能力极限状态设计中将荷载标准值乘以一个大于 1 的调整系数，此系数称为荷载分项系数，用 "γ_S" 表示。

荷载分项系数是在各种荷载标准值已经给定的前提下，按极限状态设计中得到的各种结构构件所具有的可靠度分析，并考虑工程经验确定的。考虑到永久荷载标准值与可变荷载标准值的保证率不同，故它们采用不同的分项系数。以 γ_G 和 γ_Q 分别表示永久荷载及可变荷载的分项系数，则根据 GB50009 规定，γ_G 和 γ_Q 可按表 3-4 采用。

表 3-4 荷 载 分 项 系 数

荷载类别	荷 载 特 征	荷载分项系数 γ_G 或 γ_Q
永久荷载	当其效应对结构不利时 对由永久荷载效应控制的组合 对由可变荷载效应控制的组合	1.35 1.20
	当其效应对结构有利时	1.0
可变荷载	一般情况下 对标准值>4kN/m² 的工业房屋楼面结构的活荷载	1.4 1.3
对结构的倾覆、滑移或漂浮验算，荷载的分项系数应按有关的结构设计规范的规定采用		

2. 材料分项系数

由于材料材质的不均匀性，各地区材料的离散性、实验室环境与实际工程的差别，以及施工中不可避免的偏差等因素，导致材料强度不稳定，即有变异性。考虑其变异性可能对结构构件的可靠度产生不利影响，设计时将材料强度标准值除以一个大于 1 的系数，此系数称为材料分项系数，用 "γ_R" 表示。

混凝土的材料分项系数是通过对轴心受压构件试验数据作可靠度分析确定的，其值取为 1.40。钢筋材料分项系数是通过对受拉构件的试验数据作可靠度分析得出的。各类钢材的材料分项系数见表3-5。

表 3-5　　　各类钢材的材料分项系数值

项次	种　类	材料分项系数
1	HPB235，HRB335，HRB400，RRB400	1.1
2	消除应力钢丝、刻痕钢丝、钢绞线、热处理钢筋	1.2

3.3.2　设计值

1. 荷载设计值

荷载分项系数与荷载标准值的乘积称为荷载设计值。

荷载设计值＝荷载分项系数×荷载标准值

其数值大体相当于结构在非正常使用情况下荷载的最大值，它比荷载的标准值具有更大的可靠度。一般情况下，在承载能力极限状态设计中，应采用荷载设计值。

2. 材料强度设计值

材料强度标准值除以材料分项系数，即可得到材料强度设计值。

设计值＝标准值/材料分项系数

GB50010—2010 中同时给出了钢筋和混凝土强度的设计值。在承载能力极限状态中，应采用材料强度设计值。

3.3.3　承载能力极限状态设计表达式

1. 设计表达式

承载能力极限状态设计表达式为

$$\gamma_0 S \leqslant R \tag{3-10}$$

式中　γ_0——结构重要性系数，取决于结构安全等级或设计使用年限，如表 3-6 所示，在抗震设计中，不考虑结构重要性系数；

S——承载能力极限状态的荷载效应组合设计值；

R——结构构件的承载能力设计值。

表 3-6　　　混凝土结构重要性系数 γ_0

结构安全等级	设计使用年限	结构重要性系数 γ_0
一级	100 年及以上	1.1
二级	50 年	1.0
三级	5 年及以下	0.9

2. 荷载效应组合设计值

式（3-10）是承载能力极限状态设计简单表达式。实际上，荷载有永久荷载和可变荷载，并且可变荷载不止一个，同时，可变荷载对结构的影响有大有小，多个可变荷载也不一定会同时发生。为此，当结构上同时作用有多种可变荷载时，要考虑荷载效应的组合问题。考虑到两个或两个以上可变荷载同时出现的可能性较小，引入荷载组合值系数对其标准值折减。

荷载效应组合是指在所有可能同时出现的各种荷载组合下，确定结构或构件内产生的总效应。其最不利组合是指所有可能产生的荷载组合中，对结构构件产生总效应最为不利的一组。

按承载能力极限状态设计时，应考虑荷载效应的基本组合，必要时应按荷载效应的偶然组合进行计算。

(1) 按荷载基本组合的荷载效应设计值。

GB50009 规定，对于基本组合，荷载效应组合的设计值 S 应从由可变荷载效应控制的组合和由永久荷载效应控制的组合中取最不利确定。

1) 由可变荷载效应控制的组合：

$$S = \gamma_G S_{Gk} + \gamma_{Q1} S_{Q1k} + \sum_{i=2}^{n} \gamma_{Qi} \psi_{ci} S_{Qik} \qquad (3-11)$$

式中　γ_G——永久荷载的分项系数，应按表 3-4 采用；

γ_{Qi}——第 i 个可变荷载的分项系数，其中 γ_{Q1} 为可变荷载 Q_1 的分项系数，应按表 3-4 采用；

S_{Gk}——按永久荷载标准值 G_k 计算的荷载效应值；

S_{Qik}——按可变荷载标准值 Q_{ik} 计算的荷载效应值，其中 S_{Q1k} 为诸可变荷载效应中起控制作用者；

ψ_{ci}——可变荷载 Q_i 的组合值系数，应按 GB50009 的规定采用；

n——参与组合的可变荷载数。

注：对于一般排架、框架结构，由可变荷载效应控制的组合可采用简化规则，并按下列两个公式的组合值中最不利值确定：

$$S = \gamma_G S_{Gk} + \gamma_{Q1} S_{Q1k} \qquad (3-12)$$

$$S = \gamma_G S_{Gk} + 0.9 \sum_{i=1}^{n} \gamma_{Qi} S_{Qik} \qquad (3-13)$$

2) 由永久荷载效应控制的组合：

$$S = \gamma_G S_{Gk} + \sum_{i=1}^{n} \gamma_{Qi} \psi_{ci} S_{Qik} \qquad (3-14)$$

以上各式中，$\gamma_G S_{Gk}$ 和 $\gamma_Q S_{Qk}$ 分别称为永久荷载效应设计值和可变荷载效应设计值。

(2) 按荷载偶然组合的荷载效应设计值。

对于偶然组合，荷载效应组合的设计值宜按下列规定确定：偶然荷载的代表值不乘分项系数；与偶然荷载同时出现的其他荷载可根据观测资料和工程经验采用适当的代表值。各种情况下荷载效应的设计值公式，应符合有关专门规范的规定。

【例 3-1】　某宿舍楼钢筋混凝土矩形简支梁，安全等级为二级，计算跨度 $l_0 = 5\text{m}$，作用在梁上的永久荷载（含自重）标准值 $g_k = 16\text{kN/m}$，可变荷载标准值 $q_k = 8\text{kN/m}$，组合值系数 $\psi_c = 0.7$，试计算简支梁跨中截面弯矩设计值。

【解】

(1) 均布荷载标准值作用下的跨中弯矩标准值

永久荷载作用下　　　$M_{Gk} = \dfrac{1}{8} g_k l_0^2 = \dfrac{1}{8} \times 16 \times 5^2 = 50\text{kN} \cdot \text{m}$

可变荷载作用下　　　$M_{Q1k} = \dfrac{1}{8} q_k l_0^2 = \dfrac{1}{8} \times 8 \times 5^2 = 25\text{kN} \cdot \text{m}$

(2) 跨中弯矩设计值

安全等级为二级，则 $\gamma_0 = 1.0$。

1）按永久荷载效应控制的组合计算

取 $\gamma_G = 1.35$，$\gamma_Q = 1.4$，则

$$M = \gamma_0(\gamma_G M_{Gk} + \gamma_{Q1}\psi_c M_{Q1k}) = 1.0 \times (1.35 \times 50 + 1.4 \times 0.7 \times 25) = 92 \text{kN} \cdot \text{m}$$

2）按可变荷载效应控制的组合计算

取 $\gamma_G = 1.2$，$\gamma_Q = 1.4$，则

$$M = \gamma_0(\gamma_G M_{Gk} + \gamma_{Q1} M_{Q1k}) = 1.0 \times (1.2 \times 50 + 1.4 \times 25) = 95 \text{kN} \cdot \text{m}$$

所以该简支梁跨中弯矩设计值取较大值，即 $M = 95 \text{kN} \cdot \text{m}$。

3.3.4 正常使用极限状态设计表达式

1. 设计表达式

正常使用极限状态的设计，主要是验算结构构件的变形、抗裂度或裂缝宽度等，以便满足结构适用性和耐久性的要求。当结构或构件达到或超过正常使用极限状态时，其后果是结构不能正常使用，但危害程度不及承载能力极限状态引起的结构破坏造成的损失大，故对其可靠度的要求可适当降低。《建筑结构可靠度设计统一标准》规定，正常使用极限状态计算时，荷载及材料强度均取标准值，不再考虑荷载分项系数和材料分项系数，也不考虑结构的重要性系数 γ_0。

正常使用极限状态按下列设计表达式进行设计

$$S \leqslant C \tag{3-15}$$

式中　S——正常使用极限状态的荷载效应组合设计值；

　　　C——结构或结构构件达到正常使用要求的规定限值，例如变形、裂缝、振幅、加速度、应力等的限值，应按各有关建筑结构设计规范的规定采用。

2. 荷载效应组合设计值

式（3-15）是正常使用极限状态的简单表达式。在正常使用极限状态下，可变荷载作用时间的长短对于变形和裂缝的大小显然是有影响的。可变荷载的最大值并非长期作用于结构之上，而且由于混凝土的徐变等特性，裂缝和变形将随时间的推移而发展。因此，在分析正常使用极限状态的荷载效应组合时，应根据不同的设计目的，分别按荷载效应的标准组合、频遇组合和准永久组合进行设计。

（1）按荷载标准组合的荷载效应组合设计值应按下式计算

$$S = S_{Gk} + S_{Q1k} + \sum_{i=2}^{n} \psi_{ci} S_{Qik} \tag{3-16}$$

（2）按荷载频遇组合的荷载效应组合设计值应按下式计算

$$S = S_{Gk} + \psi_{f1} S_{Q1k} + \sum_{i=2}^{n} \psi_{qi} S_{Qik} \tag{3-17}$$

式中　ψ_{f1}——可变荷载 Q_1 的频遇值系数；

　　　ψ_{qi}——可变荷载 Q_i 的准永久值系数。

（3）按荷载准永久组合的荷载效应组合设计值应按下式计算

$$S = S_{Gk} + \sum_{i=1}^{n} \psi_{qi} S_{Qik} \qquad (3-18)$$

【例 3 - 2】 在例 3.1 中，又知频遇值系数 $\psi_{f1} = 0.5$，准永久值系数 $\psi_{q1} = 0.4$，其他条件相同，试按正常使用极限状态设计时计算简支梁跨中截面弯矩设计值。

【解】

（1）按标准组合

$$M = M_{Gk} + M_{Q1k} = 50 + 25 = 75kN \cdot m$$

（2）按频遇组合

$$M = M_{Gk} + \psi_{f1} M_{Q1k} = 50 + 0.5 \times 25 = 62.5kN \cdot m$$

（3）按准永久组合

$$M = M_{Gk} + \psi_{q1} M_{Q1k} = 50 + 0.4 \times 25 = 60kN \cdot m$$

3.4 混凝土结构的耐久性

3.4.1 耐久性的概念

所谓混凝土的耐久性是指结构在要求的目标使用期限内，不需要花费大量资金加固处理而能保证其安全性和适用性的能力。或者说是结构在化学侵蚀、生物的或其他不利因素的作用下，在预定时间内，其材料性能的恶化不致导致结构出现不可接受的失效概率。通俗来讲，也就是建（构）筑物的使用年限。根据破坏作用的性质不同，混凝土的耐久性主要分为三个方面，即抗渗性、抗冻性、耐化学腐蚀性（简称耐蚀性）。

混凝土的耐久性是个很古老的话题，又是当前十分关注需要亟待解决的难题。近几十年来由于混凝土耐久性不足引起工程结构过早破坏拆除或失效不得不进行维护与加固，造成了巨大的经济损失，这是各国普遍存在的现象，因而引起学术界、工程界、设计以及政府职能部门的高度重视和共鸣。

对混凝土耐久性的认识经历了一个曲折复杂的过程，这是因为对混凝土耐久性的实际工程验证需要有很长的年限。混凝土刚出现时，人们以为混凝土是坚不可摧的，直到 20 世纪 70 年代末期，人们才觉悟到混凝土并不像原来设想的那样耐久。随着现代科学技术的发展，对其耐久性的研究已取得了丰硕的成果，但是，由于混凝土材料和耐久性影响因素的复杂性以及它们之间的相互交叉作用，使得混凝土耐久性破坏至今仍困扰着人们，因此，认识、了解、检测、控制并最终消除混凝土耐久性破坏，一直是混凝土科学工作者的一项重任。

混凝土结构广泛应用于各类工程结构中，如果因耐久性不足而失败，或为了继续正常使用而进行相当规模的维修、加固或改造，则将要付出高昂的代价。保证混凝土结构能在自然和人为环境的化学和物理作用下，满足耐久性的要求，是一个十分迫切和重要的问题。在设计混凝土结构时，除了进行承载力计算、变形和裂缝验算外，还必须进行耐久性设计。

混凝土结构的耐久性设计主要根据结构的环境类别和设计使用年限进行，同时还要考虑对混凝土材料的基本要求。在我国，采用满足耐久性规定的方法进行耐久性设计，实质上是针对影响耐久性能的主要因素提出相应的对策。

3.4.2 影响混凝土耐久性的因素

混凝土建造的工程大多是永久性的，因此必须研究混凝土在环境介质的作用下，保持其使用性能的能力，亦即研究混凝土的耐久性问题。随着国民经济的发展和科学技术水平的提高，各种在恶劣环境条件下的大型或超大型建筑物正在建造之中，这些建筑物的初始投资巨大，施工难度也大，使用时一旦出现事故，后果将不堪设想。我国是世界上海岸线最长的国家之一，低温地区广阔，侵蚀性介质分布广。混凝土长期处在各种环境介质中，往往会造成不同程度的损害，甚至完全破坏。影响混凝土构筑物的耐久性主要有内部因素、外部因素。内部因素主要是水泥、掺和料、外加剂、水、骨料质量等。例如水泥中的 CaO 游离、MgO、SO_3、碱、活性骨料含量等。外部因素主要由温度、湿度、污染的气体、水和地下水、化学侵蚀、物理侵蚀、生物侵蚀等。当混凝土构筑物存在表面缺陷、混凝土内部裂缝、剥落、钢筋锈蚀时，混凝土的耐久性损伤加剧。

1. 混凝土的碳化

碳化是混凝土中性化的常见形式，是指大气中的 CO_2 不断向混凝土内部扩散，并与其中的碱性水化物，主要是 $Ca(OH)_2$ 发生反应，使 pH 值下降。碳化对混凝土本身是无害的，其主要的问题是当碳化至钢筋表面时，将会破坏氧化膜，钢筋有锈蚀的危险，此外会加剧混凝土的收缩，可导致混凝土的开裂。这些均给混凝土的耐久性带来不利影响。

影响混凝土碳化的因素很多，可归结为两类，即环境因素与材料本身的性质。环境因素主要是空气中 CO_2 的浓度，通常室内的浓度较高。试验表明，混凝土周围相对湿度为 50%～70% 时，碳化速度快些；温度交替变化有利于 CO_2 的扩散，可加速混凝土的碳化。

混凝土材料自身的影响不可忽视。单位体积中水泥用量大，可碳化物质含量多，即会提高混凝土的强度，又能提高混凝土抗碳化性能；水灰比越大，混凝土内部的孔隙率也越大，密实性差，渗透性大，因而碳化速度快，水灰比大时混凝土孔隙中游离水增多，也会加速碳化反应；混凝土保护层厚度越大，碳化至钢筋表面的时间越长；混凝土表面设有覆盖层，可提高抗碳化的能力。

2. 化学侵蚀

水可以渗入混凝土内部，当其中溶入有害化学物质时，即对混凝土的耐久性造成影响。酸性物质对水泥水化物的侵蚀作用最大，酸性侵蚀的混凝土呈土黄色，水泥剥落，骨料外露。

此外，浓碱溶液渗入结晶使混凝土被胀裂和剥落；硫酸盐溶液渗入后与水泥发生化学反应，体积膨胀同样会造成混凝土破坏。

3. 冻融破坏

渗入混凝土中的水在低温下结冰膨胀，将从内部损伤混凝土的微观结构。经多次冻融循环后，损伤积累将使混凝土剥落酥裂而降低混凝土的强度。我国北方地区潮湿环境中的混凝土构件，冻融破坏的现象是十分严重的。

4. 温度和湿度变化的影响

混凝土会热胀冷缩，同样也会在干燥失水时收缩而在泡水浸润后膨胀。这种作用的交替进行，特别在骤然发生时（如夏季阳光暴晒下的混凝土受骤雨的冲刷），会因混凝土表层及内部体积变化不协调而产生裂缝。这些因胀缩不均而引起的损伤日积月累，导致混凝土内部组织的破坏，最终会削弱结构抗力。

5. 碱骨料反应

碱骨料反应是指混凝土中的水泥在水化过程中释放出的碱金属，与含碱性骨料中的碱活性成分发生化学反应而生成碱活性物质。这种物质在吸水以后体积膨胀，破坏混凝土的内部结构，产生鸡爪形裂缝，从而影响混凝土结构的使用。

除了水泥碱性较大及使用碱性骨料以外，水是发生碱骨料反应必不可少的条件。因此只要控制水的影响，就可以避免碱骨料反应。碱骨料反应在建筑结构的正常室内环境条件下不会发生；只有经受风雨的露天混凝土构筑物，才有可能。

6. 机械和生物作用

反复的机械作用（磨损、冲刷等）会削弱混凝土结构，天长日久以后因损伤积累而影响抗力。其余如冲撞、碰击等也会影响混凝土结构。生物的腐蚀作用也不能忽视，苔藓及攀附生物对结构混凝土的损伤常见于城市排污工程及海洋工程，使这些构筑物的使用年限大大减少。

3.4.3 影响钢筋锈蚀的因素

1. 钢筋的锈蚀及影响

使混凝土中钢筋锈蚀的首要条件是碳化和脱钝，只有将覆盖钢筋表面的碱性钝化膜破坏，钢筋的锈蚀才成为可能。其次是水和氧，这是钢筋锈蚀化学反应所必须的物质。当然，侵蚀性的酸性介质也是必需的。钢筋锈蚀后体积膨胀将保护层混凝土胀裂，反过来又加速腐蚀的速度，最后导致保护层的剥落。

2. 氯离子的腐蚀作用

氯离子有很强的活性，极易破坏钢筋表面的钝化膜而引发钢筋的锈蚀。使用以氯化钙为主要成分的促凝剂会造成钢筋腐蚀，此外搅拌混凝土时混入海砂、海水也是重要原因。除掺入氯盐以外，外界环境中也存在氯离子入侵的可能性。

3. 应力腐蚀问题

钢筋在应力状态下会发生电位变化，使由于电化学作用产生的锈蚀加速发展。尤其是处于高应力状态下的预应力钢丝、钢绞线截面面积不大，加上应力腐蚀对截面的削弱，有可能发生脆断破坏。因此规范对预应力钢筋的耐久性要求更为严格。

4. 钢筋的其他耐久性问题

荷载长期反复作用的疲劳问题、严寒地区钢筋的冷脆问题（特别是应力集中的部位）；氢原子进入钢筋引起氢脆断裂现象等均对钢筋的耐久性造成影响。

3.4.4 混凝土结构的耐久性规定

1. 使用环境分类

影响耐久性的最重要因素是环境，环境分类应根据其对混凝土结构耐久性的影响而确定。根据我国的统计调查并参考国外标准规范，环境分类见表3-7，它是耐久性设计的主要依据。

表 3-7　　　　　　　　　　　　　　混凝土结构的使用环境类别

环境类别		条　件
一类		室内正常环境
二类	a	室内潮湿环境；非严寒和非寒冷地区的露天环境，严寒和寒冷地区的冰冻线以下与无侵蚀性的水或土壤直接接触的环境
	b	严寒和寒冷地区的露天环境，严寒和寒冷地区的冰冻线以下与无侵蚀性的水或土壤直接接触的环境
三类	a	受除冰盐影响环境；严寒和寒冷地区冬季水位变动的环境；海风环境
	b	盐渍土环境；受除冰盐作用环境；海岸环境
四类		海水环境
五类		受人为或自然的侵蚀性物质影响的环境

注　严寒和寒冷地区的划分应符合国家现行标准 JGJ24《民用建筑热工设计规程》的规定。

2. 混凝土的基本要求

影响耐久性的一个重要因素是混凝土本身的质量。GB50010—2010 从混凝土组成成分的角度给出了耐久性有关的要求，见表 3-8。

表 3-8　　　　　　　　　　　　　　结构混凝土耐久性的基本要求

环境类别		最大水灰比	最小水泥用量 (kg/m^3)	最低混凝土强度等级	最大氯离子含量 （%）	最大碱含量 (kg/m^3)
一		0.60	225	C20	1.0	不限制
二	a	0.55	250	C25	0.3	3.0
	b	0.50（0.55）	275	C30（C25）	0.2	3.0
三 a		0.45（0.50）	300	C35（C30）	0.1	3.0

注　1. 氯离子含量系指其占水泥用量的百分率。
　　2. 预应力构件混凝土中的最大氯离子含量为 0.06%，最小水泥用量为 300kg/m³；最低混凝土强度等级应按表中规定提高两个等级。
　　3. 素混凝土构件的最小水泥用量不应少于表中数值减 25kg/m³。
　　4. 当混凝土中加入活性掺和料或能提高耐久性的外加剂时，可适当降低最小水泥用量。
　　5. 当有可靠工程经验时，处于一类和二类环境中的最低混凝土强度等级可降低一个等级。
　　6. 当使用非碱活性骨料时，对混凝土中的碱含量可不作限制。

3. 其他要求

（1）处于严寒及寒冷地区潮湿环境中的混凝土结构应满足抗冻的要求。混凝土的抗冻等级应满足有关规范的要求。

（2）处于水中或地下水位以下的混凝土结构，如有抗渗的要求，则其混凝土的抗渗等级应满足有关规范的要求。

（3）对暴露在侵蚀性环境中的混凝土结构，受力钢筋宜采用环氧树脂涂层钢筋。这种钢筋表面有环氧树脂涂层，可以有效防止钢筋腐蚀。环氧树脂涂层钢筋用于海洋工程、地下工程等侵蚀性环境中，有很好的耐久性效果。

（4）预应力结构的耐久性要求更高，预应力结构构件中的预应力钢筋、锚具及连接器等应采取专门的防护措施。

（5）对于使用环境较差的混凝土构件，也可以设计成容易维修或可以更换的构件。这样定期对结构的局部进行维修或更换构件，同样也可以保证在设计使用年限内结构的正常使用。

❓ 复习思考题

1. 建筑结构应满足哪些功能要求？建筑结构的安全等级是根据什么来划分的？
2. 什么是结构功能的极限状态？极限状态的分类及定义分别是什么？
3. 什么是结构上的作用？什么是作用效应和结构抗力？
4. 荷载的代表值有哪些？
5. 什么叫建筑结构可靠性？什么是建筑结构的可靠度？
6. 什么是荷载的基本代表值？恒荷载的代表值是什么？活荷载的代表值有几个？
7. 试说明荷载标准值与荷载设计值之间的关系，荷载的分项系数如何取值？
8. 什么是荷载效应组合？
9. 失效概率与目标可靠指标之间存在怎样一一对应的关系？
10. 什么是混凝土结构的耐久性？影响耐久性的因素有哪些？

第4章 钢筋混凝土受弯构件正截面承载力计算

本章要点

- 掌握梁、板的一般构造；
- 了解梁的正截面受弯承载力试验结果、正截面承载力计算的基本假定及其应用；
- 掌握单筋矩形截面受弯构件的正截面受弯承载力计算、双筋矩形截面梁的正截面受弯承载力计算、T形截面受弯构件的正截面受弯承载力计算。

4.1 受弯构件的基本构造要求

4.1.1 截面形状及尺寸

受弯构件是指承受弯矩和剪力为主的构件。民用建筑中的楼盖和屋盖梁、板以及楼梯、门窗过梁，工业厂房中屋面大梁、吊车梁、联系梁均为受弯构件。工业与民用建筑结构中梁的截面形式，常见的有矩形、T形、工字形，如图4-1（a）、（b）、（c）所示，有时为了降低层高，还可设计为十字形、花篮形、倒T形，如图4-1（d）、（e）、（f）所示。板的截面形式，常见的有矩形、空心形、槽形，如图4-1（g）（h）、（i）所示。

梁的截面高度 h 与跨度及荷载大小有关。从刚度要求出发，根据设计经验，工业与民用建筑结构中梁的截面高度可参照表4-1选用。表中，l_0 为梁的计算跨度，当 $l_0 > 9m$ 时表中数值应乘以系数1.2。梁的截面宽度 b，一般根据梁的截面高度 h 确定，高宽比 h/b：矩形截面不宜超过3.5，T形截面不宜超过4.0。

表 4-1 不需做挠度验算梁的截面最小高度

构件种类		简支	两端连续	悬臂
整体肋形梁	次梁	$l_0/15$	$l_0/20$	$l_0/8$
	主梁	$l_0/12$	$l_0/15$	$l_0/6$
独立梁		$l_0/12$	$l_0/15$	$l_0/6$

为了使构件截面尺寸统一，便于施工，对于现浇钢筋混凝土构件，一般情况下采用：

（1）矩形截面的宽度和T形截面的腹板宽度一般为100mm、120mm、150mm、180mm、200mm、220mm、250mm和300mm；300mm以上每级级差50mm。

（2）矩形和T形截面的高度一般为250mm、300mm，每级级差50mm，直至800mm；800mm以上每级级差100mm。

板的厚度应满足承载力、刚度和抗裂的要求。从刚度条件出发，单跨简支板的最小厚度不小于 $l_0/35$（l_0 为板的计算跨度），多跨连续板的最小厚度不小于 $l_0/40$，悬臂板的最

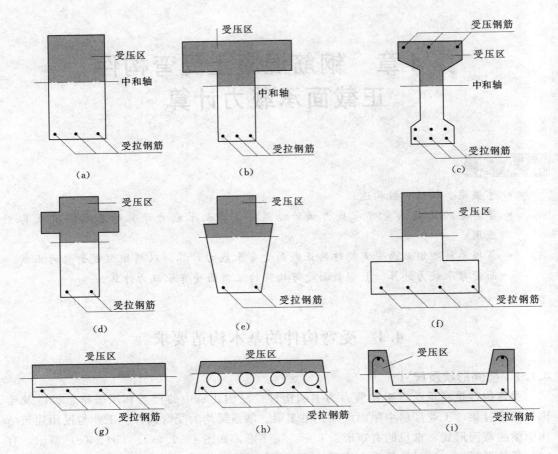

图 4-1 受弯构件的截面形状

(a) 单筋矩形梁；(b) T 形梁；(c) 工字形梁；(d) 十字形梁；(e) 花篮梁；
(f) 倒 T 形梁；(g) 矩形板；(h) 空心板；(i) 槽形板

小厚度不小于 $l_0/12$。对现浇单向板的最小厚度：屋面板、民用建筑楼板为 60mm；工业建筑楼板为 70mm；行车道下的楼板为 80mm。现浇双向板的最小厚度为 80mm。板厚度以 10mm 为模数。

4.1.2 钢筋布置

梁中通常配有纵向受拉钢筋、弯起钢筋、箍筋和架立钢筋等如图 4-2 所示。纵向受拉钢筋直径常采用 10～28mm。当梁高 $h \geqslant$ 300mm 时，纵筋直径不小于 10mm；当梁高 $h < 300$mm 时，纵筋直径不小于 8mm。伸入梁支座范围内的纵向受力钢筋根数，当梁宽 $b \geqslant 100$mm 时，不宜少于两根；当梁宽 $b < 100$mm 时，可为一根。若需要用两种不同直径的钢筋直径相差至少 2mm，以便于在施工中能用肉眼识别。

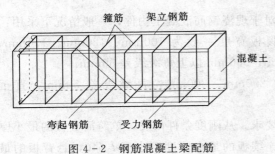

图 4-2 钢筋混凝土梁配筋

为了便于浇筑混凝土以保证钢筋周围混凝土的密实性，纵筋的净间距应满足图4-3所示要求。若钢筋必须排成两排时，上、下两排钢筋应对齐。截面有效高度 h_0 为梁截面受压区的外边缘至受拉钢筋合力点的距离，$h_0 = h - a_s$，此处 a_s 为受拉钢筋合力点至受拉区边缘的距离。纵筋为一排钢筋时，$a_s = c + d_1/2 + d/2$；纵筋为两排钢筋时，$a_s = c + d_1/2 + e/2$，此处 c 为混凝土保护层厚度（见附录七），d_1 为梁柱箍筋的直径，e 为上下两排钢筋的净距。截面设计时，一般取 $d = 20$mm、$d_1 = 10$mm、$e = 25$mm 计算 a_s。

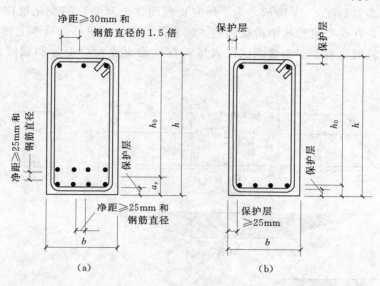

图4-3 净距、保护层及有效高度
(a) 两排钢筋；(b) 一排钢筋

梁内其他钢筋如架立钢筋、箍筋以及纵筋弯起、锚固等构造要求详见第5章。

板中通常配有纵向受力钢筋和分布钢筋，如图4-4。纵向受力钢筋直径通常采用 6mm、8mm、10mm。为了便于施工，选用钢筋直径的种类愈少愈好。

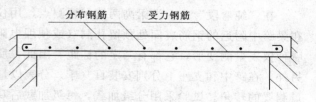

图4-4 板的配筋

为了使板内钢筋能够正常地分担内力和便于浇筑混凝土，钢筋间距不宜太大，也不宜太小。当采用绑扎施工方法，板厚 $h \leqslant 150$mm 时，受力钢筋间距不宜大于200mm；$h > 150$mm 时，受力钢筋间距不宜大于 $1.5h$，且不宜大于250mm。同时，板中受力钢筋间距不宜小于70mm。

板的截面有效高度 $h_0 = h - a_s$，受力钢筋一般为一排钢筋，$a_s = c + d/2$；截面设计时，取 $d = 10$mm 计算 a_s。

分布钢筋布置与受力钢筋垂直，交点用细铁丝绑扎或焊接，其作用是将板面上的荷载更均匀地传布给受力钢筋，同时在施工中固定受力钢筋的位置，以抵抗温度、收缩应力。分布钢筋的截面面积不应小于受力钢筋面积的15%，且不宜小于该方向板截面面积的

0.15%；分布钢筋间距不宜大于 250mm，直径不宜小于 6mm；对集中荷载较大的情况，分布钢筋的截面面积应适当增加，其间距不宜大于 200mm。

4.2 受弯构件正截面受力性能的试验研究

4.2.1 正截面工作的三个阶段

试验梁的布置如图 4-5 所示。为了研究正截面受力和变形的变化规律，通常采用两点加载。这样，在两个对称集中荷载间的"纯弯段"内，不仅可以基本上排除剪力的影响（忽略自重），同时也有利于布置测试仪表以观察试验梁受荷后变形和裂缝出现与开展的情况。

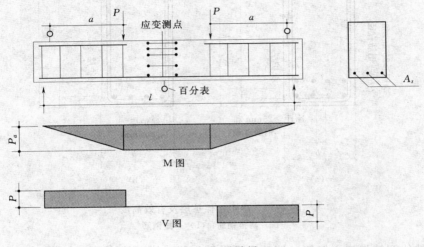

图 4-5 试验梁

在"纯弯段"内，沿梁高两侧布置测点，用仪表量测梁的纵向变形。浇筑混凝土时，在梁跨中附近的钢筋表面处预留孔洞（或预埋电阻片），用以量测钢筋的应变。不论使用哪种仪表量测变形，它都有一定的标距。因此，所测得的数值都是标距范围内的平均值。另外，在跨中和支座上分别安装百（千）分表以量测跨中的挠度 f；有时还要安装倾角仪量测梁的转角。试验采用分级加载，每级加载后观测和记录裂缝出现及发展情况，并记录受拉钢筋的应变和不同高度处混凝土纤维的应变及梁的挠度。

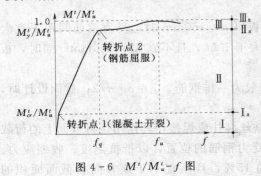

图 4-6 M^t/M_u^t-f 图

图 4-6 为一根有代表性的单筋矩形截面梁的试验结果。图中纵坐标为无量纲 M^t/M_u^t 值；横坐标为跨中挠度 f 的实测值。M^t 为各级荷载下的实测弯矩；M_u^t 为试验梁破坏时所能承受的极限弯矩。

钢筋混凝土梁工作的三个阶段如图 4-7 所示。

（1）第一阶段——截面开裂前的阶段。

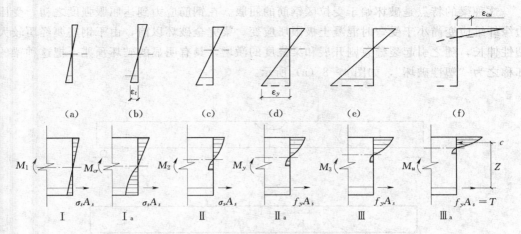

图 4-7 钢筋混凝土梁工作的三个阶段

当弯矩较小时，挠度和弯矩关系接近直线变化，梁的工作特点是未出现裂缝，称为第Ⅰ阶段；当荷载不断增大时，截面上的内力也不断增大，由于受拉区混凝土出现塑性变形，受拉区的应力图形呈曲线。当荷载增大某一数值时，受拉区边缘的混凝土可达其实际的抗拉强度和抗拉极限应变值。截面处在开裂前的临界状态这种受力状态称为Ⅰₐ阶段。

（2）第二阶段——从截面开裂到受拉区纵向受力钢筋开始屈服的阶段。

截面受力达Ⅰₐ阶段后，荷载只要稍许增加，截面立即开裂，截面上应力发生重分布，裂缝处混凝土不再承受拉应力，钢筋的拉应力突然增大，受压区混凝土出现明显的塑性变形，应力图形呈曲线，这种受力阶段称为第Ⅱ阶段。荷载继续增加，裂缝进一步开展，钢筋和混凝土的应力不断增大。当荷载增加到某一数值时，受拉区纵向受力钢筋开始屈服，钢筋应力达到其屈服强度，这种特定的受力状态称为Ⅱₐ阶段。

（3）第三阶段——破坏阶段。

受拉区纵向受力钢筋屈服后，截面的承载能力无明显的增加，但塑性变形急速发展，裂缝迅速开展，并向受压区延伸，受压区面积减小，受压区混凝土压应力迅速增大，这是截面受力的第Ⅲ阶段。

在荷载几乎保持不变的情况下，裂缝进一步急剧开展，受压区混凝土出现纵向裂缝，混凝土被完全压碎，截面发生破坏，这种特定的受力状态称为Ⅲₐ阶段。

通过对受弯构件截面受力工作阶段的分析，不但可以使我们详细地了解截面受力的全过程，而且为裂缝、变形以及承载能力的计算提供了依据。截面抗裂验算是建立在Ⅰₐ阶段的基础之上，构件使用阶段的变形和裂缝宽度验算是建立在第Ⅱ阶段的基础之上，而截面的承载能力计算则是建立在Ⅲₐ阶段的基础之上的。

4.2.2 正截面的破坏形式

根据试验研究，梁正截面的破坏形式与配筋率 ρ、钢筋和混凝土的强度等级有关。配筋率 $\rho = A_s/bh_0$，此处 A_s 为受拉钢筋截面面积。在常用的钢筋级别和混凝土强度等级情况下，其破坏形式主要随配筋率 ρ 的大小有关。根据破坏形式可将梁分为以下三类。

（1）适筋梁。

这种梁的特点是破坏始于受拉区钢筋的屈服。在钢筋应力到达屈服强度之初，受压区边缘纤维应变尚小于受弯时混凝土极限压应变。梁完全破坏以前，由于钢筋要经历较大的塑性伸长，随之引起裂缝急剧开展和梁挠度的激增，具有明显的破坏预兆，把这种梁的破坏称之为"塑性破坏"，如图 4-8 (a) 所示。

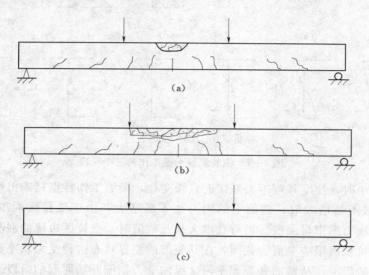

图 4-8　钢筋混凝土梁的三种破坏形态
(a) 适筋梁；(b) 超筋梁；(c) 少筋梁

参看图 4-6，对应于 II_a 阶段时的弯矩 M_y^t 的挠度设为 f_q；对应于 III_a 阶段时的最大破坏弯矩 M_u^t 的挠度设为 f_u。由图可知，弯矩从 M_y^t 增长到 M_u^t 时的增量（$M_u^t - M_y^t$）虽较小，但相应的挠度增量（$f_u - f_q$）却较大。这意味着适筋梁当弯矩超过 M_y^t 后，在截面承载力没有明显变化的情况下，具有较大的承受变形的能力。换言之，这种梁具有较好的延性。显然，（$f_u - f_q$）越大，截面延性越好。

（2）超筋梁。

若梁截面配筋率 ρ 很大时，破坏将始于受压区混凝土的压碎，在受压区边缘纤维应变达到混凝土受弯时的极限压应变值，钢筋应力尚小于屈服强度，裂缝宽度很小，沿梁高延伸较短，梁的挠度不大，但此时梁已破坏。因其在没有明显预兆的情况下由于受压区混凝土突然压碎而破坏，称之为"脆性破坏"，如图 4-8 (b) 所示。

超筋梁虽配置过多的受拉钢筋，但由于其应力低于屈服强度，不能充分发挥作用，造成钢材的浪费。这不仅不经济，且破坏前毫无预兆，故设计中不准许采用这种梁。

比较适筋梁和超筋梁的破坏，可以发现，两者的差异在于：前者破坏始自受拉钢筋；后者则始自受压区混凝土。显然，当钢筋级别和混凝土强度等级确定之后，一根梁总会有一个特定的配筋率 ρ_{max}，它使得钢筋应力到达屈服强度的同时，受压区边缘纤维应变也恰好到达混凝土受弯时极限压应变值，这种梁的破坏称之为"界限破坏"，即适筋梁与超筋梁的界限。鉴于安全和经济的理由，在实际工程中不允许采用超筋梁，那么这个特定配筋率 ρ_{max} 实质上就限制了适筋梁的最大配筋率。梁的实际配筋率 $\rho < \rho_{max}$ 时，破坏始自钢筋的

屈服；$\rho > \rho_{max}$ 时，破坏始自受压区混凝土的压碎；$\rho = \rho_{max}$ 时，受拉钢筋应力到达屈服强度的同时压区混凝土压碎而梁立即破坏。

（3）少筋梁。

当梁的配筋率 ρ 很小时称为少筋梁，其受力特点在于：梁破坏时的弯矩 M_u^l 小于在正常情况下的开裂弯矩 M_{cr}^t。梁配筋率 ρ 越小，（$M_u^l - M_y^t$）的差值越大；ρ 越大（但仍在少筋梁范围内），（$M_u^l - M_y^t$）的差值越小。当 $M_u^l - M_y^t = 0$ 时，从理论上讲，它就是少筋梁与适筋梁的界限。少筋梁混凝土一旦开裂，受拉钢筋立即到达屈服强度并迅速经历整个流幅而进入强化阶段工作。由于裂缝往往集中出现一条，不仅开展宽度较大，且沿梁高延伸很高。即使受压区混凝土暂未压碎，但因此时裂缝宽度过大，已标志着梁的"破坏"，如图 4-8（c）所示。尽管开裂后梁仍可能保留一定的承载力，但因梁已发生严重的下垂，这部分承载力实际上是不能利用的，少筋梁也属于"脆性破坏"。因此是不经济、不安全的，结构设计中不允许使用。

适筋梁、超筋梁、少筋梁荷载与挠度关系曲线如图 4-9 所示。

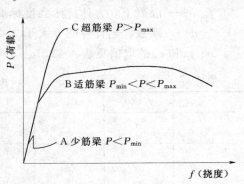

图 4-9 适筋、超筋、少筋梁 P-f 示意图

4.3 正截面受弯的承载力分析

4.3.1 基本假定

混凝土受弯构件正截面受弯承载力计算是以适筋梁破坏阶段的Ⅲa受力状态为依据。

1）截面应变符合平截面假定，即正截面应变按线性规律分布。

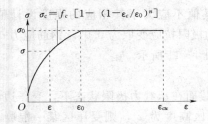

图 4-10 混凝土应力-应变计算曲线

2）截面受拉区的拉力全部由钢筋负担，不考虑受拉区混凝土的抗拉作用。

3）混凝土受压的应力与应变关系曲线按下列规定取用，如图 4-10 所示，其数学表达式为

当 $\varepsilon_c \leqslant \varepsilon_0$ 时

$$\sigma_c = f_c \left[1 - (1 - \frac{\varepsilon_c}{\varepsilon_0})^n\right] \tag{4-1}$$

当 $\varepsilon_0 < \varepsilon_c \leqslant \varepsilon_{cu}$ 时

$$\sigma_c = f_c \tag{4-2}$$

$$n = 2 - \frac{1}{60}(f_{cu,k} - 50) \tag{4-3}$$

$$\varepsilon_0 = 0.002 + 0.5(f_{cu,k} - 50) \times 10^{-5} \tag{4-4}$$

$$\varepsilon_{cu} = 0.0033 - (f_{cu,k} - 50) \times 10^{-5} \tag{4-5}$$

式中 σ_c——混凝土压应变为 ε_c 时的压应力；

f_c——混凝土轴心抗压强度设计值；

ε_c——受压区混凝土压应变；

ε_0——混凝土压应力刚达到 f_c 时的混凝土压应变，当计算的 ε_0 小于 0.002 时，取为 0.002；

ε_{cu}——混凝土极限压应变，当处于非均匀受压时，按式（4-5）计算，如计算的 ε_{cu} 值大于 0.0033，取为 0.0033；当处于轴心受压时取为 ε_0；

$f_{cu,k}$——混凝土立方体抗压强度标准值；

n——系数，当计算的 n 大于 2.0 时，取为 2.0。

n、ε_0 和 ε_{cu} 的取值见表 4-2。

表 4-2　　　　　　　　　　n，ε_0，ε_{cu} 取值

	≤C50	C55	C60	C65	C70	C75	C80
n	2	1.917	1.833	1.750	1.667	1.583	1.500
ε_0	0.00200	0.002025	0.002050	0.002075	0.002100	0.002125	0.002150
ε_{cu}	0.00330	0.00325	0.00320	0.00315	0.00310	0.00305	0.00300

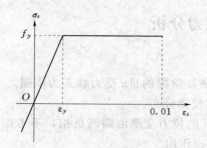

图 4-11　钢筋应力-应变计算曲线

由表 4-2 可见，当混凝土的强度等级小于和等于 C50 时，n、ε_0 和 ε_{cu} 均为定值。当混凝土的强度等级大于 C50 时，随着混凝土强度等级的提高，ε_0 的值不断增大，而 ε_{cu} 值却逐渐减小，材料的脆性加大。

4）纵向钢筋的应力取等于钢筋应变与其弹性模量的乘积，但其值不应大于其相应的强度设计值。纵向受拉钢筋的极限拉应变取为 0.01。钢筋应力-应变计算曲线如图 4-11 所示。

4.3.2　基本方程

以单筋矩形截面为例，根据上述基本假定可得出截面在承载力极限状态下，受压边缘达到了混凝土的极限压应变 ε_{cu}。若假定这时截面受压区高度为 x_c，则受压区某一混凝土纤维的压应变为

$$\varepsilon_c = \varepsilon_{cu} \frac{y}{x_c} \tag{4-6}$$

受拉钢筋的应变为

$$\varepsilon_s = \varepsilon_{cu} \frac{h_0 - x_c}{x_c} \tag{4-7}$$

式中　y——受压区任意纤维距截面中和轴的距离。

将式（4-6）计算的值代入式（4-1）或式（4-2），可得到图 4-12 所示的截面受

压区应力分布图形，压应力的合力 C 为

$$C = \int_0^{x_c} \sigma_c b \, \mathrm{d}y \qquad\qquad (4-8)$$

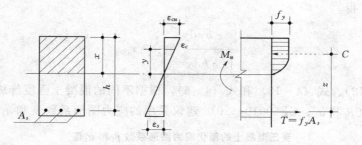

图 4 - 12 受压区混凝土的应力图形

当梁的配筋率处于适筋范围时，受拉钢筋应力已经达到屈服强度，钢筋的拉力 T 即为

$$T = f_y A_s \qquad\qquad (4-9)$$

根据截面的基本平衡条件，$C = T$，得

$$\int_0^{x_c} \sigma_c b \, \mathrm{d}y = f_y A_s \qquad\qquad (4-10)$$

此时，截面所能抵抗的弯矩，即截面受弯承载力 M_u

$$M_u = CZ = \int_0^{x_c} \sigma_c b (h_0 - x_c + y) \, \mathrm{d}y \qquad\qquad (4-11)$$

式中 Z——C 与 T 之间的距离，称为内力臂。

利用上述公式虽然可以计算出截面的抗弯承载力，但计算过于复杂，尤其是当弯矩已知而需确定受拉钢筋截面面积时，必须经多次试算才能获得满意的结果。因此，需要对受压区混凝土的应力分布图形作进一步的简化。具体作法是采用图 4 - 13 所示的等效矩形应力图形来代替受压区混凝土的曲线应力图形。

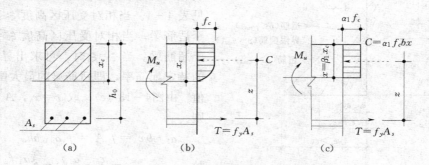

图 4 - 13 等效矩形应力图形的换算

用等效矩形应力图形代替实际曲线应力分布图形时，应满足条件：①保持原来受压区合力 C 的作用点不变；②保持原来受压区合力 C 的大小不变。

等效矩形应力图由无量纲参数 α_1 和 β_1 来确定。计算时，等效矩形应力图的受压区高度为 $\beta_1 x_c$，受压混凝土强度为 $\alpha_1 f_c$，此处 x_c 为受压区实际高度。

由条件①，得

$$\int_0^{x_c} \sigma_c b \, \mathrm{d}y = \alpha_1 f_c b x \tag{4-12}$$

由条件②，得

$$\frac{\int_0^{x_c} \sigma_c b y \, \mathrm{d}y}{\int_0^{x_c} \sigma_c b \, \mathrm{d}y} = \frac{1}{2} \beta_1 x_c \tag{4-13}$$

由式（4-12）、式（4-13）和式（4-6），根据不同的混凝土强度等级可计算出不同的应力图形系数 β_1 和 α_1。GB50010—2010 建议采用的应力图形系数 β_1 和 α_1 见表 4-3。

表 4-3　　　　　受压混凝土的简化应力图形系数 β_1 和 α_1 值

混凝土强度等级	≤C50	C55	C60	C65	C70	C75	C80
β_1	0.8	0.79	0.78	0.77	0.76	0.75	0.74
α_1	1.0	0.99	0.98	0.97	0.96	0.95	0.94

4.3.3　适筋和超筋破坏的界限条件

根据给定的混凝土极限压应变 ε_{cu} 和平截面假定可知，适筋和超筋的界限破坏，即钢筋达到屈服（$\varepsilon_y = f_y / E_s$）同时混凝土发生受压破坏（$\varepsilon_c = \varepsilon_{cu}$）的相对中和轴高度 ξ_{nb} 为（图 4-14）

$$\xi_{nb} = x_{cb} / h_0 = \varepsilon_{cu} / (\varepsilon_{cu} + \varepsilon_y) \tag{4-14}$$

引用 $x = \beta_1 x_c$ 的关系，则界限相对受压区高度 ξ_b 为

$$\xi_b = \frac{x_b}{h_0} = \beta_1 \xi_{nb} = \beta_1 \frac{\varepsilon_{cu}}{\varepsilon_{cu} + \varepsilon_y} = \frac{\beta_1}{1 + \dfrac{\varepsilon_y}{\varepsilon_{cu}}} = \frac{\beta_1}{1 + \dfrac{f_y}{\varepsilon_{cu} E_s}} \tag{4-15}$$

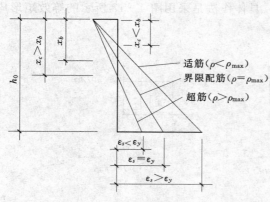

图 4-14　不同配筋的截面应变图

由式（4-15）可知，对不同的钢筋级别和不同混凝土强度等级有着不同的 ξ_b 值，见表 4-4。当相对受压区高度 $\xi \leqslant \xi_b$ 时，属于适筋梁；当相对受压区高度 $\xi > \xi_b$ 时，属于超筋梁。当 $\xi = \xi_b$ 时，可求出界限破坏时的特定配筋率，即适筋梁的最大配筋率 ρ_{max} 值。由图4-13（c），取 $x = x_b$，$A_s = \rho_{max} b h_0$，则

$$\alpha_1 f_c b x_b = f_y A_s = f_y \rho_{max} b h_0 \tag{4-16}$$

故

$$\rho_{max} = \frac{x_b}{h_0} \times \frac{\alpha_1 f_c}{f_y} = \xi_b \frac{\alpha_1 f_c}{f_y} \tag{4-17}$$

表 4-4　　　　　钢筋混凝土构件配有屈服点钢筋的 ξ_b 值

	≤C50	C55	C60	C65	C70	C75	C80
HPB300	0.576	0.566	0.556	0.547	0.537	0.529	0.518

	≤C50	C55	C60	C65	C70	C75	C80
HRB335	0.550	0.541	0.531	0.522	0.512	0.503	0.493
HRB400 RRB400	0.518	0.508	0.499	0.490	0.481	0.472	0.463

4.3.4 适筋和少筋破坏的界限条件

为了避免少筋破坏状态，必须确定构件的最小配筋率 ρ_{min}。

最小配筋率是少筋梁与适筋梁的界限。配有最小配筋率 ρ_{min} 钢筋混凝土梁的抗弯承载力 M_u 应等于同样截面、同一强度等级的素混凝土梁的开裂弯矩 M_{cr}。

矩形截面素混凝土梁的开裂弯矩计算公式为

$$M_{cr} = 0.26bh^2 f_{tk} = 0.36bh^2 f_t \tag{4-18}$$

令式（4-18）与式（4-11）相等，并取 $\left(h_0 - \dfrac{x}{2}\right) \approx 0.8h$，可得

$$0.8 f_y A_s h = 0.36bh^2 f_t \tag{4-19}$$

$$\rho_{min} = \frac{A_s}{bh} = 0.45 \frac{f_t}{f_y} \tag{4-20}$$

由上式可知，ρ_{min} 与混凝土抗拉强度及钢材强度有关。GB50010—2010 在综合考虑温度、收缩应力的影响及以往的设计经验基础上，规定了最小配筋率 ρ_{min}，见附表。

4.4 单筋矩形截面的承载力计算

4.4.1 基本公式及适用条件

1. 基本公式

单筋矩形截面受弯构件正截面承载力计算简图如图 4-15 所示。

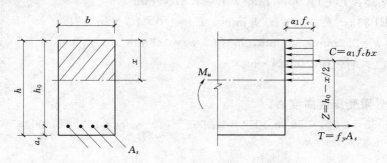

图 4-15 单筋矩形截面受弯构件正截面承载力计算简图

根据力的平衡条件，可列出其基本方程

$$\sum X = 0 \quad \alpha_1 f_c bx = f_y A_s \tag{4-21}$$

$$\sum M_C = 0 \quad M \leqslant f_y A_s \left(h_0 - \frac{x}{2}\right) \tag{4-22}$$

$$\sum M_{A_s} = 0 \quad M \leqslant \alpha_1 f_c bx \left(h_0 - \frac{x}{2} \right) \qquad (4-23)$$

式中 h_0——截面的有效高度，$h_0 = h - a_s$；

$\quad\quad a_s$——受拉区边缘到受拉钢筋合力作用点的距离。

2. 适用条件

(1) 为了防止超筋破坏，保证构件破坏时纵向受拉钢筋首先屈服，应满足

$$\xi \leqslant \xi_b \text{ 或 } x \leqslant \xi_b h_0 \text{ 或 } \rho \leqslant \rho_{\max}$$

(2) 为了防止少筋破坏，应满足 $A_s \geqslant \rho_{\min} bh$。

4.4.2 计算方法

受弯构件正截面承载力计算包括截面设计和截面复核两类问题。

1. 截面设计

设计步骤：

(1) 根据环境类别和混凝土强度等级，由附表查得混凝土保护层最小厚度 c，从而假定 a_s，得截面有效高度 h_0。

(2) 由式（4-23）解二次方程式，确定 x。

(3) 验算适用条件①，要求满足 $\xi \leqslant \xi_b$。若 $\xi > \xi_b$，则要加大截面尺寸，或提高混凝土强度等级、或改用双筋矩形截面重新计算。

(4) 由（4-21）解得

$$A_s = \xi \frac{\alpha_1 f_c}{f_y} bh_0 \qquad (4-24)$$

(5) 验算适用条件②，要求满足 $A_s \geqslant \rho_{\min} bh$。若不满足，按 $A_s = \rho_{\min} bh$ 配置。

【例 4-1】 本例题属于截面设计类，如图 4-16 所示。

设计资料：

一类环境

混凝土：C25，$f_c = 11.90 \text{N/mm}^2$，$f_t = 1.27 \text{N/mm}^2$。

主筋：HRB335，$f_y = 300.00 \text{N/mm}^2$，$E_s = 2.0 \times 10^5 \text{N/mm}^2$。

尺寸：$b \times h = 250 \text{mm} \times 500 \text{mm}$，$h_0 = h - a_s = 465 \text{mm}$。

弯矩设计值：$M = 100.00 \text{kN} \cdot \text{m}$。

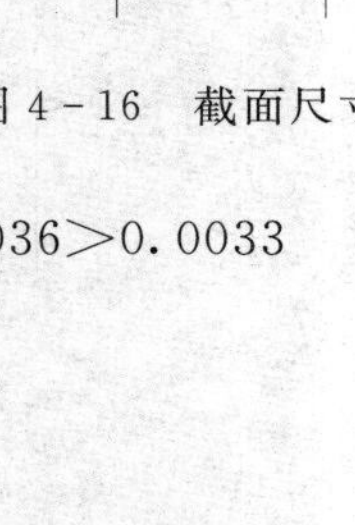

【解】

(1) 相对界限受压区高度 ξ_b。

$$\varepsilon_{cu} = 0.0033 - (f_{cu,k} - 50) \times 10^{-5} = 0.0033 - (25 - 50) \times 10^{-5} = 0.0036 > 0.0033$$

取 $\varepsilon_{cu} = 0.0033$

按式（4-15）

$$\xi_b = \frac{\beta_1}{1 + \dfrac{f_y}{E_s \varepsilon_{cu}}} = \frac{0.80}{1 + \dfrac{300}{2.0 \times 10^5 \times 0.0033}} = 0.55$$

(2) 受压区高度 x。

$$M = \alpha_1 f_c bx \left(h_0 - \frac{x}{2} \right)$$

图 4-16　截面尺寸

$$x = h_0 - \sqrt{h_0^2 - \frac{2M}{\alpha_1 f_c b}} = 465 - \sqrt{465^2 - \frac{2 \times 100.00 \times 10^6}{1.00 \times 11.90 \times 250}} = 79\text{mm} < \xi_b h_0 = 0.55 \times 465 =$$

255.75mm，按计算不需要配置受压钢筋。

（3）受拉钢筋截面积 A_s。

$$\alpha_1 f_c b x = f_y A_s$$

得
$$A_s = \frac{\alpha_1 f_c b x}{f_y} = \frac{1.00 \times 11.90 \times 250 \times 79}{300} = 783\text{mm}^2$$

（4）验算配筋率。

验算最小配筋率时取 $\rho = \dfrac{A_s}{bh} = \dfrac{783}{250 \times 500} \times 100\% = 0.63\%$

$$\left.\begin{array}{l} \rho_{\min} = 0.200\% \\ \rho_{\min} = 0.45 f_t / f_y = 0.45 \times 1.27/300 = 0.191\% \end{array}\right\} \rho_{\min} = 0.200\% < \rho$$

满足最小配筋率要求。

实配受拉钢筋（梁底）：4 Φ 16，$A_s = 804\text{mm}^2$。

2. 截面复核

已知截面设计弯矩 M、截面尺寸 $b \times h$、受拉钢筋截面面积 A_s、混凝土强度等级及钢筋级别，求正截面承载力 M_u 是否足够。

复核步骤：

（1）由 $\rho = \dfrac{A_s}{bh_0}$，计算 $\xi = \rho \dfrac{f_y}{\alpha_1 f_c}$。

（2）检验是否满足适用条件 $\xi \leqslant \xi_b$，若 $\xi > \xi_b$，按 $\xi = \xi_b$ 计算。

（3）检验是否满足适用条件 $A_s \geqslant \rho_{\min} bh$，若不满足，则按 $A_s = \rho_{\min} bh$ 配筋或修改截面重新设计。

（4）求 M_u，由式（4-22）、式（4-23）得

$$M_u = \alpha_1 f_c b h_0^2 \xi \left(1 - \frac{\xi}{2}\right) \tag{4-25}$$

$$M_u = f_y A_s h_0 \left(1 - \frac{\xi}{2}\right) \tag{4-26}$$

当 $M_u \geqslant M$ 时，认为截面受弯承载力满足要求，否则认为不安全。但若 $M_u > M$ 过多，则认为该截面设计不经济。

4.4.3 计算表格

按式（4-21）、式（4-22）和式（4-23）计算时，一般需联立解二次方程组，为了实际应用方便，可将计算公式制成表格，以简化计算。

根据式（4-25）和式（4-26），取

$$\alpha_s = \xi\left(1 - \frac{\xi}{2}\right) \tag{4-27}$$

$$\gamma_s = 1 - \frac{\xi}{2} \tag{4-28}$$

则得

$$M_u = \alpha_s \alpha_1 f_c b h_0^2 \qquad (4-29)$$

$$M_u = f_y A_s h_0 \gamma_s \qquad (4-30)$$

α_s 称为截面抵抗矩系数，γ_s 称为内力臂系数，代表力臂 z 与 h_0 的比值（z/h_0）。式（4-27）和式（4-28）表明，ξ 与 α_s、γ_s 之间存在一一对应的关系，因此可以将不同的 α_s 所对应的 ξ 和 γ_s 计算出来，列成表格，这就是受弯构件正截面承载力的计算表格。设计时查用此表，可避免解二次联立方程组，从而使计算简化。

由 ξ_b 可计算出相应的单筋矩形截面受弯构件的截面抵抗矩系数最大值 α_{sb}，见表 4-5。验算适用条件时可选择使用 $\alpha_s \leqslant \alpha_{sb}$。

表 4-5   钢筋混凝土受弯构件的截面抵抗矩系数最大值 α_{sb}

钢筋级别	屈服强度 f_y (N/mm²)	α_{sb}						
		≤C50	C55	C60	C65	C70	C75	C80
HPB300	270	0.410	—	—	—	—	—	—
HRB335	300	0.399	0.395	0.390	0.386	0.381	0.376	0.371
HRB400、RRB400	360	0.385	0.379	0.375	0.370	0.365	0.361	0.356

当查表不方便或需要插值计算时，可直接按下式计算：

$$\xi = 1 - \sqrt{1 - 2\alpha_s} \qquad (4-31)$$

$$\gamma_s = \frac{1 + \sqrt{1 - 2\alpha_s}}{2} \qquad (4-32)$$

单筋矩形截面受弯构件正截面的配筋计算可以按下面的框图进行。

$$\boxed{\alpha_s = \frac{M}{\alpha_1 f_c b h_0^2}} \rightarrow \boxed{\xi = 1 - \sqrt{1 - 2\alpha_s}} \rightarrow \boxed{A_s = \xi b h_0 \frac{\alpha_1 f_c}{f_y}}$$

$$\boxed{\alpha_s = \frac{M}{\alpha_1 f_c b h_0^2}} \rightarrow \boxed{\gamma_s = \frac{1 + \sqrt{1 - 2\alpha_s}}{2}} \rightarrow \boxed{A_s = \frac{M}{f_y \gamma_s h_0}}$$

【例 4-2】 已知某民用建筑内廊采用简支在砖墙上的现浇钢筋混凝土平板，安全等级为二级，处于一类环境，承受均布荷载设计值为 6.50kN/m²（含板自重）。选用 C25 混凝土和 HRB335 级钢筋。试配置该平板的受拉钢筋。

【解】 本例题属于截面设计类。

(1) 设计参数。

查附录六表 4.1.4，C25 混凝土 $f_c = 11.9$N/mm²，$f_t = 1.27$N/mm²；HRB335 级钢筋 $f_y = 300$N/mm²；$\alpha_1 = 1.0$，$\alpha_{sb} = 0.399$，$\xi_b = 0.550$。

取 1m 宽板带为计算单元，$b = 1000$mm，初选 $h = 80$mm（约为跨度的 1/35）。

查附录七表 8.2.1，一类环境，$c = 15$mm，则 $a_s = c + d/2 = 20$mm，$h_0 = h - 20 = 60$mm。

查附录八表 9.5.1，$\rho_{min} = 0.2\% > 0.45 \frac{f_t}{f_y} = 0.45 \times \frac{1.27}{300} = 0.191\%$。

（2）内力计算。

板的计算跨度取轴线标志尺寸和净跨加板厚的最小值。有

$$l_0 = l_n + h = 2460 + 80 = 2540 < 2700\text{mm}$$

板上均布线荷载

$$q = 1.0 \times 6.5 = 6.50\text{kN/m}$$

则跨中最大弯矩设计值

$$M = \gamma_0 \frac{1}{8} q l_0^2 = 1.0 \times \frac{1}{8} \times 6.50 \times 2.54^2 = 5.242\text{kN} \cdot \text{m}$$

（3）计算钢筋截面面积。

1）利用基本公式直接计算

$$x = h_0 - \sqrt{h_0^2 - \frac{2M}{\alpha_1 f_c b}} = 60 - \sqrt{60^2 - \frac{2 \times 5.242 \times 10^6}{1.0 \times 11.9 \times 1000}} = 7.8\text{mm} < \xi_b h_0 = 33.0\text{mm}$$

$$A_s = \frac{\alpha_1 f_c b x}{f_y} = \frac{1.0 \times 11.9 \times 1000 \times 7.8}{300} = 309.4\text{mm}^2 > \rho_{\min} bh = 0.20\% \times 1000 \times 80 = 160.0\text{mm}^2$$

符合适用条件。

2）查表法计算

$$\alpha_s = \frac{M}{\alpha_1 f_c b h_0^2} = \frac{5.242 \times 10^6}{1.0 \times 11.9 \times 1000 \times 60^2} = 0.122 < \alpha_{sb} = 0.399$$

相应地，$\gamma_s = \dfrac{1 + \sqrt{1 - 2\alpha_s}}{2} = 0.935$

$$A_s = \frac{M}{f_y \gamma_s h_0} = \frac{5.242 \times 10^6}{300 \times 0.935 \times 60} = 311.5\text{mm}^2 > \rho_{\min} bh = 160.0\text{mm}^2$$

符合适用条件。

（4）选配钢筋及绘配筋图。

查附录二，选用$\phi 8@160$（$A_s = 314\text{mm}^2$），配筋如图4-17所示。

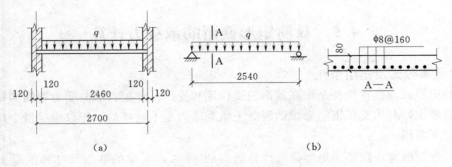

(a)　　　　　　　　　　　　　　(b)

图4-17　例4-2图

【例4-3】 已知某矩形钢筋混凝土梁，安全等级为二级，处于一类环境，截面尺寸为$b \times h = 200\text{mm} \times 500\text{mm}$，选用C35混凝土和HRB400级钢筋，截面配筋如图4-18所

示。该梁承受的最大弯矩设计值 $M = 210\text{kN} \cdot \text{m}$，复核该截面是否安全？

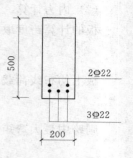

图 4-18 例 4-3 图

【解】 本例题属于截面复核类。

（1）设计参数。

查附录六表 4.1.4，C35 混凝土 $f_c = 16.7\text{N/mm}^2$，$f_t = 1.57\text{N/mm}^2$；HRB400 级钢筋 $f_y = 360\text{N/mm}^2$，$\alpha_1 = 1.0$，$\xi_b = 0.520$。

查附录七表 8.2.1，一类环境，$c = 20\text{mm}$，则 $a_s = c + d + d_1 + e/2 = 25 + 22 + 5 + 25/2 = 64.5\text{mm}$（$d_1$ 为假设的梁箍筋直径），取值 60mm，$h_0 = h - 60 = 440\text{mm}$。

查附录八表 9.5.1，$\rho_{min} = 0.2\% > 0.45 \dfrac{f_t}{f_y} = 0.45 \times \dfrac{1.57}{360} = 0.196\%$。

钢筋净间距 $s_n = \dfrac{200 - 2 \times 25 - 3 \times 22}{2} = 42\text{mm} > d$，且 $s_n > 25\text{mm}$，符合要求。

（2）公式适用条件判断。

1）是否少筋。

$$A_s = 1900\text{mm}^2 > \rho_{min} bh = 0.2\% \times 200 \times 500 = 200\text{mm}^2$$

因此，截面不会产生少筋破坏。

2）计算受压区高度，判断是否超筋。

由式（4-21）可得：

$$x = \frac{f_y A_s}{\alpha_1 f_c b} = \frac{360 \times 1900}{1.0 \times 16.7 \times 200} = 204.8\text{mm} < \xi_b h_0 = 0.520 \times 440 = 228.8\text{mm}$$

因此，截面不会产生超筋破坏。

（3）计算截面所能承受的最大弯矩并复核截面。

$$M_u = \alpha_1 f_c bx \left(h_0 - \frac{x}{2} \right) = 1.0 \times 16.7 \times 200 \times 204.8 \times \left(440 - \frac{204.8}{2} \right)$$

$$= 2.3093 \times 10^8 \text{N} \cdot \text{mm} = 230.93\text{kN} \cdot \text{m} > M = 210\text{kN} \cdot \text{m}$$

因此，该截面安全。

4.5 双筋矩形截面的承载力计算

4.5.1 基本公式及适用条件

双筋矩形截面受弯构件是指在截面的受拉区和受压区都配有纵向受力钢筋的矩形截面梁。一般来说，利用受压钢筋来帮助混凝土承受压力是不经济的，所以应尽量少用，只在以下情况下采用：

（1）弯矩很大，按单筋矩形截面计算所得的 $\xi > \xi_b$，而梁的截面尺寸和混凝土强度等级受到限制时。

（2）梁在不同荷载组合下（如地震）承受变号弯矩作用时。

当然双筋矩形截面受弯构件中的受压钢筋对截面的延性、抗裂和变形等是有利的。

试验表明，双筋矩形截面破坏时的受力特点与单筋矩形截面类似。双筋矩形截面梁与单筋矩形截面梁的区别在于受压区配有纵向受压钢筋，因此只要掌握梁破坏时纵向受压钢筋的受力情况，就可与单筋矩形截面类似建立计算公式。

由于纵向受拉钢筋和受压钢筋数量和相对位置的不同，梁在破坏时它们可能达到屈服，也可能未达到屈服。与单筋矩形截面梁类似，双筋矩形截面梁也应防止脆性破坏，使双筋梁破坏从受拉钢筋屈服开始，故必须满足条件 $\xi \leqslant \xi_b$。而梁破坏时受压钢筋应力取决于其应变 ε_s'，由图 4 - 13 可知：

$$\varepsilon_s' = \frac{x_c - a_s'}{x_c}\varepsilon_{cu} = \left(1 - \frac{a_s'}{\frac{x}{\beta_1}}\right)\varepsilon_{cu} = \left(1 - \frac{\beta_1 a_s'}{x}\right)\varepsilon_{cu} \tag{4-33}$$

若取 $a_s' = 0.5x$，则由平截面假定可得受压钢筋的压应变 $\varepsilon_s' = (1 - 0.5\beta_1)\varepsilon_{cu}$。当混凝土强度等级为 C80 时，由 $\varepsilon_{cu} = 0.003$，$\beta_1 = 0.74$，得：$\varepsilon_s' = 0.00189$；其他级别的混凝土对应的 ε_s' 更大，对于 HPB235、HRB335 和 HRB400 级钢筋，其相应的压应力 σ_s' 已达到抗压强度设计值 f_y'，因此双筋矩形截面梁计算中，纵向受压钢筋的抗压强度采用 f_y' 的必要条件是：

$$x \geqslant 2a_s' \tag{4-34}$$

式中　a_s' ——截面受压区边缘到纵向受压钢筋合力作用点之间的距离。

式（4 - 34）含义为受压钢筋位置应不低于矩形应力图中受压区的重心。若不满足上式规定，则表明受压钢筋离中和轴太近，受压钢筋压应变 ε_s' 过小，致使 σ_s' 达不到 f_y'。

1. 基本公式

双筋矩形截面受弯构件正截面承载力计算简图如图 4 - 19 所示。

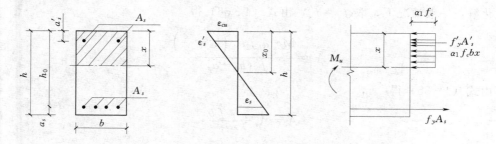

图 4 - 19　双筋矩形截面受弯构件正截面承载力计算简图

根据力的平衡条件，列出其基本公式

$$\sum x = 0 \qquad \alpha_1 f_c bx + f_y' A_s' = f_y A_s \tag{4-35}$$

$$\sum M_{A_s} = 0 \qquad M \leqslant \alpha_1 f_c bx\left(h_0 - \frac{x}{2}\right) + f_y' A_s'(h_0 - a_s') \tag{4-36}$$

2. 适用条件

应用上述计算公式时，必须满足以下条件：

1）为了防止超筋破坏，保证构件破坏时纵向受拉钢筋首先屈服，应满足

$$\xi \leqslant \xi_b \text{ 或 } x \leqslant \xi_b h_0 \text{ 或 } \rho \leqslant \rho_{\max}$$

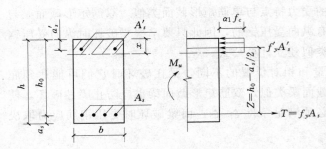

図 4-20 計算簡図

2) 为了保证受压钢筋在构件破坏时达到屈服强度，应满足

$$x \geqslant 2a'_s$$

当条件 2) 不满足时，受压钢筋应力还未达到 f'_y，因应力值未知，可近似地取 $x = 2a'_s$，并对受压钢筋的合力作用点取矩（图 4-20），则正截面承载力可直接根据下式确定。

$$M \leqslant f_y A_s (h_0 - a'_s) \quad (4-37)$$

值得注意的是，按上式求得的 A_s 可能比不考虑受压钢筋而按单筋矩形截面计算的 A_s 还大，这时应按单筋矩形截面的计算结果配筋。

4.5.2 计算方法

双筋矩形截面受弯构件正截面承载力计算包括截面设计和截面复核两类问题。

1. 截面设计

双筋矩形截面受弯构件的正截面设计，一般是受拉、受压钢筋 A_s 和 A'_s 均未知，都需要确定。有时由于构造等原因，受压钢筋截面面积 A'_s 已知，只要求确定受拉钢筋截面面积 A_s。

情形 1：已知截面的弯矩设计值 M、构件截面尺寸 $b \times h$、混凝土强度等级和钢筋级别，求受拉钢筋截面面积 A_s 和受压钢筋截面面积 A'_s。

求解 A_s、A'_s 和 x 三个未知量，只有式 (4-35) 和式 (4-36) 两个基本计算公式，需补充一个条件才能求解。在截面尺寸和材料强度确定的情况下，引入 $(A_s + A'_s)$ 最小为优化解。一般情况下，取 $f_y = f'_y$，由式 (4-36) 得

$$A'_s = \frac{M - \alpha_1 f_c b x \left(h_0 - \dfrac{x}{2} \right)}{f'_y (h_0 - a'_s)} \quad (4-38)$$

由式 (4-35) 得

$$A_s = A'_s + \frac{\alpha_1 f_c b x}{f_y} \quad (4-39)$$

由式 (4-38) 和式 (4-39) 相加，得

$$A_s + A'_s = \frac{\alpha_1 f_c b x}{f_y} + 2 \frac{M - \alpha_1 f_c b x \left(h_0 - \dfrac{x}{2} \right)}{f'_y (h_0 - a'_s)} \quad (4-40)$$

对上式求导，令 $\dfrac{\mathrm{d}(A_s + A'_s)}{\mathrm{d}x} = 0$，得

$$\frac{x}{h_0} = \xi = \frac{1}{2} \left(1 + \frac{a'_s}{h_0} \right) \quad (4-41)$$

对于 HRB335、HRB400 级钢筋以及常用的 a'_s / h_0 值的情况下，由式 (4-41) 得 $\xi \geqslant \xi_b$，根据适用条件，取 $\xi = \xi_b$。对于 HPB235 级钢筋，在混凝土强度等级小于 C50 时，若

仍取 $\xi=\xi_b$，则钢筋用量会略有增加，这时，可取 $\xi=0.55$。

当取 $\xi=\xi_b$ 时，则由式（4-36）得

$$A'_s=\frac{M-\alpha_1 f_c bh_0^2\xi_b(1-\frac{\xi_b}{2})}{f'_y(h_0-a'_s)}=\frac{M-\alpha_{sb}\alpha_1 f_c bh_0^2}{f'_y(h_0-a'_s)} \tag{4-42}$$

由式（4-35）得

$$A_s=A'_s\frac{f'_y}{f_y}+\xi_b\frac{\alpha_1 f_c bh_0}{f_y} \tag{4-43}$$

情形 2：已知截面的弯矩设计值 M、截面尺寸 $b\times h$、混凝土强度等级和钢筋级别、受压钢筋截面面积 A'_s，求构件受拉钢筋截面面积 A_s。

只有 A_s 和 x 两个未知数，利用式（4-35）和式（4-36）即可直接求解。为避免联立求解，也可利用表格计算。如图 4-21 所示，双筋矩形截面梁可分解成无混凝土的钢筋梁和单筋矩形截面梁两部分，相应地 M 也分解成两部分，即：

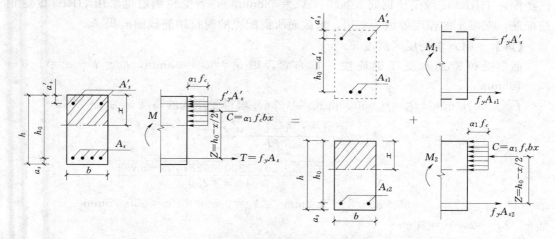

图 4-21 A'_s 已知的双筋矩形截面受弯构件正截面设计

$$M=M_1+M_2 \tag{4-44}$$

$$A_s=A_{s1}+A_{s2} \tag{4-45}$$

其中
$$M_1=f'_y A'_s(h_0-a'_s) \tag{4-46}$$

$$A_{s1}=A'_s\frac{f'_y}{f_y} \tag{4-47}$$

$$M_2=M-M_1=\alpha_1 f_c bx(h_0-\frac{x}{2})=\alpha_s\alpha_1 f_c bh_0^2=\gamma_s h_0 f_y A_{s2} \tag{4-48}$$

与单筋矩形截面梁计算一样，根据式（4-48）确定 α_s，查附表 15 可得相应的 γ_s，则

$$A_{s2}=\frac{M_2}{f_y\gamma_s h_0}=\frac{M-M_1}{f_y\gamma_s h_0} \tag{4-49}$$

在 A_{s2} 的计算中，应注意验算适用条件是否满足。若 $\xi>\xi_b$（或 $\alpha_s>\alpha_{sb}$），说明给定的 A'_s 不足，应按情形 1 重新计算 A_s 和 A'_s；若求得的 $x<2a'_s$，应按式（4-37）计算受拉钢筋截面面积 A_s。

2. 截面复核

已知截面弯矩设计值 M，截面尺寸 $b \times h$、混凝土强度等级和钢筋级别，受拉钢筋 A_s 和受压钢筋 A_s'，求正截面受弯承载力 M_u 是否足够。

复核步骤：

根据式（4-35）确定 x，若 x 满足适用条件，则代入式（4-36）确定截面弯矩承载力 M_u；

若 $x < 2a_s'$，则按式（4-37）确定 M_u；

若 $x > \xi_b h_0$，则取 $\xi = \xi_b$，代入式（4-36）确定 M_u；

将截面弯矩承载力 M_u 与截面弯矩设计值 M 进行比较，若 $M_u \geqslant M$，则说明截面承载力足够，构件安全；反之，若 $M_u < M$，则说明截面承载力不够，构件不安全，需重新设计，直至满足要求为止。

【例 4-4】 某梁截面尺寸 $b \times h = 250\text{mm} \times 500\text{mm}$，$M = 2.0 \times 10^8 \text{N} \cdot \text{mm}$ 受压区预先已经配好 HRB335 级受压钢筋 $2\Phi20$（$A_s' = 628\text{mm}^2$），若受拉钢筋也采用 HRB335 级钢筋配筋，混凝土的强度等级为 C30，求截面所需配置的受拉钢筋截面面积 A_s。

【解】 （1）求受压区高度 x。

假定受拉钢筋和受压钢筋按一排布置，则 $a_s = a_s' = 35\text{mm}$，$h_0 = h - a_s = 500 - 35 = 465\text{mm}$。

$f_y' = 300\text{N/mm}^2$，$\xi_b = 0.550$。由式（4-36）求得受压区的高度 x 为

$$x = h_0 - \sqrt{h_0^2 - 2\left[\frac{M - f_y' A_s'(h_0 - a_s')}{\alpha_1 f_c b}\right]}$$

$$= 465 - \sqrt{465^2 - 2\left[\frac{2.0 \times 10^8 - 300 \times 628(465 - 35)}{14.3 \times 250}\right]}$$

$$= 465 - 386.8 = 78.2\text{mm} < \xi_b h_0 = 0.550 \times 465 = 255.75\text{mm}$$

且 $x > 2a_s' = 2 \times 35 = 70\text{mm}$

（2）计算截面需配置的受拉钢筋截面面积。

由式（4-35）求得受拉钢筋的截面面积 A_s 为

$$A_s = \frac{f_y' A_s' + \alpha_1 f_c bx}{f_y} = \frac{300 \times 628 + 14.3 \times 250 \times 78.2}{300} = 1560\text{mm}^2$$ 选

用 $3\Phi28$（$A_s = 1847\text{mm}^2$），截面配筋情况如图 4-22 所示。

【例 4-5】 已知某矩形钢筋混凝土梁，截面尺寸 $b \times h = 200\text{mm} \times 400\text{mm}$，选用 C25 混凝土和 HRB335 级钢筋，截面配筋如图 4-23 所示。如果该梁承受的最大弯矩设计值 $M = 150\text{kN} \cdot \text{m}$，复核截面是否安全。

【解】 本例题属于截面复核类。

（1）设计参数。

查附录六表 4.1.4，C25 混凝土 $f_c = 11.9\text{N/mm}^2$，$f_t = 1.27\text{N/mm}^2$；HRB335 级钢筋 $f_y = 300\text{N/mm}^2$；$\alpha_1 = 1.0$，$\xi_b = 0.550$。

$A_s = 1901\text{mm}^2$，$A_s' = 509\text{mm}^2$。

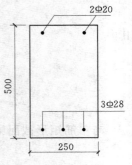

图 4-22 例 4-4 图

查附录七表 8.2.1，一类环境，$c=25\text{mm}$，则 $a_s=c+d+d_1$
$+e/2=25+22+5+25/2=64.5\text{mm}$，取值 60mm，$h_0=h-60=$
340mm，$a'_s=c+d/2+d_1=25+18/2+5=39\text{mm}$，取值 35mm。

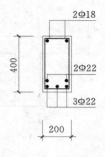

（2）计算 ξ。

$$\xi=\frac{(A_s-A'_s)f_y}{\alpha_1 f_c bh_0}=\frac{(1901-509)\times300}{1.0\times11.9\times200\times340}=0.516<\xi_b=0.550$$

且 $\xi>\dfrac{2a'_s}{h_0}=0.194$ 满足公式适用条件。

（3）计算极限承载力，复核截面。

图 4-23　例 4-5 图

查附表，$\alpha_s=0.383$，则

$$\begin{aligned}M_u&=\alpha_s\alpha_1 f_c bh_0^2+f'_y A'_s(h_0-a'_s)=0.383\times1.0\times11.9\times200\times340^2\\&+300\times509\times(340-35)=151.9\times10^6\text{N}\cdot\text{mm}=151.9\text{kN}\cdot\text{m}>150\text{kN}\cdot\text{m}\end{aligned}$$

该截面安全。

4.6　T 形截面的承载力计算

4.6.1　T 形截面计算的特点

T 形截面受弯构件广泛应用于工程实际中。例如现浇肋梁楼盖的梁与楼板浇筑在一起形成 T 形梁；预制构件中的独立 T 形梁等。一些其他截面形式的预制构件，如槽形板、双 T 屋面板、I 形吊车梁、薄腹屋面梁以及预制空心板等，如图 4-24 所示，也按 T 形截面受弯构件考虑。

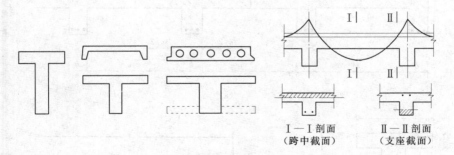

图 4-24　工程结构中的 T 形和矩形截面

由矩形截面受弯构件的受力分析可知，受弯构件进入破坏阶段以后，大部分受拉区混凝土已退出工作，正截面承载力计算时不考虑混凝土的抗拉强度，因此设计时可将一部分受拉区的混凝土去掉，将原有纵向受拉钢筋集中布置在梁肋中，形成 T 形截面，如图 4-25，其中伸出部分称为翼缘 $(b'_f-b)\times h'_f$，中间部分称为梁肋 $(b\times h)$。与原矩形截面相比，T 形截面的极限承载能力不受影响，同时还能节省混凝土，减轻构件自重，产生一定的经济效益。而对于倒 T 形截面梁 [见图 4-25（b）]，其翼缘在梁的受拉区，计算受弯承载力时应按宽度为 b 的矩形截面计算。现浇肋梁楼盖连续梁的支座附近截面就是倒 T 形截面，该处承受负弯矩，使截面下部受压 [图 4-24（d）Ⅱ—Ⅱ 剖面]，翼缘（上部）

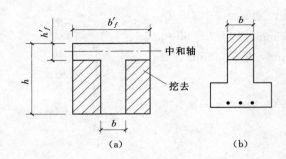

图 4-25　T形截面与倒 T形截面
(a) T形截面；(b) 倒 T形截面

受拉，而跨中［图 4-24（d）Ⅰ-Ⅰ剖面］则按 T形截面计算。

T形截面与矩形截面的主要区别在于翼缘参与受压。试验研究与理论分析证明，翼缘的压应力分布不均匀，离梁肋越远应力越小［图 4-26（a）、（c）］，可见翼缘参与压的有效宽度是有限的，故在设计独立 T形截面梁时应将翼缘限制在一定范围内，该范围称为翼缘的计算宽度 b'_f，同时假定在 b'_f 范围内压应力均匀分布［图 4-26（b）、（d）］；现浇 T形截面梁（肋形梁）的翼缘往往较宽，如图 4-27 所示，但只取翼缘计算宽度 b'_f 进行计算。

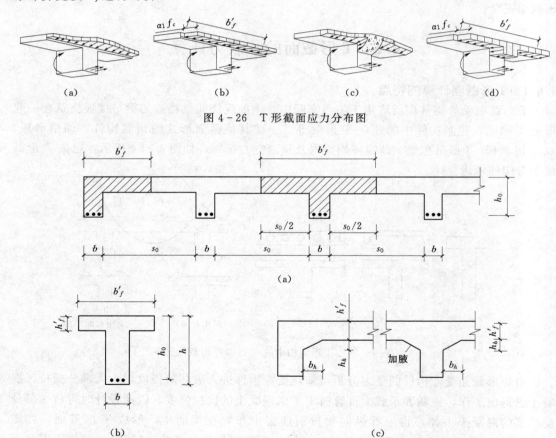

图 4-26　T形截面应力分布图

图 4-27　表 4-6 说明附图

GB50010—2010 规定了 T形及倒 L形截面受弯构件翼缘计算宽度 b'_f 的取值，考虑到 b'_f 与翼缘厚度、梁跨度和受力状况等因素有关，应按表 4-6 中规定各项的最小值采用。

考 虑 情 况		T 形截面		倒 L 形截面
		肋形梁（板）	独立梁	肋形梁（板）
按计算跨度 l_0 考虑		$l_0/3$	$l_0/3$	$l_0/6$
按梁（肋）净距 s_n 考虑		$b+s_n$	—	$b+s_n/2$
按翼缘高度 h'_f 考虑	当 $h'_f/h_0 \geqslant 0.1$	—	$b+12h'_f$	—
	当 $0.1 > h'_f/h_0 \geqslant 0.05$	$b+12h'_f$	$b+6h'_f$	$b+5h'_f$
	当 $h'_f/h_0 < 0.05$	$b+12h'_f$	b	$b+5h'_f$

注 1. 表中 b 为梁的腹板宽度。
    2. 如肋形梁在梁跨内设有间距小于纵肋间距的横肋时，则可不遵守表列第三种情况的规定。
    3. 对有加腋的 T 形和倒 L 形截面，当受压区加腋的高度 $h_h \geqslant h'_f$ 且加腋的宽度 $b_n \leqslant 3h'_f$ 时，则其翼缘计算宽度可
        按表列第三种情况规定分别增加 $2b_h$（T 形截面）和 b_h（倒 L 形截面）。
    4. 独立梁受压区的翼缘板在荷载作用下经验算沿纵肋方向可能产生裂缝时，其计算宽度应取腹板宽度 b。

4.6.2 计算公式

1. T 形截面的两种类型及判别条件

T 形截面受弯构件正截面受力的分析方法与矩形截面的基本相同，不同之处在于需要考虑受压翼缘的作用。根据中和轴是否在翼缘中，将 T 形截面分为以下两种类型：

(1) 第 I 类 T 形截面：中和轴在翼缘内，即 $x \leqslant h'_f$。

(2) 第 II 类 T 形截面：中和轴在梁肋内，即 $x > h'_f$。

要判断中和轴是否在翼缘中，首先应对界限位置进行分析，界限位置为中和轴在翼缘与梁肋交界处，即 $x = h'_f$ 处（图 4－28）。此时，根据力的平衡条件有

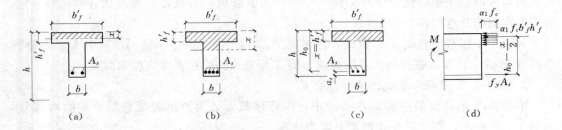

图 4－28 各类 T 形截面中和轴的位置

$$\sum x = 0 \qquad \alpha_1 f_c b'_f h'_f = f_y A_s \tag{4－50}$$

$$\sum M_{A_s} = 0 \qquad M_u = \alpha_1 f_c b'_f h'_f \left(h_0 - \frac{h'_f}{2} \right) \tag{4－51}$$

对于第 I 类 T 形截面，有 $x \leqslant h'_f$，则

$$f_y A_s \leqslant \alpha_1 f_c b'_f h'_f \tag{4－52}$$

$$M \leqslant \alpha_1 f_c b'_f h'_f \left(h_0 - \frac{h'_f}{2} \right) \tag{4－53}$$

对于第 II 类 T 形截面，有 $x > h'_f$，则

$$f_y A_s > \alpha_1 f_c b'_f h'_f \tag{4－54}$$

$$M > \alpha_1 f_c b'_f h'_f \left(h_0 - \frac{h'_f}{2}\right) \qquad (4-55)$$

以上即为 T 形截面受弯构件类型判别条件。但应注意不同设计阶段采用不同的判别条件：

(1) 在截面设计时，由于 A_s 未知，采用式（4-53）和式（4-55）进行判别；

(2) 在截面复核时，A_s 已知，采用式（4-52）和式（4-54）进行判别。

2. 第 I 类 T 形截面承载力的计算公式

由于不考虑受拉区混凝土的作用，计算第 I 类 T 形截面（图 4-29）承载力时，与梁宽为 b'_f 矩形截面的计算公式相同，即

$$\alpha_1 f_c b'_f x = f_y A_s \qquad (4-56)$$

$$M \leqslant \alpha_1 f_c b'_f x \left(h_0 - \frac{x}{2}\right) \qquad (4-57)$$

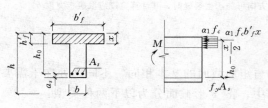

图 4-29   第 I 类 T 形截面

式（4-56）、式（4-57）的适用条件：

(1) $x \leqslant \xi_b h_0$。由于 T 形截面的 h'_f 较小，而第 I 类 T 形截面中和轴在翼缘中，故 x 值较小，该条件一般都可满足，不必验算。

(2) $A_s \geqslant \rho_{\min} bh$ 应该注意的是，尽管第 I 类 T 形截面承载力按 $b'_f \times h$ 的矩形截面计算，但最小配筋面积按 $\rho_{\min} bh$ 而不是 $\rho_{\min} b'_f h$。

这是因为最小配筋率 $\rho_{\min}$ 是根据钢筋混凝土梁开裂后的受弯承载力与相同截面素混凝土梁受弯承载力相同的条件得出的，而素混凝土 T 形截面受弯构件（肋宽 b、梁高 h）的受弯承载力与素混凝土矩形截面受弯构件（$b \times h$）的受弯承载力接近，为简化计算，按 $b \times h$ 的矩形截面的受弯构件的 $\rho_{\min}$ 来判断。

对于工字形截面和倒 T 形截面，应满足 $A_s \geqslant \rho_{\min}[bh + (b_f - b)h_f]$，其中 b_f、h_f 分别为按 T 形截面计算承载力的工字形截面、倒 T 形截面的受拉翼缘宽度和高度。

3. 第 II 类 T 形截面承载力的计算公式

第 II 类 T 形截面的中和轴在梁肋中，可将该截面分为伸出翼缘和矩形梁肋两部分，如图 4-30 所示，则计算公式根据平衡条件得

$$\alpha_1 f_c (b'_f - b) h'_f + \alpha_1 f_c bx = f_y A_s \qquad (4-58)$$

$$M \leqslant \alpha_1 f_c (b'_f - b) h'_f \left(h_0 - \frac{h'_f}{2}\right) + \alpha_1 f_c bx \left(h_0 - \frac{x}{2}\right) \qquad (4-59)$$

式（4-58）、式（4-59）的适用条件：

(1) $x \leqslant \xi_b h_0$。

(2) $A_s \geqslant \rho_{\min}[bh + (b_f - b)h_f]$。该条件一般都可满足，不必验算。

4.6.3 计算方法

1. 截面设计

已知：截面弯矩设计值 M、截面尺寸、混凝土强度等级和钢筋级别，求受拉钢筋截面面积 A_s。

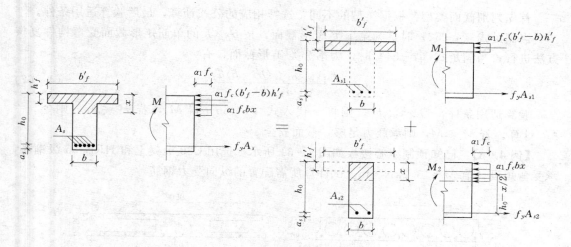

图 4-30 第Ⅱ类 T 形截面

设计步骤：

首先判别截面类型，按相应的公式计算，最后验算适用条件。

当满足式（4-53）时，为第Ⅰ类 T 形截面，按梁宽为 b'_f 的单筋矩形截面受弯构件计算，验算 $A_s \geqslant \rho_{\min}[bh + (b_f - b)h_f]$。

当满足式（4-55）时，为第Ⅱ类 T 形截面，根据式（4-58）和式（4-59）计算。若将翼缘伸出部分视作双筋矩形截面中的受压钢筋，可以看出第Ⅱ类 T 形截面与双筋矩形截面相似（图 4-30），因此也可按双筋矩形截面计算方法分析，有

$$M = M_1 + M_2 \qquad (4-60)$$

$$A_s = A_{s1} + A_{s2} \qquad (4-61)$$

对于第一部分，有

$$f_y A_{s1} = \alpha_1 f_c (b'_f - b) h'_f \qquad (4-62)$$

$$M_1 = \alpha_1 f_c (b'_f - b) h'_f \left(h_0 - \frac{h'_f}{2}\right) \qquad (4-63)$$

则

$$A_{s1} = \frac{\alpha_1 f_c (b'_f - b) h'_f}{f_y} \qquad (4-64)$$

对于第二部分，有

$$M_2 = M - M_1 = \alpha_1 f_c b x \left(h_0 - \frac{x}{2}\right) = \alpha_s \alpha_1 f_c b h_0^2 = \gamma_s h_0 f_y A_{s2} \qquad (4-65)$$

与梁宽为 b 的单筋矩形截面一样，根据式（4-65）确定 α_s，查附表得相应的 γ_s，则

$$A_{s2} = \frac{M - M_1}{\gamma_s h_0 f_y} \qquad (4-66)$$

验算 $x \leqslant \xi_b h_0$。

2. 截面复核

已知：截面弯矩设计值 M，截面尺寸、受拉钢筋截面面积 A_s、混凝土强度等级及钢筋级别，求正截面受弯承载力 M_u 是否足够。

复核步骤：

首先判别截面类型，根据类型的不同，选择相应的公式计算，最后验算适用条件。

当满足式（4-52）时，为第Ⅰ类T形截面，按 $b'_f \times h$ 的单筋矩形截面受弯构件复核方法进行；当满足式（4-54）时，为第Ⅱ类T形截面，有

$$x = \frac{f_y A_s - \alpha_1 f_c (b'_f - b) h'_f}{\alpha_1 f_c b} \qquad (4-67)$$

验算适用条件，若 $x \leqslant \xi_b h_0$，则将 x 代入式（4-66）得 M_u，若 $x > \xi_b h_0$，则令 $x = \xi_b h_0$ 计算。若 $M_u \geqslant M$，则承载力足够，截面安全。

【例4-6】 已知预制空心楼板如图4-31所示。选用C30混凝土和HRB335级钢筋，承受弯矩设计值 $M=13.2$ kN·m。试计算所需配置的纵向受力钢筋。

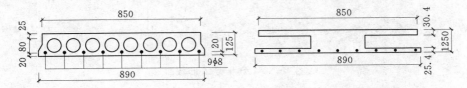

图4-31 例4-6图

【解】 本例题属于截面设计类。

（1）设计参数。

查附录六表4.1.4，C30混凝土 $f_c=14.3$ N/mm²，$f_t=1.43$ N/mm²；HRB335级钢筋 $f_y=300$ N/mm²，$\alpha_1=1.0$，$\alpha_{sb}=0.399$，$\xi_b=0.55$。

查附录七表8.2.1，一类环境，$c=15$ mm，则 $a_s=c+d/2=20$ mm，$h_0=h-20=105$ mm。

$$\rho_{\min} = 0.45 \frac{f_t}{f_y} = 0.45 \times \frac{1.43}{300} = 0.215\% > 0.2\%$$

（2）将圆孔空心板换算为Ⅰ形截面。

根据截面面积不变、截面惯性矩不变的原则，先将圆形孔转换为矩形孔。取圆孔直径为 d，换算后矩形孔宽、高为 b_R、h_R 则

$$\frac{\pi d^2}{4} = b_R h_R \qquad \frac{\pi d_R^4}{64} = \frac{b_R h_R^3}{12}$$

可以解得：$h_R = 0.866d = 0.866 \times 80 = 69.2$ mm

$b_R = 0.907d = 0.907 \times 80 = 72.6$ mm

则换算后Ⅰ形截面尺寸如图4-31所示。

（3）计算钢筋截面面积。

1）截面类型判别

当 $x = h'_f$ 时

$$\alpha_1 f_c b'_f h'_f \left(h_0 - \frac{h'_f}{2} \right) = 1.0 \times 14.3 \times 850 \times 30.4 \times \left(105 - \frac{30.4}{2} \right)$$

$$= 33.18 \times 10^6 \text{N·mm} = 33.18 \text{kN·m} > M = 13.2 \text{kN·m}$$

属于第一类截面类型，可以按矩形截面 $b'_f \times h = 850 \text{mm} \times 125 \text{mm}$ 计算。

2) 求受拉钢筋的面积 A_s

$$\alpha_s = \frac{M}{\alpha_1 f_c b'_f h_0^2} = \frac{13.2 \times 10^6}{1.0 \times 14.3 \times 850 \times 105^2} = 0.098 < \alpha_{sb} = 0.399$$

查附表，$\gamma_s = 0.948$，则

$$A_s = \frac{M}{f_y \gamma_s h_0} = \frac{13.2 \times 10^6}{300 \times 0.948 \times 105} = 442.0 \text{mm}^2$$

$422.0 \text{mm}^2 > \rho_{\min} [bh + (b_f - b)h_f] = 0.215\% \times [777.4 \times 1250 + (890 - 777.4) \times 25.4]$
$= 215.1 \text{mm}^2$，符合适用条件。

（4）选配钢筋及绘配筋图。

受拉钢筋选用 $9 \phi 8$（$A_s = 453 \text{mm}^2$），配筋简图如图 4-31 所示。

【例 4-7】 已知现浇楼盖梁板截面如图 4-32 所示。选用 C20 混凝土和 HRB335 级钢筋，L-1 的计算跨度 $L_0 = 3.3 \text{m}$，承受弯矩设计值为 $M = 275 \text{kN} \cdot \text{m}$。试计算 L-1 所需配置的纵向受力钢筋。

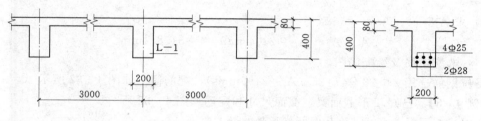

图 4-32 例 4-7 图

【解】 本例题属于截面设计类。

（1）设计参数。

查附录六表 4.1.4，C20 混凝土 $f_c = 9.6 \text{N/mm}^2$，$f_t = 1.10 \text{N/mm}^2$；HRB335 级钢筋 $f_y = 300 \text{N/mm}^2$；$\alpha_1 = 1.0$，$\alpha_{sb} = 0.399$，$\xi_b = 0.550$。

查附录七表 8.2.1，一类环境，$c = 25 \text{mm}$，假设配置两排钢筋，则 $a_s = c + d + d_1 + e/2 = 25 + 20 + 5 + 25/2 = 62.5 \text{mm}$，取值 65mm，$h_0 = h - 65 = 335 \text{mm}$。

$$\rho_{\min} = 0.2\% > 0.45 \frac{f_t}{f_y} = 0.45 \times \frac{1.10}{300} = 0.165\%$$

（2）确定受压翼缘宽度。

按计算跨度考虑 $b'_f = \frac{l_0}{3} = \frac{3300}{3} = 1100 \text{mm}$

按梁净距 S_n 考虑 $b'_f = S_n + b = 2800 + 200 = 3000 \text{mm}$

按翼缘厚度 h'_f 考虑 $\frac{h'_f}{h_0} = \frac{80}{340} = 0.235 > 0.1$ 受压翼缘宽度不受此项限制。

（3）计算钢筋截面面积。

1）截面类型判别

当 $x = h'_f$ 时

$$\alpha_1 f_c b'_f h'_f \left(h_0 - \frac{h'_f}{2} \right) = 1.0 \times 9.60 \times 1100 \times 80 \times \left(335 - \frac{80}{2} \right)$$

$$= 249.2 \times 10^6 \text{N} \cdot \text{mm} = 249.2 \text{kN} \cdot \text{m} < M = 275 \text{kN} \cdot \text{m}$$

属于第二类截面类型。

2）求 M_1 及 A_{s1}

$$M_1 = \alpha_1 f_c (b'_f - b) h'_f \left(h_0 - \frac{h'_f}{2} \right) = 1.0 \times 9.60 \times (1100 - 200) \times 80 \times \left(335 - \frac{80}{2} \right)$$

$$= 203.9 \times 10^6 \, \text{N} \cdot \text{mm} = 203.9 \, \text{kN} \cdot \text{m}$$

$$A_{s1} = \frac{\alpha_1 f_c (b'_f - b) h'_f}{f_y} = \frac{1.0 \times 9.6 \times (1100 - 200) \times 80}{300} = 2304 \, \text{mm}^2$$

3）求 M_2 及 A_{s2}

$$M_2 = M - M_1 = 275 - 203.9 = 71.1 \, \text{kN} \cdot \text{m}$$

$$\alpha_s = \frac{M_2}{\alpha_1 f_c b h_0^2} = \frac{71.1 \times 10^6}{1.0 \times 9.60 \times 200 \times 335^2} = 0.330 < \alpha_{sb} = 0.399$$

查附表，$\gamma_s = 0.791$ 则

$$A_{s2} = \frac{M_2}{f_y \gamma_s h_0} = \frac{71.1 \times 10^6}{300 \times 0.791 \times 335} = 894.4 \, \text{mm}^2$$

4）求 A_s

$$A_s = A_{s1} + A_{s2} = 2304 + 894.4 = 3198.4 \, \text{mm}^2$$

（4）选配钢筋及绘配筋图。

受拉钢筋选用 2Φ28+4Φ25（$A_s = 3196 \text{mm}^2$），配筋简图如图 4-32 所示。

【例 4-8】 已知 T 形截面梁，截面尺寸和配筋如图 4-33 所示。选用 C25 混凝土，试求该截面所能承受的最大弯矩。

【解】 本例题属于截面复核类。

（1）设计参数。

查附录六表 4.1.4，C25 混凝土 $f_c = 11.9 \text{N/mm}^2$；HRB335 级钢筋 $f_y = 300 \text{N/mm}^2$，$\alpha_1 = 1.0$，$\alpha_{smax} = 0.399$，$\xi_b = 0.550$。

查附录七表 8.2.1，一类环境，$c = 25 \text{mm}$，则 $a_s = c + d + d_1 + e/2 = 25 + 25 + 5 + 25/2 = 67.5 \text{mm}$，取值 65mm，$h_0 = h - 65 = 535 \text{mm}$。

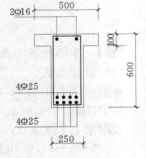

图 4-33 例 4-8 图

$a'_s = c + d_1 + d/2 = 25 + 5 + 16/2 = 38 \text{mm}$，取值 35mm。$A_s = 3927 \text{mm}^2$，$A'_s = 402 \text{mm}^2$

（2）截面类型判别。

$$f_y A_s = 300 \times 3927 = 1.1781 \times 10^6 \, \text{N} > \alpha_1 f_c b'_f h'_f + A'_s f'_y$$

$$= 1.0 \times 11.9 \times 100 \times 500 + 300 \times 402 = 0.7156 \times 10^6 \, \text{N}$$

故为第二类 T 形截面梁。

（3）计算 M_1 及 A_{s1}。

$$A_{s1} = \frac{\alpha_1 f_c (b'_f - b) h'_f}{f_y} = \frac{1.0 \times 11.9 \times (500 - 250) \times 100}{300} = 992 \, \text{mm}^2$$

$$M_1 = \alpha_1 f_c (b'_f - b) h'_f \left(h_0 - \frac{h'_f}{2} \right) = 1.0 \times 11.9 \times (500 - 250) \times 100 \times \left(535 - \frac{100}{2} \right)$$

$$= 144.3 \times 10^6 \, \text{N} \cdot \text{mm} = 144.3 \, \text{kN} \cdot \text{m}$$

（4）求与 A'_s 对应的 A_{s3} 和 M_3。

$$A_{s3}=\frac{f'_y A'_s}{f_y}=\frac{300\times402}{300}=402\text{mm}^2$$

$$M_3=f_y A_{s3}(h_0-a'_s)=300\times402\times(535-35)=60.3\times10^6\text{N}\cdot\text{mm}=60.3\text{kN}\cdot\text{m}$$

（5）求 A_{s2} 及对应 M_2。

$$A_{s2}=A_s-A_{s1}-A_{s3}=3927-992-402=2533\text{mm}^2$$

$$x=\frac{f_y A_{s2}}{\alpha_1 f_c b}=\frac{300\times2533}{1.0\times11.9\times250}=255.4\text{mm}<\xi_b h_0=294.3\text{mm}$$

$$M_2=\alpha_1 f_c bx\left(h_0-\frac{x}{2}\right)=1.0\times11.9\times250\times255.4\times\left(535-\frac{255.4}{2}\right)$$

$$=309.5\times10^6\text{N}\cdot\text{mm}=309.5\text{kN}\cdot\text{m}$$

则该截面所能承受的最大弯矩

$$M_u=M_1+M_2+M_3=144.3+309.5+60.3=514.1\text{kN}\cdot\text{m}$$

？ 复习思考题与习题

一、思考题

1. 适筋梁从开始加载到正截面承载力破坏经历了哪几个阶段？各阶段截面上应力-应变分布、裂缝开展、中和轴位置、梁的跨中挠度的变化规律如何？各阶段的主要特征是什么？每个阶段是哪种极限状态设计的基础？

2. 适筋梁、超筋梁和少筋梁的破坏特征有何不同？

3. 什么是界限破坏？界限破坏时的界限相对受压区高度 ξ_b 与什么有关？ξ_b 与最大配筋率 $\rho_{\max}$ 有何关系？

4. 适筋梁正截面承载力计算中，如何假定钢筋和混凝土材料的应力？

5. 单筋矩形截面承载力公式是如何建立的？为什么要规定其适用条件？

6. α_s、γ_s 和 ξ 的物理意义是什么？试说明其相互关系及变化规律。

7. 钢筋混凝土梁若配筋率不同，即 $\rho<\rho_{\min}$，$\rho_{\min}<\rho<\rho_{\max}$，$\rho=\rho_{\max}$，$\rho>\rho_{\max}$，试回答下列问题：

（1）它们属于何种破坏？破坏现象有何区别？

（2）哪些截面能写出极限承载力受压区高度 x 的计算式？哪些截面则不能？

（3）破坏时钢筋应力各等于多少？

（4）破坏时截面承载力 M_u 各等于多少？

8. 根据矩形截面承载力计算公式，分析提高混凝土强度等级、提高钢筋级别、加大截面宽度和高度对提高承载力的作用，哪种最有效、最经济？

9. 在正截面承载力计算中，对于混凝土强度等级小于C50的构件和混凝土强度等级等于及大于C50的构件，其计算有什么区别？

10. 复核单筋矩形截面承载力时，若 $\xi>\xi_b$，如何计算其承载力？

11. 在双筋截面中受压钢筋起什么作用？为何一般情况下采用双筋截面受弯构件不经

济？在什么条件下可采用双筋截面梁？

12．为什么在双筋矩形截面承载力计算中必须满足 $x \geqslant 2a'_s$ 的条件？当双筋矩形截面出现 $x < 2a'_s$ 时应当如何计算？

13．在矩形截面弯矩设计值、截面尺寸、混凝土强度等级和钢筋级别已知的条件下，如何判别应设计成单筋还是双筋？

14．设计双筋截面，A_s 及 A'_s 均未知时，x 应如何取值？当 A'_s 已知时，应当如何求 A_s？

15．T 形截面翼缘计算宽度为什么是有限的？取值与什么有关？

16．根据中和轴位置不同，T 形截面的承载力计算有哪几种情况？截面设计和承载复核时应如何鉴别？

17．第 I 类 T 形截面为什么可以按宽度为 b'_f 的矩形截面计算？如何计算其最小配筋面积？

18．T 形截面承载力计算公式与单筋矩形截面及双筋矩形截面承载力计算公式，有何异同点？

二、习题

1．已知钢筋混凝土矩形梁，处于一类环境，其截面尺寸 $b \times h = 250\text{mm} \times 500\text{mm}$，承受弯矩设计值 $M = 150\text{kN} \cdot \text{m}$，采用 C30 混凝土和 HRB335 级钢筋。试配置截面钢筋。

2．一钢筋混凝土矩形梁截面尺寸 $b \times h = 250\text{mm} \times 500\text{mm}$，混凝土强度等级 C20，HRB335 钢筋，弯矩设计值 $M = 125\text{kN} \cdot \text{m}$，试计算受拉钢筋截面面积，并绘配筋图。

3．一钢筋混凝土矩形梁截面尺寸 $b \times h = 200\text{mm} \times 500\text{mm}$，弯矩设计值 $M = 120\text{kN} \cdot \text{m}$，混凝土强度等级 C20。试计算其纵向受力钢筋截面面积 A_s：①当选用 HPB235 钢筋时；②改用 HRB335 钢筋时；③$M = 180\text{kN} \cdot \text{m}$ 时。最后，对三种结果进行对比分析。

4．一钢筋混凝土矩形梁，承受弯矩设计值 $M = 160\text{kN} \cdot \text{m}$，混凝土强度等级 C20，HRB335 钢筋，试按正截面承载力要求确定截面尺寸及配筋。

5．一钢筋混凝土矩形梁截面尺寸 $b \times h = 200\text{mm} \times 500\text{mm}$，混凝土强度等级 C20，HRB335 钢筋（2 Φ 18），$A_s = 509\text{mm}^2$。试计算梁截面上承受弯矩设计值 $M = 80\text{kN} \cdot \text{m}$ 时是否安全？

6．一简支钢筋混凝土矩形梁，承受均布荷载设计值 $g + q = 15\text{kN/m}^2$，距 A 支座 3m 处作用有一集中设计值 $F = 15\text{kN}$，混凝土强度等级 C20，HRB335 钢筋。试确定截面尺寸 $b \times h$ 和所需受拉钢筋截面面积 A_s，并绘配筋图，如图 4-34 所示。

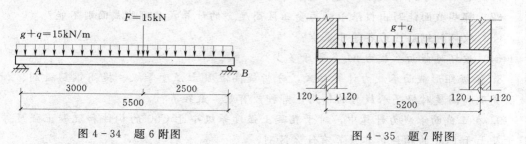

图 4-34 题 6 附图　　　　　　　　图 4-35 题 7 附图

7．一钢筋混凝土矩形截面间支梁（如图 4-35 所示），承受均布荷载标准值 $q_k = 20\text{kN/m}$，恒荷载标准值 $g_k = 2.25\text{kN/m}$，HRB335 钢筋，混凝土强度等级 C20，梁内配有 4Φ16 钢筋。（荷载分项系数：均布活荷载 $\gamma_Q=1.4$，恒荷载 $\gamma_G=1.2$，计算跨度 $l_0=4960+240=5200$mm）。试验算梁正截面是否安全？

8. 已知一矩形梁截面尺寸 $b \times h=200$mm$\times 500$mm，弯矩设计值 $M=216$kN·m，混凝土强度等级 C20，在受压区配有 3Φ20 的受压钢筋，试计算受拉钢筋截面面积 A_s（HRB335 钢筋）。

9. 已知一矩形梁截面尺寸 $b \times h=120$mm$\times 500$mm，承受弯矩设计值 $M=216$kN·m，混凝土强度等级 C20，已配 HRB335 受拉钢筋 6Φ20，试复核该梁是否安全？若不安全，则重新设计，但不改变截面尺寸和混凝土强度等级（$a_s=60$mm）。

10. 已知一双筋矩形梁截面尺寸 $b \times h=200$mm$\times 450$mm，混凝土强度等级 C20，HRB335 钢筋，配置 2Φ12 受压钢筋，3Φ25$+$2Φ22 受拉钢筋，试求该截面所能承受的最大弯矩设计值 M。

11. 某整体式肋梁楼盖的 T 形截面主梁，翼缘计算宽度 $b'_f=2200$mm，$b=300$mm，$h'_f=80$mm，选用混凝土强度等级 C20，HRB335 钢筋，跨中截面承受最大弯矩设计值 $M=275$kN·m，试确定该梁的高度 h 和受拉钢筋截面面积 A_s，并绘配筋图。

12. 某 T 形截面梁翼缘计算宽度 $b'_f=500$mm，$b=250$mm，$h=600$mm，$h'_f=100$mm，混凝土强度等级 C20，HRB335 钢筋，承受弯矩设计值 $M=256$kN·m，试求受拉钢筋截面面积，并绘配筋图。

13. 某 T 形截面当翼缘计算宽度 $b'_f=1200$mm，$b=200$mm，$h=600$mm，$h'_f=80$mm，混凝土强度等级 C20，配有 4Φ20 受拉钢筋，承受弯矩设计值 $M=131$kN·m，试复核梁截面是否安全？

14. 某 T 形截面梁，翼缘计算 $b'_f=400$mm，$b=200$mm，$h=600$mm，$h'_f=100$mm，$a_s=60$mm，混凝土强度等级 C20，HRB335 钢筋 6Φ20，试计算该梁能承受的最大弯矩 M。

第5章 钢筋混凝土受弯构件斜截面承载力计算

本章要点

- 了解受弯构件斜截面破坏的主要形态；
- 掌握受弯构件的斜截面受剪承载力计算、受弯构件的斜截面受弯承载力；
- 掌握纵筋的弯起和截断、纵向受力钢筋伸入支座的锚固；
- 掌握钢筋的构造要求和抵抗弯矩图的画法。

5.1 概　述

对于一般受弯构件，除进行正截面抗弯承载力设计外，还要进行斜截面抗剪承载力设计。这是因为受弯构件在弯矩和剪力的共同作用下，以剪力为主的区段将产生斜裂缝可能发生斜截面的破坏。而剪切破坏往往具有脆性性质，在实际工程中应当避免，设计时必须进行斜截面承载力计算。

为了防止梁沿斜截面的破坏，应使梁有一个合适的截面尺寸和混凝土强度等级，并在梁内配置必要的箍筋和弯起钢筋。箍筋和弯起钢筋称为腹筋。如图5-1所示。

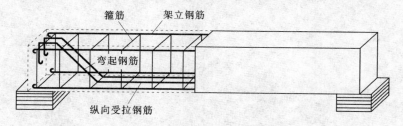

箍筋　　架立钢筋

弯起钢筋

纵向受拉钢筋

图5-1　配置腹筋的梁

5.2 无腹筋梁斜截面的应力状态和破坏形态

5.2.1 无腹筋梁斜裂缝的发展过程及破坏形态

图5-2所示为一对称集中加载的钢筋混凝土简支梁，忽略自重影响，集中荷载之间的 BC 段仅承受弯矩，称为纯弯段；AC 和 CD 段承受弯矩和剪力的共同作用，称为弯剪段。当梁内配有足够的纵向钢筋保证不致引起纯弯段的正截面受弯破坏时，则构件还可能在弯剪段发生斜截面破坏。

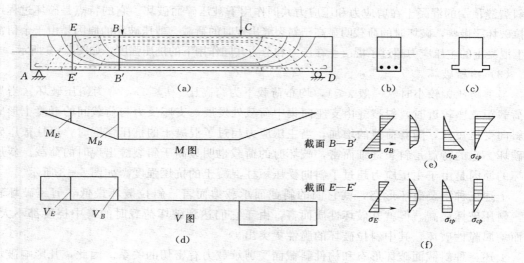

图 5-2 梁斜截面试验图

对于钢筋混凝土梁，当荷载不大，梁未出现裂缝时，基本上处于弹性阶段，此时，弯剪区段内各点的主拉应力 σ_{tp}、主压应力 σ_{cp} 及主应力的作用方向与梁纵轴的夹角 α 可按材料力学公式计算。图 5-2 绘出了梁内主应力的轨迹线，实线为主拉应力 σ_{tp}，虚线为主压应力 σ_{cp}，轨迹线上任一点的切线就是该点的主应力方向。

由于混凝土的抗拉强度很低，当主拉应力 σ_{tp} 超过混凝土的抗拉强度时，梁的弯剪段就将出现垂直于主拉应力轨迹线的裂缝，称为斜裂缝。若荷载继续增加，斜裂缝将不断伸长和加宽，上方指向荷载加载点所示。斜裂缝的出现和发展使梁内应力的分布和数值发生变化，最终导致在弯剪段内沿某一主要斜裂缝截面发生破坏。

根据试验研究，无腹筋梁的斜截面受剪破坏有以下三种主要破坏形式。

（1）斜拉破坏。

当剪跨比 λ 较大时（一般 $\lambda>3$，均布荷载下为跨高比 $l/h>9$），常为斜拉破坏。这种破坏现象是斜裂缝一出现就很快形成一条主要斜裂缝，并迅速向受压边缘发展，直至将整个截面裂通，使构件劈裂为两部分而破坏。其特点是整个破坏过程急速而突然，破坏荷载比斜裂缝形成时的荷载增加不多。斜拉破坏的原因是由于余留截面上混凝土剪应力的增长，使余留截面上的主拉应力超过了混凝土的抗拉强度。如图 5-3。

（2）剪压破坏。

当剪跨比 λ 适中时（一般 $1<\lambda\leqslant3$，均布荷载下为跨高比 $3<l/h\leqslant9$），常为剪压破坏。这种破坏现象是当荷载增加到一定程度时，多条斜裂缝中的一条形成主要斜裂缝，该主要斜裂缝向斜上方伸展，使受压区高度逐渐减小，直

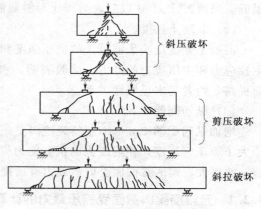

图 5-3 无腹筋梁的受剪破坏形态

到斜裂缝顶端的混凝土在剪应力和压应力共同作用下被压碎而破坏。它的特点是破坏过程比斜拉破坏缓慢些，破坏时的荷载明显高于斜裂缝出现时的荷载。剪压破坏的原因是由于余留截面上混凝土的主压应力超过了混凝土在压力和剪力共同作用下的抗压强度。如图5-3所示。

（3）斜压破坏。

当剪跨比 λ 较小时（一般 $\lambda \leqslant 1$，均布荷载下为跨高比 $l/h \leqslant 3$），常为斜压破坏。当集中荷载距支座较近时，斜裂缝由支座向集中荷载处发展，支座反力与荷载间的混凝土形成一斜向受压短柱，随着荷载的增加，当主压应力超过了混凝土的抗压强度时，短柱被压碎而破坏。它的特点是斜裂缝细而密，破坏时的荷载也明显高于斜裂缝出现时的荷载。斜压破坏的原因是由于主压应力超过了斜向受压短柱混凝土的抗压强度。如图5-3所示。

上述三种主要破坏形态，就它们的斜截面承载力而言，斜拉破坏最低，剪压破坏较高，斜压破坏最高。但就其破坏性质而言，由于它们达到破坏荷载时的跨中挠度都不大，因而均属脆性破坏，其中斜拉破坏的脆性更突出。

上述三种斜截面破坏形态和构件斜截面受剪承载力有密切的关系。因此，凡影响破坏形态的因素也就影响梁的斜截面受剪承载力，其主要影响因素有：

（1）剪跨比 λ。

对直接承受集中荷载作用的无腹筋梁，剪跨比 λ 是影响其斜截面受剪承载力的最主要因素。梁的某一截面的剪跨比 λ 等于该截面的弯矩值与截面的剪力值和有效高度乘积之比，即

$$\lambda = \frac{M}{Vh_0} \tag{5-1}$$

两个集中荷载作用截面的剪跨比为

$$\lambda = \frac{M}{Vh_0} = \frac{Fa}{Fh_0} = \frac{a}{h_0} \tag{5-2}$$

对承受均布荷载作用的无腹筋梁，跨高比 l_0/h（又称广义剪跨比）是影响其斜截面受剪承载力的最主要因素。随着剪跨比（跨高比）的增大，梁的斜截面受剪承载力明显降低。小剪跨比时，大多发生斜压破坏，斜截面受剪承载力很高；中等剪跨比时，大多发生剪压破坏，斜截面受剪承载力次之；大剪跨比时，大多发生斜拉破坏，斜截面受剪承载力很低。当剪跨比 $\lambda > 3$ 以后，剪跨比对斜截面受剪承载力无显著的影响。

（2）混凝土强度。

混凝土强度反映了混凝土的抗压强度和抗拉强度，因此，直接影响斜截面剪压区抵抗主拉应力和主压应力的能力。试验表明，斜截面受剪承载力随混凝土抗拉强度 f_t 的提高而提高，两者基本呈线性关系。

（3）纵筋配筋率 ρ。

增加纵筋配筋率 ρ 可抑制斜裂缝向受压区的伸展，从而提高斜裂缝间骨料咬合力，并增大了剪压区高度，使混凝土的抗剪能力提高，同时也提高了纵筋的销栓作用。因此，随着 ρ 的增大，梁的斜截面受剪承载力有所提高。

5.2.2 无腹筋梁斜截面受剪承载力的计算

GB50010—2010 根据大量的试验结果，取具有一定可靠度的偏下限经验公式来计算

斜截面受剪承载力。

1. 矩形、T 形和工形截面的一般受弯构件

$$V_c = 0.7 f_t b h_0 \qquad (5-3)$$

对板类构件

$$V_c = 0.7 \beta_h f_t b h_0 ; \quad \beta_h = \left(\frac{800}{h_0}\right)^{\frac{1}{4}} \qquad (5-4)$$

2. 集中荷载作用下的独立梁

对于不与楼板整浇的独立梁,在集中荷载下,或同时作用多种荷载且其中集中荷载在支座截面产生的剪力值占总剪力值的 75% 以上时

$$V_c = \frac{1.75}{\lambda + 1} f_t b h_0 \qquad (5-5)$$

对板类构件

$$V_c = \frac{1.75}{1+\lambda} \beta_h f_t b h_0 \qquad (5-6)$$

式中 f_t——混凝土轴心抗拉强度设计值;

  b——矩形截面的宽度或 T 形、工形截面的腹板宽度;

  h_0——截面有效高度;

  λ——剪跨比,当 $\lambda < 1.5$ 时,取 $\lambda = 1.5$;当 $\lambda > 3$ 时,取 $\lambda = 3$;

  β_h——截面高度影响系数;当 $h_0 < 800$ 时,取 $h_0 = 800mm$;当 $h_0 > 2000mm$,取 $h_0 = 2000mm$。

无腹筋梁虽具有一定的斜截面受剪承载力,但其承载力很低,且斜裂缝发展迅速,裂缝开展很宽,呈现脆性破坏。因此,在实际工程中,一般仅用于板类和基础等构件。

5.3   有腹筋梁的斜截面受剪承载力计算

5.3.1   腹筋的作用

在有腹筋梁中,配置腹筋是提高梁斜截面受剪承载力的有效措施。梁在斜裂缝发生之前,因混凝土变形协调影响,腹筋的应力很低,对阻止斜裂缝的出现几乎没有什么作用。但是当斜裂缝出现之后,和斜裂缝相交的腹筋,就能通过以下几个方面充分发挥其抗剪作用。

(1) 与斜裂缝相交的腹筋本身能承担很大一部分剪力。

(2) 腹筋能阻止斜裂缝开展过宽,延缓斜裂缝向上伸展,保留了更大的剪压区高度,从而提高了混凝土的斜截面受剪承载力 V_c。

(3) 腹筋能有效地减少斜裂缝的开展宽度,提高斜截面上的骨料咬合力 V_a。

(4) 箍筋可限制纵向钢筋的竖向位移,有效地阻止混凝土沿纵筋的撕裂,从而提高纵筋的"销栓作用" V_d。

弯起钢筋差不多与斜裂缝垂直,因而传力直接。弯起钢筋一般由纵向钢筋弯起而成,可充分发挥其受力作用,节省材料。

5.3.2   有腹筋梁的斜截面破坏形态

1. 剪切破坏形态

有腹筋梁的斜截面受剪破坏与无腹筋梁相似,也可归纳为斜拉破坏、剪压破坏和斜压

破坏三种主要的破坏形态。

(1) 斜拉破坏。若腹筋数量配置很少，且剪跨比 $\lambda > 3$ 时，斜裂缝一开裂，腹筋的应力就会很快达到屈服，腹筋不能起到限制斜裂缝开展的作用，从而产生斜拉破坏。

(2) 剪压破坏。若腹筋数量配置适当，且剪跨比 $1 < \lambda \leqslant 3$ 时，在斜裂缝出现后，由于腹筋的存在，限制了斜裂缝的开展，使荷载仍能有较大的增长，直到腹筋屈服不再能控制斜裂缝开展，而使斜裂缝顶端混凝土余留截面发生剪压破坏。

(3) 斜压破坏。当腹筋数量配置很多时，斜裂缝间的混凝土因主压应力过大而发生斜向受压破坏时，腹筋应力达不到屈服，腹筋强度得不到充分利用。

2. 影响有腹筋梁斜截面受剪承载力的因素

凡影响无腹筋梁斜截面受剪承载力的因素，如剪跨比、混凝土的强度和纵向钢筋用量，同样影响有腹筋梁的斜截面受剪承载力。对有腹筋梁还有一个重要因素就是腹筋用量。

箍筋用量以配箍率 ρ_{sv} 来表示，它反映了梁沿纵向单位水平截面含有的箍筋截面面积。

$$\rho_{sv} = \frac{A_{sv}}{bs} \tag{5-7}$$

$$A_{sv} = nA_{sv1} \tag{5-8}$$

式中　　A_{sv}——同一截面内的箍筋截面面积；

n——同一截面内箍筋的肢数；

A_{sv1}——单肢箍筋截面面积；

s——沿梁轴线方向箍筋的间距；

b——矩形截面的宽度，T 形或工形截面的腹板宽度。

在进行斜截面受剪承载力设计时，以剪压破坏特征为基础建立计算公式，用配置一定的腹筋来防止斜拉破坏，采用截面限制条件的方法来防止斜压破坏。

5.3.3 有腹筋梁斜截面承载力计算公式

1. 仅配箍梁的斜截面受剪承载力 V_{cs} 的计算公式

图 5-4 表示一根仅配箍筋的简支梁，在出现斜裂缝后，取斜裂缝到支座的一段为隔离体。从隔离体上看出，临破坏时，斜截面受剪承载力的计算公式可采用两项相加的形式，即

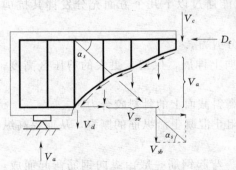

$$V_{cs} = V_c + V_{sv} \tag{5-9}$$

式中　V_c——混凝土的受剪承载力；

V_{sv}——箍筋的受剪承载力；

V_{cs}——混凝土和箍筋的受剪承载力。

(1) 对矩形、T 形和工形截面的一般受弯构件（包括连续梁和约束梁）。

根据试验分析，梁的斜截面受剪承载力随箍筋数量的增加而提高。当其他条件不变时，$V_{cs}/$

图 5-4　有腹筋梁斜截面剪切破坏简图

$(f_t bh_0)$ 和 $\rho_{sv} f_{yv}/f_c$ 基本上呈线性关系，GB50010—2010 给出 V_{cs} 计算公式如下

$$V_{cs} = 0.7 f_t bh_0 + f_{yv} \frac{A_{sv}}{s} h_0 \tag{5-10}$$

式中　f_t——混凝土轴心抗拉强度设计值；

　　　　b——矩形截面的宽度或 T 形、工形截面的腹板宽度；

　　　　h_0——截面有效高度；

　　　　f_{yv}——箍筋抗拉强度设计值。

（2）对于承受以集中荷载为主的独立梁（包括作用有多种荷载，且集中荷载对支座截面或节点边缘所产生的剪力值占总剪力值的 75％以上的情况）。

试验表明，对于承受以集中荷载为主的独立梁，当剪跨比 λ 较大时，按式（5-10）计算不够安全，需要考虑剪跨比 λ 的影响。为此，GB50010—2010 给出集中荷载作用下独立梁的 V_{cs} 计算公式

$$V_{cs} = \frac{1.75}{\lambda+1} f_t b h_0 + f_{yv} \frac{A_{sv}}{s} h_0 \qquad (5-11)$$

式中　λ——计算截面的剪跨比，$\lambda = a/h_0$，在此 a 为集中荷载作用点至支座截面或节点边缘的距离。当 $\lambda < 1.5$ 时，取 $\lambda = 1.5$。当 $\lambda > 3$ 时，取 $\lambda = 3$。

集中荷载作用点至支座之间的箍筋，应均匀配置。

2. 同时配箍筋和弯起钢筋的梁斜截面受剪承载力 V_u 的计算公式

若在同一弯起平面内弯起钢筋截面面积为 A_{sb}，并考虑到靠近剪压区的弯起钢筋的应力可能达不到抗拉强度设计值，于是

$$V_{sb} = 0.8 f_y A_{sb} \sin\alpha_s \qquad (5-12)$$

式中　A_{sb}——同一弯起平面内弯起钢筋截面面积；

　　　　α_s——斜截面上弯起钢筋与构件纵向轴线的夹角。

由此得出，矩形、T 形和工形截面的受弯构件，当同时配有箍筋和弯起钢筋时的斜截面受剪承载力计算公式

$$V_u = V_{cs} + V_{sb} = V_{cs} + 0.8 f_y A_{sb} \sin\alpha_s \qquad (5-13)$$

3. 斜截面受剪承载力设计表达式

在设计中为保证斜截面受剪承载力，应满足：

（1）仅配箍筋的梁

$$V \leqslant V_{cs} \qquad (5-14)$$

（2）同时配箍筋和弯起钢筋的梁

$$V \leqslant V_{cs} + V_{sb} \qquad (5-15)$$

式中　V——构件斜截面上的最大剪力设计值。

计算截面应按下列规定采用（图 5-5）：

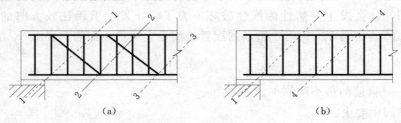

(a)　　　　　　　　　　　　　　(b)

图 5-5　受剪计算斜截面

1）支座边缘截面（1-1）。

2）受拉区弯起钢筋弯起点处的截面（2-2、3-3）。

3）箍筋直径或间距改变处截面（4-4）。

4）腹板宽度改变处截面。

5.3.4 斜截面受剪承载力计算公式的适用条件

1. 防止斜压破坏的条件

从式（5-14）及式（5-15）来看，似乎只要增加箍筋或弯起钢筋，就可以将构件的抗剪能力提高到任何所需要的程度，但事实并非如此。实际上当构件截面尺寸较小而荷载又过大时，可能在支座上方产生过大的主压应力，使端部发生斜压破坏。这种破坏形态的构件斜截面受剪承载力基本上取决于混凝土的抗压强度及构件的截面尺寸，而腹筋的数量影响甚微。所以腹筋的受剪承载力就受到构件斜压破坏的限制。为了防止发生斜压破坏和避免构件在使用阶段过早地出现斜裂缝及斜裂缝开展过大，构件截面尺寸或混凝土强度等级应符合下列要求：

（1）当 $h_w/b \leqslant 4$ 时

$$V \leqslant 0.25\beta_c f_c bh_0 \qquad (5-16)$$

（2）当 $h_w/b \geqslant 6$ （薄腹梁）时

$$V \leqslant 0.2\beta_c f_c bh_0 \qquad (5-17)$$

（3）当 $4 < h_w/b < 6$ 时，按线性内插法取用。

式中 V——构件斜截面上的最大剪力设计值；

       β_c——混凝土强度影响系数：当混凝土强度等级不超过 C50 时，取 $\beta_c = 1.0$；当混凝土强度等级为 C80 时，取 $\beta_c = 0.8$；其间按线性内插法取用；

       f_c——混凝土轴心抗压强度设计值；

       b——矩形截面的宽度，T 形或工形截面的腹板宽度；

     h_w——截面的腹板高度：矩形截面取有效高度 h_0，T 形截面取有效高度减去翼缘高度 $h_0 - h'_f$，工形截面取腹板净高 $h - h'_f - h_f$。

2. 防止斜拉破坏的条件

上面讨论的腹筋抗剪作用的计算，只是在箍筋和斜筋（弯起钢筋）具有一定密度和一定数量时才有效。如腹筋布置得过少过稀，即使计算上满足要求，仍可能出现斜截面受剪承载力不足的情况。

（1）配箍率要求。

箍筋配置过少，一旦斜裂缝出现，由于箍筋的抗剪作用不足以替代斜裂缝发生前混凝土原有的作用，就会发生突然性的脆性破坏。为了防止发生剪跨比较大时的斜拉破坏，GB50010—2010 规定当 $V > V_c$ 时，箍筋的配置应满足它的最小配筋率要求

$$\rho_{sv} \geqslant \rho_{sv,\min} = 0.24 \frac{f_t}{f_{yv}} \qquad (5-18)$$

式中 $\rho_{sv,\min}$——箍筋的最小配筋率。

（2）腹筋间距要求。

如腹筋间距过大，有可能在两根腹筋之间出现不与腹筋相交的斜裂缝，这时腹筋便无

从发挥作用（图 5-6）。同时箍筋分布的疏密对斜裂缝开展宽度也有影响，采用较密的箍筋对抑制斜裂缝宽度有利。为此有必要对腹筋的最大间距 s_{max} 加以限制。

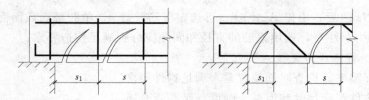

图 5-6　腹筋间距过大时产生的影响
s_1—支座边缘到第一根弯起钢筋或箍筋的距离；s—弯起钢筋或箍筋的间距

5.3.5　斜截面受剪计算步骤

钢筋混凝土梁一般先进行正截面承载力设计，初步确定截面尺寸和纵向钢筋后，再进行斜截面受剪承载力设计计算。

1. 斜截面受剪承载力设计

（1）作梁的剪力图。计算剪力设计值时的计算跨度取构件的净跨度，即 $l_0 = l_n$。

（2）以式（5-16）或式（5-17）验算构件截面尺寸是否满足斜截面受剪承载力的要求。

（3）对于矩形、T 形及工形截面的一般受弯构件，如能符合

$$V \leqslant 0.7 f_t b h_0 \qquad (5-19)$$

对集中荷载为主的独立梁，如能符合

$$V \leqslant \frac{1.75}{\lambda + 1} f_t b h_0 \qquad (5-20)$$

则不需进行斜截面抗剪配筋计算，仅按构造要求设置腹筋。

（4）如果不满足，说明需要按承载力计算配置腹筋。这时有两种方式：

① 只配箍筋。当剪力完全由箍筋和混凝土承担时，对矩形、T 形和工形截面的一般受弯构件，按

$$\frac{A_{sv}}{s} \geqslant \frac{V - 0.7 f_t b h_0}{f_{yv} h_0} \qquad (5-21)$$

对集中荷载作用下的独立梁，按

$$\frac{A_{sv}}{s} \geqslant \frac{V - \dfrac{1.75}{\lambda + 1} f_t b h_0}{f_{yv} h_0} \qquad (5-22)$$

② 既配箍筋又配弯起钢筋。当需要配置弯起钢筋、箍筋和混凝土共同承担剪力时，一般先根据正截面承载力计算确定的纵向钢筋情况，确定可弯起钢筋数量，按式（5-12）计算出 V_{sb}，再计算箍筋

$$\frac{A_{sv}}{s} \geqslant \frac{V - 0.7 f_t b h_0 - V_{sb}}{f_{yv} h_0} \qquad (5-23)$$

或
$$\frac{A_{sv}}{s} \geqslant \frac{V - \frac{1.75}{\lambda+1}f_t bh_0 - V_{sb}}{f_{yv}h_0}$$ (5-25)

计算出 A_{sv}/s 值后，根据 $A_{sv}=nA_{sv1}$ 可选定箍筋肢数 n，单肢箍筋截面面积 A_{sv1}，然后求出箍筋的间距 s。注意，选用箍筋的直径和间距应分别满足构造要求。

2. 斜截面受剪承载力复核

（1）验算配箍率，检查腹筋位置是否满足构件要求。

（2）验算构件截面尺寸和混凝土强度等级是否合适。

（3）验算斜截面受剪承载力是否满足要求。

【例 5-1】 某 T 形截面简支梁（图 5-7），净跨 $l_n=4$m。处于一类环境，安全等级为二级，$\gamma_0=1.0$。承受集中荷载设计值 600kN（因梁自重所占比例很小，已化为集中荷载考虑）。混凝土强度等级为 C30，纵向钢筋为 HRB400 级钢筋，箍筋为 HRB335 级钢筋；截面尺寸和剪力图如图 5-7 所示。试配抗剪腹筋。

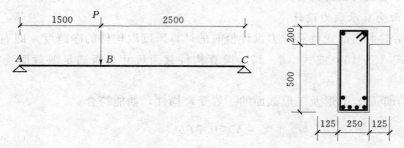

图 5-7 截面尺寸

【解】 （1）支座边缘截面剪力设计值。

$$V_A = \gamma_0 P \frac{2500}{4000} = 1.0 \times 2500 \times \frac{600}{4000} = 375\text{kN}$$

$$V_B = \gamma_0 (600-375) = 1.0 \times (600-375) = 225\text{kN}$$

（2）截面尺寸复核。

查附录六表 4.1.4，C30 混凝土，$\beta_c=1.0$，$f_c=14.3\text{N/mm}^2$，$f_t=1.43\text{N/mm}^2$。

查附录七表 8.2.1，一类环境，$c=20$mm，$a_s=c+d+d_1+e/2=20+25+5+25/2=62.5$mm，$h_0=h-a_s=700-62.5=637.5$mm。

$$h_w = h_0 - h'_f = 637.5 - 200 = 437.5\text{mm}$$

$$h_w/b = 437.5/250 = 1.75 < 4.0$$

$$0.25\beta_c f_c bh_0 = 0.25 \times 1.0 \times 14.3 \times 250 \times 637.5 = 568.9\text{kN} > V_A = 375\text{kN}$$

故截面尺寸满足抗剪条件。

（3）验算是否需按承载力计算确定腹筋。

AB 段：

$$\lambda = \frac{a}{h_0} = \frac{1500}{637.5} = 2.35$$

$$V_c = \frac{1.75}{\lambda+1}f_t bh_0 = \frac{1.75}{2.35+1} \times 1.43 \times 250 \times 637.5 = 119.1\text{kN} < 375\text{kN}$$

BC 段：

$$\lambda = \frac{a}{h_0} = \frac{2500}{637.5} = 3.92, \ \text{取} \ \lambda = 3.0$$

$$V_c = \frac{1.75}{\lambda + 1} f_t bh_0 = \frac{1.75}{3.0 + 1} \times 1.43 \times 250 \times 637.5 = 99.7 \text{kN} < 225 \text{kN}$$

应计算确定腹筋用量。

（4）腹筋计算。

查附表，HRB335 级钢筋，$f_{yv} = 300 \text{N/mm}^2$

AB 段：

$$\frac{A_{sv}}{s} \geqslant \frac{V - V_c}{f_{yv} h_0} = \frac{(375 - 119.1) \times 10^3}{300 \times 637.5} = 1.34$$

选双肢箍筋 ϕ 10，$n = 2$，$A_{sv1} = 78.5 \text{mm}^2$，则

$$s \leqslant 2 \times 78.5/1.34 = 117.2 \text{mm}, \ \text{取} \ s = 110 \text{mm} < s_{\max} = 250 \text{mm}$$

$$\rho_{sv} = \frac{A_{sv}}{bs} = \frac{2 \times 78.5}{250 \times 110} = 0.57\% > \rho_{sv,\min} = 0.24 \frac{f_t}{f_{yv}} = 0.24 \times \frac{1.43}{300} = 0.114\%, \ \text{满足要求。}$$

BC 段：

$$\frac{A_{sv}}{s} \geqslant \frac{V - V_c}{f_{yv} h_0} = \frac{(225 - 99.7) \times 10^3}{300 \times 637.5} = 0.655$$

选双肢箍筋 ϕ 10，$n = 2$，$A_{sv1} = 78.5 \text{mm}^2$，则

$$s \leqslant 2 \times 78.5/0.655 = 240.6 \text{mm}, \ \text{取} \ s = 240 \text{mm} < s_{\max} = 250 \text{mm}$$

$$\rho_{sv} = \frac{A_{sv}}{bs} = \frac{2 \times 78.5}{250 \times 240} = 0.261\% > \rho_{sv,\min} = 0.114\%, \ \text{满足要求。}$$

因此，AB 段配双肢箍 ϕ 10@110，BC 段配双肢箍 ϕ 10@240。

【例 5 - 2】 承受均布荷载和集中荷载作用的矩形截面简支梁，截面及荷载设计值如图 5-8 所示。$h_0 = 540 \text{mm}$，净跨 $l_0 = 4.76 \text{m}$，混凝土为 C20 级（$f_t = 1.10 \text{N/mm}^2$）。纵筋为 HRB335 级钢（$f_y = 300 \text{N/mm}^2$），配置 4 Φ 22 及 2 Φ 20 纵向受拉钢筋。箍筋为 HPB235 级钢（$f_{yv} = 210 \text{N/mm}^2$），选用 ϕ 8 双肢（$A_{sv1} = 50.3 \text{mm}^2$），间距 $s = 250 \text{mm}$。要求计算弯起钢筋。

【解】 （1）计算支座边剪力设计值。

$$V_A = P + q l_0/2 = 145 + 12 \times 4.76/2 = 173.56 \text{kN}$$

（2）验算截面尺寸，最小配箍率。

$$h_w/b = h_0/b = 540/250 = 2.16 < 4$$

$$V_A/f_c bh_0 = 173.56 \times 10^3 / (10 \times 250 \times 540) = 0.129 < 0.25 \ \text{符合截面限制条件}$$

$$\rho_{sv} = n A_{sv1}/bs = 2 \times 50.3/(250 \times 250) = 0.161\%$$

$$\rho_{sv,\min} = 0.02 f_c/f_{yv} = 0.02 \times \frac{10}{210} = 0.095\% < \rho_{sv}, \ \text{可以。}$$

（3）计算仅配箍筋梁的受剪承载力 V_{cs}。

集中荷载产生的支座剪力占总剪力的比值为 $145/173.56 = 0.835 > 0.75$，需考虑剪跨比，按集中荷载情况计算

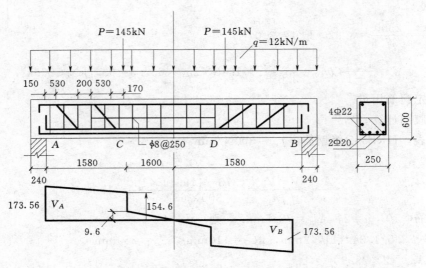

图 5-8　例 5-2 图

$$\lambda = a/h_o = 1580/540 = 2.93 < 3$$

仅配箍筋梁的受剪承载力 V_{cs} 为

$$V_{cs} = 0.2f_tbh_o/(\lambda+1.5)+f_{yv}A_{sv}h_o/s$$
$$= 0.2 \times 1.10 \times 250 \times 540/(2.93+1.5)+210 \times 2 \times 50.3 \times 540/250$$
$$= 104295\text{N} < V_A \text{ 需按计算配置弯筋}$$

（4）计算弯起筋。

$$A_{sb} = (V_A - V_{cs})/0.8f_y\sin45° = (173560-104295)/(0.8 \times 300 \times 0.707) = 408\text{mm}^2$$

弯起二根 $\Phi 20$ 纵筋 $A_s = 628\text{mm}^2$，可以。设第一排弯筋弯起点距支座边距离为 680mm（见图 5-8），该处剪力 $V_2 = 165.4$kN，需设置第二排弯筋，由于剪力变化不大，为简化计算，弯筋仍采用 $2\Phi 22$。第二排弯筋的弯终点距第一排弯筋弯起点的距 $S = 200\text{mm} < S_{\max} = 250\text{mm}$，可以。

5.4　钢筋混凝土梁的斜截面受弯承载力计算

对钢筋混凝土受弯构件，在剪力和弯矩的共同作用下产生的斜裂缝，会导致与其相交的纵向钢筋拉力增加，引起沿斜截面受弯承载力不足及锚固不足破坏，因此在设计中除了保证梁的正截面受弯承载力和斜截面受剪承载力外，在考虑纵向钢筋弯起、截断及钢筋锚固时，还需在构造上采取措施，保证梁的斜截面受弯承载力及钢筋的可靠锚固。

5.4.1　抵抗弯矩图

为了理解这些构造措施，必须先建立抵抗弯矩图的概念。

抵抗弯矩图，也称材料图，是指按实际纵向受力钢筋布置情况画出的各截面抵抗弯矩，即受弯承载力 M_u 沿构件轴线方向的分布图形，以下称为 M_u 图。抵抗弯矩图中竖标表示的正截面受弯承载力设计值 M_u 称为抵抗弯矩，是截面的抗力。

1. 抵抗弯矩图的作法

按梁正截面承载力计算的纵向受拉钢筋是以同符号弯矩区段的最大弯矩为依据求得的，该最大弯矩处的截面称为控制截面。

以单筋矩形截面为例，若在控制截面处实际选配的纵筋截面面积为 A_s，则

$$M_u = f_y A_s \left(h_0 - \frac{0.5 f_y A_s}{\alpha_1 f_c b} \right) \qquad (5-26)$$

由上式知，抵抗弯矩 M_u 近似与钢筋截面面积成正比关系。

因此，在控制截面，各钢筋可按其面积占总钢筋面积的比例（若钢筋规格不同，按 $f_y A_s$）分担抵抗弯矩 M_u；在其余截面，当钢筋面积减小时（如弯起或截断部分钢筋），抵抗弯矩可假定按比例减少。随着钢筋面积的减少，M_u 的减少要慢些，两者并不成正比，但按这个假定做抵抗弯矩图偏于安全且大为方便。

下面具体说明抵抗弯矩图的作法。

（1）纵向受拉钢筋全部伸入支座时 M_u 图的作法。

图 5-9 所示均布荷载作用下的钢筋混凝土简支梁（设计弯矩图为抛物线），按跨中（控制截面）弯矩 M_{max} 进行正截面受弯承载力计算，需配 $2\Phi25 + 2\Phi22$ 纵向受拉钢筋。如将 $2\Phi25 + 1\Phi22$ 钢筋全部伸入支座并可靠锚固，则该梁任一正截面的 M_u 值是相等的，所以 M_u 图是矩形 $abcd$。由于抵抗弯矩图在弯矩设计值图的外侧，所以梁的任一正截面的受弯承载力都能够得到满足。

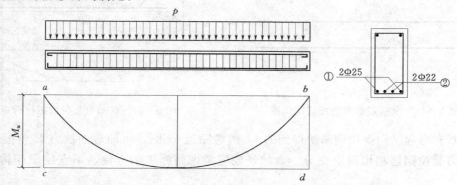

图 5-9　纵筋全部伸入支座时的抵抗弯矩图

纵向受拉钢筋沿梁通长布置，虽然构造比较简单，但没有充分利用弯矩设计值较小部分处的纵向受拉钢筋的强度，因此是不经济的。为了节约钢材，可根据设计弯矩图的变化将一部分纵向受拉钢筋在正截面受弯不需要的地方截断或弯起作受剪钢筋。因此需要研究钢筋弯起或截断时 M_u 图的变化及其有关配筋构造要求，以使钢筋弯起或截断后的 M_u 图能包住 M 图，满足受弯承载力的要求。

（2）部分纵向受拉钢筋截断时 M_u 图的作法。

受弯构件的支座截面纵向受拉钢筋可以在保证斜截面受弯承载力的前提下截断。图 5-10 中，近似地按钢筋截面面积的比例划分出每根钢筋所承担的抵抗弯矩，假定①号纵筋抵抗控制截面 $A-A$ 的弯矩为图中纵坐标 34 部分，$A-A$ 为①号纵筋强度充分利用截

面（点 4 称为其"充分利用点"）；沿点 3 作水平线交 M 图于点 b、点 c，这说明在截面 $B-B$、$C-C$ 处按正截面受弯承载力已不再需要①号钢筋了，$B-B$ 和 $C-C$ 截面为按计算不需要该钢筋截面，可以把①号钢筋在点 b、点 c 截断，点 b、点 c 称为该钢筋的"理论截断点"。当在点 b、点 c 把①号钢筋截断时，则在 M_u 图上就产生抵抗矩的突然减小，形成矩形台阶 ab 和 cd。

（3）部分纵向受拉钢筋弯起时 M_u 图的作法。

图 5-11，假定将①号钢筋在梁上 C、E 处弯起，则在点 C、点 E 作竖直线与弯矩图上沿点 4 作的水平线交于点 c、点 e，如果点 c、点 e 落在 M 图之外，说明在 C、E 处弯起时，在该处的正截面受弯承载力是满足的，否则就不允许。钢筋弯起后，其受弯承载力并不像截断那样突然消失了，而只是内力臂逐渐减小，所以还能提供一些抵抗弯矩，直到它与梁的形心线相交于点 D、点 F 处基本上进入受压区后才近似地认为不再承担弯矩了。因此，在梁上沿点 D、F 作竖线与弯矩图上经过点 3 的水平线分别交于点 d、点 f，连接 cd、ef，形成斜的台阶。显然，点 c、d 和点 e、f 都应落在 M 图的外侧才是允许的，否则就应改变弯起点 C、E 的位置。

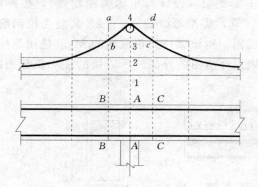 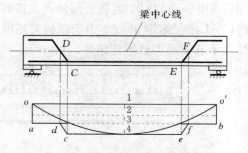

图 5-10　纵筋截断时的抵抗弯矩图　　　　图 5-11　纵筋弯起时的抵抗弯矩图

截断和弯起纵向受拉钢筋所得到的 M_u 图愈贴近 M 图，也即截面抗力 R 愈接近 $\gamma_0 S$，说明纵向受拉钢筋利用得愈充分。当然，也应考虑到施工的方便，不宜使配筋构造过于复杂。

2. 抵抗弯矩图的作用

（1）反映材料利用的程度。

显然，抵抗弯矩图愈接近弯矩图，表示材料利用程度越高。

（2）确定纵向钢筋的弯起数量和位置。

设计中，跨中部分纵向受拉钢筋弯起的目的有两个：一是用于斜截面抗剪，其数量和位置由斜截面受剪承载力计算确定；二是抵抗支座负弯矩。只有当抵抗弯矩图全部覆盖住弯矩图，各正截面受弯承载力才有保证；而要满足斜截面受弯承载力的要求，也必须通过作抵抗弯矩图才能确定弯起钢筋的数量和位置。

（3）确定纵向钢筋的截断位置。

通过抵抗弯矩图可确定纵向钢筋的理论截断点及其延伸长度，从而确定纵向钢筋的实际截断位置。

5.4.2 保证斜截面受弯承载力的措施

1. 纵向受拉钢筋弯起时保证斜截面受弯能力的构造措施

图 5-12 中，②号钢筋在点 G 弯起时，虽然满足了正截面抗弯能力的要求，但是斜截面受弯能力却可能不满足，只有在满足了规定的构造措施后才能同时保证斜截面受弯承载力。

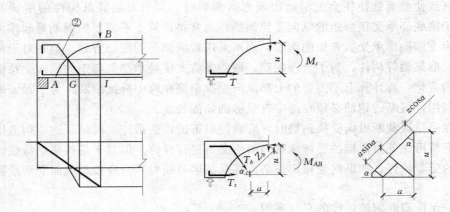

图 5-12　斜截面受弯承载力

如果在支座与弯起点点 G 之间发生一条斜裂缝 AB，其顶端正好在弯起钢筋②号钢筋充分利用点的正截面 I 上。显然，斜截面的弯矩设计值与正截面 I 的弯矩设计值是相同的，都是 M_I。在正截面 I 上，

②号钢筋的抵抗弯矩

$$M_{u,I} = f_y A_s z$$

式中　z——正截面的内力臂；

　　A_s——②号钢筋的截面面积。

②号钢筋弯起后，它在斜截面 AB 上的抵抗弯矩

$$M_{u,AB} = f_y A_s z_b$$

保证斜截面的受弯承载力不低于正截面承载力要求 $M_{u,AB} \geqslant M_{u,I}$，即有

$$z_b \geqslant z$$

由几何关系知

$$z_b = a\sin\alpha + z\cos\alpha$$

所以
$$a \geqslant \frac{z(1-\cos\alpha)}{\sin\alpha} \qquad\qquad (5-27)$$

式中　a——钢筋弯起点至被充分利用点的水平距离。

弯起钢筋的弯起角度 α 一般为 $45°\sim60°$，取 $z = (0.91\sim0.77)\,h_0$，则有

$\alpha = 45°$时　　　　　　　　　　　$a \geqslant (0.372\sim0.319)\,h_0$

$\alpha = 60°$时　　　　　　　　　　　$a \geqslant (0.525\sim0.445)\,h_0$

因此，为方便起见，可简单取为

$$a \geqslant 0.5h_0 \tag{5-28}$$

即钢筋弯起点位置与按计算充分利用该钢筋的截面之间的距离不应小于 $h_0/2$。同时弯起钢筋与梁中心线的交点位于不需要该钢筋的截面之外，就保证了斜截面受弯承载力而不必再计算。

2. 纵向受拉钢筋截断时的构造措施

纵向受拉钢筋不宜在受拉区截断。因为截断处，钢筋截面面积突然减小，混凝土拉应力骤增，致使截面处往往会过早地出现弯剪斜裂缝，甚至可能降低构件的承载能力。因此，对于梁底部承受正弯矩的纵向受拉钢筋，通常将计算上不需要的钢筋弯起作为抗剪钢筋或作为支座截面承受负弯矩的钢筋，而不采用截断钢筋的配筋方式。但是对于悬臂梁或连续梁、框架梁等构件，为了合理配筋，通常需将支座处承受负弯矩的纵向受拉钢筋按弯矩图形的变化，将计算上不需要的上部纵向受拉钢筋在跨中分批截断。为了保证钢筋强度的充分利用，截断的钢筋必须在跨中有足够的锚固长度。

当在受拉区截断纵向受拉钢筋时，应满足以下的构造措施。满足了这些构造措施，一般情况下就可保证斜截面的受弯承载力而不必再进行计算。但对于某些集中荷载较大或腹板较薄的受弯构件，如纵向受拉钢筋必须在受拉区截断时，尚应按斜截面受弯承载力进行计算。

（1）保证截断钢筋强度的充分利用。

考虑到在切断钢筋的区段内，由于纵向受拉钢筋的销栓剪切作用常撕裂混凝土保护层而降低黏结作用，使延伸段内钢筋的黏结受力状态比较不利，特别是在弯矩和剪力均较大、切断钢筋较多时，将更为明显。因此，为了保证截断钢筋能充分利用其强度，就必须将钢筋从其强度充分利用截面向外延伸一定的长度 l_{d1}，依靠这段长度与混凝土的黏结锚固作用维持钢筋以足够的拉力。

（2）保证斜截面受弯承载力。

图 5-13 中，设截面 A 是②号钢筋的理论截断点，则在正截面 A 上，正截面受弯承载力与弯矩设计值相等，即 $M_{u,A}=M_A$，满足了正截面受弯承载力的要求。但是经过点 A 的斜裂缝截面，其弯矩设计值 M_B 大于 M_A，因此不满足斜截面受弯承载力的要求，只有把纵筋伸过理论截断点 A 一段长度 l_{d2} 后才能截断。设点 E 为实际截断点，考虑斜裂缝 CD，其下端 D 与 A 点同在一个正截面上，因此斜截面 CD 的弯矩设计值 $M_C=M_A$。比较斜截面 CD 与正截面 A 的受弯承载力，②号钢筋在斜截面上的抵抗弯矩 $M_{u,C}=0$，故②号钢筋在正截面 A 上的抵抗弯矩应由穿越截面 E 的斜裂缝 CD 的箍筋所提供的受弯承载力 $Z_k \cdot z_k$ 来补偿，Z_k 为斜裂缝上箍筋合力，z_k 为其内力臂。显然，l_{d2} 的长度与所截断的钢筋直径有关，直径越大，所需补偿的箍筋应越多，l_{d2} 值也应越大；另外，l_{d2} 值也与配箍率有关。

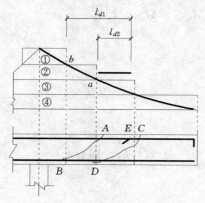

图 5-13 纵筋截断位置图

结构设计中，应从上述两个条件中选用较长的外伸长度作为纵向受力钢筋的实际延伸长度 l_d，以确定其真正的切断点。GB50010—2010 规定：钢筋混凝土连续梁、框架梁支座截面的负弯矩钢筋不宜在受拉区截断。当必须截断时，其延伸长度可按表 5-1 中 l_{d1} 和 l_{d2} 中取外伸长度较大者确定。其中，l_{d1} 是从"充分利用该钢筋强度的截面"延伸出的长度；l_{d2} 是从"按正截面承载力计算不需要该钢筋的截面"延伸出的长度。l_a 为受拉钢筋的锚固长度，d 为钢筋的公称直径，h_0 为截面的有效高度。

表 5-1　　　　　　　　　　　　　负弯矩钢筋的延伸长度

截　面　条　件	充分利用截面伸出 l_{d1}	计算不需要截面伸出 l_{d2}
$V \leqslant 0.07 f_t b h_0$	$1.2 l_a$	$20d$
$V > 0.07 f_t b h_0$	$1.2 l_a + h_0$	$20d$ 且 h_0
$V > 0.07 f_t b h_0$ 且截断点仍位于负弯矩受拉区内	$1.2 l_a + 1.7 h_0$	$20d$ 且 $1.3 h_0$

5.4.3　钢筋混凝土伸臂梁的设计实例

本例综合运用前述受弯构件承载力的计算和构造知识，对一简支的钢筋混凝土伸臂梁进行设计，使初学者对梁的设计过程有较清楚的了解，为梁板结构的设计打下基础。

1. 设计条件

某支承在 370mm 厚砖墙上的钢筋混凝土伸臂梁，安全等级为二级，处于一类环境，跨度 $l_1 = 7.0$m，伸臂长度 $l_2 = 1.86$m，截面尺寸 $b \times h = 250\text{mm} \times 700\text{mm}$。承受永久荷载设计值 $g = 40$kN/m（含梁自重），活荷载设计值 $q_1 = 30$kN/m，$q_2 = 100$kN/m，如图 5-14 所示。混凝土强度等级为 C25，纵向受力钢筋为 HRB335，箍筋和构造钢筋为 HPB235。试设计该梁并绘制配筋详图。

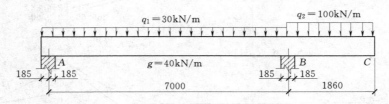

图 5-14　梁的跨度、支承及荷载

2. 梁的内力和内力图

恒荷载是一直存在的不变荷载，作用于梁上的位置是固定的，计算简图如图 5-15（a）所示，而活荷载则是可变的，它有可能出现，也有可能不出现，因此 q_1、q_2 的作用位置有三种可能情况，如图 5-15（b）、（c）、（d）所示。因此作用于梁上的荷载分别有（a）＋（b）、（a）＋（c）和（a）＋（d）三种情况。在同一坐标系下，分别画出这三种情形作用下的弯矩图和剪力图如图 5-16 所示。由于活荷载的布置方式不同，梁的内力图有很大的差别。设计的目的是要保证各种可能作用下的梁的可靠性能，因而要确定活荷载的最不利布置，并绘制内力包络图。按内力包络图进行梁的设计可保证构件在各种荷载作用下的安全性。

3. 配筋计算

（1）已知条件。

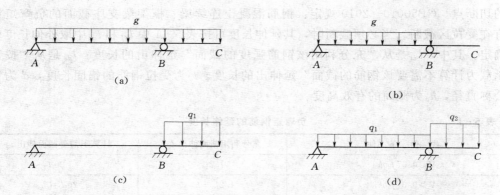

图 5-15　梁上各种荷载的作用

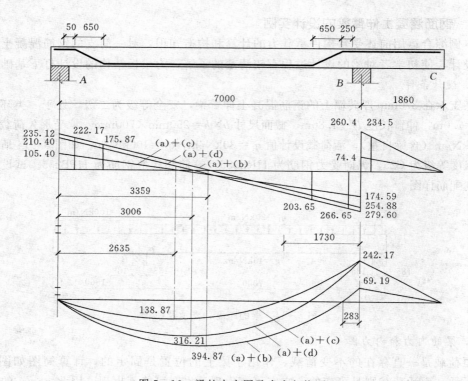

图 5-16　梁的内力图及内力包络图

查附表，混凝土强度等级 C25，$f_c = 11.9\text{N/mm}^2$，$f_t = 1.27\text{N/mm}^2$，$\alpha_1 = 1.0$，$\beta_c = 1.0$；

查附表，HRB335 级钢筋，$f_y = 300\text{N/mm}^2$，$\xi_b = 0.550$；HPB235 箍筋，$f_y = 210\text{N/mm}^2$。

纵向钢筋初步按两排布置纵筋，则 $h_0 = h - a_s = 700 - 60 = 640\text{mm}$。

（2）截面尺寸验算。

沿梁全长的剪力设计值的最大值在支座 B 左边缘，$V_{\max} = 266.65\text{kN}$。

$h_w/b = 640\text{mm}/250\text{mm} = 2.56 < 4$，属一般梁。

$0.25\beta_c f_c bh_0 = 0.25 \times 1.0 \times 11.9\text{N}/\text{mm}^2 \times 250\text{mm} \times 640\text{mm} = 476\text{kN} > V_{\max} = 266.65\text{kN}$

截面尺寸满足要求。

（3）纵筋计算。

1）跨中截面

$$M = 394.87\text{kN} \cdot \text{m}$$

$$\xi = 1 - \sqrt{1 - \frac{2M}{\alpha_1 f_c bh_0^2}} = 1 - \sqrt{1 - \frac{2 \times 394.87 \times 10^6}{1.0 \times 11.9 \times 250 \times 640^2}} = 0.4068 < \xi_b = 0.5$$

$$A_s = \frac{\alpha_1 f_c bh_0 \xi}{f_y} = \frac{1.0 \times 11.9 \times 250 \times 640 \times 0.4068}{300} = 2582\text{mm}^2$$

$$> 0.2\% bh = 0.2\% \times 250 \times 700 = 350\text{mm}^2$$

选用 $4\,\Phi\,25 + 2\,\Phi\,20$，$A_s = 2592\text{mm}^2$。

2）支座截面

$$M = 242.17\text{kN} \cdot \text{m}$$

本例支座弯矩较小，是跨中弯矩的 61%，可按单排配筋，令 $a_s = 40\text{mm}$，则 $h_0 = 660\text{mm}$，按同样的计算步骤，可得

$$\xi = 1 - \sqrt{1 - \frac{2 \times 242.17 \times 10^6}{1 \times 11.9 \times 250 \times 660^2}} = 0.2087 < \xi_b = 0.5$$

$$A_s = \frac{1 \times 11.9 \times 250 \times 660 \times 0.2087}{300} = 1366\text{mm}^2 > 0.2\% bh = 0.2\% \times 250 \times 700 = 350\text{mm}^2$$

选用 $2\,\Phi\,20 + 2\,\Phi\,22$，$A_s = 1390\text{mm}^2$。

选用支座钢筋和跨中钢筋时，应考虑钢筋规格的协调，即跨中纵向钢筋的弯起问题。

（4）腹筋计算。

各支座边缘的剪力设计值如图 5-16 所示。

1）验算腹筋是否按计算配置

$$0.7 f_t bh_0 = 0.7 \times 1.27 \times 250 \times 640 = 142.24\text{kN} < V_{\min} = 222.17\text{kN}$$

梁内腹筋需按计算配置。

2）腹筋计算

方案一：仅考虑箍筋抗剪，并假定沿梁全长按同一规格配箍，则

由

$$V \leqslant V_{cs} = 0.7 f_t bh_0 + 1.25 f_{yv} \frac{A_{sv}}{s} h_0$$

有

$$\frac{A_{sv}}{s} \geqslant \frac{V - 0.7 f_t bh_0}{1.25 f_{yv} h_0} = \frac{266.650 \times 10^3 - 0.7 \times 1.27 \times 250 \times 640}{1.25 \times 210 \times 640} = 0.741\text{mm}^2/\text{mm}$$

选用 $\phi\,8$ 双肢箍，$A_{sv1} = 50.3\text{mm}^2$，则箍筋间距

$$s \leqslant \frac{nA_{sv1}}{0.741} = \frac{2 \times 50.3}{0.741} = 136\text{mm}$$

实选 $\phi\,8@130$，满足计算要求。全梁按此直径和间距配置箍筋。

方案二：配置箍筋和弯起钢筋共同抗剪。

在 AB 段内配置箍筋和弯起钢筋，弯起钢筋参与抗剪并抵抗支座 B 负弯矩；BC 段仍

配双肢箍。计算过程见表 5-2。

表 5-2　　　　　　　　　　　**配置箍筋和弯起钢筋共同抗剪计算过程**

截面位置	A 支座	B 支座左	B 支座右
剪力设计值 V（kN）	222.17	266.65	234.50
$V_c = 0.7 f_t bh_0$（kN）	142.2		142.2
选用箍筋（直径、间距）	$\Phi 8@200$		$\Phi 8@160$
$V_{cs} = V_c + 1.25 f_{yv} \dfrac{A_{sv}}{s} h_0$（kN）	227.0		156.1
$V - V_{cs}$（kN）	—	39.65	
$A_{sb} = \dfrac{V - V_{cs}}{0.8 f_y \sin\alpha}$（mm）^{2}		234	
弯起钢筋选择	—	$2\Phi 20$，$A_{sb} = 628$	
弯起点距支座边缘距离（mm）	—	$250 + 650 = 900$	
弯起上点处剪力设计值 V_2（kN）	—	$266.65 \times \left(1 - \dfrac{900}{3809}\right) = 203.60$	—
是否需第二排弯起钢筋		$V_2 < V_{cs}$，不需要	

4. 进行钢筋布置、作材料图

纵筋的弯起和截断位置由材料图确定，故需按比例绘制弯矩图和材料图。支座 A 按计算可以配弯起钢筋，本例中仍将②号钢筋在支座 A 处弯起。

（1）按比例绘制弯矩包络图。

根据图 5-17，AB 跨正弯矩包络线由（a）+（b）确定

$$M(x) = \frac{g}{2}\left[\left(1 - \frac{l_2^2}{l_1^2}\right)l_1 x - x^2\right] + \frac{q_1}{2}(l_1 x - x^2)$$

AB 跨最小弯矩包络线由（a）+（c）确定

$$M(x) = \frac{g}{2}\left[\left(1 - \frac{l_2^2}{l_1^2}\right)l_1 x - x^2\right] - \frac{q_2}{2}\frac{l_2^2}{l_1}x$$

以上 x 均为计算截面到 A 支座中心处坐标原点的距离。

BC 跨弯矩包络线由（a）+（d）确定（以点 c 为坐标原点）

$$M(x) = \frac{1}{2}(g + q_2)x^2$$

选取适当的比例和坐标，即可绘出弯矩包络图。

（2）确定各纵筋承担的弯矩。

跨中钢筋 $4\Phi 25 + 2\Phi 20$，由抗剪计算可知需弯起 $2\Phi 20$，①号钢筋 $4\Phi 25$ 伸入支座，②号钢筋 $2\Phi 20$ 弯起；按它们的面积比例将正弯矩包络图用虚线分为两部分，虚线与包络图的交点就是钢筋强度的充分利用截面或不需要截面。

支座负弯矩钢筋 $2\Phi 22 + 2\Phi 20$，其中 $2\Phi 20$ 利用跨中的弯起钢筋②字钢筋抵抗部分负弯矩，$2\Phi 22$ 抵抗其余的负弯矩，编号为③，两部分钢筋也按其面积比例将负弯矩包络图用虚线分为两部分。

在排列钢筋时，应将伸入支座的跨中钢筋、最后截断的负弯矩钢筋（或不截断的负弯

矩钢筋）排在相应弯矩包络图内的最大区段内，然后再排列弯起点离支座距离最近（负弯矩钢筋为最远）的弯起钢筋、离支座较远截面截断的负弯矩钢筋。

（3）确定弯起钢筋的弯起位置。

由抗剪计算确定的弯起钢筋位置作抵抗弯矩图。显然，②号钢筋的抵抗弯矩图全部覆盖相应弯矩图，且弯起点距离它的强度充分利用截面都大于 $h_0/2$。故它满足抗剪、正截面抗弯、斜截面抗弯三项要求。

（4）确定纵筋截断位置。

对②号钢筋而言，$V > 0.7f_t bh$，且截断点仍位于负弯矩受拉区内，故其截断位置从按正截面受弯承载力计算不需要该钢筋的截面（图中 D 处）向外的延伸长度应不小于 $20d = 400mm$，且不小于 $1.3h_0 = 1.3 \times 660 = 858mm$；同时，从该钢筋强度充分利用截面（图中 C 处）向外的延伸长度应不小于 $1.2l_a + 1.7h_0 = 1.2 \times 661 + 1.7 \times 660 = 1915mm$。根据抵抗弯矩图，可知其实际截断位置由尺寸 1620mm 控制。

③号钢筋的理论截断点是图中的 E 和 F，其中，$h_0 = 660mm$；$1.2l_a + h_0 = 1.2 \times 728 + 660 = 1534mm$。根据抵抗弯矩图，可知该钢筋的左端截断位置由尺寸 1534mm 控制。

5. 绘梁的配筋图

梁的配筋图包括纵断面图、横断面图及单根钢筋图（对简单配筋，可只画纵断面图或横断面图）。纵断面图表示各钢筋沿梁长方向的布置情形，横断面图表示钢筋在同一截面内的位置。

（1）按比例画出梁的纵断面和横断面。

纵断面、横断面可用不同比例。当梁的纵横向断面尺寸相差悬殊时，在同一纵断面图中，纵横向可选用不同比例。

（2）画出每种规格钢筋在纵横断面上的位置并进行编号（钢筋的直径、强度、外形尺寸完全相同时，用同一编号）。

直钢筋①4Φ25 全部伸入支座，伸入支座的锚固长度 $l_{as} \geq 12d = 12 \times 25 = 300mm$。考虑到施工方便，伸入 A 支座长度取 $370 - 20 = 350$；伸入 B 支座长度取 350mm。故该钢筋总长 $= 350 + 350 + (7000 - 370) = 7330mm$。

弯起钢筋②2Φ20 根据作抵抗弯矩图后确定的位置，在 A 支座附近弯上后锚固于受压区，应使其水平长度 $\geq 10d = 10 \times 20mm$，实际取 $370 - 30 + 50 = 390mm$；在 B 支座左侧弯起后，穿过支座伸至其端部后下弯 $20d$。该钢筋斜弯段的水平投影长度 $= 700 - 25 \times 2 = 650mm$。②号钢筋的总长度即为各段长度和。

负弯矩钢筋③2Φ22 左端按实际的截断位置延伸至正截面受弯承载力计算不需要该钢筋的截面之外 660mm。同时，从该钢筋强度充分利用截面延伸的长度为 1955mm，大于 $1.2l_a + h_0$。右端向下弯折 $20d = 440mm$。该钢筋同时兼作梁的架立钢筋。

AB 跨内的架立钢筋可选 2Φ12，编号为④，左端伸入支座内 $370 - 25 = 345mm$ 处，右端与③号钢筋搭接，搭接长度可取 150mm（非受力搭接）。其水平长度 $= 345 + (7000 - 370) - (250 + 1925) + 150 = 4950mm$。

伸臂梁下部的架立钢筋可同样选 2Φ12，编号为⑤，在支座 B 内与①号钢筋搭接 150mm，其水平长度 $= 1860 + 185 - 150 - 25 = 1870mm$。

箍筋编号为⑥，在纵断面图上标出不同间距的范围。

（3）绘出单根钢筋图。

详见图 5-17。

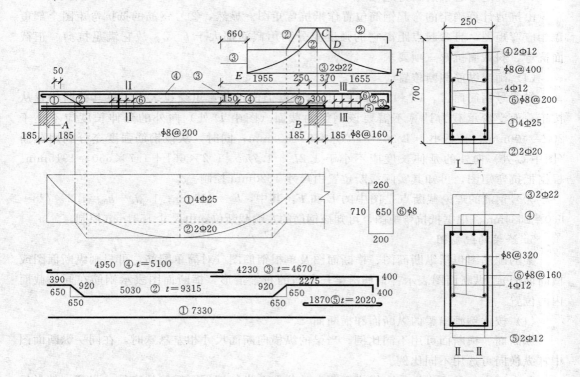

图 5-17　伸臂梁配筋图

说明：1. 混凝土为 C25；

2. 混凝土保护层为 25mm。

（4）图纸说明。

简单说明梁所采用的混凝土强度等级、钢筋规格、混凝土保护层厚度、图内比例、采用尺寸等。

5.5　钢筋骨架的构造要求

5.5.1　箍筋的构造要求

1. 箍筋形式和肢数

箍筋的形式有封闭式和开口式两种，如图 5-18 所示。通常采用封闭式箍筋。对现浇 T 形截面梁，由于在翼缘顶部通常另有横向钢筋（如板中承受负弯矩的钢筋），也可采用开口式箍筋。当梁中配有按计算需要的纵向受压钢筋时。箍筋应作成封闭式，箍筋端部弯钩通常用 135°，弯钩端部水平直段长度不应小于 5d（d 为箍筋直径）和 50mm。

箍筋的肢数分单肢、双肢及复合箍（多肢箍），箍筋一般采用双肢箍，当梁宽 b > 400mm 且一层内的纵向受压钢筋多于 3 根时，或当梁宽 b < 400mm 但一层内的纵向受压

钢筋多于 4 根时，应设置复合箍筋；梁截面高度减小时，也可采用单肢箍。

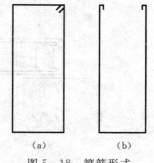

图 5-18　箍筋形式
(a) 封闭式；(b) 开口式

2. 箍筋的直径和间距

箍筋的直径应由计算确定，同时，为使箍筋与纵筋联系形成的钢筋骨架有一定的刚性，因此箍筋直径不能太小。GB50010—2010 规定：对截面高度 $h \leqslant 800mm$ 的梁，其箍筋直径不宜小于 6mm；对截面高度 $h > 800mm$ 的梁，其箍筋直径不宜小于 8mm。当梁中配有计算需要的纵向受压钢筋时，箍筋直径尚不应小于纵向受压钢筋最大直径的 0.25 倍。

箍筋的间距一般应由计算确定，同时，为控制使用荷载下的斜裂缝宽度，防止斜裂缝出现在两道箍筋之间而不与任何箍筋相交，梁中箍筋间距应符合下列规定：

（1）梁中箍筋的最大间距宜符合表 5-3 的规定。

（2）当梁中配有按计算需要的纵向受压钢筋时，箍筋的间距不应大于 15d（d 为纵向受压钢筋的最小直径）同时不应大于 400mm；当一层内的纵向受压钢筋多于 5 根且直径大于 18mm 时，箍筋间距不应大于 10d。

表 5-3　　　梁中箍筋的最大间距　　单位：mm

梁高 h	$V > 0.7 f_t b h_0$	$V \leqslant 0.7 f_t b h_0$
$50 < h \leqslant 300$	150	200
$00 < h \leqslant 500$	200	300
$00 < h \leqslant 800$	250	350
> 800	300	400

3. 箍筋的布置

对按计算不需要配箍筋的梁：

（1）当截面高度 $h > 300mm$ 时，应沿梁全长设置箍筋。

（2）当截面高度 $h = 150 \sim 300mm$ 时，可仅在构件端部各四分之一跨度范围内设置箍筋；但当在构件中部二分之一跨度范围内有集中荷载作用时，则应沿梁全长设置箍筋；

（3）当截面高度 $h < 150mm$ 时，可不设箍筋。

5.5.2　纵向钢筋的构造

1. 纵向受力钢筋的锚固（图 5-19）

（1）简支支座。

对于简支支座，钢筋受力较小，因此，当梁端剪力 $V \leqslant 0.7 f_t b h_0$ 时，支座附近不会出现斜裂缝，纵筋适当伸入支座即可。但当剪力 $V > 0.7 f_t b h_0$ 时，可能出现斜裂缝，这时支座处的纵筋拉力由斜裂缝截面的弯矩确定。从而使支座处纵筋拉应力显著增大，若无足够的锚固长度，纵筋会从支座内拔出，发生斜截面弯曲破坏。为此，钢筋混凝土简支梁和连续梁简支端的下部纵向受力钢筋，其伸入支座范围内的锚固长度 l_{as} 应符合下列规定：

1）当 $V \leqslant 0.7 f_t b h_0$ 时：$l_{as} \geqslant 5d$；

当 $V > 0.7 f_t b h_0$ 时：

带肋钢筋　　　　　　　　　$l_{as} \geqslant 12d$

光面钢筋　　　　　　　　　$l_{as} \geqslant 15d$

2）如纵向受力钢筋伸入梁支座范围内的锚固长度不应符合上述要求，应采取在钢筋

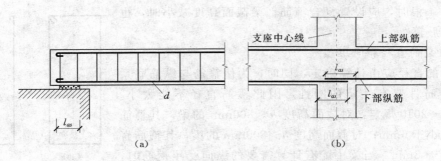

图 5-19 纵向受力钢筋的锚固

(a) 简支梁下部纵筋伸入支座的锚固;(b) 梁纵筋在中间支座锚固

上加焊锚固钢板或将钢筋端部焊接在梁端预埋件上等有效锚固措施。

3)支承在砌体结构上的钢筋混凝土独立梁,在纵向受力钢筋的锚固长度 l_{as} 范围内应配置不少于两个箍筋,其直径不宜小于纵向受力钢筋最大直径的 0.25 倍,间距不宜大于纵向受力钢筋最小直径的 10 倍;当采用机械锚固措施时,箍筋间距尚不宜大于纵向受力钢筋最小直径的 5 倍。

4)对混凝土强度等级为 C25 及以下的简支梁和连续梁的简支端,当距支座边 1.5h 范围内作用有集中荷载,且 $V > 0.7 f_t bh_0$ 时,对带肋钢筋宜采取附加锚固措施,或取锚固长度 $l_{as} \geqslant 15d$。

5)简支板或连续板下部纵向受力钢筋伸入支座的锚固长度不应小于 $5d$,d 为下部纵向受力钢筋的直径。当连续板内温度、收缩应力较大时,伸入支座的锚固长度宜适当增加。

(2)连续梁或框架梁的锚固要求。

连续梁在中间交座处,一般上部纵向钢筋受拉,应贯穿中间支座节点或中间支座范围。下部钢筋受压,其伸入支座的锚固长度分三种情况考虑:

1)当计算中充分利用支座边缘处下部纵筋的抗压强度时,下部纵向钢筋应按受压钢筋锚固在中间支座处,此时其直线锚固长度不应小于 $0.7 l_a$;下部纵向钢筋也可伸过节点或支座范围,并在梁中弯矩较小处设置搭接接头。

2)当计算中充分利用钢筋的抗拉强度时,下部纵向钢筋应锚固在节点或支座内,此时,可采用直线锚固形式,钢筋的锚固长度不应小于 l_a。

3)当计算中不利用支座边缘处下部纵筋的强度时,考虑到当连续梁达到极限荷载时,由于中间支座附近的斜裂缝和黏结裂缝的发展,钢筋的零应力点并不对应弯矩图反弯点,钢筋拉应力产生平移,使中间支座下部受拉。因此不论支座边缘内剪力设计值的大小,其下部纵向钢筋伸入支座的锚固长度 l_{as},应满足简支支座 $V > 0.7 f_t bh_0$ 时的规定。

2. 纵向构造钢筋(图 5-20)

(1)架立钢筋。

当梁内配置箍筋且在梁顶面箍筋角点处无纵向受力钢筋时,应在梁受压区设置和纵向受力钢筋平行的架立钢筋,用以固定箍筋的正确位置,并能承受梁因收缩和温度变化所产生的内应力。

架立钢筋直径与梁的跨度有关。当梁的跨度小于 4m 时,架立钢筋的直径不宜小于

8mm；当梁的跨度为 4～6m 时，架立钢筋的直径不宜小于 10mm；当梁的跨度大于 6m，不宜小于 12mm。

（2）侧向构造钢筋。

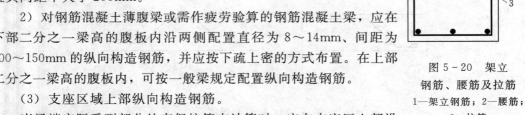

1）当梁的截面较高时，常可能在梁侧面产生垂直梁轴线的收缩裂缝。因此，当梁的腹板高 $h_w \geqslant 450$mm，在梁的两个侧面应沿高度配置纵向构造钢筋，每侧纵向构造钢筋（不包括梁上、下部受力钢筋及架立钢筋）的截面面积不应小于腹板截面积 bh_w 的 0.1%，且其间距不大于 200mm。

2）对钢筋混凝土薄腹梁或需作疲劳验算的钢筋混凝土梁，应在下部二分之一梁高的腹板内沿两侧配置直径为 8～14mm、间距为 100～150mm 的纵向构造钢筋，并应按下疏上密的方式布置。在上部二分之一梁高的腹板内，可按一般梁规定配置纵向构造钢筋。

图 5-20 架立
钢筋、腰筋及拉筋
1—架立钢筋；2—腰筋；
3—拉筋

（3）支座区域上部纵向构造钢筋。

当梁端实际受到部分约束但按简支计算时，应在支座区上部设置纵向构造钢筋，其截面面积不应小于梁跨中下部纵向受力钢筋计算所需截面面积的 1/4，且不应少于两根；该纵向构造钢筋自支座边缘向跨内伸出的长度不应小于 $0.2l_0$。此处，l_0 为该跨的计算跨度。

5.5.3 弯起钢筋的构造

1. 弯起钢筋的间距

当设置抗剪弯起钢筋时，为防止弯起钢筋的间距过大，出现不与弯起钢筋相交的斜裂缝，使弯起钢筋不能发挥作用，当按计算需要设置弯起钢筋时，前一排（对支座而言）弯起钢筋的弯起点到次一排弯起钢筋弯终点的距离不得大于表 5-3 中 $V > 0.7 f_t bh_0$ 栏规定的箍筋最大间距，且第一排弯起钢筋距支座边缘的距离也不应大于箍筋的最大间距，如图 5-21 所示。

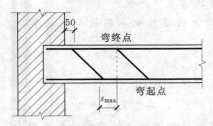

图 5-21 弯起钢筋最大间距

2. 弯起钢筋的锚固长度

在弯起钢筋的弯终点外应留有平行于梁轴线方向的锚固长度，其长度在受拉区不应小于 20d，在受压区不应小于 10d，此处，d 为弯起钢筋的直径，光面弯起钢筋末端应设弯钩，如图 5-22 所示。

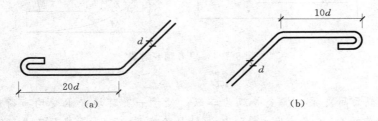

图 5-22 弯起钢筋的锚固
（a）受拉区；（b）受压区

3. 弯起钢筋的弯起角度

梁中弯起钢筋的弯起角度一般可取 45°。当梁截面高度大于 800mm 时，也可取 60°。梁底层钢筋中的角部钢筋不应弯起，顶层钢筋中的角部钢筋不应弯下。

4. 弯起钢筋的形式

当为了满足材料抵抗弯矩图的需要，不能弯起纵向受拉钢筋时，可设置单独的受剪弯起钢筋。单独的受剪弯起钢筋应采用"鸭筋"，而不应采用"浮筋"，否则一旦弯起钢筋滑动将使斜裂缝开展过大，如图 5-23 所示。

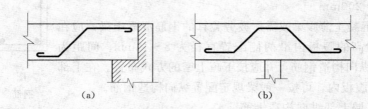

图 5-23　鸭筋和浮筋
(a) 浮筋；(b) 鸭筋

？ 复习思考题与习题

一、思考题

1. 钢筋混凝土梁在荷载作用下为什么会产生斜裂缝？在无腹筋梁中，当斜裂缝出现前后，梁中应力状态有哪些变化？

2. 有腹筋梁斜截面剪切破坏形态有哪几种？各在什么情况下产生？

3. 腹筋在哪些方面改善了无腹筋梁的抗剪性能？为什么要控制箍筋最小配筋率？为什么要控制梁截面尺寸不能过小？

4. 为什么要控制箍筋及弯起钢筋的最大间距（即 $s \leqslant s_{max}$）？

5. 什么是抵抗弯矩图？如何绘制？它与设计弯矩图有什么关系？

6. 抵抗弯矩图中钢筋的"理论切断点"和"充分利用点"，其意义是什么？

7. 为什么会发生斜截面受弯破坏？钢筋切断或弯起时，如何保证斜截面受弯承载力？

8. 试指出图 5-24 中抵抗弯矩图画法的错误。

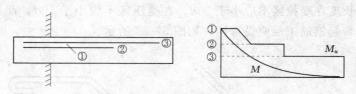

图 5-24　思考题 8 附图

二、习题

1. 某矩形截面简支梁，安全等级为二级，处于一类环境，承受均布荷载设计值 $p=57$kN/m（包括自重）。梁净跨度 $l_n=5.3$m，计算跨度 $l_0=5.5$m，截面尺寸 $b \times h=250$mm$\times$550mm。混凝土为 C20 级，纵向钢筋采用 HRB335 级钢筋，箍筋采用 HPB235 级钢筋。

根据正截面受弯承载力计算已配有 6Φ22 的纵向受拉钢筋，按两排布置。分别按下列两种情况计算配筋：（1）由混凝土和箍筋抗剪；（2）由混凝土、箍筋和弯起钢筋共同抗剪。

2. 承受均布荷载设计值 p 作用下的矩形截面简支梁，安全等级为二级，处于一类环境，截面尺寸 $b \times h = 200\text{mm} \times 400\text{mm}$，梁净跨度 $l_n = 4.5\text{m}$，混凝土为 C20 级，箍筋采用 HPB235 级钢筋。梁中已配有双肢 φ8@200 箍筋，试求该梁在正常使用期间按斜截面承载力要求所能承担的荷载设计值 p。

3. 矩形截面简支梁，安全等级为二级，处于一类环境，承受均布荷载设计值 $p = 8\text{kN/m}$（包括自重），集中荷载设计值 $P = 100\text{kN}$，如图 5 - 25 所示，截面尺寸 $b \times h = 250\text{mm} \times 600\text{mm}$，纵筋按两排布置。混凝土为 C25 级，箍筋采用 HPB235 级钢筋。试确定箍筋数量。

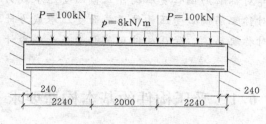

图 5 - 25 习题 3 附图

第6章 钢筋混凝土受压构件承载力计算

本章要点

- 掌握轴心受压构件正截面受压承载力计算方法；
- 理解偏心受压构件正截面的破坏形态；
- 掌握矩形截面非对称配筋偏心受压构件正截面受压承载力计算说方法；
- 掌握矩形截面对称配筋偏心受压构件正截面受压承载力计算方法；
- 掌握 I 形截面对称配筋偏心受压构件正截面受压承载力计算方法。

6.1 受压构件的基本构造要求

6.1.1 受压构件的分类

受压构件是以承受轴向压力为主，并同时承受弯矩、剪力的构件，如多层框架房屋和单层厂房中的柱是典型的受压构件。柱把屋盖和楼层荷载传至基础，是建筑结构中的主要承重构件。此外，桥梁结构中的桥墩、桩，桁架中的受压弦杆、腹杆以及刚架、拱等均属受压构件。

受压构件按轴向压力在截面上作用位置的不同可分为：轴心受压构件、单向偏心受压构件及双向偏心受压构件。

在工程设计中，对以恒载为主的等跨多层房屋的中间柱，和只承受节点荷载的桁架受压弦杆及腹杆可近似地按轴心受压构件设计。多层框架结构房屋的柱，在地震作用下常同时受到轴向力及两个方向弯矩的作用，属于双向偏心受压构件。

6.1.2 截面形式及尺寸

钢筋混凝土受压构件截面形式的选择要考虑到受力合理和模板制作方便。轴心受压构件的截面形式一般为正方形或边长接近的矩形。建筑上有特殊要求时，可选择圆形或多边形。偏心受压构件的截面形式一般多采用长宽比不超过 1.5 的矩形截面。承受较大荷载的装配式受压构件也常采用工字形截面。对于方形和矩形独立柱的截面尺寸，不宜小于 $250\text{mm} \times 250\text{mm}$，框架柱不宜小于 $300\text{mm} \times 400\text{mm}$。对于工字形截面，翼缘厚度不宜小于 120mm，因为翼缘太薄，会使构件过早出现裂缝，同时在靠近柱脚处的混凝土容易在车间生产过程中碰坏，影响柱的承载力和使用年限；腹板厚度不宜小于 100mm，否则浇捣混凝土困难，对于地震区的截面尺寸应适当加大。

同时，柱截面尺寸还受到长细比的控制。因为柱子过于细长时，其承载力受稳定控制，材料强度得不到充分发挥。一般情况下，对方形、矩形截面，$l_0/b \leqslant 30$，$l_0/h \leqslant 25$；

对圆形截面，$l_0/d \leqslant 25$。此处 l_0 为柱的计算长度，b、h 分别为矩形截面短边及长边尺寸，d 为圆形截面直径。

为施工制作方便，柱截面尺寸还应符合模数化的要求，柱截面边长在 800mm 以下时，宜取 50mm 为模数；在 800mm 以上时，可取 100mm 为模数。

6.2　轴心受压构件的正截面承载力分析

钢筋混凝土轴心受压柱，按照箍筋作用和配置方式的不同可分为：

1）普通箍筋轴心受压柱。普通箍筋的作用是防止纵向钢筋压屈，并与纵筋形成钢筋骨架，便于施工；

2）间接钢筋轴心受压柱。螺旋箍筋是在纵筋外围配置连续环绕的间距较密的螺旋筋或间距较小的焊接钢环，其作用是使截面中间核心部分的混凝土形成约束混凝土，可提高构件的承载力和延性。以下分别就配有普通箍筋轴心受压柱和间接钢筋轴心受压柱的受力性能与承载力计算进行分析。

6.2.1　普通箍筋轴心受压柱的受力性能与承载力计算

1. 受力性能分析

根据长细比大小不同，受压柱可分为短柱和长柱。短柱指长细比 $l_0/b \leqslant 8$（矩形截面，b 为截面较小边长）或 $l_0/d \leqslant 7$（圆形截面，d 为直径）或 $l_0/i \leqslant 28$（其他截面，i 为截面回转半径）的柱，l_0 为柱的计算长度。实际结构中的构件的计算长度取值方法见表 6-1 和表 6-2。

表 6-1　　　　　刚性屋盖单层房屋排架柱、露天吊车柱和栈桥柱的计算长度

柱 的 类 别		l_0		
		排架方向	垂 直 排 架 方 向	
			有柱间支撑	无柱间支撑
无吊车房屋柱	单跨	$1.5H$	$1.0H$	$1.2H$
	两跨及多跨	$1.25H$	$1.0H$	$1.2H$
有吊车房屋柱	上柱	$2.0H_u$	$1.25H_u$	$1.5H_u$
	下柱	$1.0H_l$	$0.8H_l$	$1.0H_l$
露天吊车柱和栈桥柱		$2.0H_l$	$1.0H_l$	

注　1. H 为从基础顶面算起的柱子全高；H_l 为从基础顶面至装配式吊车梁底面或现浇式吊车梁顶面的柱子下部高度；H_u 为从装配式吊车梁底面或现浇式吊车梁顶面算起的柱子上部高度。

　　2. 有吊车房屋排架柱的计算长度，当计算中不考虑吊车荷载时，可按无吊车房屋柱的计算长度采用，但上柱的计算长度仍可按有吊车房屋采用。

　　3. 有吊车房屋排架柱的上柱在排架方向的计算长度，仅适用于 $H_u/H_l \geqslant 0.3$ 的情况；当 $H_u/H_l < 0.3$ 时，计算长度宜采用 $2.5H_u$。

（1）轴心受压短柱的破坏形态。

轴心受压短柱，受荷以后截面应变均匀分布，钢筋应变与混凝土应变相同。但由于钢筋的弹性模量高于混凝土的弹性模量，随着压力的增大，钢筋的应力增长得比混凝土的应

表 6-2　　　框架结构各层柱的计算长度

楼盖类型	柱的类别	l_0
现浇楼盖	底层柱	$1.0H$
	其余各层柱	$1.25H$
装配式楼盖	底层柱	$1.25H$
	其余各层柱	$1.5H$

注　H 对底层柱为从基础顶面到一层楼盖顶面的高度；
　　对其余各层柱为上、下两层楼盖顶面之间的高度。

力增长快。试验表明，对配置各级纵向钢筋的轴心受压短柱，在混凝土到达轴心受压的极限压应变（0.003）以前，钢筋已到达抗压屈服强度，这时构件尚未破坏。荷载仍可继续增长，钢筋应力则保持在 f_y'。当混凝土应力到达轴心抗压强度时，构件表面出现纵向裂缝，保护层混凝土开始剥落，到达极限承载力。破坏时箍筋之间的纵筋发生压屈向外凸出，混凝土压碎酥裂，如图 6-1（a）所示。当纵筋为高强度钢筋时，破坏时纵筋应力可能达不到屈服强度。GB50010—2010 偏于安全地取混凝土的极限压应变为 0.002，相应的钢筋压应力 $\sigma_s=400\text{N}/\text{mm}^2$。$f_y<400\text{N}/\text{mm}^2$ 时，取钢筋抗压强度设计值 $f_y'=f_y$；当 $f_y>400\text{N}/\text{mm}^2$ 时，取 $f_y'=400\text{N}/\text{mm}^2$。

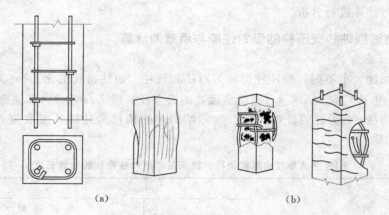

(a)　　　　　　　　　　　(b)

图 6-1　普通箍筋柱
（a）轴心受压短柱的破坏形态；（b）轴心受压长柱的破坏形态

（2）轴心受压长柱的破坏形态。

轴心受压柱由于各种原因可能产生偏心距，随荷载增大将引起附加弯矩和侧向挠度。当柱的长细比较小时，侧向挠度对柱的承载力影响不大。而对于细长柱则不同，侧向挠度 f 的增大使附加弯矩增大，如此相互影响，最终导致轴心受压长柱在轴力和弯矩作用下的失稳破坏。破坏时首先在凹边出现纵向裂缝，随后混凝土被压碎，纵向钢筋压弯向外鼓出，凸边混凝土开裂，柱失去平衡状态［图 6-1（b）］。

2．稳定系数

实际工程中轴心受压构件是不存在的，荷载的微小初始偏心不可避免，这对轴心受压短柱的承载能力无明显影响，但对于长柱则不容忽视。长柱加载后，由于初始偏心距将产生附加弯矩，而这个附加弯矩产生的水平挠度又加大了原来的初始偏心距，这样相互影响的结果使长柱最终在弯矩及轴力共同作用下发生破坏。

试验表明，长柱的破坏荷载 N_u^l 低于其他条件相同的短柱的破坏荷载 N_u^s。GB50010—2002

中采用稳定系数 φ 来表示长柱承载力降低的程度，即

$$\varphi = N_u^l / N_u^s \tag{6-1}$$

根据中国建筑科学研究院的试验资料及一些国外的试验数据，得出稳定系数值主要与柱的长细比有关。对于矩形截面，长细比为 l_0/b（l_0 为柱的计算长度，b 为柱截面的短边尺寸），l_0/b 越大，φ 越小。$l_0/b < 8$ 时，可以取 $\varphi = 1.0$。对于 l_0/b 相同的柱，由于混凝土强度等级和钢筋的种类以及配筋率的不同，φ 值还略有不同。经数理统计得到下列经验公式

当 $l_0/b = 8 \sim 34$ 时 $\qquad \varphi = 1.177 - 0.021 l_0/b \tag{6-2}$

当 $l_0/b = 35 \sim 50$ 时 $\qquad \varphi = 0.87 - 0.012 l_0/b \tag{6-3}$

对于长细比 l_0/b 较大的构件，考虑到荷载初始偏心和长期荷载作用对其承载力的不利影响较大，为保证安全，取比经验公式计算值略低一些的 φ 值。对于长细比 l_0/b 小于 20 的构件，考虑到过去的使用经验，取比经验公式计算值略高一些的 φ 值。从而得到了稳定系数 φ 值，见表 6-3。

表 6-3 钢筋混凝土轴心受压构件的稳定系数 φ

l_0/b	l_0/d	l_0/i	φ	l_0/b	l_0/d	l_0/i	φ
≤8	≤7	≤28	1.0	30	26	104	0.52
10	8.5	35	0.98	32	28	111	0.48
12	10.5	42	0.95	34	29.5	118	0.44
14	12	48	0.92	36	31	125	0.40
16	14	55	0.87	38	33	132	0.36
18	15.5	62	0.81	40	34.5	139	0.32
20	17	69	0.75	42	36.5	146	0.29
22	19	76	0.70	44	38	153	0.26
24	21	83	0.65	46	40	160	0.23
26	22.5	90	0.60	48	41.5	167	0.21
28	24	97	0.56	50	43	174	0.19

注 l_0—构件计算长度；b—矩形截面的短边尺寸；d—圆形截面的直径；i—截面最小回转半径。

3. 正截面受压承载力计算

根据以上分析，轴心受压构件承载力计算简图见图 6-2，考虑稳定及可靠度因素后，得轴心受压构件的正截面承载力计算公式

$$N \leqslant 0.9\varphi(f_c A + f_y' A_s') \tag{6-4}$$

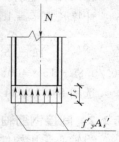

式中 $\quad N$——轴心压力设计值；

$\qquad \varphi$——钢筋混凝土轴心受压构件的稳定系数，按表 6-3 取值；

$\qquad f_c$——混凝土轴心抗压强度设计值，按附表取值；

$\qquad f_y'$——钢筋抗压强度设计值，按附表取值；

$\qquad A$——构件截面面积，当纵筋配筋率 $\rho' > 3\%$ 时，A 用 $A - A_s'$ 代替；

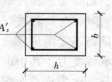

$\qquad A_s'$——截面全部受压纵筋截面面积。

上式中等号右边乘以系数 0.9 是为了保持与偏心受压构件

图 6-2 轴心受压柱的计算图形

正截面承载力计算的可靠度相近。

计算现浇钢筋混凝土受压构件时，如截面的长边或直径小于 300mm 时，混凝土强度设计值 f_c 应乘以系数 0.8；当构件质量确有保证时，可不受此限。

实际工程中遇到的轴心受压构件的设计问题可以分为截面设计和截面复核两大类。

(1) 截面设计。

截面设计时一般先选定材料的强度等级，结合建筑方案，根据构造要求或参考同类结构确定柱的截面形状及尺寸。也可通过假定合理的配筋率，由式 (6-4) 估算截面面积后确定截面尺寸。材料和截面确定后，利用表 6-3 确定稳定系数 φ，再由式 (6-4) 求出所需的纵筋数量，并验算其配筋率。截面纵筋按计算用量选配，箍筋按构造要求配置。

应当指出的是，工程中轴心受压构件沿截面 x、y 两个主轴方向的杆端约束条件可能不同，因此计算长度 l_0 也就可能不同。在按式 (6-4) 中进行承载力计算时，稳定系数 φ 应分别按两个方向的长细比 (l_0/b、l_0/h) 确定，并取其中的较小者。

(2) 截面复核。

截面复核步骤比较简单，因为只需将已知的截面尺寸、材料强度、配筋量及构件计算长度等相关参数代入式 (6-4) 便可。若该式成立，说明截面安全；否则，为不安全。

【例 6-1】 某多层房屋为现浇钢筋混凝土框架结构，底层中间柱按轴心受压构件设计。该柱以承受恒载为主，安全等级为一级（结构重要性系数 $\gamma_0 = 1.1$），轴向力设计值 $N = 2600$kN。基础顶至楼板面的距离 $H = 6.5$m。混凝土为 C30 级 ($f_c = 15$N/mm^2)，纵筋、箍筋均采用 HRB335 级钢 ($f'_s = 310$N/mm^2)。求柱截面尺寸及纵向钢筋，并配置箍筋。

【解】

(1) 求截面尺寸。

初设纵向钢筋配筋率 $\rho = A'_s/A = 0.01$，$\varphi = 1.0$。

$A \geqslant \gamma_0 N/[\varphi(f_c + f'_y\rho)] = 1.1 \times 2600 \times 10^3/[1.0 \times (15 + 0.01 \times 310)] = 158010$mm^2

采用方形截面，边长 $b = A^{1/2} = (158010)^{1/2} = 397.5$mm，取 $b = 400$mm

(2) 计算配筋。

计算长度 $l_0 = 1.0H = 6.5$m，长细比 $l_0/b = 6500/400 = 16.25$，查表 6-3 得稳定系数

$\varphi = 0.87 + \dfrac{0.81 - 0.87}{18 - 16}$ (16.25 - 16) = 0.86，$A'_s \geqslant (\gamma_0 N/\varphi - f_c A)/f'_y = (1.1 \times 2600 \times$

$10^3/0.86 - 15 \times 400^2)/310 = 2986$mm^2

选用 8 Φ 22，$A'_s = 3041$mm^2，箍筋按附录三规定选用 Φ 6@300mm。

6.2.2 间接钢筋轴心受压柱的受力性能与承载力计算

当轴心受压构件承受的轴向压力较大，同时其截面尺寸由于建筑上或使用功能上的要求受到限制时，若按配有纵筋和普通箍筋的柱来计算，即使提高混凝土强度等级和增加纵筋用量仍不能满足承载力计算要求，可考虑采用配有螺旋式或焊接环式箍筋柱，以提高构件的承载能力，其中由螺旋式或焊接环式箍筋所包围的面积（按内径计算）即图 6-3 中阴影部分，称为核心面积。螺旋式或焊接环式箍筋也称为"间接钢筋"。这种柱的截面形状一般为圆形或正多边形，构造形式如图 6-3 所示。

由于这种柱的施工比较复杂，造价较高，用钢量较大，一般不宜普遍采用。

1. 混凝土在间接钢筋约束下的受力性能分析

由试验研究得知，受压短柱破坏是构件在承受轴向压力时产生横向扩张，至横向拉应变达到混凝土极限拉应变所致。如能在构件四周设置横向约束，以阻止受压构件的这种横向扩张，使核心混凝土处于三向受压状态，就能显著地提高构件抗压承载能力和变形能力。间接钢筋柱能够起到这种作用，它比一般矩形箍筋柱有更大的承载力和变形能力（或延性）。这是因为，矩形箍筋水平肢的侧向抗弯刚度很弱，无法对核心混凝土形成有效的约束，只有箍筋的四个角才能通过向内的起拱作用对一部分混凝土形成有限的约束。如图 6-4 所示。

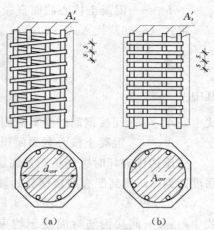

图 6-3　间接钢筋柱的配筋构造
(a) 螺旋箍筋柱；(b) 焊接环式箍筋柱

试验研究表明，间接钢筋的强度、直径以及间距是影响柱的承载能力和变形能力的主要因素。间接钢筋强度越高、直径越粗、间距越小，

图 6-4　矩形箍筋约束下的混凝土

约束作用越明显，其中间接钢筋间距的影响最为显著。配有间接钢筋的柱，在间接钢筋约束混凝土横向变形从而提高混凝土的强度和变形的同时，间接钢筋中产生拉应力。当它们的拉应力达到抗拉屈服强度时，不再能有效地约束混凝土的横向变形，混凝土的抗压强度就不能再提高，这时构件破坏。间接钢筋外侧的混凝土保护层在螺旋箍筋受到较大拉应力时会开裂，所以，在计算承载力时不考虑这部分混凝土的作用。

2. 配有间接钢筋的轴心受压柱的正截面承载力计算

间接钢筋所包围的核心截面混凝土处于三向受压状态，其实际抗压强度因套箍作用而高于混凝土轴心抗压强度。这类配筋柱在进行承载力计算时，与普通箍筋不同的是要考虑横向箍筋的作用。

根据圆柱体混凝土三向受压的试验结果，被约束混凝土的轴心抗压强度可近似按下式计算：

$$f = f_c + 4\sigma_r \qquad (6-5)$$

式中　f——被约束混凝土轴心抗压强度；

σ_r——间接钢筋屈服时，柱的核心混凝土受到的径向压应力。

当间接钢筋达到屈服时，如图 6-5 所示，根据力的平衡条件可得

$$\sigma_r = \frac{2f_y A_{ss1}}{d_{cor} s} \qquad (6-6)$$

式中　A_{ss1}——单根间接钢筋的截面面积；

f_y——间接钢筋的抗拉强度设计值；

s——间接钢筋的间距；

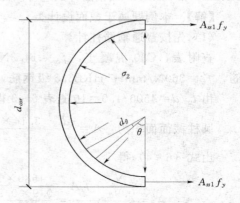

图 6-5　螺旋箍筋或焊接环筋受力情况

d_{cor}——混凝土核心截面直径。

将式（6-6）代入式（6-5），得间接钢筋所约束的核心截面面积内的混凝土强度为

$$f = f_c + \frac{8f_y A_{ss1}}{d_{cor}s} = f_c + \frac{2f_y A_{ss0}}{A_{cor}} \qquad (6-7)$$

其中

$$A_{ss0} = \frac{\pi d_{cor} A_{ss1}}{s}$$

式中 A_{ss0}——间接钢筋的换算截面面积；

A_{cor}——混凝土核心截面面积。

受压构件破坏时纵筋达到其屈服强度，考虑间接钢筋对混凝土约束作用，核心混凝土强度达到 f，得到配有间接钢筋的轴心受压柱的正截面承载力计算公式为

$$N \leqslant 0.9(f_c A_{cor} + f'_y A'_s + 2\alpha f_y A_{ss0}) \qquad (6-8)$$

式中 α——间接钢筋对混凝土约束的折减系数，当混凝土强度等级不超过 C50 时，取 1.0；为 C80 时，取 0.85；其间按线性内插法确定。

为了保证间接钢筋外面的混凝土保护层在正常使用阶段不至于过早剥落，按式（6-8）计算的间接钢筋柱的轴心受压承载力设计值，不应比按式（6-4）计算的同样材料和截面的普通箍筋柱的轴压承载力设计值大 50%。

凡属以下情况之一者，不考虑间接钢筋的影响而按普通箍筋柱计算其承载力：

（1）当 $l_0/d > 12$ 时，长细比较大，由于初始偏心距引起的侧向挠度和附加弯矩使构件处于偏心受压状态，有可能导致间接钢筋不起作用。

（2）当外围混凝土较厚，混凝土核心面积较小，按间接钢筋轴压构件算得的受压承载力小于按普通箍筋轴压构件算得的受压承载力。

（3）当间接钢筋换算截面面积 A_{ss0} 小于纵筋全部截面面积的 25% 时，可以认为间接钢筋配置太少，它对混凝土的有效约束作用很弱，套箍作用的效果不明显。

另外，为了便于施工，间接钢筋间距不宜小于 40mm，也不应大于 80mm 及 $0.2d_{cor}$。

【例 6-2】 某现浇的圆形钢筋混凝土柱（图 6-6），直径为 450mm，承受轴向压力设计值 $N = 4680$kN，计算长度 $l_0 = H = 4.5$m，混凝土强度等级为 C30，柱中纵筋和箍筋分别采用 HRB400 和 HRB335 级钢筋，试进行该柱配筋计算。

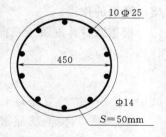

图 6-6 截面配筋图

【解】 本例题属于截面设计类

（1）先按普通箍筋柱计算。

查附表，C30 混凝土，$f_c = 14.3$N/mm²；HRB400 级钢筋，$f'_y = 360$N/mm²；HRB335 级钢筋，$f_y = 300$N/mm²

由 $l_0/d = 4500/450 = 10$ 查表 6-3 得 $\varphi = 0.9575$

圆柱截面面积为：$A = \frac{\pi d^2}{4} = \frac{3.14 \times 450^2}{4} = 158962.5$mm²

由式（6-4）得

$$A'_s = \frac{\dfrac{N}{0.9\varphi} - f_c A}{f'_y} = \frac{\dfrac{4680 \times 10^3}{0.9 \times 0.9575} - 14.3 \times 158962.5}{360} = 8771.24 \text{mm}^2$$

$$\rho' = A_s'/A = 8771.24/158962.5 = 5.52\% > \rho'_{max} = 5\%$$

配筋率太高，因 $l_0/d = 10 < 12$，若混凝土强度等级不再提高，则可改配螺旋箍筋，以提高柱的承载力。

（2）按配有螺旋式箍筋柱计算。

假定 $\rho' = 3\%$，则

$$A_s' = 0.03A = 0.03 \times 158962.5 = 4768.88 mm^2$$

选配纵筋为 10 Φ 25，实际 $A_s' = 4909 mm^2$

查附表，一类环境，$c = 30mm$，假定螺旋箍筋直径为 14mm，则 $A_{ss1} = 153.9 mm^2$

混凝土核心截面直径为 $d_{cor} = 450 - 2 \times (30 + 14) = 362mm$

混凝土核心截面面积为 $A_{cor} = \dfrac{\pi d_{cor}^2}{4} = \dfrac{3.14 \times 362^2}{4} = 102869.5 mm^2$

由式（6-8）得

$$A_{ss0} = \frac{\dfrac{N}{0.9} - (f_c A_{cor} + f_y' A_s')}{2\alpha f_y} = \frac{\dfrac{4680 \times 10^3}{0.9} - (14.3 \times 102869.5 + 360 \times 4909)}{2 \times 1 \times 300} = 3269.5 mm^2$$

因 $A_{ss0} > 0.25 A_s'$，满足构造要求。

$$s = \frac{\pi d_{cor} A_{ss1}}{A_{ss0}} = \frac{3.14 \times 362 \times 153.9}{3269.5} = 53.5mm$$

取 $s = 50mm$，满足 $40mm \leqslant s \leqslant 80mm$，且不超过 $0.2d_{cor} = 0.2 \times 358 = 72mm$ 的要求。则

$$A_{ss0} = \frac{\pi d_{cor} A_{ss1}}{s} = \frac{3.14 \times 362 \times 153.9}{50} = 3498.7 mm^2$$

按式（6-8）计算

$$\begin{aligned}N_u &= 0.9(f_c A_{cor} + f_y' A_s' + 2\alpha f_y A_{ss0})\\ &= 0.9(14.3 \times 102869.5 + 360 \times 4909 + 2 \times 1 \times 300 \times 3498.7)\\ &= 4803.74kN > N = 4680kN\end{aligned}$$

按式（6-4）计算

$$\begin{aligned}N_u &= 0.9\varphi(f_c A + f_y' A_s')\\ &= 0.9 \times 0.9575 \times (14.3 \times 158962.5 + 360 \times 4909)\\ &= 3481.81kN\end{aligned}$$

$$N/N_u = 4680/3481.8 = 1.344 < 1.5$$

故满足设计要求。

6.3 偏心受压构件的正截面承载力分析

6.3.1 偏心受压构件的破坏形态及其特征

根据钢筋混凝土偏心受压构件正截面的受力特点与破坏特征，偏心受压构件可分为大偏心受压构件和小偏心受压构件两种类型。

1. 大偏心受压（受拉破坏）

大偏心受压构件破坏时，远离轴向力一侧的钢筋先受拉屈服，近轴向力一侧的混凝土被压碎。这种破坏一般发生在轴向力的偏心距较大，且受拉钢筋配置不多的情况。

大偏心受压构件破坏时的截面应力分布与构件上的裂缝分布情况如图 6-7（a）所示。在偏心轴向力的作用下，远离轴向力一侧的截面受拉，近轴向力一侧的截面受压。随着轴向力的增加，受拉区首先出现横向裂缝。偏心距越大，受拉钢筋越少，横向裂缝出现的越早，裂缝的开展与延伸越快。继续增加轴向力，主裂缝逐渐明显，受拉钢筋首先达到屈服，受拉变形的发展大于受压变形的发展，中和轴上升，混凝土受压区的高度减少，受压区边缘混凝土的应变达到其极限值，受压钢筋受压屈服，在受压区出现纵向裂缝，最后混凝土压碎崩脱。

由于大偏心受压破坏时受拉钢筋先屈服，因此又称受拉破坏，其破坏特征与钢筋混凝土双筋截面适筋梁的破坏相似，属于延性破坏。

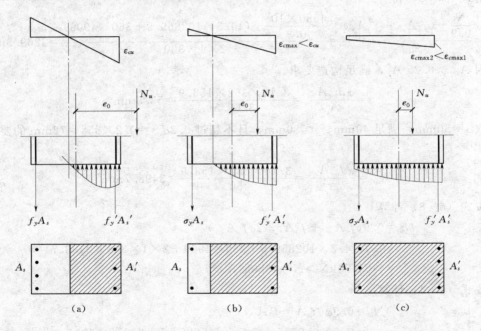

图 6-7　偏心受压构件破坏时截面的应力、应变
(a) 远侧钢筋受拉；(b) 远侧钢筋受拉；(c) 远侧钢筋受压

2. 小偏心受压（受压破坏）

相对大偏心受压，小偏心受压的截面应力分布较为复杂，可能大部分截面受压，也可能全截面受压。取决于偏心距的大小、截面的纵向钢筋配筋率等。

（1）大部分截面受压，远离轴向力一侧钢筋受拉但不屈服。

当偏心距较小，远离轴向力一侧的钢筋配置较多时，截面的受压区较大，随着荷载的增加，受压区边缘的混凝土首先达到极限压应变值，受压钢筋应力达到屈服强度，但受拉钢筋的应力没有达到屈服强度，其截面上的应力状态如图 6-7（b）所示。

（2）全截面受压，远离轴向力一侧钢筋受压。

当偏心距很小，截面可能全部受压，由于全截面受压，近轴向力一侧的应变大，远离轴向力一侧的应变小，截面应变呈梯形分布，远离轴向力一侧的钢筋也处于受压状态，构件不会出现横向裂缝。破坏时一般近轴向力一侧的混凝土应变首先达到极限值，混凝土压碎，钢筋受压屈服；远离轴向力一侧的钢筋可能达到屈服，也可能不屈服，如图6-7（c）所示。

当偏心距很小，且近轴向力一侧的钢筋配置较多时，截面的实际形心轴向配置较多钢筋一侧偏移，有可能使构件的实际偏心反向，出现反向偏心受压。反向偏心受压使几何上远离轴向力一侧的应变大于近轴向力一侧的应变。此时，尽管构件截面的应变仍呈梯形分布。破坏时远离轴向力一侧的混凝土首先被压碎，钢筋受压屈服。

对于小偏心受压，无论何种情况，其破坏特征都是构件截面一侧混凝土的应变达到极限压应变，混凝土被压碎，另一侧的钢筋受拉但不屈服或处于受压状态。这种破坏特征与超筋的双筋受弯构件或轴心受压构件相似，无明显的破坏预兆，属脆性破坏。由于构件破坏起因于混凝土压碎，所以也称受压破坏。

6.3.2 大、小偏心受压的分界

从大、小偏心受压的破坏特征可见，两类构件破坏的相同之处是受压区边缘的混凝土都被压碎，都是"材料破坏"；不同之处是大偏心受压构件破坏时受拉钢筋能屈服，而小偏心受压构件的受拉钢筋不屈服或处于受压状态。因此，大小偏心受压破坏的界限是受拉钢筋应力达到屈服强度，同时受压区混凝土的应变达到极限压应变而被压碎。这与适筋梁与超筋梁的界限是一致的。从截面的应变分布分析（图6-7），要保证受拉钢筋先达屈服强度，相对受压区高度必须满足$\xi < \xi_b$的条件。ξ_b的取值与受弯构件正截面承载能力分析的相同。尽管截面配筋率变化和偏心距变化会影响破坏形态，但只要相对受压区高度满足上述条件都为大偏心受压破坏，否则为小偏心受压破坏。

6.3.3 纵向弯曲对其承载能力的影响

钢筋混凝土偏心受压构件在偏心轴向力的作用下将产生弯曲变形，使临界截面的轴向力偏心距增大。如图6-8所示为一两端铰支柱，在其两端作用偏心轴向力，在此偏心轴向力的作用下，柱将产生弯曲变形，在临界截面处将产生最大挠度，因此，临界截面的偏心距由e_i增大到$e_i + f$，弯矩由Ne_i增大到$N(e_i + f)$，这种现象称偏心受压构件的纵向弯曲，也称二阶效应。对于长细比小的柱，即所谓"短柱"，由于纵向弯曲很小，一般可以忽略不计；对于长细比大的柱，即所谓"长柱"，纵向弯曲的影响则不能忽略。长细比小于5的钢筋混凝土柱可认为是短柱，不考虑纵向弯曲对正截面受压承载能力的影响。

钢筋混凝土长柱在纵向弯曲的作用下，可能发生两种形式的破坏。一是"失稳破坏"，二是"材料破坏"。所谓"失稳破坏"是指长细比较大的柱，其纵向弯曲效应随轴向力呈非线性

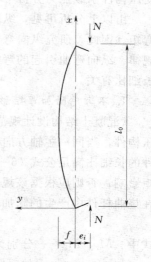

图6-8　侧向弯曲影响

增长，构件发生侧向失稳破坏；"材料破坏"是指破坏时材料达到极限强度。考虑纵向弯曲作用的影响，在同等条件下长柱的承载能力低于短柱的承载能力。

纵向弯曲效应对具有不同长细比的钢筋混凝土柱的影响分析，如图 6-9 所示。图为偏心受压构件的 $M-N$ 相关线，即钢筋混凝土偏心受压构件发生材料破坏时的 $M-N$ 关系。构件达承载能力极限状态时，截面的弯矩和轴力存在对应关系。

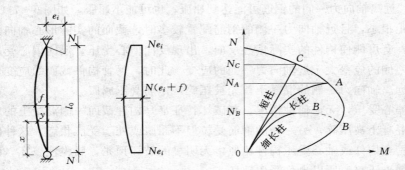

图 6-9　构件长细比对破坏形态的影响

当构件为短柱，纵向弯曲效应可以忽略，偏心距保持不变，截面的弯矩与轴力呈线性关系，沿直线达到破坏点，破坏属于"材料破坏"。当构件为长柱时，纵向弯曲效应不能忽略，随着轴力的增大，纵向弯曲引起的偏心距呈非线性增大，截面的弯矩也随着偏心距的增大呈非线性增大，如线 OA 所示。在长细比不是很大的情况下，也发生"材料破坏"；当长细比很大的情况下，纵向弯曲效应非常明显，当轴向力达到一定值时（点 B），由于纵向弯曲引起的偏心距急剧增大，微小的轴力增量可引起不收敛的弯矩增量，导致构件侧向失稳破坏。由图可见，在初始偏心距相同的情况下，不同的长细比，偏心受压构件所能承受的极限压力是不同的，长细比越大，纵向弯曲效应越明显，轴力越小。因此，在偏心受压构件承载能力分析中不能忽略纵向弯曲的影响，而且要防止发生"失稳破坏"。

由以上分析可见，纵向弯曲影响的实质是临界截面的偏心距和弯矩大于初始偏心距和弯矩。因此，研究纵向弯曲的影响，应研究纵向弯曲引起的弯矩及其随构件长细比变化的规律。纵向弯曲引起的弯矩称二阶弯矩。二阶弯矩的大小与构件两端的弯矩情况和构件的长细比有关。

1. **不考虑附加弯矩影响的情况**

《混凝土结构设计规范》（GB50010—2010）规定：弯矩作用平面内截面对称的偏心受压构件，当同一主轴方向的杆端弯矩比 M_1/M_2 不大于 0.9 且轴压比不大于 0.9 时，若构件的长细比满足公式（6-9）的要求，可不考虑轴向压力在该方向挠曲杆件中生的附加弯矩影响；否则应根据该规范第 6.2.4 条的规定，按截面的两个主轴方向分别考虑轴向压力在挠曲杆件中产生的附加弯矩影响。

$$l_c/i \leqslant 34 - 12(M_1/M_2) \tag{6-9}$$

式中　M_1、M_2——分别为已考虑侧移影响的偏心受压构件两端截面按结构弹性分析确定的对同一主轴的组合弯矩设计值，绝对值较大端为 M_2，绝对值较小端为 M_1，当构件按单曲率弯曲时，M_1/M_2 取正值，否则取负值；

　　　　l_c——构件的计算长度，可近似取偏心受压构件相应主轴方向上下支撑点之间的距离；

i——偏心方向的截面回转半径。

【例 6-3】 判断是否需考虑二阶效应。

条件：钢筋混凝土框架柱，截面尺寸 $b=400\text{mm}$、$h=700\text{mm}$，构件计算长度 $l_0=2.5\text{m}$，柱轴向力设计值 $N=240\text{kN}$，柱端弯矩设计值 $M_1=M_2=240\text{kN}\cdot\text{m}$，混凝土 C30（$f_c=14.3\text{N/mm}^2$）。

【解】 验算杆端弯矩比。

$$\frac{M_1}{M_2}=\frac{240}{240}=1.0>0.9$$

根据《混凝土结构设计规范》（GB50010—2010）第 6.2.3 条的规定："当同一主轴方向的杆端弯矩比 M_1/M_2 不大于 0.9，可不考虑轴向压力在该方向挠曲杆件中产生的附加弯矩影响"；本题的杆端弯矩比 $M_1/M_2=1.0>0.9$，不符上述 $M_1/M_2\leqslant0.9$ 的规定，故需考虑二阶弯矩的影响。

2. 非排架结构柱考虑二阶效应的弯矩设计值

《混凝土结构设计规范》（GB50010—2010）规定，除排架结构柱外，其他偏心受压构件考虑轴向压力在挠曲杆件中产生的二阶效应后控制截面的弯矩设计值，应按下列公式计算：

$$M=C_m\eta_{ns}M_2 \tag{6-10}$$

$$C_m=0.7+0.3\frac{M_1}{M_2} \tag{6-11}$$

$$\eta_{ns}=1+\frac{1}{1300(M_2/N+e_a)/h_0}\left(\frac{l_c}{h}\right)^2\zeta_c \tag{6-12}$$

$$\zeta_c=\frac{0.5f_cA}{N} \tag{6-13}$$

式中 C_m——构件端截面偏心距调节系数，当小于 0.7 时取 0.7；

    η_{ns}——弯矩增大系数；

    N——与弯矩设计值 M_2 相应的轴向压力设计值；

    e_a——附加偏心距，其值应取 20mm 和偏心方向截面最大尺寸的 1/30 两者中的较大者；

    ζ_c——截面曲率修正系数，当计算值大于 1.0 时，取 1.0；

    h——截面高度，对环形截面，取外直径，对圆形截面，取直径；

    h_0——截面有效高度；

    A——构件截面面积。

【例 6-4】 计算控制截面的弯矩设计值。

钢筋混凝土框架柱，截面尺寸 $b\times h=400\text{mm}\times450\text{m}$，柱的计算长度 $l_0=5000\text{mm}$，承受轴向压力设计值 $N=480\text{kN}$，柱端弯矩设计值 $M_1=M_2=350\text{kN}\cdot\text{m}$，混凝土强度等级 C30（$f_c=14.3\text{N/mm}^2$）。计算控制截面的弯矩设计值。

【解】 （1）$\dfrac{M_1}{M_2}=\dfrac{350}{350}=1.0>0.9$，故需考虑二阶效应。

$$h_0=450-35=415\text{mm}$$

$$e_a = \max\{450/30, 20\} = 20\text{mm}$$

$$C_m = 0.7 + 0.3\frac{M_1}{M_2} = 0.7 + 0.3 \times \frac{350}{350} = 1$$

$$\zeta_c = \frac{0.5 f_c A}{N} = \frac{0.5 \times 14.3 \times 400 \times 450}{480 \times 10^3} = 2.68 > 1, \text{取 } \zeta_c = 1$$

$$\eta_{ns} = 1 + \frac{1}{1300(M_2/N + e_a)/h_0}\left(\frac{l_c}{h}\right)^2 \zeta_c$$

$$= 1 + \frac{1}{1300(350 \times 10^6/480 \times 10^3 + 20)/415} \times \left(\frac{5000}{450}\right)^2 \times 1 = 1.052$$

（2）按式（6-10）可得：

$$M = C_m \eta_{ns} M_2 = 1 \times 1.052 \times 350 = 368.2\text{kN} \cdot \text{m}$$

6.4　矩形截面偏心受压构件的正截面承载力计算

6.4.1　基本计算公式

偏心受压构件正截面承载力计算采用与受弯构件正截面承载力计算相同的基本假定，用等效矩形应力图形代替混凝土压区的实际应力图形。

1. 大偏心受压构件

承载能力极限状态时，大偏心受压构件中的受拉和受压钢筋应力都能达到屈服强度，根据截面力和力矩的平衡条件（图6-10），大偏心受压构件正截面承载能力计算的基本公式为

$$N \leqslant \alpha_1 f_c bx + f_y' A_s' - f_y A_s \qquad (6-14)$$

$$Ne \leqslant \alpha_1 f_c bx\left(h_0 - \frac{x}{2}\right) + f_y' A_s'(h_0 - a_s') \qquad (6-15)$$

$$e = e_i + \frac{h}{2} - a_s \qquad (6-16)$$

$$e_i = e_0 + e_a \qquad (6-17)$$

式中　e——轴向压力作用点至纵向受拉普通钢筋合力点的距离；

　　　e_i——初始偏心距；

　　　a_s——纵向受拉普通钢筋合力点至截面近边缘的距离；

　　　e_0——轴向压力对截面空心的偏心距，取为M/N；当需要考虑二阶效应时，M按式（6-10）计算；

　　　e_a——附加偏心距。

为了保证受压钢筋A_s'应力到达f_y'及受拉钢筋A_s应力达到f_y，构件截面的相对受压区高度应符合下列条件

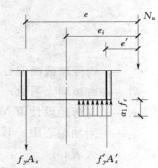

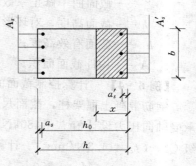

图6-10　大偏心受压构件正截面承载能力计算图式

$$2a'_s \leqslant x \leqslant \xi_b h_0 \qquad (6-18)$$

当 $x = \xi_b h_0$ 为大小偏心受压的界限，将 $x = \xi_b h_0$ 代入式（6-14）可写出界限情况下的轴向力 N_b 的表达式

$$N_b = \alpha_1 f_c \xi_b b h_0 + f'_y A'_s - f_y A_s \qquad (6-19)$$

由上式可见，界限轴向力的大小只与构件的截面尺寸、材料强度和截面的配筋情况有关。当截面尺寸、配筋面积及材料强度已知时，N_b 为定值。如作用在截面上的轴向力设计值 $N \leqslant N_b$，则为大偏心受压构件；若 $N > N_b$，则为小偏心受压构件。

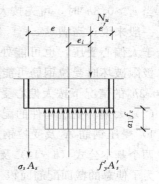

2. 小偏心受压构件

对于矩形截面小偏心受压构件而言，由于离轴力较远一侧纵筋受拉不屈服或处于受压状态，其应力大小与受压区高度有关，而在构件截面配筋计算中受压区高度也是未知的，所以计算相对较为复杂。根据截面力和力矩的平衡条件（图6-11），可得矩形截面小偏心受压构件正截面承载能力计算的基本公式为

$$N \leqslant \alpha_1 f_c b x + f'_y A'_s - \sigma_s A_s \qquad (6-20)$$

$$Ne \leqslant \alpha_1 f_c b x \left(h_0 - \frac{x}{2} \right) + f'_y A'_s (h_0 - a'_s) \qquad (6-21)$$

或 $$Ne' \leqslant \alpha_1 f_c b x \left(\frac{x}{2} - a'_s \right) + \sigma_s A_s (h_0 - a'_s) \qquad (6-22)$$

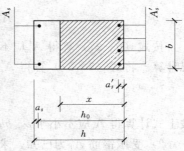

$$e' = \frac{h}{2} - e_i - a'_s \qquad (6-23)$$

图 6-11 矩形截面非对称配筋小偏心受压构件截面应力计算图形

式中 e'——轴力到受压钢筋合力点之间的距离；

σ_s——远离轴向力一侧钢筋的应力。理论上可按应变的平截面假定求出，但计算过于复杂。可按下式近似计算

$$\sigma_s = f_y \frac{\xi - \beta_1}{\xi_b - \beta_1} \qquad (6-24)$$

按上式算得的钢筋应力应符合下列条件

$$-f'_y \leqslant \sigma_s \leqslant f_y \qquad (6-25)$$

当 $\xi \geqslant 2\beta_1 - \xi_b$ 时，取 $\sigma_s = -f'_y$。

当相对偏心距很小且 A'_s 比 A_s 大得很多时，也可能在离轴向力较远的一侧的混凝土先被压坏，称为反向破坏。为了避免发生反向压坏，对于小偏心受压构件除按上式计算外，还应满足下述条件：

$$N \left[\frac{h}{2} - a'_s - (e_0 - e_a) \right] \leqslant \alpha_1 f_c b h \left(h'_0 - \frac{h}{2} \right) + f'_y A_s (h'_0 - a_s) \qquad (6-26)$$

6.4.2 非对称配筋截面的承载力计算

1. 截面设计

（1）偏心受压类别的初步判别。

如前所述，判别两种偏心受压类别的基本条件是：$\xi \leqslant \xi_b$ 为大偏心受压；$\xi > \xi_b$ 为小偏心受压。但在截面配筋计算时，A_s' 和 A_s 为未知，受压区高度 ξ 也未知，因此也就不能利用 ξ 来判别。此时可近似按下面的方法进行初步判别：

当 $e_i \leqslant 0.3h_0$ 时，为小偏心受压；

当 $e_i > 0.3h_0$ 时，可先按大偏心受压计算。

一般来说，当满足 $e_i \leqslant 0.3h_0$ 时为小偏心；当满足 $e_i > 0.3h_0$ 时受截面配筋的影响，可能处于大偏心受压，也可能处于小偏心受压。例如，即使偏心距较大但受拉钢筋配筋很多，极限破坏时受拉钢筋可能不屈服，构件的破坏仍为小偏心破坏。但对于截面设计，在 $e_i > 0.3h_0$ 的情况下按大偏心受压求 A_s' 和 A_s，其结果一般能满足 $\xi \leqslant \xi_b$ 的条件。

（2）大偏心受压构件的配筋计算。

1）受压钢筋 A_s' 及受拉钢筋 A_s 均未知。

两个基本公式（6-14）及式（6-15）中有三个未知数：A_s'、A_s 及 x，故不能得出唯一解。为了使总的截面配筋面积（$A_s' + A_s$）最小，和双筋受弯构件一样，可取 $x = \xi_b h_0$，可得

$$A_s' = \frac{Ne - \alpha_1 f_c b h_0^2 \xi_b (1 - 0.5\xi_b)}{f_y'(h_0 - a_s')} \qquad (6-27)$$

按式（6-27）算得 A_s' 应不小于 $\rho_{min}'bh$，如果小于则取 $A_s' = \rho_{min}'bh$，按 A_s' 为已知的情况计算。将式（6-27）算得 A_s' 代入式（6-14）可得

$$A_s = \frac{\alpha_1 f_c b \xi_b h_0 + f_y' A_s' - N}{f_y} \qquad (6-28)$$

按上式计算得 A_s 应不小于 $\rho_{min}bh$。

2）受压钢筋 A_s' 为已知，求 A_s。

当 A_s' 为已知时，式（6-14）及式（6-15）中有两个未知数 A_s 及 x 可求得唯一解。由式（6-16）可知 Ne 有两部分组成：$M' = f_y' A_s'$ $(h_0 - a_s')$ 及 $M_1 = Ne - M' = \alpha_1 f_c bx$ $\times (h_0 - \frac{x}{2})$。

M_1 为压区混凝土与对应的部分受拉钢筋 A_{s1} 所组成的力矩。与单筋矩形受弯截面构件相似

$$\alpha_s = \frac{M_1}{\alpha_1 f_c b h_0^2} \qquad (6-29)$$

$$A_{s1} = \frac{M_1}{f_y \gamma_s h_0} \qquad (6-30)$$

将 A_s' 及 A_{s1} 代入式（6-14）中可写出总的受拉钢筋面积 A_s 的计算公式

$$A_s = \frac{\alpha_1 f_c bx + f_y' A_s' - N}{f_y} = A_{s1} + \frac{f_y' A_s' - N}{f_y} \qquad (6-31)$$

应该指出的是，如果 $\alpha_s \geqslant \alpha_{smax}$，则说明已知的 A_s' 尚不足，需按 A_s' 为未知的情况重新计算。如果 $\gamma_s h_0 > h_0 - a_s'$ 即 $x < 2a_s'$，与双筋受弯构件相似，可以近似取 $x = 2a_s'$ 对 A_s' 合力中心取矩求出

$$A_s = \frac{N(e_i - 0.5h + a_s')}{f_y(h_0 - a_s')} \qquad (6-32)$$

(3) 小偏心受压构件的配筋计算。

由小偏心受压承载能力计算的基本公式（6-20）及式（6-21）可知，有两个基本方程，但要求三个未知数：A_s'、A_s 和 x，因此，仅根据平衡条件也不能求出唯一解，需要补充一个使钢筋的总用量最小的条件求 ξ。但对于小偏心受压构件要找到与经济配筋相对应的 ξ 值需用试算逼近法求得，计算较为复杂。小偏心受压应满足 $\xi > \xi_b$ 和 $-f_y \leqslant \sigma_s \leqslant f_y$ 两个条件。当纵筋 A_s 的应力达到受压屈服时（$\sigma_s = -f_y'$），由式（6-24）可计算此时的受压区高度为

$$\xi_{cy} = 2\beta_1 - \xi_b \tag{6-33}$$

当 $\xi_b < \xi < \xi_{cy}$，A_s 不屈服，为了使用钢量最小，可按最小配筋率配置 A_s，取 $A_s = \rho_{\min} bh$。因此，小偏心受压配筋计算可采用如下近似方法：

1）首先假定 $A_s = \rho_{\min} bh$，并将 A_s 值代入基本公式中求 ξ 和 σ_s。若 σ_s 为负值，说明钢筋处于受压状态，取 $A_s = \rho_{\min}' bh$ 重新代入基本公式中求 ξ 和 σ_s。若满足 $\xi_b < \xi < \xi_{cy}$ 的条件，则直接利用式（6-20）求出 A_s'。

2）如果 $h/h_0 > \xi \geqslant \xi_{cy}$，说明 A_s 钢筋已屈服，取 $\sigma_s = -f_y'$，利用小偏压基本公式求 A_s' 和 A_s。并验算反向破坏的截面承载能力。

3）如果 $\xi \geqslant h/h_0$，取 $\xi = h/h_0$ 和 $\sigma_s = -f_y'$，利用小偏压基本公式求 A_s' 和 A_s。并验算反向破坏的截面承载能力。

按上述方法计算的 A_s 应满足最小配筋率的要求。

2. 截面的承载力复核

当构件截面尺寸、配筋面积 A_s 及 A_s'，材料强度及计算长度均已知，要求根据给定的轴力设计值 N（或偏心距 e_0）确定构件所能承受的弯矩设计值 M（或轴向力 N）时，属于截面承载力复核问题。一般情况下，单向偏心受压构件应进行两个平面内的承载力计算，即弯矩作用平面内的承载力计算及垂直于弯矩作用平面内的承载力计算。

(1) 给定轴向力设计值 N，求弯矩设计值 M 或偏心距 e_0。

由于截面尺寸、配筋及材料强度均为已知，故可首先按式（6-19）算得界限轴向力 N_b。如满足 $N \leqslant N_b$ 的条件，则为大偏心受压的情况，可按大偏心受压正截面承载能力计算的基本公式求 x 和 e，由求出的 e 根据公式求出偏心距 e_0，最后求出弯矩设计值 $M = Ne_0$。

如 $N > N_b$，则为小偏心受压情况，可按小偏心受压正截面承载能力计算的基本公式求 x 和 e，采取与大偏心受压构件同样的步骤求弯矩设计值 $M = Ne_0$。

(2) 给定偏心距 e_0，求轴向力设计值 N。

根据 e_0 先求初始偏心距 e_i。当 $e_i \geqslant 0.3h_0$ 时，可按大偏心受压情况，求出 e 后，将给定的截面尺寸、材料强度、配筋面积和 e 等参数代入基本公式，求解 x 和 N，并验算大偏心受压的条件是否满足。如满足 $x \leqslant \xi_b h_0$，为大偏心受压，计算的 N 即为截面的设计轴力；若不满足，则按小偏心的情况计算。

当 $e_i < 0.3h_0$ 时，则属小偏心受压，将已知数据代入小偏心受压基本公式中求解 x 及 N。当求得 $N \leqslant \alpha_1 f_c bh$ 时，所求得的 N 即为构件的承载力；当 $N > \alpha_1 f_c bh$ 时，尚需按式求不发生反向压坏的轴向力 N，并取较小的值作为构件的正截面承载能力。

(3) 垂直弯矩作用平面的承载力计算。

当构件在垂直于弯矩作用平面内的长细比较大时，除了验算弯矩作用平面的承载能力

外，还应按轴心受压构件验算垂直于弯矩作用平面内的受压承载力。这时应取截面高度 b 计算稳定系数 φ，按轴心受压构件的基本公式计算承载力 N。无论截面设计还是截面校核，都应进行此项验算。

【例 6-5】 已知矩形截面偏心受压柱，处于一类环境，截面尺寸为 300mm×400mm，柱的计算长度为 3.6m，选用 C25 混凝土和 HRB335 级钢筋，承受轴力设计值为 $N=380kN$，弯矩设计值为 $M_1=M_2=230kN \cdot m$。求该柱的截面配筋 A_s 和 A_s'。

【解】 本例题属于截面设计类

（1）基本参数。

查附表可知，C25 混凝土 $f_c=11.9N/mm^2$；HRB335 级钢筋 $f_y=f_y'=300N/mm^2$；$\alpha_1=1.0$，$\xi_b=0.55$

查附表，一类环境，$c=25mm$，$a_s=a_s'=c+d_1+d/2=40mm$，$h_0=h-a_s=400-40=360mm$

（2）判断是否考虑二阶效应。

$$M_1/M_2=1, \quad \frac{l_0}{h}=\frac{3.6}{0.4}=9$$

$$e_a=\max\left\{\frac{h}{30}, \ 20\right\}=20mm$$

$$C_m=0.7+0.3\frac{M_1}{M_2}=1$$

$$\zeta_c=\frac{0.5f_cA}{N}=\frac{0.5\times11.9\times300\times400}{380\times10^3}=1.88>1, \ 取 \ \zeta_c=1$$

$$\eta_{ns}=1+\frac{1}{1300(M/N+e_a)/h_0}\left(\frac{l_c}{h}\right)^2\zeta_c=1+\frac{1}{1300(230\times10^6/380\times10^3+20)/360}\times9^2$$

$\times 1=1.036$

$$M=C_m\eta_{ns}M_2=1\times1.036\times230=238.25kN \cdot m$$

（3）计算 A_s 和 A_s'。

为了配筋最经济，即使 (A_s+A_s') 最小，令 $\xi=\xi_b$。

$$e_0=\frac{M}{N}=\frac{238.25\times10^6}{380\times10^3}=627mm$$

$$e_i=e_0+e_a=627+20=647mm$$

$$e=e_i+\frac{h}{2}-a_s=647+200-40=807mm$$

将上述参数代入基本式得

$$A_s'=\frac{Ne-\alpha_1f_cbh_0^2\xi_b(1-0.5\xi_b)}{f_y'(h_0-a_s')}$$

$$=\frac{380\times10^3\times807-1.0\times11.9\times300\times360^2\times0.55\times(1-0.5\times0.55)}{300\times(360-40)}$$

$$=1260mm^2>\rho_{min}'bh=0.2\%\times300\times400=240mm^2$$

$$A_s=\frac{\alpha_1f_c\xi_bbh_0+f_y'A_s'-N}{f_y}$$

$$=\frac{1.0\times11.9\times0.55\times300\times360+300\times1260-380\times10^3}{360}=2349mm^2$$

（4）验算垂直于弯矩作用平面的轴心受压承载能力（略）。

（5）选配钢筋。

受拉钢筋选用 5 Φ 25 （$A_s=2450mm^2$），受压钢筋选用 4 Φ 20 （$A_s'=1256mm^2$）。满足最小配筋率和钢筋间距要求。

【例 6-6】 已知一偏心受压构件，处于一类环境，截面尺寸为 450mm×450mm，柱的计算长度为 3.3m，选用 C35 混凝土和 HRB400 级钢筋，承受轴力设计值为 $N=1200kN$，考虑二阶效应后的弯矩设计值为 $M=85kN$，求该柱的截面配筋 A_s 和 A_s'。

【解】 本例题属于截面设计类

（1）基本参数。

查附表可知，C35 混凝土 $f_c=16.7N/mm^2$；HRB400 级钢筋 $f_y=f_y'=360N/mm^2$；$\alpha_1=1.0$，$\xi_b=0.52$

查附表，一类环境，$c=20mm$，$a_s=a_s'=c+d_1+d/2=20+10+10=40mm$，$h_0=h-a_s=450-40=410mm$

（2）判断截面类型。

$$e_0=\frac{M}{N}=\frac{85}{3500}=24.3mm, \quad \frac{l_0}{h}=\frac{3.3}{0.45}=7.33$$

$$e_a=\max\left\{\frac{h}{30},\ 20\right\}=20mm, \quad e_i=e_0+e_a=24.3+20=44.3mm<0.3h_0=0.3\times410$$

$=123mm$

因此，该构件为小偏心受压构件。

（3）计算 A_s 和 A_s'。

$$e=e_i+\frac{1}{2}h-a_s=44.3+0.5\times450-40=229.3mm$$

$$e'=\frac{1}{2}h-e_i-a_s'=0.5\times450-44.3-40=140.7mm$$

小偏心受压远离轴向力一侧的钢筋不屈服，为使配筋较少，令

$A_s=\rho_{\min}bh=0.002\times450\times450=405mm^2$，选 3 Φ 14 钢筋，实配 $A_s=462mm^2$。

代入式得受压区高度为 $x=410.7mm$，满足 $\xi_b\leqslant\xi\leqslant\xi_{cy}$ 的条件

$$A_s'=\frac{Ne-\alpha_1 f_c bx\left(h_0-\frac{x}{2}\right)}{f_y'(h_0-a_s')}$$

$$=\frac{35\times10^5\times236.83-1.0\times16.7\times410.7\times(410-0.5\times410.7)}{360\times(410-40)}=1472mm^2$$

选配 4 Φ 22 钢筋，$A_s'=1536mm^2$，满足配筋面积和构造要求。

（4）验算垂直于弯矩作用平面的轴心抗压承载能力。

由 $l_0/b=7.33$，查表得 $\varphi=1.0$，配筋率小于 3%。

$N=0.9\varphi(f_c bh+f_y A_s+f_y' A_s')=3691kN>3500kN$，安全。

【例 6-7】 已知一偏心受压构件，处于一类环境，截面尺寸为 400mm×500mm，柱的计算长度为 6m，选用 C30 混凝土和 HRB335 级钢筋，$A_s=1016mm^2$，$A_s'=1256mm^2$，轴力设计值为 $N=2600kN$。求该柱能承受的弯矩设计值（不考虑二阶效应）。

【解】 本例题属于截面复核类

（1）基本参数。

查附表可知，C30 混凝土 $f_c=14.3\text{N/mm}^2$；HRB335 级钢筋 $f_y=f_y'=300\text{N/mm}^2$；$\alpha_1=1.0$，$\beta_1=0.8$，$\xi_b=0.55$。

查附表，一类环境，$c=20\text{mm}$，$a_s=a_s'=c+d_1+d/2=40\text{mm}$，$h_0=h-a_s=500-40=460\text{mm}$

（2）判断截面类型。

先按大偏心受压计算：

$$x=\frac{N-f_y'A_s'+f_yA_s}{\alpha_1f_cb}$$

$$=\frac{2600\times10^3-1256\times300+1016\times300}{1.0\times14.3\times400}=442>\xi_bh_0=0.55\times460=253$$

因此，实际为小偏心受压构件。

（3）验算垂直于弯矩作用平面的轴心受压承载能力。

$l_0/b=6/0.4=15$，查表得：$\varphi=0.895$；经计算配筋率小于 3%。

$N=0.9\varphi[f_cbh+f_y'(A_s+A_s')]=0.9\times0.895[14.3\times400\times500+300(1256+1016)]=2853\text{kN}$，安全。

（4）计算 M。

由基本公式得

$$\frac{x}{h_0}=\frac{N-f_y'A_s'-\dfrac{0.8}{\xi_b-0.8}f_yA_s}{\alpha_1f_cbh_0-\dfrac{1}{\xi_b-0.8}f_yA_s}=0.83$$

$x=0.83\times460=382\text{mm}<\xi_{cy}h_0$

$$e=\frac{\alpha_1f_cbx(h_0-0.5x)+f_y'A_s'(h_0-a_s')}{N}$$

$$=\frac{1.0\times14.3\times400\times382\times(460-0.5\times382)+300\times1256\times(460-40)}{2600\times10^3}=286.9\text{mm}$$

$e_i=e-\dfrac{1}{2}h+a_s'=286.9-250+40=76.9\text{mm}$

$e_a=20\text{mm}$

$e_0=e_i-e_a=76.9-20=56.9\text{mm}$

截面能够承受的弯矩设计值为 $M=2600\times56.9\times10^{-3}=147.94\text{kN}\cdot\text{m}$。

6.4.3 对称配筋矩形截面的承载能力计算与复核

在工程设计中，考虑各种荷载的组合，偏心受压构件常常要承受变号弯矩的作用，或为了构造简单便于施工，避免施工错误，一般采用对称配筋截面，即 $A_s=A_s'$，$f_y=f_y'$，且 $a_s=a_s'$。

1. 截面受压类型的判别

当 $A_s=A_s'$，$f_y=f_y'$ 时，$N_b=\alpha_1f_c\xi_bbh_0$。因此，当 $N>N_b$ 时，为小偏心；当 $N\leqslant N_b$ 为大偏心。

2. 大偏心受压构件截面设计

由式（6-14）可求出受压区高度

$$x = \frac{N}{\alpha_1 f_c b} \tag{6-34}$$

将上式求出的 x 代入式（6-15）可得

$$A'_s = A_s = \frac{Ne - \alpha_1 f_c bx(h_0 - x/2)}{f'_y(h_0 - a'_s)} \tag{6-35}$$

如 $x < 2a'_s$，对受压钢筋合力点取矩，按下式求 A_s 和 A'_s

$$A'_s = A_s = \frac{N(\eta e_i - h/2 + a'_s)}{f'_y(h_0 - a'_s)} \tag{6-36}$$

3. 小偏心受压构件截面设计

在小偏心的情况下，远离纵向力一侧的钢筋不屈服，且 $A_s = A'_s$，$f_y = f'_y$，由式（6-24）和式（6-20）可得

$$N = \alpha_1 f_c \xi b h_0 + f'_y A'_s \frac{\xi_b - \xi}{\xi_b - \beta_1} \tag{6-37}$$

或

$$f'_y A'_s = (N - \alpha_1 f_c b h_0) \frac{\xi_b - \beta_1}{\xi_b - \xi} \tag{6-38}$$

将上式代入式（6-21）可得

$$Ne \frac{\xi_b - \xi}{\xi_b - \beta_1} = \alpha_1 f_c b h_0^2 \xi(1 - 0.5\xi) \frac{\xi_b - \xi}{\xi_b - \beta_1} + (N - \alpha_1 f_c b h_0)(h_0 - a'_s) \tag{6-39}$$

这是一个 ξ 的三次方程，用于设计是非常不便的。为了化简计算，设式（6-39）等号右侧第一项中含有 ξ 的项用 Y 表示

$$Y = \xi(1 - 0.5\xi)(\xi_b - \xi)/(\xi_b - \xi) \tag{6-40}$$

当钢材强度给定时，ξ_b 为定值。当 $\xi > \xi_b$ 时，Y 与 ξ 的关系近似直线，对常用的钢材可近似取：

$$Y = 0.43 \frac{\xi_b - \xi}{\xi_b - \beta_1} \tag{6-41}$$

将上式代入式（6-39），经整理后可得 ξ 的计算公式为

$$\xi = \frac{N - \xi_b \alpha_1 f_c b h_0}{\dfrac{Ne - 0.43 \alpha_1 f_c b h_0^2}{(\beta_1 - \xi_b)(h_0 - a'_s)} + \alpha_1 f_c b h_0} + \xi_b \tag{6-42}$$

将算得的 ξ 代入式（6-28），则计算矩形截面对称配筋小偏心受压构件钢筋截面积的公式为

$$A'_s = A_s = \frac{Ne - \xi(1 - 0.5\xi)\alpha_1 f_c b h_0^2}{f'_y(h_0 - a'_s)} \tag{6-43}$$

4. 截面承载能力的复核

对称配筋矩形截面承载力的复核与非对称矩形截面相同，只是引入对称配筋条件 $A_s = A'_s$，$f_y = f'_y$。与非对称配筋一样，也应同时考虑弯矩作用平面的承载力及垂直于弯矩作用的承载力。

【例 6-8】已知一偏心受压构件，处于一类环境，截面尺寸为 $300\text{mm} \times 500\text{mm}$，其计算长度为 4m，选用 C35 混凝土和 HRB400 级钢筋，轴力设计值为 $N = 500\text{kN}$，考虑二阶效应后的弯矩设计值为 $M = 200\text{kN} \cdot \text{m}$，求对称配筋面积。

【解】 本例题属于截面设计类

(1) 基本参数。

查附表可知，C35 混凝土 $f_c=16.7N/mm^2$；HRB400 级钢筋 $f_y=f'_y=360N/mm^2$；$\alpha_1=1.0$，$\xi_b=0.52$

查附表，一类环境，$c=20mm$，$a_s=a'_s=c+d_1+d/2=40mm$，$h_0=h-a_s=500-40=460mm$

(2) 判断截面类型。

$N_b=\alpha_1 f_c\xi_b bh_0=1.0\times16.7\times0.52\times300\times460=1198392N=1198.392kN>N=500kN$

截面为大偏心受压。

(3) 计算 e_i。

$$e_0=\frac{M}{N}=\frac{200\times10^6}{500\times10^3}=400mm，\quad \frac{l_0}{h}=\frac{4}{0.5}=8$$

$$e_a=\max\left\{\frac{h}{30},\ 20\right\}=20mm，\quad e_i=e_0+e_a=400+20=420mm$$

(4) 计算 A_s 和 A'_s。

$$x=\frac{N}{\alpha_1 f_c b}=\frac{500\times10^3}{1.0\times16.7\times300}=99.8mm>2a'_s=80mm$$

$$e=e_i+\frac{h}{2}-a_s=420+250-40=630mm$$

将上述参数代入式（6-43）得

$$A'_s=\frac{Ne-\alpha_1 f_c bx(1-0.5x)}{f'_y(h_0-a'_s)}$$

$$=\frac{500\times10^3\times630-1.0\times16.7\times300\times99.8\times(460-0.5\times99.8)}{360\times(460-40)}$$

$$=727.5mm^2>\rho'_{\min}bh=300mm^2$$

受拉和受压钢筋选用 3 Φ 18（$A_s=A'_s=762mm^2$），满足构造要求。

6.5 工字形截面偏心受压构件的
正截面承载力计算

在现浇刚架及拱架中，由于结构构造的原因，经常出现工字形截面的偏心受压构件；在单层工业厂房中，为了节省混凝土和减轻构件自重，对于截面高度大于 600mm 的柱，也常采用工字形截面。

工字形截面的一般截面形式如图 6-12 所示，其两侧翼缘的宽度及厚度通常是对应相同的，即 $b'_f=b_f$，$h'_f=h_f$，翼缘厚度不宜小于 120mm，腹板厚度 b 不宜小于 100mm。

6.5.1 基本计算公式

因为工字形截面偏心受压构件的正截面破坏特征与矩形截面的相似，同样存在大偏心受压和小偏心受压两种破坏情况。所以工字形截面偏心受压构件的正截面承载力计算方法与矩形截面的也基本相同，区别只在于多了受压区翼缘参与受力，受压区的截面形状一般较为复杂。

1. 大偏心受压情况

当截面受压区高度 x 小于 $\xi_b h_0$ 时，属于大偏心受压情况。按 x 的不同，可分为两类。

（1）当 $x \leqslant h_f'$ 时。

截面受力情况如图 6-13 所示，受压区为矩形，整个截面相当于宽度为 b_f' 的矩形截面。

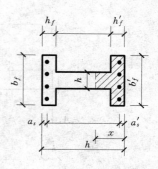

图 6-12 工字形截面形式

$$N \leqslant \alpha_1 f_c b_f' x + f_y' A_s' - f_y A_s \qquad (6-44)$$

$$Ne \leqslant \alpha_1 f_c b_f' (h_0 - 0.5x) + f_y' A_s' (h_0 - a_s') \qquad (6-45)$$

适用条件：$x \geqslant 2a_s'$

（2）当 $h_f' < x \leqslant \xi_b h_0$ 时。

截面受力情况如图 6-14 所示，受压区为 T 形。

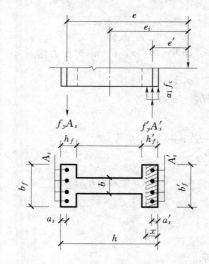

图 6-13 $x \leqslant h_f'$ 时受力图示

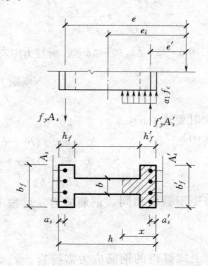

图 6-14 $h_f' < x \leqslant \xi_b h_0$ 时受力图示

$$N \leqslant \alpha_1 f_c [bx + (b_f' - b)h_f'] + f_y' A_s' - f_y A_s \qquad (6-46)$$

$$Ne \leqslant \alpha_1 f_c [bx(h_0 - 0.5x) + (b_f' - b)h_f'(h_0 - 0.5h_f')] + f_y' A_s' (h_0 - a_s') \qquad (6-47)$$

适用条件：$x \leqslant \xi_b h_0$

2. 小偏心受压情况

当截面受压区高度 x 大于 $\xi_b h_0$ 时，属于小偏心受压情况，按 x 的不同，也可分为两类。

（1）当 $x \leqslant h - h_f$ 时。

截面受力情况如图 6-15 所示，受压区仍为 T 形。

$$N \leqslant \alpha_1 f_c [bx + (b_f' - b)h_f'] + f_y' A_s' - \sigma_s A_s \qquad (6-48)$$

$$Ne \leqslant \alpha_1 f_c [bx(h_0 - 0.5x) + (b_f' - b)h_f'(h_0 - 0.5h_f')] + f_y' A_s' (h_0 - a_s') \qquad (6-49)$$

（2）当 $x > h - h_f$ 时。

截面受力情况如图 6-16 所示，受压区成为工字形

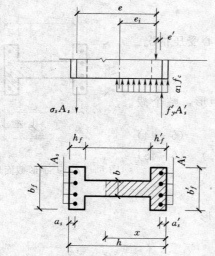

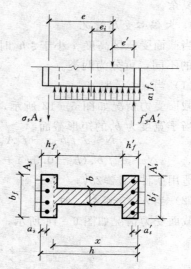

图 6-15 $\xi_b h_0 < x \leqslant h - h_f$ 时受力图示   图 6-16 $x > h - h_f$ 时受力图示

$$N \leqslant \alpha_1 f_c A_c + f'_y A'_s - \sigma_s A_s \tag{6-50}$$

$$Ne \leqslant \alpha_1 f_c S_c + f'_y A'_s (h_0 - a'_s) \tag{6-51}$$

此时要求，$x < h$

其中

$$A_c = bx + (b'_f - b)h'_f + (b_f - b)(x - h + h_f)$$

$$S_c = bx(h_0 - 0.5x) + (b'_f - b)h'_f(h_0 - 0.5h'_f)$$

$$+ (b_f - b)(x - h + h_f)[h_f - a_s - 0.5(x - h + h_f)]$$

与矩形截面相同，钢筋应力 σ_s 可按下式计算

$$\sigma_s = \frac{\xi - \beta_1}{\xi_b - \beta_1} f_y \tag{6-52}$$

按上式算得的钢筋应力需符合 $-f'_y \leqslant \sigma_s \leqslant f_y$ 要求。

当全截面受压（$x \geqslant h$ 时）且非对称配筋时，应考虑附加偏心距 e_a 与 e_0 反向对 A_s 的不利影响，不计偏心距增大系数，取初始偏心距 $e_i = e_0 - e_a$，按下式计算 A_s

$$A_s = \frac{N[0.5h - a'_s - (e_0 - e_a)] - \alpha_1 f_c \left[bh\left(h'_0 - \frac{h}{2}\right) + (b'_f - b)h'_f\left(\frac{h'_f}{2} - a'_s\right) + (b_f - b)h_f\left(h'_0 - \frac{h}{2}\right) \right]}{f'_y(h_0 - a'_s)} \tag{6-53}$$

6.5.2 对称配筋的计算

在实际工程中，工字形截面一般按对称配筋原则进行配筋，即取 $A'_s = A_s$、$f'_y = f_y$、$a'_s = a_s$。进行截面设计时，可分情况按下列方法计算。

（1）当 $N \leqslant \alpha_1 f_c b'_f h'_f$ 时，$x \leqslant h'_f$，可按宽度为 b'_f 的大偏压矩形截面计算。

$$x = \frac{N}{\alpha_1 f_c b'_f} \tag{6-54}$$

$$A'_s = A_s = \frac{Ne - \alpha_1 f_c b'_f x (h_0 - 0.5x)}{f'_y(h_0 - a'_s)} \tag{6-55}$$

(2) 当 $\alpha_1 f_c [\xi_b b h_0 + (b'_f - b)h'_f] \geqslant N \geqslant \alpha_1 f_c b'_f h'_f$ 时，$h'_f \leqslant x \leqslant \xi_b h_0$，可按大偏压处理。

$$x = \frac{N - \alpha_1 f_c (b'_f - b)h'_f}{\alpha_1 f_c b} \tag{6-56}$$

$$A'_s = A_s = \frac{Ne - \alpha_1 f_c [bx(h_0 - 0.5x) + (b'_f - b)h'_f(h_0 - 0.5h'_f)]}{f'_y(h_0 - a'_s)} \tag{6-57}$$

(3) 当 $N > \alpha_1 f_c [\xi_b b h_0 + (b'_f - b)h'_f]$ 时，$x > \xi_b h_0$，为了避免求解关于 ξ 的三次方程，可按下式计算 ξ。

$$\xi = \frac{N - \alpha_1 f_c [\xi_b b h_0 + (b'_f - b)h'_f]}{\dfrac{Ne - \alpha_1 f_c [0.43 b h_0^2 + (b'_f - b)h'_f(h_0 - 0.5h'_f)]}{(\beta_1 - \xi_b)(h_0 - a'_s)} + \alpha_1 f_c b h_0} + \xi_b \tag{6-58}$$

进而得到 $x = \xi h_0$。

【例 6-9】 某对称工字形截面柱，$b'_f = b_f = 400\text{mm}$，$b = 100\text{mm}$，$h'_f = h_f = 100\text{mm}$，$h = 600\text{mm}$，处于一类环境。选用 C30 混凝土和 HRB335 级钢筋，承受轴向压力设计值 $N = 726\text{kN}$，考虑二阶效应后弯矩设计值 $M = 380\text{kN} \cdot \text{m}$。试按对称配筋原则计算纵筋用量。

【解】 本例题属于截面设计类

(1) 基本参数。

查附表可知，C30 混凝土 $f_c = 14.3\text{N/mm}^2$；HRB335 级钢筋 $f'_y = f_y = 300\text{N/mm}^2$；$\alpha_1 = 1.0$，$\beta_1 = 0.8$，$\xi_b = 0.550$

查附表，一类环境，$c = 20\text{mm}$，$a'_s = a_s = c + d_1 + d/2 = 40\text{mm}$

(2) 计算 e_i。

$$h_0 = h - a_s = 600 - 40 = 560\text{mm}$$

$$e_0 = \frac{M}{N} = \frac{380 \times 10^6}{726 \times 10^3} = 523\text{mm}$$

$$e_a = \max\left\{\frac{h}{30}, \ 20\right\} = 20\text{mm}$$

$$e_i = e_0 + e_a = 523 + 20 = 543\text{mm}$$

(3) 判断截面类型。

$$\alpha_1 f_c b'_f h'_f = 1.0 \times 14.3 \times 400 \times 100 = 572000\text{N} < N = 726\text{kN}$$

$$\alpha_1 f_c [\xi_b b h_0 + (b'_f - b)h'_f] = 1.0 \times 14.3 [0.55 \times 100 \times 560 + (400 - 100) \times 100]$$

$$= 869440\text{N} > N = 726\text{kN}$$

该截面为中和轴通过腹板的大偏压工字形截面，按式（6-56）和式（6-57）计算。

(4) 确定压区高度，检验适用条件。

$$x = \frac{N - \alpha_1 f_c (b'_f - b)h'_f}{\alpha_1 f_c b} = \frac{726 \times 10^3 - 1.0 \times 14.3 \times (400 - 100) \times 100}{1.0 \times 14.3 \times 100} = 208\text{mm}$$

$$\xi_b h_0 = 0.550 \times 560 = 308\text{mm} > x > h'_f = 100\text{mm}$$

满足适用条件

(5) 计算 A_s 和 A'_s。

$$e = e_i + \frac{h}{2} - a_s = 543 + \frac{600}{2} - 40 = 803\text{mm}$$

$$S = bx(h_0 - 0.5x) + (b'_f - b)h'_f(h_0 - 0.5h'_f)$$
$$= 100 \times 208 \times (560 - 0.5 \times 208) + (400 - 100) \times 100 \times (560 - 0.5 \times 100)$$
$$= 24784800 \text{mm}^3$$

$$A_s = A'_s = \frac{Ne - \alpha_1 f_c S_c}{f'_y(h_0 - a'_s)} = \frac{726 \times 10^3 \times 803 - 1.0 \times 14.3 \times 24784800}{300 \times (560 - 40)} = 1465 \text{mm}^2$$

（6）检验配筋率。

$0.002A = 0.002 \times 120000 = 240 \text{mm}^2 < A_s = A'_s = 1567 \text{mm}^2$。符合要求。

6.6　偏心受压构件的正截面承载力 N 与 M 的关系

分析偏心受压构件正截面承载力的计算公式可以发现，对于给定截面、配筋及材料的偏心受压构件，无论是大偏压，还是小偏压，到达承载力能力极限状态时，截面所能承受的内力设计值 N 和 M 并不是相互独立的，而是互为相关的。N 的大小受到 M 大小的制约并影响 M，M 的大小受到 N 大小的制约并影响 N，即轴力与弯矩对于构件的承载能力存在着相关关系。偏心受压构件承载力 N 和 M 的这种相关性，会直接甚至从根本上影响着构件截面的破坏形态、承载能力及配筋情况，从而决定了截面的工作性质和性能，进而也就决定了结构设计的经济性。因此，深刻认识偏心受压构件承载力的 N 与 M 之间的相关性，对于结构构件的合理设计，控制结构设计的经济指标，提高结构设计的综合效益，具有很强的指导意义。

6.6.1　大偏心受压情况

为了使表达式简练且不失一般性，采用无量纲的轴力 $\tilde{N}$ 和弯矩 $\tilde{M}$ 来分别代替 N 和 M

$$\tilde{N} = \frac{N}{\alpha_1 f_c b h_0}, \quad \tilde{M} = \frac{M}{\alpha_1 f_c b h_0^2} \tag{6-59}$$

引入截面含钢特征值

$$a = \frac{A_s f_y}{\alpha_1 f_c b h_0}, \quad a' = \frac{A'_s f'_y}{\alpha_1 f_c b h_0} \tag{6-60}$$

设 $\eta = 1.0$，则

$$e = \frac{M}{N} + e_a + \frac{h}{2} - a_s \tag{6-61}$$

注意到 $x = \xi h_0$，对称配筋时 $a' = a$

将上述各式代基本公式，经简化、整理得

$$\tilde{N} = \frac{x}{h_0} = \xi \tag{6-62}$$

$$\tilde{M} = -\frac{1}{2}\tilde{N}^2 + \left(\frac{1}{2} + \delta + A\right)\tilde{N} + (1-\delta)a \tag{6-63}$$

其中，$\delta = \frac{a_s}{h_0}$，$A = -\frac{2e_a + h}{2h_0}$。

由此看出，$\tilde{M}$ 与 $\tilde{N}$ 为二次函数关系。随着 $\tilde{N}$ 的增大，$\tilde{M}$ 也相应地增大；当 $\tilde{N} =$

$\widetilde{N}_b = \xi_b$（即界限破坏）时，$\widetilde{M}$ 达到其最大值 $\widetilde{M}_b$。

6.6.2 小偏心受压情况

仿照大偏心受压情况，经整理得

$$\xi = \frac{(\xi_b - \beta_1)\widetilde{N} + \xi_b}{\xi_b - \beta_1 - a} \tag{6-64}$$

$$\widetilde{M} = \xi - \frac{1}{2}\xi^2 - \left(\frac{e_a}{h_0} + \frac{1-\delta}{2}\right)\widetilde{N} + (1-\delta)a' \tag{6-65}$$

由此看出，$\widetilde{N}$ 与 $\widetilde{M}$ 也为二次函数关系。随着 $\widetilde{N}$ 的增大，$\widetilde{M}$ 相应地减小。

6.6.3 内力组合

1. $M-N$ 相关曲线与极限状态内力组合

将上面分析出的大、小偏压两种情况下的 $\widetilde{M}$ 与 $\widetilde{N}$ 之间的关系（亦即 M 与 N 之间的关系）以图的形式表示出来，得到偏心受压构件的 $M-N$ 相关曲线，如图6-17所示。该图表明：

（1）偏心受压构件的极限承载力 M 与 N 之间是互为相关的。当截面处于大偏心受压状态时，随着 N 的增大，M 也将增大；当截面处于小偏心受压状态时，随着 N 的增大，M 反而减小。图中，点 B 为大、小偏心受压状态的分界点，此时构件的抗弯能力达到最大值；点 A 代表截面处于受弯状态，此时从理论上讲构件没有抗压能力；点 C 代表截面处于轴心受压状态，此时构件的抗压能力达到最大值。

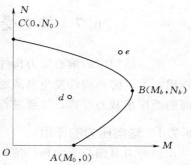

图 6-17 $M-N$ 相关曲线

（2）对于某一构件，当其截面尺寸、配筋情况及材料强度均给定时，构件的受弯承载力 M 与受压承载力 N 可以存有不同的组合，曲线上任意一点的坐标 $(M，N)$ 均代表了截面处于承载力极限状态的一种 M 与 N 的内力组合，构件可以在不同的 M 与 N 的组合下达到其承载力极限状态。

（3）任意给定的内力组合 $(M，N)$ 是否会使截面达到某种承载力极限状态，可以从该组合在图中所代表的点与曲线之间的相对位置关系上来考察。如果该点处于曲线的内侧，表明该组合不能使截面达到承载力极限状态，是一种安全的内力组合；如果该点处于曲线的外侧，表明该组合已使截面超过了承载力极限状态，截面的承载能力不足；如果该点恰好处于曲线上，表明该组合正好使截面达到承载力极限状态，为一种承载力极限状态的内力组合。

2. 最不利内力组合及其判定原则

如上所述，对于某一偏心受压的截面，其极限承载力状态的内力组合可以存有多种，实际设计时，最关心的是其中的最不利内力组合。通常以配筋量为指标来判断某种组合是否为最不利内力组合，即在若干极限状态下的内力组合中，考察其配筋量的多少，以配筋量最多的那种组合，作为截面的最不利内力组合。

当一个截面承受一定的组合内力 $(M，N)$ 作用时，达到极限状态时的配筋量，并非

单独取决于 M 或 N 的大小，而是从根本上取决于截面的破坏状态及偏心距的大小。当截面处于大偏心受压状态时，偏心距越大，则其所需的抗弯能力越高，从而配筋量也将会越多；当截面处于小偏心受压状态时，偏心距越小，则其所需的抗压能力越高，从而配筋量也将会越多。

因此，对于已知的若干组内力（M，N）而言，欲从中判断出哪些可能是使截面达到极限状态的内力组合，理论上讲就需要首先逐个分析它们会使截面处于什么偏心受压的状态，然后再根据偏心距的大小作抉择；而欲确定其中的最不利内力组合，就需要进一步进行配筋计算，由最终的配筋量来定夺。

理论分析和工程设计实践表明，对称配筋时的最不利内力组合有可能是下列组合之一：

(1) $|M|_{max}$ 及其相应的 N。

(2) N_{max} 及其相应的 M。

(3) N_{min} 及其相应的 M。

(4) 当 $|M|$ 虽然不是最大，但其相应的 N 很小时的 $|M|$ 及其相应的 N。

6.7 偏心受压构件的斜截面受剪承载力计算

实际结构中的偏心受力构件，在承受轴力与弯矩共同作用的同时，往往还会受到剪力作用。为了防止构件发生斜截面受剪破坏，对于钢筋混凝土偏心受力构件，既要进行正截面的受压承载力计算，又要进行斜截面的受剪承载力计算。

6.7.1 轴向压力的作用

轴向力对偏心受力构件的斜截面承载力会产生一定的影响。轴向压力能够阻滞构件斜裂缝的出现和发展，使混凝土的剪压区高度增大，提高了混凝土承担剪力的能力，从而构件的受剪承载力会有所提高。试验研究表明，当 $N<0.3f_cbh$ 时，轴向压力 N 所引起的构件受剪承载力的增量 ΔV_N 会随 N 的增大而几乎成比例地增大；当 $N>0.3f_cbh$ 时，ΔV_N 将不再随 N 的增大而增大。因此，轴向压力对偏心受力构件的受剪承载力具有有利的作用，但其作用效果是有限的。

6.7.2 计算公式

基于上述考虑，通过大量试验资料的分析，对于钢筋混凝土偏心受力构件斜截面受剪承载力的计算问题，GB50010—2010 在集中荷载作用下矩形截面独立梁斜截面承载力的计算方法基础上，给出矩形、T 形和工字形截面斜截面承载力的计算公式

$$V \leqslant \frac{1.75}{\lambda+1.0}f_tbh_0+f_{yv}\frac{A_{sv}}{s}h_0+0.07N \qquad (6-66)$$

式中　V——构件控制截面的剪力设计值；

　　　N——与 V 相应的轴向压力设计值，当 $N>0.3f_cA$ 时，取 $N=0.3f_cA$；

　　　A——构件横截面面积；

　　　λ——构件的计算剪跨比。对各类结构中的框架柱：$\lambda=M/Vh_0$，其中框架结构中的框架柱可按 $\lambda=H_n/2h_0$ 计算，当 $\lambda<1$ 时，取 $\lambda=1$；当 $\lambda>3$ 时，取 $\lambda=3$；

对其他的偏心受压构件：当承受均布荷载时 $\lambda=1.5$，当承受集中荷载时 $\lambda=a/h_0$，当 $\lambda<1.5$ 时，取 $\lambda=1.5$；当 $\lambda>3$ 时，取 $\lambda=3$；

M——与 V 相对应的弯矩设计值；

H_n——柱净高；

a——集中荷载至支座或节点边缘的距离。

当符合以下条件时，可不进行斜截面受剪承载力计算，而仅按构造要求配置必要的箍筋

$$V\leqslant\frac{1.75}{\lambda+1.0}f_tbh_0+0.07N \tag{6-67}$$

【例 6-10】 某钢筋混凝土框架结构中的矩形截面偏心受压柱，处于一类环境，$b\times h=400\text{mm}\times600\text{mm}$，$H_n=3.0\text{m}$，承受轴向压力设计值 $N=1500\text{kN}$，剪力设计值 $V=282\text{kN}$。采用 C30 混凝土和 HPB300 级箍筋。试求箍筋用量。

【解】 本例题属于截面设计类

(1) 基本参数。

查附表，C30 混凝土 $f_c=14.3\text{N/mm}^2$，$\beta_c=1.0$；HPB235 钢筋 $f_y=270\text{N/mm}^2$

查附表，一类环境，$c=20\text{mm}$，$a_s=c+d/2=40\text{mm}$，$h_0=h-a_s=600-40=560\text{mm}$

(2) 验算截面尺寸。

$$h_w=h_0=560\text{mm}，h_w/b=560/400=1.40<4.0$$

$$V=282\text{kN}<0.25\beta_cf_cbh_0=0.25\times1.0\times14.3\times400\times560=800800\text{N}$$

截面尺寸符合要求。

(3) 考察是否需按计算配箍。

$$\lambda=\frac{H_n}{2h_0}=\frac{3000}{2\times560}=2.68$$

$$0.3f_cA=0.3\times14.3\times400\times600=1029600\text{N}<N=1500\text{kN}$$

取 $N=0.3f_cA=1029.6\text{kN}$

$$V_c=\frac{1.75}{\lambda+1}f_tbh_0+0.07N$$

$$=\frac{1.75}{2.68+1}\times1.43\times400\times560+0.07\times1029.6\times10^3=224398\text{N}<V$$

需按计算配箍

(4) 计算箍筋。

$$\frac{nA_{sv1}}{s}=\frac{V-V_c}{f_{yv}h_0}=\frac{282\times10^3-224398}{270\times560}=0.38\text{mm}^2/\text{mm}$$

(5) 选配箍筋。

选取双肢箍筋，$n=2$，直径 $d_{sv}=\max\{d/4,6\}=6\text{mm}$，$A_{sv1}=28.3\text{mm}^2$，则 $s=140\text{mm}$，满足 $s\leqslant\min\{400,15d,b\}=300\text{mm}$ 的构造要求。

? 复习思考题与习题

一、思考题

1. 钢筋混凝土柱中配置纵向钢筋的作用是什么？对纵向受力钢筋的直径、根数和间距有什么要求？为什么要有这些要求？为什么对纵向受力钢筋要有最小配筋率的要求？其数值为多少？

2. 钢筋混凝土柱中配置箍筋的目的是什么？对箍筋的直径、间距有什么要求？在什么情况下要设置附加箍筋、附加纵筋？为什么不能采用内折角钢筋？

3. 轴心受压柱的破坏特征是什么？长柱和短柱的破坏特点有何不同？计算中如何考虑长柱的影响？

4. 试分析轴心受压柱受力过程中，纵向受压钢筋和混凝土由于混凝土徐变和随荷载不断增加的应力变化规律。

5. 轴心受压柱中在什么情况下混凝土压应力能达到 f_c？钢筋压应力也能达到 f'_y？而在什么情况下混凝土压应力能达到 f_c 时钢筋压应力却达不到 f'_y？

6. 配置间接钢筋柱承载力提高的原因是什么？若用矩形加密箍筋能否达到同样效果？为什么？

7. 间接钢筋柱的适用条件是什么？为何限制这些条件？

8. 偏心受压构件的长细比对构件的破坏有什么影响？

9. 钢筋混凝土柱大小偏心受压破坏有何本质区别？大小偏心受压的界限是什么？截面设计时如何初步判断？截面校核时如何判断？

10. 为什么有时虽然偏心距很大，也会出现小偏心受压破坏？为什么在小偏心受压的情况下，有时要验算反向偏心受压的承载能力？

11. 偏心受压构件正截面承载能力计算中的设计弯矩与基本计算公式中的 Ne 是否相同？Ne 的物理意义是什么？

12. 在偏心受压构件承载力计算中，为什么要考虑偏心距增大系数的影响？

13. 为什么要考虑附加偏心距？附加偏心距的取值与什么因素有关？

14. 在计算大偏心受压构件的配筋时：

(1) 什么情况下假定 $\xi = \xi_b$？当求得的 $A'_s \leqslant 0$ 或 $A_s \leqslant 0$ 时，应如何处理？

(2) 当 A'_s 为已知时，是否也可假定 $\xi = \xi_b$ 求 A_s？

(3) 什么情况下会出现 $\xi < 2a'/h_0$？此时如何求钢筋面积？

15. 小偏心受压构件中远离轴向力一侧的钢筋可能有几种受力状态？

16. 为什么偏心受压构件一般采用对称配筋截面？对称配筋的偏心受压构件如何判别大小偏心？

17. 对偏心受压除应计算弯矩作用平面的受压承载能力外，尚应按轴心受压构件验算垂直于弯矩作用平面的承载能力，而一般认为实际上只有小偏心受压才有必要进行此项验算，为什么？

18. 工字形截面偏心受压构件与矩形截面偏心受压构件的正截面承载力计算方法相比

有何特点？其关键何在？

19. 在进行工字形截面对称配筋的计算过程中，截面类型是根据什么来区分的？具体如何判别？

20. 当根据轴力的大小来判别截面类型时，若 $\alpha_1 f_c [\xi_b b h_0 + (b_f' - b) h_f'] \geqslant N \geqslant \alpha_1 f_c b_f' h_f'$，表明中和轴处于什么位置？此时如何确定实际的受压区高度，如何计算受压区混凝土的应力之合力，又如何考虑钢筋的应力？

21. 若完全根据公式计算，是否会出现 $x > h$ 的情况？这种情况表明了什么？实际设计时，如何对待并处理此种情况？

22. 偏心受压构件的 $M-N$ 相关曲线说明了什么？偏心距的变化对构件的承载力有什么影响？

23. 有两个对称配筋的偏心受压柱，其截面积尺寸相同，均为 $b \times h$ 的矩形截面，l_0 也相同。但所承受的轴向力 N 和弯矩 M 大小不同，（a）柱承受 N_1、M_1，（b）柱承受 N_2、M_2。试指出：

（1）当 $N_1 = N_2$ 而 $M_1 > M_2$ 时，（a）、（b）截面中哪个截面所需配筋较多？

（2）当 $M_1 = M_2$ 而 $N_1 > N_2$ 时，（a）、（b）截面中哪个截面所需配筋较多？

并说明为什么？

24. 轴向压力对钢筋混凝土偏心受力构件的受剪承载力有何影响？它在计算公式中是如何反映的？

25. 受压构件的受剪承载力计算公式的适用条件是什么？如何防止发生其他形式的破坏？

二、习题

1. 某多层房屋现浇钢筋混凝土框架的底层中柱，处于一类环境，截面尺寸 350mm × 350mm，计算长度 $l_0 = 5$m，轴向力设计值 $N = 1600$kN，混凝土采用 C30，纵向钢筋采用 HRB400 级钢筋。试进行截面配筋设计。

2. 某多层房屋现浇钢筋混凝土框架的底层中柱，处于一类环境，截面尺寸为 400mm × 400mm，配有 8Φ20 的 HRB335 级钢筋。混凝土采用 C20，计算长度 $l_0 = 7$m。试确定该柱承受的轴向力 N_u 为多少？

3. 已知某建筑底层门厅内现浇钢筋混凝土圆形柱，处于一类环境，直径为 $d = 450$mm，承受轴心压力设计值 $N = 3060$kN，从基础顶面至 2 层楼面高度为 5.4m。混凝土强度等级为 C30，柱中纵筋用 HRB335 级钢筋，配置为 6Φ25，螺旋箍筋用 HPB235 钢筋。求螺旋箍筋的直径和间距。

4. 已知某矩形截面柱，处于一类环境，截面尺寸为 300mm × 600mm，轴力设计值为 600kN，弯矩设计值为 $M = 260$kN·m，计算长度为 6m，选用 C30 混凝土和 HRB335 级钢筋。求截面纵向配筋。

5. 已知矩形截面柱，处于一类环境，截面尺寸为 400mm × 400mm，轴力设计值为 350kN，荷载作用偏心距 $e_0 = 150$mm，计算长度为 4m，选用 C25 混凝土和 HRB335 级钢筋。求截面纵向配筋。

6. 在题 5 中，若已知近轴向力一侧配受压钢筋 $A_s' = 600$mm^2，其他条件不变，求另一侧的纵向配筋。

7. 已知某矩形截面柱，处于一类环境，截面尺寸为 400mm×500mm，计算长度为 4.5m，轴力设计值为 800kN，选用 C25 混凝土和 HRB400 级钢筋，截面配筋为 $A_s =$ 942mm²，$A_s' = 762$mm²。求该构件在高度方向能承受的设计弯矩。

8. 在题 7 中其他条件不变，轴力设计值变为 2100kN，截面采用对称配筋，$A_s = A_s' = 1152$mm²。求该构件在高度方向能承受的设计弯矩。

9. 某工字形截面柱，处于一类环境，截面尺寸 $b = 80$mm，$h = 700$mm，$b_f = b_f' = 360$mm，$h_f = h_f' = 112$mm，计算长度 $l_0 = 6.0$m，截面控制内力设计值 $M = 250$kN·m，$N = 400$kN，选用 C25 混凝土和 HRB335 级钢筋。试按对称配筋原则确定该柱的纵筋用量。

10. 某工字形截面柱，处于一类环境，截面尺寸 $b = 100$mm，$h = 600$mm，$b_f = b_f' = 400$mm，$h_f = h_f' = 112.5$mm，计算长度 $l_0 = 7.6$m，截面控制内力设计值 $M = 150$kN·m、$N = 650$kN，选用 C25 混凝土和 HRB335 级钢筋。试按对称配筋原则确定该柱的纵筋用量。

11. 对于上题，若轴力设计值改为 770kN，而其他条件均不变，则其纵筋用量又如何？

12. 钢筋混凝土框架结构中的一矩形截面偏心受压柱，处于一类环境，$b = 400$mm，$h = 600$mm，$a_s = 40$mm，柱净高 $H_n = 4.8$m，计算长度 $l_0 = 6.3$m，选用 C25 混凝土，纵筋选用 HRB335 级钢筋，箍筋 HPB235 级钢筋，控制内力设计值 $M = 420$kN·m，$N = 1250$kN，$V = 350$kN。试采用对称配筋方案，对该柱进行配筋计算并绘制配筋截面施工图。

第7章　钢筋混凝土受扭构件承载力计算

- 了解受扭构件的概念；
- 掌握弯剪扭构件承载力计算方法；
- 重点掌握受扭构件的构造要求。

7.1　概　述

在工程中经常会遇到钢筋混凝土构件受扭曲的情形。按照在构件截面中产生扭曲的原因不同可以把钢筋混凝土受扭构件分为两类：第一类受扭构件其截面所受的扭矩是由荷载直接引起的，并可利用静力平衡方程式来求得的，如阳台梁和雨篷梁等（图7-1）以及在吊车横向刹车力作用下的吊车梁（图7-2）。这些构件除了受弯受剪以外，受扭的作用也不能忽略，必须在计算中加以考虑。在另外一些构件中，扭矩的作用不能忽略，还必须作为主要的受力状态来考虑。这种情况一般发生在空间结构上，如螺旋楼梯和平面的曲梁折梁等，此时受扭是主要的，当然同时也受弯、受剪或受轴向力的作用。第二类受扭构件是指某些超静定结构由于其整体性和连续性在荷载作用下在结构构件中引起扭转产生扭矩。如图7-3所示，现浇钢筋混凝土楼盖中主梁与次梁的整体连续而引起的主梁受扭。由于主梁具有的抗扭刚度而在次梁端支座处对次梁形成抵抗转动的弹性约束，这种约束程度的大小是根据次梁端支座处的变形协调条件，由主梁的抗扭刚度和次梁的抗弯刚度决定的。因此主梁承受扭矩的大小不能单有静力平衡方程式求得，还应考虑变形协调条件。在多数条件下，这类扭转所引起的扭矩只是一个次要的受力因素，在设计中可以忽略其作

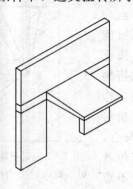

图7-1　雨篷梁

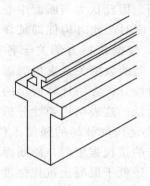

图7-2　吊车梁

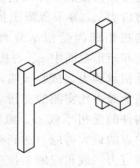

图7-3　受扭边梁

用，或只在构造上采取抗扭措施而不予计算。如在平面楼盖中的边梁受扭。本章下面所述的扭曲截面承载力计算方法只适用于第一类受扭构件。

从上面的例子可知，在工程结构中，构件经常直接承受扭矩、弯矩、剪力和轴向力的复合作用。在弯矩、剪力和扭矩共同作用下的钢筋混凝土构件，GB50010—2010 采用了分别计算和叠加配筋的设计原则，并考虑了剪扭构件的承载能力的计算方法，即钢筋混凝土弯、剪和扭构件设计方法是以受弯构件的正截面受弯承载能力、斜截面承载能力和纯扭构件的受扭承载力为基础建立起来的。因此，尽管在工程实践中很少遇到纯扭的钢筋混凝土受扭构件，必须首先说明纯扭构件的受扭承载力的计算方法，然后再考虑所受剪力的影响，即对纯扭构件受扭承载力计算公式修正后的剪扭构件的承载力计算方法。

7.2　钢筋混凝土纯扭构件的承载力计算

7.2.1　混凝土纯扭构件

素混凝土构件也能承受一定的扭矩。素混凝土构件在扭矩 T 的作用下，在构件截面中产生剪应力 τ 及相应的主拉应力。根据平衡条件可知：$\sigma_拉 = \tau$，由于混凝土的抗拉强度远低于它的抗压强度，因此当主拉应力达到混凝土的抗拉强度时，混凝土就会沿垂直于主拉应力方向裂开（如图 7-4 所示）。所以在纯扭矩作用下的混凝土构件的裂缝方向总是垂直于构件轴线成 45° 的角度。并且混凝土开裂时的扭矩 T 也就是相当于 $\tau = f_t$ 时的扭矩，即混凝土纯扭构件的受扭承载力 T_{co}。为了求得 T_{co}，需要建立扭矩和剪应力之间的关系，然后根据强度条件，即混凝土纯扭构件的破坏条件求出受扭承载力 T_{co}。

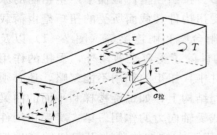

图 7-4　受扭构件微元体的剪应力

用弹性分析方法计算混凝土纯扭构件受扭承载力时，认为混凝土构件为单一匀质弹性材料。在扭矩作用下，矩形截面中的剪应力 τ 的分布如图 7-5 所示。

最大剪应力 τ_{max}，也就是最大的主应力发生在截面长边的中点。所以矩形截面构件在扭矩作用下，一般总是长边的中点先开裂，而且裂缝将很快发展而导致构件扭断。因此认为当断面中心某一点的最大剪应力 τ_{max} 等于混凝土抗拉强度时，此时构件即破坏。而所能承担的扭矩即为受扭承载力 T_{co}。根据材料力学关于各种边长比（h/b）和矩形截面中 τ_{max} 与扭矩 T 间的数量关系求出混凝土纯扭构件的受扭承载力。试验证明，用弹性分析方法计算所得的混凝土构件受扭承载力比实测的受扭承载力低。这表明用弹性分析的方法将低估构件的受扭承载力。原因是决定构件破坏的强度条件不符合，截面中点的最大剪应力达到混凝土的抗拉强度时，而断面中其他各点的剪应力（或相应的主拉应力）还低于混凝土抗拉强度，并不意味着构件破坏了，此时构件还能继续承受外荷载的作用。

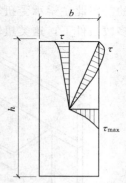

图 7-5　受扭构件
矩形截面剪应力分布

用塑性分析方法计算混凝土纯扭构件受扭承载力时，认为混凝土是理想弹塑性材料，其应力-应变关系如图 7-6 所示。

截面上某一点的应力达到材料的强度时，并不标志构件的破坏。只意味着局部材料在强度应力作用下发生屈服，在应变增加的同时应力不增加，构件还能承受继续增加的荷载，直到截面上的剪应力 τ 全部达到混凝土的抗拉强度 f_t 后，继续加载才能使构件破坏。所以对理想弹塑性材料的矩形截面构件来说，在扭矩作用下构件受扭破坏以前或破坏瞬间，截面上剪应力 τ 的分布如图 7-7 所示。并且在数值上均匀地等于混凝土的抗拉强度 f_t。

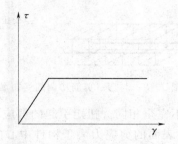 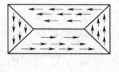 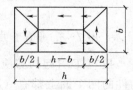

图 7-6　理想弹塑性材料应力-应变关系　　　图 7-7　破坏时受扭构件截面的剪应力分布

为了计算混凝土纯扭构件的受扭承载力，可将图 7-7 中的剪应力分布分为八个部分。按塑性分析方法所求得的混凝土纯扭构件的受扭承载力 T_{co}

$$T_{co} = f_t W_t \tag{7-1}$$

式中　W_t——抗扭塑性抵抗矩。

对于矩形截面构件

$$W_t = \frac{b^2}{6}(3h - b)$$

式中　h——矩形截面的长边；

　　　b——矩形截面的短边。

与试验结果相比，用塑性分析方法式（7-1）所算得的受扭承载力偏大。这表明混凝土构件的实际受扭承载力介于弹性分析和塑性分析方法之间，且接近于塑性分析方法的计算结果。因为混凝土材料既非单一均质弹性材料，也非理想的弹塑性材料。当矩形截面长边中点处的主拉应达到了混凝土的抗拉强度 f_t 后，构件并不立即破坏，截面其余部分的剪应力还会略有增长，从而使构件受扭承载力有所增大。但这种塑性性质不会发挥得像理想弹塑性分析方法中所假定的那样，截面中所有点的剪应力都达到混凝土的抗拉强度，所以可以利用式（7-1）作为混凝土构件受扭承载力的计算公式：

$$T_{co} = 0.7 f_t W_t \tag{7-2}$$

7.2.2　矩形截面钢筋混凝土纯扭构件

1. 抗扭配筋

素混凝土构件的受扭承载力是比较小的。所以一般都在混凝土构件中配置钢筋来抵抗扭矩，以便在混凝土受扭开裂后由钢筋来代替混凝土承受主拉应力，使构件的受扭承载力有较大的提高。根据扭矩在构件中的主拉应力的方向与构件轴线成 45°角这一点来看，似乎最合理的抗扭钢筋布置应该是按照受扭矩形所形成主拉应力的方向布置 45°螺旋箍筋所构成的钢筋骨架，如图 7-8 所示。但这种配筋方式非但施工不方便，并且在受力上只能适应一个方向的扭矩。而在实际工程中很少有在构件全长中扭矩不改变方向，在穿过反扭点时（即扭矩方向改变时），螺旋配筋必须改变方向以适应主拉应力的方向，这种配筋方式在构造上是很难做到的，所以一般工程中都利用横向箍筋和沿构件截面周边均匀分布的纵向钢筋组成的骨架来承受扭矩的作用。这样就使抗扭的配筋方式与抗弯，抗剪的配筋方式相协调，如图 7-9 所示。

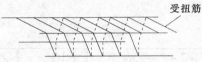
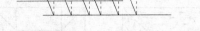
受扭筋

图 7-8 垂直于主拉力的螺旋受扭筋

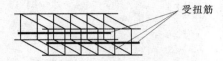
受扭筋

图 7-9 与弯、剪筋协调的受扭筋

扭矩 T 引起的剪应力 τ 与剪力 V 引起的剪应力 τ 不完全相同。扭矩引起的剪应力 τ 在构件的四个面上都有（图 7-5），且在弹性阶段时构件表面的剪应力大于构件中心的剪应力；而剪力引起的剪应力则只在剪力同方向的构件截面上才有。并且在弹性阶段时的中心剪应力大于表面剪应力（如图 7-10 所示）。因此抗扭箍筋的形状必须是封闭的，当采用绑扎骨架时，箍筋的末端应做面 135°弯钩，其弯钩端头平直段长度不应于小 5d 和 50mm，锚固在混凝土中，这样才能保证构件四个面上的箍筋都能起作用（图 7-11）。

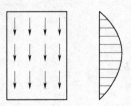

图 7-10 剪力作用时截面剪应力的分布

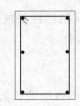

图 7-11 箍筋封闭

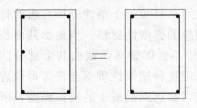

图 7-12 有效的对称受扭筋

这里应该强调指出的是沿截面四周均匀分布的纵向钢筋必须对称布置。试验表明，非对称配置的抗扭纵筋在受力中不能充分发挥作用。当实际抗扭纵筋的布置不对称时，例如上下不对称或者左右不对称，那么计算中只能取对称的那部分纵向钢筋面积（图 7-12）。

既然有两种钢筋——箍筋和纵筋共同承受扭矩的作用，那么就存在一个相互匹配的问题。为了使这两种钢筋更好地共同发挥承担扭矩的作用，就必须把它们的用量控制在合理的范围之内。GB50010—2010 中取用受扭构件纵向钢筋与箍筋的配筋强度比值 ζ，对钢筋用量比进行控制。根据 ζ 的定义，可以把系数 ζ 理解为沿截面核芯周长单位长度内的抗扭纵筋强度与沿构件长度方向单位长度内的单肢抗扭箍筋强度之间的比值。

试验表明，对钢筋混凝土纯扭构件，当 ζ 值在 0.5～2.0 范围以内，构件破坏时其纵筋和箍筋基本上都能达到屈服。为稳妥起见，取限制条件为 $0.6 \leqslant \zeta \leqslant 1.7$。当 $\zeta > 1$ 时取 $\zeta = 1.7$；当 $\zeta = 1.2$ 左右时为两种钢筋达到屈服的最佳值。

2. 矩形截面钢筋混凝土构件受扭破坏的试验现象

根据试验观察可知配筋对构件的受扭承载力有很大提高，能延迟扭转裂缝出现后构件的破坏。尤其是横向箍筋的数量及箍筋的间距对构件的抗扭破坏的形态及受扭承载力的影响很大。

试验表明在扭矩作用下，如箍筋和纵向钢筋或其中之一配筋过少时，此时配筋的混凝土构件受扭承载力和不配筋的混凝土构件受扭承载力没有实质上的区别。即配筋不起作用，构件首先在一个面上（一般是矩形截面的长边面）形成 45°螺旋方向伸展；而在另一长边面上则形成受压面而破坏。这种少筋构件的受扭破坏呈脆性，没有任何预兆。

当构件中的箍筋和纵向钢筋配筋合适时，在扭矩作用下，构件开裂后并不立即破坏，随着扭矩的增加，继续出现多条 45°螺旋裂缝，直到其中一条裂缝所穿越的纵向钢筋及箍筋屈服，使该裂缝急速向相邻两面开展并在第四个面上形成受压面而破坏为止。此时破坏面为一个空间扭曲破坏面，破坏属于斜弯型破坏。这种破坏具有一定的延性性质，且有一定的预兆。钢筋混凝土纯扭构件受扭承载力计算公式是以这种破坏形式为基础而建立的。

当构件中的箍筋和纵向钢筋配置过多时，在扭矩作用下破坏前螺旋裂缝更密，破坏时纵向钢筋和箍筋均达不到屈服。构件可能由于混凝土被扭矩剪断而呈脆性破坏。

根据以上试验观察，钢筋混凝土纯扭构件受扭破坏特征随配筋多少而变化的规律与抗弯、抗剪等其他受力形式构件破坏的特征有类似之处。即当配筋太少时，构件承载力接近构件开裂时的承载力，其承载力的大小取决于混凝土的抗拉强度和构件断面的大小。配筋过多时，钢筋不能充分发挥作用，构件的承载力又取决混凝土的抗压强度及截面的大小。合理的配筋量应在这二者之间。此外两种钢筋即抗扭纵筋和抗扭箍筋之间的配置比例应符合一定的要求（用 ζ 来控制）。否则会出现在构件破坏前只有数量偏少的那种钢筋屈服，直到混凝土压碎为止，而另一种数量较多的钢筋仍未达到屈服。

3. 矩形截面钢筋混凝土构件受扭承载力

试验表明，混凝土核心部分对受扭承载力的贡献甚微，而主要的受力部分为由受扭纵筋和箍筋组成的骨架以及沿着骨架周边的一定厚度（从构件表面算起）的混凝土层。因此可以将矩形截面简化为具有某一厚度的箱形截面。受扭的箱形截面开裂后，由斜裂缝将箱形截面的混凝土层分割，此时可将开裂后的箱形截面构件看成一个空间桁架。其中抗扭纵向钢筋作为桁架的弦焊，承受拉力。箍筋作为桁架的悬杆，而裂缝之间的混凝土则作为斜压杆。依此建立的受扭承载力计算公式如下：

$$T = 2\sqrt{\zeta} \frac{f_{yv} A_{st1}}{S} A_{cor} \tag{7-3}$$

$$\zeta = \frac{f_y A_{stl} S}{f_{yv} A_{st1} U_{cor}}$$

式中 A_{stl} —— 全部抗扭纵筋截面面积；

        A_{st1} —— 受扭箍筋单肢截面面积；

        A_{cor} —— 截面核心部分的面积；

f_y——纵向筋抗拉强度设计值；

f_{yv}——箍筋抗拉强度设计值；

S——箍筋间距；

u_{cor}——截面核心部分的周长，即箍筋内表面的周长。

GB50010—2010 以国内的试验结果为依据，取式（7-3）的参数作为基本参数，按可靠度的要求，并考虑了混凝土的抗扭作用，提出了矩形截面钢筋混凝土纯扭构件受扭承载力的计算公式：

$$T \leqslant \alpha_1 f_t W_t + 1.2\sqrt{\zeta}\frac{f_{yv}A_{st1}}{S}A_{cor} \tag{7-4}$$

式中　$\alpha_1 = 0.35$。

7.2.3　T 形和工字形截面钢筋混凝土纯扭构件

对于 T 形和工字形截面的钢筋混凝土构件在扭矩作用下的承载能力计算可把 T 形和工字形截面的钢筋混凝土纯扭构件分成几个矩形截面的钢筋混凝土纯扭构件。然后用前面所述的方法对各个矩形截面的钢筋混凝土纯扭构件进行承载能力计算。

7.3　钢筋混凝土弯、剪、扭构件的承载力计算

在实际工程中，受纯扭矩作用的钢筋混凝土构件是很少的。在构件中随着扭矩的出现同时有弯矩和剪力的作用。试验证明，构件在多种内力的同时作用下，其承载力是受同时作用内力影响的。即当有弯矩和剪力作用时，构件的受扭承载力将受弯矩和剪力的大小而相应发生变化；反之，由于扭矩的存在，根据扭矩的大小，构件的受弯和受剪承载力也要相应发生变化。构件抵抗某种内力的能力受其他同时作用的内力影响的这种性质称为构件承担各种内力的承载力之间的相关性。在斜截面受剪承载力计算中的剪跨比就是反应正截面受弯承载力和斜截面受剪承载力之间的相关性。

由于在弯、剪、扭共同作用下构件承载力问题是属于空间受力状态问题，比较复杂。现行规范把弯、剪、扭构件的承载力问题按剪扭构件的承载能力问题和弯扭构件的承载力问题分别考虑。即矩形截面钢筋混凝土弯、剪、扭构件，其纵向钢筋应按弯扭构件承载力分别计算所需的纵向钢筋面积之和进行配置。其箍筋应按剪扭构件的斜截面受剪承载力和剪扭构件的受扭的承载力分别计算所需的箍筋截面面积之和进行配筋。

7.3.1　矩形截面钢筋混凝土剪扭构件承载力计算

矩形截面的一般受弯构件（即不受扭矩作用），当配有箍筋时其斜截面的受剪承载力应按下列公式计算

$$V \leqslant V_c + V_s \tag{7-5}$$

矩形截面纯扭构件的受扭承载力应按式（7-4）计算

$$T \leqslant \alpha_1 f_t W_t + 1.2\sqrt{\zeta}\frac{f_{yv}A_{st1}}{S}A_{cor}$$

扭矩 T 和剪力 V 共同作用下的剪扭构件，根据相关性，其斜截面的受剪承载力 V 和

受扭承载力 T 都将受影响。此时应找出配有箍筋的剪扭构件的受剪承载力和受扭承载力之间的相关规律，称为全相关规律。但是采用全相关规律方法进行配筋设计较为复杂，故目前规范采用半相关的方法进行配筋设计，仅对混凝土承载力（不配箍筋构件的承载力）采取剪扭相关规律，即找出不配箍筋的剪扭构件的受剪承载力和受扭承载力之间的相关规律。此时相关性只对斜截面的混凝土受剪承载力 V_c 和构件混凝土受扭承载力 $\alpha_1 f_t W_t$ 有影响。因此在扭矩 T 和剪力 V 共同作用下，考虑部分相关性后剪扭构件的斜截面受剪承载力 V 和受扭承载力 T 的一般表达式可写为：

均布荷载时

$$V \leqslant 0.7(1.5 - \beta_t)f_t b h_0 + f_{yv}\frac{A_{sv}}{s}h_0 \qquad (7-6)$$

集中荷载时

$$V \leqslant \frac{1.75}{\lambda + 1}(1.5 - \beta_t)f_t b h_0 + f_{yv}\frac{A_{sv}}{s}h_0 \qquad (7-7)$$

$$T \leqslant \alpha_1 \beta_t f_t W_t + 1.2\sqrt{\zeta}\frac{f_{yv}A_{st1}}{S}A_{cor} \qquad (7-8)$$

式中一般剪扭构件时

$$\beta_t = \frac{1.5}{1 + 0.5\dfrac{VW_t}{Tbh_0}}$$

集中荷载作用下的独立剪扭构件时

$$\beta_t = \frac{1.5}{1 + 0.2(\lambda + 1)\dfrac{VW_t}{Tbh_0}}$$

其中：$\beta_t < 0.5$ 时，取 $\beta_t = 0.5$，$\beta_t > 1.0$ 时，取 $\beta_t = 1.0$；$\lambda < 1.5$ 时，取 $\lambda = 1.5$，$\lambda > 3$ 时，取 $\lambda = 3$。

在根据式（7-6）、式（7-7）和式（7-8）分别确定了抗剪和抗扭需要的箍筋用量之后，可按照叠加的原则计算出总的箍筋需用量。即把按受剪承载力计算需要的箍筋用量中的箍筋 A_{sv}/S 用量和受扭承载力计算所需要的箍筋 A_{st1}/S 相加，求出总的箍筋用量。

7.3.2　矩形截面钢筋混凝土弯扭构件承载力计算

由于弯扭构件中的纵向钢筋既要承担弯矩，又要承担扭矩。因此对于某个纵向钢筋配置数量及方式已知的构件来说，其抗弯承载能力和抗扭承载能力之间就必然具有某种相关性。即构件的抗弯承载力随着同时作用的扭矩的大小而变化，反之构件的抗扭承载力也随着同时作用的弯矩的大小而变化。这个相关规律随构件上部和下部纵筋数量的比值，构件截面的高宽比，构件和箍筋的配筋强度比以及沿截面侧边纵筋配置数量的不同而不同。弯扭构件的承载力的相关性规律牵涉的因素很多，其较准确的表达式将相当复杂，不适于在实际设计中使用。GB50010—2010 规定对弯扭构件承载力计算采用分别计算叠加配筋的原则。即矩形截面钢筋混凝土弯扭构件（或弯剪扭构件），其纵向钢筋应按受弯构件的正截面受弯承载力和纯扭构件（或剪扭构件）的受扭承载力分别计算所需的纵向钢筋面积进行配置。抗弯的纵向钢筋 A_s 应布置在构件截面的受拉区，如图 7-13 所示，而抗扭的纵

向钢筋 A_s 应均匀对称地分布在截面周边，截面中总的纵向钢筋面积应为其叠加。

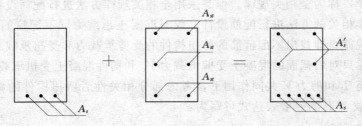

图 7-13 弯扭纵筋叠加

按叠加法配置纵向钢筋来考虑弯扭构件的相关关系可以从正截面受弯承载力计算公式和纯扭构件的受扭承载力计算公式推导出来。

7.4 受扭构件的构造要求

7.4.1 截面限制条件

在弯剪扭构件的设计中，为了保证构件在破坏时混凝土不首先被压碎，规定了截面的限制条件。亦即在设计时，构件的截面尺寸满足限制条件要求时，说明构件截面尺寸不致过小，因此不会引起混凝土首先被压坏的现象。规范规定在弯矩、剪力和扭矩共同作用下的矩形、T 形和工字形截面钢筋混凝土构件，其截面尺寸应符合下列公式要求

当 $\dfrac{h_w}{b} \leqslant 4$ 时

$$\frac{V}{bh_0} + \frac{T}{0.8W_t} \leqslant 0.25\beta_c f_c \qquad (7-9)$$

当 $\dfrac{h_w}{b} \geqslant 6$ 时

$$\frac{V}{bh_0} + \frac{T}{0.8W_t} \leqslant 0.2\beta_c f_c \qquad (7-10)$$

7.4.2 钢筋配筋界限

当构件所能承受的扭矩相当于混凝土即将开裂时扭矩值的界限状态时，称为构造配筋界限。构件处于这一状态时，由于混凝土并未开裂，其所作用的外扭矩可全部由混凝土来承受而不需设置抗扭钢筋，但在设计时，为了安全可靠，其抗扭钢筋应根据构造要求配置。

1. 最小箍筋配筋率

弯剪扭构件的箍筋最小配筋率应考虑受剪与受扭相互作用的影响。按照下式取为

$$\rho_{sv} = \frac{A_{sv}}{bs} \geqslant \rho_{sv,\min} = 0.28\frac{f_t}{f_{yv}} \qquad (7-11)$$

2. 最小纵筋配筋率

弯剪扭构件的纵向钢筋的最小配筋率不应小于受弯构件纵向受力钢筋的最小配筋率和受扭构件纵向受力钢筋的最小配筋率之和，其中受扭纵筋的配筋率

$$\rho_{tl} = A_{stl}/bh \geqslant \rho_{tl,\min} = 0.6\sqrt{\frac{T}{Vb}}\frac{f_t}{f_y} \qquad (7-12)$$

7.4.3 配筋构造要求

受扭构件中，箍筋在整个周长中均受拉力。因此，抗扭纵筋需封闭，且沿截面周边布置；当采用复合箍筋时，位于截面内部的箍筋不应计入受扭所需的箍筋面积。受扭箍筋的间距不应超过受弯构件抗剪要求的箍筋最大间距，在超静定结构中，考虑协调扭转而配置的箍筋，其间距不宜大于 $0.75b$（b 为截面宽度）。

抗扭纵筋之间的间距不应大于 200mm，也不应大于梁的宽度。在截面的四角必须设有纵向受力钢筋，并沿截面四周边对称布置。

7.4.4 钢筋混凝土弯剪扭构件的设计计算方法

在实际工程中所遇到的钢筋混凝土弯剪扭构件的设计计算可分为两种情形：一是截面设计，另一个是截面承载力复核。下面分别说明其计算步骤。

1. 截面设计

截面设计时的已知条件为：构件在外荷载作用下的弯矩图、剪力图和扭矩图；已初步选定的构件截面尺寸和材料强度等级；需要求配置的纵筋和箍筋用量。

第 1 步：验算适用条件

按式（7-9）的条件验算构件截面尺寸是否满足要求。如不满足，则应加大截面尺寸或提高混凝土的强度等级。

第 2 步：确定箍筋用量

因为构件中箍筋用量不受弯矩的影响，而只与剪力和扭矩有关，所以可选取扭矩和剪力都较大的截面进行计算。此时应考虑扭矩和剪力的相关性，按剪扭构件来进行计算。首先选定一个适当的抗扭纵筋和抗扭箍筋的配筋强度比 ζ，一般可取 $\zeta=1.2$ 或其附近的值。然后由式（7-6）或式（7-7）计算出 A_{sv}/s 值，由式（7-8）可求出抗扭所需的箍筋 A_{st1}/s，最后选择剪扭叠加箍筋的直径和间距。

第 3 步：确定纵筋用量

求出了抗扭箍筋用量 A_{st1} 后，根据抗扭纵筋和抗扭箍筋配筋强度比 ζ 即可求得所需的抗扭纵筋 A_{stl}。

抗弯的纵筋用量可按受弯构件正截面受弯承载力计算求得。按照叠加原理，总的纵向钢筋用量即为上述两者之和。

2. 截面承载力复核

在进行钢筋混凝土弯剪扭构件承载力复核时，已知构件截面尺寸，材料强度等级以及钢筋用量——总的纵向钢筋和总的箍筋。构件各截面尺寸所受的弯矩，剪力与扭矩均已知。要求复核各截面是否具备足够的承载力。

第 1 步：适用条件复核

截面首先应满足式（7-9）所表示的最小截面尺寸条件。如果这个条件不满足，那么不必再进行下面的计算，此时已说明构件不具备足够的承载力。

第 2 步：截面承载力复核

选择若干个扭矩和剪力或弯矩、扭矩和剪力都较大的截面进行承载力复核。对于所需进行承载力复核的截面，按受弯构件正截面受弯承载力计算公式求出在已知弯矩 M 作用下抗弯所需的纵向钢筋用量（如纵向受拉钢筋 A_s）。按剪扭构件斜截面构件承载力计算式（7-6）或式（7-7）求出在已知剪力 V 作用下抗剪所需箍筋用量 A_{sv}。

从总的纵向钢筋用量中减去由上面计算出的抗弯所需的纵向钢筋用量最后得到的是抗扭的纵向钢筋 A_{stl}。应注意 A_{stl} 是否对称布置。如不对称分布，只能取对称分布的那部分作为抗扭的纵向钢筋用量。

从总的纵向箍筋用量中减去由上面计算出的抗剪所需箍筋用量后，得到的是抗扭的箍筋 A_{st1}。求出截面所能承载的扭矩，只要该扭矩值大于或等于已知作用在截面上扭矩设计值，那说明该截面的承载力是足够的。

【例 7-1】 雨篷梁如图 7-14 所示，承受弯矩设计值 $M=20.3\text{kN}\cdot\text{m}$，剪力设计值 $V=30\text{kN}$，扭矩设计值 $T=5.3\text{kN}\cdot\text{m}$，采用 C20 混凝土，纵筋为 HRB335 级，箍筋为 HPB235 级，试配钢筋。

【解】（1）验算截面尺寸是否符合要求。

$$W_t = \frac{b^2}{6}(3h-b) = \frac{240^2}{6} \times (3 \times 360 - 240) = 8.064 \times 10^6 \text{mm}^3$$

$$\frac{V}{bh_0} + \frac{T}{0.8W_t} = \frac{30000}{360 \times (h-35)} + \frac{5.3 \times 10^6}{0.8 \times 8.064 \times 10^6}$$

$$= 1.23\text{MPa} < 0.25\beta_c f_c = 0.25 \times 1 \times 9.6 = 2.4\text{MPa}$$

截面尺寸满足要求。

（2）验算是否考虑剪力。

$$V = 30\text{kN} > 0.35 f_t bh_0 = 0.35 \times 1.1 \times 360 \times 205 = 28.4\text{kN}$$

所以不能忽略剪力的影响。

（3）验算是否考虑扭矩。

$$T = 5.3\text{kN}\cdot\text{m} > 0.175 \times 1.1 \times 8.064 \times 10^6 = 1.55\text{kN}\cdot\text{m}$$

所以不能忽略扭矩影响。

（4）验算是否进行剪扭承载力计算。

$$\frac{V}{bh_0} + \frac{T}{W_t} = 1.06\text{MPa} > 0.7f_t = 0.7 \times 1.1 = 0.77\text{MPa}$$

需进行剪扭承载力计算。

（5）计算箍筋数量。

$$\beta_t = \frac{1.5}{1 + 0.5 \dfrac{V}{T} \dfrac{W_t}{bh_0}} = 1.14 > 1$$

取 $\beta_t = 1$，$\zeta = 1.2$

由式（7-6）、式（7-8）得，剪扭箍筋总用量 $A_{sv}/s + A_{st1}/s = 0.149\text{mm}^2/\text{mm}$

选配 $\phi 8$，间距为 150mm 的箍筋。

（6）验算配筋率。

$$\rho_{sv} = \frac{A_{sv}}{bs} = \frac{2 \times 50.3}{360 \times 150} = 0.19\% > \rho_{sv,\min} = 0.28\frac{f_t}{f_{yv}} = 0.15\%$$

箍筋满足要求。

（7）求受扭纵筋数量。

由式（7-4）得，$A_{stl} = \dfrac{\zeta f_{yv} A_{st1} u_{cor}}{f_{ys}} = 161\text{mm}^2$

（8）验算受扭构件纵筋配筋率。

$$\rho_{tl} = \frac{A_{stl}}{bh} = \frac{161}{360 \times 240}$$

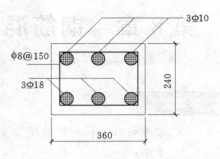

$$= 0.19\% < \rho_{tl,\min} = 0.6\sqrt{\frac{T}{Vb}}\frac{f_t}{f_y} = 0.22\%$$

取 6 Φ 10（471mm²）扭筋，得 $\rho_{tl} = 0.55\%$，满
足要求。

（9）求受弯纵筋。

根据受弯计算需纵筋 509.4mm²

图 7-14　例 7-1 图

选配下部纵筋 3 Φ 18（763mm²），上部纵筋 3 Φ 10（235.5mm²）。雨篷梁配筋图，如
图 7-14 所示。

？ 复习思考题与习题

一、思考题

1. 实际工程中哪些构件受扭矩作用？

2. 抗扭计算中如何避免少筋破坏和超筋破坏？

3. GB50010—2010 中 β_t 是如何确定的？

4. 何谓剪扭相关性？

5. 试总结受扭构件的计算步骤。

二、习题

1. 钢筋混凝土梁承受均布荷载，截面尺寸 $b \times h = 250\text{mm} \times 450\text{mm}$，经内力计算，支
座处界面承受扭矩 $T = 8.5\text{kN·m}$，承受弯矩 $M = 45\text{kN·m}$，承受剪力 $V = 50\text{kN}$，混凝土
采用 C20，纵筋采用 HRB335 级，箍筋采用 HPB235 级，计算截面配筋。

2. 承受均布荷载的 T 形梁，截面尺寸如图 7-15 所示，$a_s = a_s' = 35\text{mm}$，承受弯矩设计
值 $M = 126\text{kN·m}$，剪力设计值 $V = 100.8\text{kN}$，扭矩设计值 $T = 9\text{kN·m}$，采用 C25 混凝土，
纵筋为 HRB335 级，箍筋为 HPB235 级，试配钢筋。

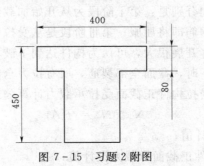

图 7-15　习题 2 附图

第8章 钢筋混凝土受拉构件承载力计算

> **本章要点**
>
> - 掌握轴心受拉构件的受力全过程、最终破坏形态与正截面受拉承载力的计算方法；
> - 掌握偏心受拉构件的判别原则；
> - 掌握对称配筋矩形截面偏心受拉构件正截面受拉承载力的计算方法；
> - 了解偏心受拉构件斜截面受剪承载力的计算方法。

当构件受到纵向拉力时，称为受拉构件。当纵向拉力作用线与构件截面形心轴线重合时为轴心受拉构件；当纵向拉力作用线与构件截面形心轴线不重合或构件上同时既作用有纵向拉力又作用有弯矩时，则称为偏心受拉构件。

在建筑工程中，轴心受拉构件很少，但由于轴心受拉构件计算简单，有些构件，如钢筋混凝土桁架中的拉杆、有内压力的圆管管壁、圆形水池的环形池壁等，可近似按轴心受拉构件计算。

从充分利用材料强度来看，由于混凝土的抗拉强度很低，承受拉力时不能充分发挥其强度；从减轻构件开裂来看，由于混凝土在较小的拉力作用下就会开裂，构件中的裂缝宽度将随着拉力的增加而不断加大。因此，受拉构件除了要进行承载力计算外，还需要进一步作抗裂度或裂缝宽度的验算。本章内容只涉及受拉构件的承载力计算。

8.1 轴心受拉构件正截面承载力的计算

与钢筋混凝土适筋梁相似，轴心受拉构件从开始加载到破坏为止，整个的受力过程也可分为三个受力阶段。它们分别是：第 I 阶段为从开始加载到混凝土受拉开裂以前；第 II 阶段是从混凝土开裂后至钢筋即将屈服；第 III 阶段是从受拉钢筋开始屈服到全部受拉钢筋达到屈服，此时混凝土裂缝开展很大，可认为构件达到了破坏状态，即达到极限荷载。

轴心受拉构件最终破坏时，截面全部裂通，所有拉力全部由钢筋来承担，直到最后钢筋受拉屈服。因此，轴心受拉构件正截面受拉承载力计算公式如下

$$N \leqslant N_u = f_y A_s \tag{8-1}$$

式中　N ——轴向拉力设计值；

　　　N_u ——轴心受拉构件正截面承载力设计值；

　　　f_y ——钢筋的抗拉强度设计值；

A_s——截面上全部纵向受拉钢筋的截面面积。

应注意，钢筋混凝土结构的轴心受拉构件一旦开裂，构件将全截面裂通，若采用强度过高的钢筋，将使裂缝宽度无法控制。因此，当钢筋抗拉强度设计值 f_y 大于 300N/mm^2 时，按 300N/mm^2 取用。

【例 8-1】 某钢筋混凝土屋架下弦，截面尺寸为 $b \times h = 200\text{mm} \times 150\text{mm}$，其所受的轴心拉力设计值为 270kN，混凝土强度等级为 C30，钢筋为 HRB335。求该屋架下弦的截面配筋。

【解】 查表知：HRB335 级钢筋，$f_y = 300\text{N/mm}^2$，代入式（8-1）得

$$A_s = N/f_y = 270000/300 = 900\text{mm}^2$$

选用 3 Φ 20，$A_s = 941\text{mm}^2$，满足要求。

8.2 偏心受拉构件正截面承载力的计算

偏心受拉构件在工程中应用较多，如承受节间荷载的屋架下弦杆、双肢柱的受拉肢、矩形水池的池壁与底板等。

偏心受拉构件，按纵向拉力 N 作用在截面上的位置不同，分为小偏心受拉构件与大偏心受拉构件两种。当纵向拉力 N 的作用点在截面两侧钢筋之内，即 $e_0 \leqslant h/2 - a_s$ 时，属于小偏心受拉；当纵向拉力 N 的作用点在截面两侧钢筋之外，即 $e_0 > h/2 - a_s$ 时，属于大偏心受拉。

8.2.1 小偏心受拉构件正截面承载力的计算

对于小偏心受拉构件，当达到承载能力极限状态时，一般情况是截面全部裂通，拉力完全由钢筋来承担。破坏时，钢筋 A_s 和 A_s' 的拉应力均达到屈服强度 f_y，其计算应力图如图 8-1 所示。

根据内外力分别对两侧钢筋的合力点取矩的平衡条件，可得基本计算公式

$$Ne \leqslant f_y A_s'(h_0 - a_s') \qquad (8-2)$$
$$Ne' \leqslant f_y A_s(h_0' - a_s) \qquad (8-3)$$

式中 $e = \dfrac{h}{2} - e_0 - a_s$；

$e' = \dfrac{h}{2} + e_0 - a_s'$；

符号意义同前。

应注意，在钢筋混凝土小偏心受拉构件，当钢筋抗拉强度设计值 f_y 大于 300N/mm^2 时，按 300N/mm^2 取用。

若小偏心受拉构件选用对称配筋截面时，则每侧钢筋只能按式（8-2）和式（8-3）的计算结果取较大值进行配置，得到

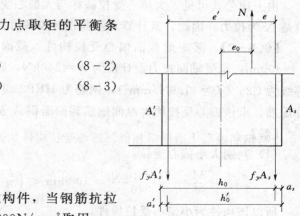

图 8-1 小偏心受拉
构件计算应力图

$$A_s = A_s' = \frac{Ne'}{f_y(h_0 - a_s')} \qquad (8-4)$$

截面复核时，要确定截面在给定偏心距 e_0 下的承载力 N 时，应按式（8-2）及式（8-3）计算结果取较小值进行复核。

8.2.2 大偏心受拉构件正截面承载力的计算

大偏心受拉构件最终破坏前，截面虽然开裂但没有裂通，混凝土受压区仍然存在。钢筋 A_s 和 A_s' 的拉应力均能达到屈服强度 f_y，受压区混凝土也能达到抗压强度设计值 f_c，其计算应力图如图 8-2 所示。

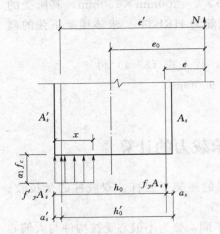

图 8-2　大偏心受拉构件计算应力图

根据平衡条件可得大偏心受拉构件的计算公式为

$$N \leqslant f_y A_s - f_y' A_s' - \alpha_1 f_c b x \qquad (8-5)$$

$$Ne \leqslant \alpha_1 f_c b x (h_0 - x/2) + f_y' A_s' (h_0 - a_s') \qquad (8-6)$$

式中　$e = e_0 - h/2 + a_s$。

公式的适用条件为：受压区的高度应符合 $x \leqslant x_b = \xi_b h_0$ 的条件；当计算中考虑受压钢筋时，还要符合 $x \geqslant 2a_s'$ 的条件。

若大偏心受拉构件选用对称配筋截面，将 $A_s' = A_s$、$f_y' = f_y$ 代入式（8-5）后，必然会得到为负值，属于 $x < 2a_s'$ 时的情况。这时，可按偏心受压的相应情况类似处理，即取 $x = 2a_s'$，并按分别对 A_s' 合力点取矩和取 $A_s' = 0$ 计算 A_s 值，最后按所得较小值配筋，得到

$$A_s = A_s' = \frac{Ne'}{f_y(h_0 - a_s')} \qquad (8-7)$$

由上述公式可见，大偏心受拉破坏与大偏心受压破坏的计算公式是相似的，所不同的只是 N 为拉力。因此，其计算方法与设计步骤可参照大偏心受压构件。

【例 8-2】　某矩形截面偏心受拉构件，截面尺寸为 $b \times h = 400\text{mm} \times 400\text{mm}$，$a_s' = a_s = 40\text{mm}$，承受轴向拉力设计值为 $N = 240\text{kN}$，弯矩设计值 $M = 24\text{kN·m}$，混凝土强度等级为 C25（$f_c = 11.9\text{N/mm}^2$），钢筋为 HRB335（$f_y' = f_y = 300\text{N/mm}^2$）。若截面采用对称配筋，求该偏心受拉构件纵向钢筋截面面积 A_s 及 A_s'。

【解】

（1）判别大小偏心受拉。

$$e_0 = \frac{M}{N} = \frac{24 \times 1000}{240} = 100\text{mm} < \left(\frac{h}{2} - a_s\right) = 200 - 40 = 160\text{mm}$$

所以该构件为小偏心受拉构件。

（2）计算纵向受拉钢筋截面面积。

$$e = \frac{h}{2} - e_0 - a_s = 200 - 100 - 40 = 60\text{mm}，\quad e' = \frac{h}{2} + e_0 - a_s' = 200 + 100 - 40 = 260\text{mm}$$

已知采用对称配筋，故由式（8-4）得

$$A_s = A_s' = \frac{Ne'}{f_y(h_0 - a_s')} = \frac{240 \times 10^3 \times 260}{300 \times (360 - 40)} = 650\text{mm}^2 > 0.002bh$$

$$= 0.002 \times 400 \times 400 = 320mm^2$$

截面每侧均选配钢筋 3 Φ 18 （$A_s = 763mm^2$）。

8.3 偏心受拉构件斜截面承载力的计算

一般偏心受拉构件，在承受拉力的同时，也存在有剪力。设计中除按偏心受拉构件计算正截面承载力外，还需计算其斜截面受剪承载力。

由于拉力的存在，使斜裂缝比受弯构件提前出现，并在弯剪区段出现斜裂缝后，其斜裂缝末端混凝土的剪压区高度远小于受弯构件，甚至在小偏心受拉情况下形成贯通全截面的斜裂缝，纵向应力会因此发生很大变化，从而影响到构件的破坏形态和抗剪承载力。

当纵向拉力较小时，构件发生剪压破坏，抗剪强度较低；当纵向拉力较大时，构件发生斜拉破坏，抗剪强度很低。纵向拉力使构件受剪承载力明显降低，降低幅度与纵向拉力近似成正比，但对箍筋的受剪承载力几乎没有影响。

因此，GB50010—2010 规定矩形、T 形和 I 形截面的钢筋混凝土偏心受拉构件的斜截面受剪承载力计算公式为：

$$V \leqslant \frac{1.75}{\lambda + 1} f_t b h_0 + f_{yv} \frac{A_{sv}}{s} h_0 - 0.2N \tag{8-8}$$

式中 N——与剪力设计值 V 相应的轴向拉力设计值；

λ——计算截面的剪跨比，取用方法同偏心受压构件。

当式（8-8）右边的计算值小于 $f_{yv} \dfrac{A_{sv}}{s} h_0$ 时，应取等于 $f_{yv} \dfrac{A_{sv}}{s} h_0$，且 $f_{yv} \dfrac{A_{sv}}{s} h_0$ 值不得小于 $0.36 f_t b h_0$。

❓ 复习思考题与习题

一、思考题

1. 当轴心受拉杆件的受拉钢筋强度不同时，怎样计算其正截面的承载力？

2. 如何判别偏心受拉构件的类型？

3. 如何计算小偏心受拉构件的正截面承载力？

4. 分别对大偏心受拉构件和大偏心受压构件从破坏形态、截面应力、计算公式等方面分析二者的异同点。

二、习题

1. 已知某构件承受轴心拉力设计值 $N = 300kN$，混凝土强度等级为 C35，采用钢筋等级为 HRB335，截面尺寸为 $b \times h = 200mm \times 450mm$。求该构件的截面配筋。

2. 已知某构件承受轴向拉力设计值 $N = 600kN$，弯矩设计值 $M = 540kN \cdot m$，混凝土强度等级为 C35，采用钢筋等级为 HRB335，截面尺寸为 $b \times h = 300mm \times 450mm$，$a_s' = a_s = 45mm$。若采用对称配筋，求所需纵向钢筋的面积。

第9章 钢筋混凝土构件的变形和裂缝宽度验算

- 掌握钢筋混凝土受弯构件挠度验算的特点、最小刚度原则以及挠度验算的方法；
- 掌握裂缝宽度的发展全过程，以及最大裂缝宽度的计算及验算方法。

9.1 概　述

钢筋混凝土构件在各种不同受力状态下的强度计算是保证结构安全可靠的首要条件，因而对所有构件均需进行强度计算。另外，对有些构件，仅仅满足承载能力极限状态是不够的，还必须根据它的使用要求进行变形及裂缝宽度的验算，以保证结构构件的正常使用极限状态和耐久性。例如，吊车梁的挠度过大会影响吊车的正常运行；精密仪器厂房楼盖梁、板变形过大将使仪器设备难以保持水平等。所以要将钢筋混凝土构件的变形限制在一定的数值内。GB50010—2010 对受弯构件的允许挠度作了具体的规定，如表 9-1 所示。此外，如果钢筋混凝土构件裂缝宽度过大，就会使构件内的钢筋严重锈蚀，截面面积被削弱，从而影响构件的耐久性。因此，需要进行构件裂缝宽度的验算。GB50010—2010 对不同工作条件下钢筋混凝土结构构件的最大裂缝宽度允许值作出了明确的规定，见表 9-2。

表 9-1　受弯构件的挠度限值

构件类型	挠度限值	
吊车梁	手动吊车	$l_0/500$
	电动吊车	$l_0/600$
屋盖、楼盖及楼梯构件	当 $l_0 < 7m$ 时	$l_0/200$（$l_0/250$）
	当 $7m \leqslant l_0 \leqslant 9m$ 时	$l_0/250$（$l_0/300$）
	当 $l_0 > 9m$ 时	$l_0/300$（$l_0/400$）

注　1. 表中 l_0 为构件的计算跨度。
　　2. 表中括号内数值适用于使用上对挠度有较高要求的构件。
　　3. 计算悬臂梁构件的挠度限值时，其计算跨度 l_0 按实际悬臂长度的 2 倍取用。

在进行钢筋混凝土结构构件设计计算时，要求满足变形和最大裂缝宽度的要求。即

$$f \leqslant f_{lim} \tag{9-1}$$

式中　f——按荷载效应的标准组合并考虑荷载长期作用影响进行计算的受弯构件最大挠度值；

　　　f_{lim}——受弯构件的允许挠度限值，见表 9-1。

对允许出现裂缝的钢筋混凝土构件，其裂缝宽度应该满足：

$$\omega_{max} \leqslant \omega_{lim} \tag{9-2}$$

式中　ω_{max}——按荷载效应的标准组合并考虑荷载长期作用影响进行计算的构件最大裂

缝宽度值；

ω_{lim} ——最大裂缝宽度限值，见表 9－2。

表 9－2　　　　　结构构件的裂缝控制等级及最大裂缝宽度的限值　　　　单位：mm

环境类别	钢筋混凝土结构		预应力混凝土结构	
	裂缝控制等级	ω_{lim}	裂缝控制等级	ω_{lim}
一	三级	0.30（0.40）	三级	0.20
二 a				0.10
二 b		0.20	二级	—
三 a、三 b			一级	—

注　1. 对处于年平均相对湿度小于 60％地区一类环境下的受弯构件，其最大裂缝宽度限值可采用括号内的数值。

　　2. 在一类环境下，对钢筋混凝土屋架、托架及需作疲劳验算的吊车梁，其最大裂缝宽度限值应取为 0.20 _；对钢筋混凝土屋面梁和托梁，其最大裂缝宽度限值应取为 0.30mm。

　　3. 在一类环境下，对预应力混凝土屋架、托架及双向板体系，应按二级裂缝控制等级进行验算；对一类环境下的预应力混凝土屋面梁、托梁、单向板，应按表中二 a 级环境的要求进行验算；在一类和二 a 类环境下需作疲劳验算的预应力混凝土吊车梁，应按裂缝控制等级不低于二级的构件进行验算。

　　4. 表中规定的预应力混凝土构件的裂缝控制等级和最大裂缝宽度限值仅适用于正截面的验算；预应力混凝土构件的斜截面裂缝控制验算应符合本规范第 7 章的有关规定。

　　5. 对于烟囱、筒仓和处于液体压力下的结构，其裂缝控制要求应符合专门标准的有关规定。

　　6. 对于处于四、五类环境下的结构构件，其裂缝控制要求应符合专门标准的有关规定。

　　7. 表中的最大裂缝宽度限值为用于验算荷载作用引起的最大裂缝宽度。

考虑到结构构件当其不满足正常使用极限状态时所带来的危害性比不满足承载力极限状态时要小，其相应的可靠指标也可小些，故 GB50010—2010 规定，验算变形及裂缝宽度时荷载均采用标准值，不考虑荷载分项系数。由于混凝土构件的变形及裂缝宽度都随时间增大，因此，验算变形及裂缝宽度时，应按荷载效应的标准组合并考虑荷载长期效应的影响。

9.2　受弯构件的挠度验算

9.2.1　受弯构件挠度验算的特点

在材料力学中，我们已经学习了计算匀质弹性材料梁变形的具体方法。例如在均布荷载作用下简支梁的跨中挠度为

$$f = S \frac{Ml_0^2}{EI} \qquad (9-3)$$

式中　f ——梁中最大挠度；

　　　S ——与荷载形式、支承条件有关的系数，例如计算承受均布荷载的简支梁跨中挠度时，$S = 5/48$；

　　　M ——梁跨中最大弯矩；

　　　l_0 ——梁的计算跨度；

　　　EI ——梁的截面抗弯刚度。

对于匀质弹性材料，当梁的截面尺寸和材料给定时，梁的截面抗弯刚度则为常数，所以弯矩 M 与

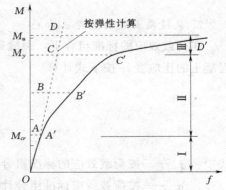

图 9－1　适筋梁 $M\text{-}f$ 关系曲线图

挠度 f 呈线性关系，如图 9-1 中虚线 OD 所示。但对钢筋混凝土受弯构件，由于混凝土为弹塑性材料，具有一定的塑性变形能力，在受弯的整个过程中，截面的抗弯刚度不是常数而是变化的。随着 M 的增大以及裂缝的出现和开展，挠度 f 增大且速度加快，因而抗弯刚度逐渐减小。同时，随着荷载作用时间的增加，钢筋混凝土梁的截面抗弯刚度还将进一步减小，梁的挠度还将进一步加大，所以不能用 EI 来表示钢筋混凝土梁的抗弯刚度。因此，要想计算钢筋混凝土受弯构件的挠度，关键是确定截面的抗弯刚度。

综上所述，在混凝土受弯构件变形验算时要采用平均刚度，考虑到荷载作用时间的影响，把受弯构件抗弯刚度区分为短期刚度 B_s 和长期刚度 B。用 B_s 或 B 代替式（9-3）中的 EI 进行挠度计算。

9.2.2 受弯构件的短期刚度 B_s

受弯构件的短期刚度 B_s 是指按荷载效应的标准组合作用下的截面抗弯刚度。

1. 平均曲率

试验表明，各水平纤维的平均应变沿梁截面高度的变化符合平截面假定，如图 9-2 所示。根据平均应变符合平截面的假定，可得平均曲率为

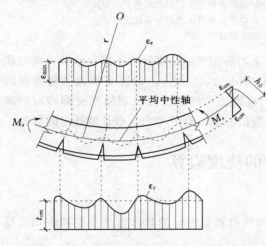

$$\phi = \frac{1}{r} = \frac{\varepsilon_{sm} + \varepsilon_{cm}}{h_0} \qquad (9-4)$$

式中 r ——与平均中和轴相应的平均曲率半径；

ε_{sm} ——纵向受拉钢筋重心处的平均应变值；

ε_{cm} ——受压区边缘混凝土的平均压应变值；

h_0 ——截面的有效高度。

因此，短期刚度为

$$B_s = \frac{M_k}{\phi} = \frac{M_k h_0}{\varepsilon_{sm} + \varepsilon_{cm}} \qquad (9-5)$$

式中 M_k ——按荷载效应标准组合计算的弯矩值。

图 9-2 梁内各截面应变及裂缝分布图

2. 裂缝截面处的应变 ε_s 和 ε_c

在荷载效应的标准组合下，裂缝截面纵向受拉钢筋重心处的拉应变 ε_s 和受压区边缘混凝土的压应变 ε_c 按下式计算

$$\varepsilon_s = \frac{\sigma_{ss}}{E_s} \qquad (9-6)$$

$$\varepsilon_c = \frac{\sigma_c}{E_c'} = \frac{\sigma_c}{v E_c} \qquad (9-7)$$

式中 σ_{ss} ——按荷载效应的标准组合计算的裂缝截面处纵向受拉钢筋重心处的拉应力；

σ_c ——按荷载效应标准组合计算受压区边缘混凝土的压应力；

E_c' ——混凝土的变形模量；

E_c —— 混凝土的弹性模量；

v —— 混凝土的弹性特征值。

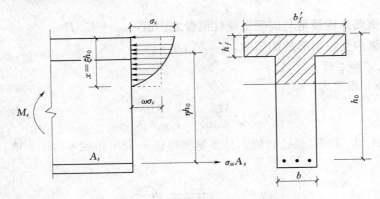

图 9 - 3 裂缝截面处的应力图形

由裂缝截面处的应力分布图形（图 9 - 3）可知，对受压区合力作用点取矩，得

$$\sigma_{ss} = \frac{M_k}{A_s \eta h_0} \qquad (9-8)$$

受压区面积为 $(b'_f - b)h'_f + bx = (\gamma'_f + \xi)bh_0$，将曲线分布的压应力图形换算成平均压应力 $\omega\sigma_c$，再对受拉钢筋的重心取矩，则得

$$\sigma_c = \frac{M_k}{\omega(\gamma'_f + \xi)\eta bh_0^2} \qquad (9-9)$$

式中 ω —— 压应力图形丰满程度系数；

η —— 裂缝截面处内力臂长度系数；

ξ —— 裂缝截面处受压区高度系数；

γ'_f —— 受压翼缘的加强系数，$\gamma'_f = (b'_f - b)h'_f / bh_0$。

3. 平均应变 ε_{sm} 和 ε_{cm}

如图 9 - 2 所示，设裂缝间受拉钢筋重心处的拉应变不均匀系数为 ψ，受压区边缘混凝土压应变不均匀系数为 ψ_c，则平均应变可用裂缝截面处的应变表示

$$\varepsilon_{sm} = \psi\varepsilon_s = \psi \frac{M_k}{A_s \eta h_0 E_s} \qquad (9-10)$$

$$\varepsilon_{cm} = \psi_c\varepsilon_c = \frac{M_k}{\zeta bh_0^2 E_c} \qquad (9-11)$$

式中 ζ —— 受压区边缘混凝土平均应变综合系数，$\zeta = \omega v(\gamma'_f + \xi)\eta / \psi_c$。

采用系数 ζ 后既可以减轻计算的工作量，并且避免了误差的积累，同时，又可以通过式（9 - 11）直接得到它的试验值。

将式（9 - 10）与式（9 - 11）代入式（9 - 5）得

$$B_s = \frac{1}{\dfrac{\psi}{A_s \eta h_0^2 E_s} + \dfrac{1}{\zeta bh_0^3 E_c}} \qquad (9-12)$$

经整理后，得

$$B_s = \frac{E_s A_s h_0^2}{\dfrac{\psi}{\eta} + \dfrac{\alpha_E \rho}{\zeta}} \tag{9-13}$$

式中　α_E——钢筋弹性模量与混凝土弹性模量之比值，$\alpha_E = E_s/E_c$；

　　　ρ——纵向受拉钢筋的配筋率，$\rho = A_s/bh_0$。

4. 参数 η、ψ 和 ζ 的表达式

由式（9-8）得

$$\eta = \frac{M_k}{\sigma_{ss} A_s h_0} = \frac{M_k}{E_s \varepsilon_s A_s h_0} \tag{9-14}$$

其中，M_k、A_s、h_0 和 E_s 是已知值，只要量测得到 ε_s 即可得到 η 的试验值。经理论分析可近似取

$$\eta = 1 - \frac{0.4}{1 + 2\gamma_f} \sqrt{\alpha_E \rho} \tag{9-15}$$

为方便计算，对受弯构件，可近似取 $\eta = 0.87$。

在相邻两条裂缝之间，钢筋应变是不均匀的，裂缝截面处最大，离开裂缝截面逐渐减小，这主要是裂缝间的受拉混凝土参与工作的缘故。系数 ψ 愈小，裂缝间混凝土协助钢筋的抗拉作用愈强；当系数 $\psi = 1.0$ 时，钢筋和混凝土之间的黏结应力完全退化，混凝土不再协助钢筋抗拉。因此，系数 ψ 的物理意义就是反映裂缝间混凝土对纵向受拉钢筋应变的影响程度。另外，ψ 还与按有效受拉混凝土截面面积 A_{te} 计算的纵向受拉钢筋的配筋率 ρ_{te} 有关，$\rho_{te} = A_s/A_{te}$，当 ρ_{te} 较小时，说明钢筋周围的混凝土参与受拉的有效相对面积大些。试验研究表明，ψ 近似表达为

$$\psi = 1.1 - 0.65 \frac{f_{tk}}{\rho_{te}\sigma_{ss}} \tag{9-16}$$

计算时，当 $\psi < 0.2$ 时，取 $\psi = 0.2$；当 $\psi > 1.0$ 时，取 $\psi = 1.0$。对直接承受重复荷载的构件，取 $\psi = 1.0$。同时，当 $\rho_{te} < 0.01$ 时，取 $\rho_{te} = 0.01$。

受压混凝土平均应变综合系数 ζ 可由试验求得。国内外试验资料表明，ζ 与 $\alpha_E \rho$ 及受压翼缘加强系数 γ'_f 有关，可表示为

$$\frac{\alpha_E \rho}{\zeta} = 0.2 + \frac{6\alpha_E \rho}{1 + 3.5\gamma'_f} \tag{9-17}$$

5. 受弯构件的短期刚度 B_s 的计算公式

综上所述，将 $\eta = 0.87$ 和式（9-17）代入式（9-13），即得受弯构件短期刚度 B_s 的计算公式为

$$B_s = \frac{E_s A_s h_0^2}{1.15\psi + 0.2 + \dfrac{6\alpha_E \rho}{1 + 3.5\gamma'_f}} \tag{9-18}$$

9.2.3　受弯构件的长期刚度 B

在荷载长期作用下，构件截面抗弯刚度将会随时间增长而降低，致使构件的挠度增大。在实际工程中，总是有部分荷载长期作用在构件上。因此，计算挠度时必须采用按荷载效应的标准组合并考虑荷载效应的长期作用影响的刚度，即所谓的长期刚度 B。

在长期荷载作用下，受压混凝土将发生徐变，即荷载不增加而变形却随时间增长；受压混凝土塑性变形以及裂缝不断向上开展使内力臂较小，引起钢筋应变和应力增加；再加上钢筋和混凝土之间滑移徐变，这些情况都会导致构件刚度降低。此外，由于受拉区与受压区混凝土的收缩不一致使梁发生翘曲，也导致刚度降低。凡是影响混凝土徐变和收缩的因素都将使受弯构件的刚度降低，使构件挠度增大。

对于受弯构件，GB50010—2010 要求按荷载效应标准组合并考虑荷载长期作用的影响的刚度进行计算，并建议采用荷载长期作用挠度增大的影响系数 θ 来考虑荷载长期效应对刚度的影响。

$$B = \frac{M_k}{M_k + (\theta - 1)M_q}B_s \qquad (9-19)$$

式中　M_k——按荷载效应标准组合计算的弯矩值；

　　　M_q——按荷载效应的准永久组合计算的弯矩值；

　　　θ——考虑荷载长期作用对挠度增大的影响系数，对钢筋混凝土受弯构件，当 $\rho' = 0$ 时，取 $\theta = 2.0$；当 $\rho' = \rho$ 时，取 $\theta = 1.6$；当 ρ' 为中间数值时，θ 按线性内插法取用；在此 ρ' 为纵向受压钢筋的配筋率，ρ 为纵向受拉钢筋的配筋率；对翼缘位于受拉区的倒 T 形截面，θ 应增加 20%。

9.2.4　受弯构件的最小刚度原则与挠度验算

"最小刚度原则"就是在简支梁全跨长范围内，都可按弯矩最大处的截面抗弯刚度，亦即按最小的截面抗弯刚度，用材料力学方法中不考虑剪切变形影响的公式计算挠度。当构件上存在正负弯矩时，可分别取同号弯矩区段内 $|M_{\max}|$ 处截面的最小刚度计算挠度，如图9-4所示。

钢筋混凝土受弯构件的挠度计算，可按一般材料力学公式进行计算，但是抗弯刚度 EI 应以长期刚度 B 代替，即

$$f = S\frac{M_k l_0^2}{B} \qquad (9-20)$$

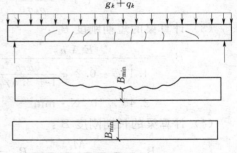

图9-4　简支梁抗弯刚度分布

按荷载效应标准组合并考虑荷载长期作用影响的长期刚度计算所得的长期挠度 f 应满足式(9-1)的要求。当不能满足时，最有效的措施是增加截面高度；当设计构件截面尺寸不能加大时，可考虑增加纵向受拉钢筋截面面积或提高混凝土强度等级；对于某些构件还可以充分利用纵向受压钢筋对长期刚度的有利影响，在构件受压区配置一定数量的受压钢筋。此外，采用预应力混凝土构件也是提高受弯构件刚度的有效措施。

【例9-1】已知矩形截面简支梁截面尺寸为 $b \times h = 200\text{mm} \times 500\text{mm}$，混凝土强度等级为 C30，保护层厚度 $c = 25\text{mm}$，纵向受拉钢筋为 4Φ16 的 HRB335 级钢筋，计算跨度 $l_0 = 5.6\text{mm}$，承受均布荷载，其中永久荷载（包括自重在内）标准值为 $g_k = 12.4\text{kN/m}$，楼面活荷载标准值 $q_k = 8\text{kN/m}$，楼面活荷载的准永久值系数 $\psi_q = 0.5$。试验算其挠度。

【解】 查表得到各类参数为

$A_s = 804\text{mm}^2$，$E_s = 2 \times 10^5 \text{N/mm}^2$，$f_{tk} = 2.01\text{N/mm}^2$，$E_c = 3 \times 10^4 \text{N/mm}^2$。

（1）计算荷载效应组合：

按荷载效应标准组合计算的弯矩值

$$M_k = \frac{1}{8} g_k l_0^2 + \frac{1}{8} q_k l_0^2 = \frac{1}{8} \times 12.4 \times 5.6^2 + \frac{1}{8} \times 8 \times 5.6^2 = 79.97\text{kN} \cdot \text{m}$$

按荷载效应准永久组合计算的弯矩值

$$M_q = \frac{1}{8} g_k l_0^2 + \psi_q \frac{1}{8} q_k l_0^2 = \frac{1}{8} \times 12.4 \times 5.6^2 + 0.5 \times \frac{1}{8} \times 8 \times 5.6^2 = 64.29\text{kN} \cdot \text{m}$$

（2）计算有关参数：

$$\alpha_E = \frac{E_s}{E_c} = \frac{2 \times 10^5}{3 \times 10^4} = 6.67$$

$$h_0 = 500 - (25 + 16/2) = 467\text{mm}$$

$$\theta = 2.0$$

$$\rho = \frac{A_s}{b h_0} = \frac{804}{200 \times 467} = 0.0086$$

$$\rho_{te} = \frac{A_s}{A_{te}} = \frac{804}{0.5 \times 200 \times 500} = 0.016$$

$$\sigma_{ss} = \frac{M_k}{\eta h_0 A_s} = \frac{79.97 \times 10^6}{0.87 \times 467 \times 804} = 245\text{N/mm}^2$$

$$\psi = 1.1 - \frac{0.65 f_{tk}}{\rho_{te} \sigma_{ss}} = 1.1 - \frac{0.65 \times 2.01}{0.016 \times 245} = 0.767$$

（3）计算梁的短期刚度 B_s：

$$B_s = \frac{E_s A_s h_0^2}{1.15\psi + 0.2 + \dfrac{6\alpha_E \rho}{1 + 3.5\gamma_f'}} = \frac{2 \times 10^5 \times 804 \times 467^2}{1.15 \times 0.767 + 0.2 + \dfrac{6 \times 6.67 \times 0.0086}{1}}$$

$$= 2.46 \times 10^{13} \text{N} \cdot \text{mm}^2$$

（4）计算梁的长期刚度 B：

$$B = \frac{M_k}{M_k + (\theta - 1)M_q} B_s = \frac{79.97}{64.29 \times (2 - 1) + 79.97} \times 2.46 \times 10^{13}$$

$$= 1.36 \times 10^{13} \text{N} \cdot \text{mm}^2$$

（5）验算挠度：

$$f = S \frac{M_k l_0^2}{B} = \frac{5}{48} \times \frac{79.97 \times 10^6 \times 5600^2}{1.36 \times 10^{13}} = 19.21\text{mm}$$

查表 9-1 知，$[f/l_0] = 1/200$，$f/l_0 = 19.21/5600 = 1/292 < 1/200$，变形满足要求。

9.3 裂缝宽度的验算

普通混凝土受弯构件大都带裂缝工作。混凝土裂缝的产生主要有两方面的因素：一是由荷载作用引起的；二是非荷载因素引起的，比如，不均匀变形、内外温差、外部其他环境因素等，其中由于荷载作用产生的内力所引起的裂缝是最主要的裂缝。本节介绍的裂缝宽度验算均是指由荷载引起的裂缝。

混凝土裂缝开展过宽一方面影响结构的外观，在心理上给人一种不安全感；另一方面影响结构的耐久性，过宽的裂缝易造成钢筋的锈蚀，尤其是当结构处于恶劣环境条件下时，比如海上建筑物、地下建筑物等。

对于由荷载作用产生的裂缝，通过计算确定裂缝开展宽度，而非荷载因素产生的裂缝主要是通过构造措施来控制。国内外研究的成果表明，只要裂缝的宽度被限制在一定范围内，不会对结构的工作性质造成影响。

在进行结构构件设计时，应根据使用要求选用不同的裂缝控制等级。GB50010—2010将裂缝控制等级划分为三级：

一级——严格要求不出现裂缝的构件，按荷载效应标准组合计算时，构件受拉边缘混凝土不应产生拉应力；

二级——一般要求不出现裂缝的构件，按荷载效应标准组合计算时，构件受拉边缘混凝土拉应力大于混凝土轴心抗拉强度标准值；按荷载效应准永久组合计算时，构件受拉边缘混凝土不宜产生拉应力，当有可靠经验时可适当放松；

三级——允许出现裂缝的构件，按荷载效应标准组合并考虑长期作用影响计算时，构件的最大裂缝宽度不应超过表 9-2 规定的最大裂缝宽度限值 ω_{lim}。

上述一、二级裂缝控制属于对构件抗裂能力的控制，对于普通钢筋混凝土构件来说，在使用阶段一般都是带裂缝工作的，故按三级标准来控制裂缝宽度。如果某些普通钢筋混凝土构件（如受弯构件的梁、板）要求一般不出现裂缝，则可以根据梁正截面工作三个阶段的第 I 阶段末的应力状态（即梁处于将裂未裂的极限状态）作为抗裂度计算的依据。

9.3.1 裂缝的出现及分布

为了便于讨论，我们仍以受弯构件的纯弯曲段为例。在裂缝出现以前，钢筋和混凝土的变形相同。可以假定受拉区各混凝土纤维中的拉应力和钢筋中的拉应力沿构件轴线方向都是均匀分布的。

由于混凝土是一种非匀质材料，在荷载作用下，随着荷载的增加，当荷载产生的拉应力超过混凝土实际抗拉强度时，混凝土就会产生裂缝。由于混凝土各截面的抗拉强度并不完全相同，第一条裂缝首先在最薄弱的截面处出现。在裂缝出现的截面，混凝土退出抗拉工作，钢筋和混凝土所受的拉应力将发生明显的变化，裂缝两侧的混凝土拉应变恢复到零，从而向裂缝两边回缩，原来由混凝土承担的拉力值转移由钢筋承担，所以裂缝截面处钢筋的应力突然增加。图 9-5 所示的截面 a 由于钢筋和混凝土之间存在黏结作用，混凝土的回缩与钢筋的伸长都受到另一方的约束。钢筋中的一部分拉力将通过裂缝两侧纵筋表面的黏结应力逐步传回到混凝土中去，钢筋的拉应力相应减小，而裂缝两侧混凝土中的拉应力则随着离开裂缝截面距离的加大而逐步回升。也就是说，在离开裂缝的位置，混凝土和钢筋的应力进行重分布，钢筋和混凝土共同受力，突增的钢筋应力逐渐减小，混凝土的应力逐渐增大到抗拉强度值。

随着弯矩的增加，在离开裂缝截面一定距离的其他薄弱截面处将出现第二条裂缝。在

第二条裂缝处的混凝土同样朝裂缝两侧滑移，混凝土的拉应力又逐渐增大，当其达到混凝土的抗拉强度时，又出现新的裂缝。图9-5所示的截面 b 随着荷载的增加，裂缝将逐渐出现，裂缝间距不断减小，当小到无法使未产生裂缝处的混凝土的拉应力增大到混凝土的抗拉强度时，即使弯矩继续增加，也不会产生新的裂缝，最终裂缝趋于稳定。再继续增加荷载时，只是使原来的裂缝长度延伸和开裂宽度增加（图9-6）。当相邻两条主要裂缝之间的距离较大时，随着荷载的增加，在两条裂缝之间可能还会出现一些细小裂缝。

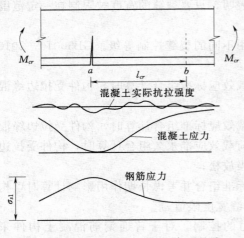

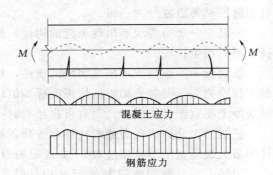

图9-5　第一条裂缝至第二条裂缝将
出现间的混凝土及钢筋应力分布

图9-6　中性轴、钢筋及混凝土应力随
裂缝位置变化的情况

　　混凝土裂缝的出现是由于荷载产生的拉应力超过混凝土实际抗拉强度所致，而裂缝的开展是由于混凝土的回缩，钢筋不断伸长，导致混凝土和钢筋之间变形不协调的结果，也就是钢筋和混凝土之间产生相对滑移的结果，裂缝的宽度是钢筋表面处裂缝的开展宽度。而进行裂缝宽度验算所要求的应该是钢筋重心处混凝土侧表面上的裂缝宽度。

9.3.2　平均裂缝间距 l_{cr}

　　大量试验和理论分析表明，平均裂缝间距不仅与钢筋和混凝土的黏结特性有关，还与混凝土保护层厚度、纵向钢筋的直径及配筋率等因素有关。当钢筋截面积不变时，根数多直径细，其表面积就大。因此，钢筋直径 d 越小，黏结性能越好，裂缝间距就比较小。钢筋混凝土受弯构件的受拉钢筋位于受拉区下方，当受拉区相对面积不变时，保护层越薄，构件受拉边缘就越容易达到混凝土的抗拉强度。故受拉钢筋截面积与受拉区有效混凝土面积之比就越大，受拉区保护层越薄，裂缝间距就越小。

　　GB50010—2010在考虑了以上各个影响裂缝间距的因素后，根据平均裂缝间距的实测结果给出了平均裂缝间距 l_{cr} 的计算公式

$$l_{cr} = \beta\left(1.9c + 0.08\frac{d_{eq}}{\rho_{te}}\right) \tag{9-21}$$

式中　β——与构件受力状态有关的系数，受弯构件取 $\beta = 1.0$，轴心受拉构件取 $\beta = 1.1$；

　　　　c——最外层纵向受拉钢筋外边缘至受拉区底边的距离。当 $c < 20\text{mm}$ 时，取 $c = 20\text{mm}$，当 $c > 65\text{mm}$ 时，取 $c = 65\text{mm}$；

ρ_{te} ——按有效受拉混凝土截面面积 A_{te} 计算的纵向受拉钢筋配筋率;

d_{eq} ——纵向受拉钢筋的等效直径。可按下式计算

$$d_{eq} = \frac{\sum n_i d_i^2}{\sum n_i v_i d_i}$$

d_i ——第 i 种纵向受拉钢筋的公称直径;

n_i ——第 i 种纵向受拉钢筋的根数;

v_i ——第 i 种纵向受拉钢筋的相对黏结特性系数,对光面钢筋,取 $v_i = 0.7$;对带肋钢筋,取 $v_i = 1.0$。

9.3.3 平均裂缝宽度 ω_m

如前所述,裂缝宽度是指受拉钢筋截面重心水平处构件侧表面的裂缝宽度。试验表明,裂缝宽度的离散性比裂缝间距更大些。因此,平均裂缝宽度的确定必须以平均裂缝间距为基础。

1. 平均裂缝宽度的计算公式

平均裂缝宽度 ω_m 等于相邻两条裂缝之间钢筋的平均伸长与相应水平处构件侧表面混凝土平均伸长的差值,如图 9-7 所示。即

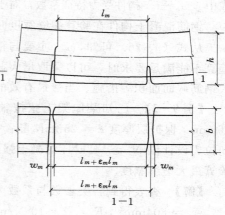

$$\omega_m = \varepsilon_{sm} l_{cr} - \varepsilon_{ctm} l_{cr} = \varepsilon_{sm}\left(1 - \frac{\varepsilon_{ctm}}{\varepsilon_{sm}}\right) l_{cr}$$

$$(9-22)$$

式中 ε_{sm} ——纵向受拉钢筋的平均拉应变,

$\varepsilon_{sm} = \psi \varepsilon_{sk} = \psi \sigma_{sk}/E_s$;

ψ ——纵向受拉钢筋应变不均匀系数,按式(9-16)计算;

ε_{ctm} ——与纵向受拉钢筋相同水平处侧表面混凝土的平均拉应变值。

图 9-7 平均裂缝宽度计算图

令 $\alpha_c = 1 - \dfrac{\varepsilon_{ctm}}{\varepsilon_{sm}}$,$\alpha_c$ 称为裂缝间混凝土自身伸长对裂缝宽度的影响系数。根据试验资料分析,统一取 $\alpha_c = 0.85$。则平均裂缝宽度计算公式为

$$\omega_m = 0.85 \psi \frac{\sigma_{sk}}{E_s} l_{cr}$$

$$(9-23)$$

2. 裂缝截面处的钢筋应力 σ_{sk}

σ_{sk} 是按荷载效应标准组合计算混凝土构件裂缝截面处纵向受拉钢筋的应力。对于受弯构件和轴心受拉构件,σ_{sk} 均可按裂缝截面处力的平衡条件确定。

(1)受弯构件

$$\sigma_{sk} = \frac{M_k}{0.87 A_s h_0}$$

$$(9-24)$$

(2)轴心受拉构件

$$\sigma_{sk} = \frac{N_k}{A_s}$$

$$(9-25)$$

式中 M_k ——按荷载效应标准组合计算的弯矩值；

$\qquad$ N_k ——按荷载效应标准组合计算的轴向拉力值；

$\qquad$ A_s ——受拉钢筋总截面面积。

9.3.4　最大裂缝宽度 ω_{max}

以上求得的是整个梁段的平均裂缝宽度。实际上，由于混凝土的不均匀性，裂缝间距和裂缝宽度都具有很大的离散性。裂缝宽度的限值应以最大裂缝宽度为准，最大裂缝宽度的确定主要考虑以下两种情况：荷载效应标准组合和荷载长期作用的情况。最大裂缝宽度由平均裂缝宽度乘以扩大系数得到。对于矩形、T 形、倒 T 形和 I 形截面的轴心受拉和受弯构件，按荷载效应标准组合并考虑荷载长期作用的影响，其最大裂缝宽度可按下列公式计算

$$\omega_{max} = \alpha_{cr}\psi\frac{\sigma_{sk}}{E_s}\left(1.9c + 0.08\frac{d_{eq}}{\rho_{te}}\right) \qquad (9-26)$$

式中 α_{cr} ——构件受力特征系数，对于受弯构件，$\alpha_{cr} = 2.1$；对于轴心受拉构件，$\alpha_{cr} = 2.7$。

钢筋混凝土构件在验算裂缝宽度时，求出的最大裂缝宽度应满足式（9-2）。

从式（9-26）可知，ω_{max} 主要与钢筋应力、有效配筋率及钢筋直径有关。当裂缝宽度验算不能满足要求时，可以采取增大截面尺寸、提高混凝土强度等级、减小钢筋直径或增大钢筋截面面积等措施。当然最有效的措施是采取施加预应力的办法。

【例 9-2】　已知某屋架下弦按轴心受拉构件设计，截面尺寸为 $b \times h = 200\text{mm} \times 160\text{mm}$，保护层厚度 $c = 25\text{mm}$，配置 4 Φ 16 的 HRB335 级钢筋，荷载效应标准组合的轴向拉力设计值 $N_k = 142\text{kN}$，混凝土强度等级为 C30，最大裂缝宽度限值 $\omega_{lim} = 0.3\text{mm}$。试验算最大裂缝宽度。

【解】　查表得到各类参数与系数为

$A_s = 804\text{mm}^2$，$E_s = 2 \times 10^5\text{N/mm}^2$，$f_{tk} = 2.01\text{N/mm}^2$，$\alpha_{cr} = 2.7$。

（1）计算有关参数：

$$\rho_{te} = \frac{A_s}{bh} = \frac{804}{200 \times 160} = 0.0251$$

$$\frac{d_{eq}}{\rho_{te}} = \frac{16}{0.0251} = 637\text{mm}$$

$$\sigma_{sk} = \frac{N_k}{A_s} = \frac{142 \times 1000}{804} = 177\text{N/mm}^2$$

$$\psi = 1.1 - \frac{0.65 f_{tk}}{\rho_{te}\sigma_{sk}} = 1.1 - \frac{0.65 \times 2.01}{0.0251 \times 177} = 0.81$$

（2）最大裂缝宽度：

$$\omega_{max} = \alpha_{cr}\psi\frac{\sigma_{sk}}{E_s}\left(1.9c + 0.08\frac{d_{eq}}{\rho_{te}}\right)$$

$$= 2.7 \times 0.81 \times \frac{177}{2 \times 10^5}(1.9 \times 25 + 0.08 \times 637)$$

$$= 0.191\text{mm}$$

$$< \omega_{lim} = 0.3\text{mm} \text{ 满足要求}$$

复习思考题与习题

一、思考题

1. 试说明建立受弯构件刚度计算公式的基本思路和方法，公式在哪些方面反映了钢筋混凝土的特点？

2. 什么是最小刚度原则？为什么采用最小刚度原则？

3. 如何减小梁的挠度？最有效的措施是什么？

4. 简述裂缝的出现、分布和展开的过程和机理。

5. 减小钢筋混凝土构件裂缝宽度的有效措施有哪些？

二、习题

1. 受均布荷载作用的简支梁，截面尺寸为 $b \times h = 200\text{mm} \times 450\text{mm}$，计算跨度 $l_0 = 5.2\text{m}$，永久荷载（包括自重在内）标准荷载 $g_k = 5\text{kN/m}$，楼面活荷载的标准值 $q_k = 10\text{kN/m}$，准永久值系数 $\psi_q = 0.5$，混凝土强度等级采用 C25，纵向受拉钢筋为 3 根直径 16mm 的 HRB335 级钢筋，混凝土保护层厚度 $c = 25\text{mm}$，试验算梁的跨中最大挠度是否满足规范允许挠度的要求。

2. 某矩形截面简支梁，截面尺寸为 $b \times h = 200\text{mm} \times 500\text{mm}$，计算跨度 $l_0 = 4.5\text{m}$，混凝土强度等级采用 C25，处于一类环境，纵向配有受拉钢筋为 4 根直径 14mm 和 2 根直径 16mm 的 HRB335 级钢筋，承受永久荷载（包括自重在内）标准荷载 $g_k = 17.5\text{kN/m}$，楼面活荷载的标准值 $q_k = 11.5\text{kN/m}$，准永久值系数 $\psi_q = 0.5$。试计算最大裂缝宽度。

第10章 预应力混凝土构件

本章要点

- 熟悉预应力混凝土的基本概念，明确施加预应力的目的及预应力混凝土结构的应用；
- 掌握施加预应力的两种方法；
- 熟悉张拉控制应力的概念、各种预应力损失值的确定及减少预应力损失的措施；
- 了解各阶段预应力损失值的组合。

10.1 预应力混凝土的基本概念

10.1.1 概述

普通钢筋混凝土构件在正常使用条件下受拉区容易开裂，使构件的刚度下降、变形增大，使其应用范围受到限制。为了控制构件的裂缝和变形，可以采用增加截面尺寸和用钢量的方法。但当荷载及跨度较大时，不仅不经济，而且很笨重。如果提高混凝土的强度等级，由于其抗拉强度提高得很小，对提高构件抗裂性和刚度的效果也不明显。如果提高钢筋的强度，则钢筋达到屈服强度时的拉应变很大，约在 2×10^{-3} 以上，与混凝土的极限拉应变相差悬殊，因此对不允许开裂的构件，使用时受拉钢筋的应力只能为 $20 \sim 30 \text{N/mm}^2$ 左右。由此可见，在普通钢筋混凝土结构中，高强混凝土和高强钢筋是不能充分发挥作用的。因此使钢筋混凝土结构的应用范围受到很多限制。

10.1.2 预应力混凝土的基本概念

如果在构件使用前，通过预加外力使受拉区预先产生压应力，以抵消或减小外荷载产生的拉应力，这样就可以弥补混凝土抗拉强度不足的缺陷，达到防止受拉区混凝土过早开裂的要求，从而可提高截面抗弯刚度和减小裂缝宽度，甚至可以做到在使用荷载下不出现裂缝。同时，为了充分利用高强混凝土及高强钢筋，同样可以在混凝土构件受力前，在受拉区内预先施加压力，使之产生预压应力，当构件在荷载作用下产生拉应力时，首先要抵消混凝土构件内的预压应力，然后随着荷载的增加，混凝土构件受拉并随荷载继续增加，推迟裂缝的出现，减小裂缝的宽度，满足使用要求。这种在构件受荷前预先对混凝土受拉区施加压应力的结构称为预应力混凝土结构。

现以预应力混凝土简支梁的受力情况为例，说明预应力的基本原理。如图 10-1 所示，在荷载作用之前，预先在梁的受拉区施加一对大小相等，方向相反的偏心预压力 N，使梁截面下边缘混凝土产生预压应力 σ_{pc}，当外荷载作用时，截面下边缘将产生拉应力 σ_c，最后的应力分布为上述两种情况的叠加，梁的下边缘应力可能是数值很小的拉应力，也可能是压应力。由于预压应力 σ_{pc} 的作用，可部分抵消或全部抵消外荷载所引起的拉应力 σ_c，因而延缓了钢筋混凝土构件的开裂或者使构件不开裂。

预应力在日常生活中应用的例子有很多，如图 10-2 所示，木桶是用环向竹箍对桶壁预先施加环向压应力。当桶中盛水后，水压引起的拉应力小于预加压应力时，桶就不会漏水。从书架上取下一叠书，由于受到双手施加的压力，这一叠书就如同一横梁，可以承担全部书的重量。

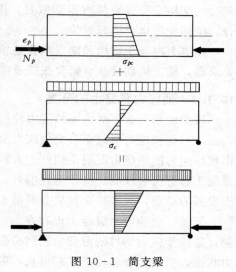

图 10-1　简支梁

10.1.3　预应力钢筋混凝土结构的优缺点

预应力钢筋混凝土结构与普通钢筋混凝土结构相比，其主要优点是：

（1）抗裂性好，刚度大。预应力钢筋混凝土结构改善了结构的使用性能，不仅延缓了裂缝的出现，减小裂缝宽度，而且使截面刚度显著提高，挠度减小，可用于建造大跨度结构。由于抗裂性能好，提高了结构的刚度和耐久性，加之反拱作用，减少了结构及构件的变形。

（2）节省材料，减轻自重。通过合理利用高强钢筋和混凝土，同普通钢筋混凝土结构相比，可节约钢材 $30\% \sim 50\%$，减轻结构自重达 30% 左右，且跨度越大越经济。

（3）提高构件的抗剪能力。试验表明，施加纵向预应力可延缓斜裂缝的形成，阻碍斜裂缝的出现和开展，使构件受剪性能得到提高。

（4）提高构件的抗疲劳性能。预应力可降低钢筋的疲劳应力比，增加钢筋的疲劳强度。同时也提高了结构或构件的耐久性和抗震能力。

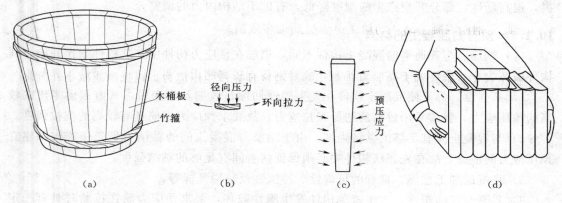

图 10-2　预应力生活中的应用

通过施加预应力，使结构经受了一次检验。从某种意义上讲，预应力混凝土可称为事先检验过的结构。预加应力还可作为土木工程结构施工中的一种拼装手段和加固措施。卸载后的结构变形或裂缝可得到恢复，由于预应力的作用，使用活荷载移去后，裂缝会闭合，结构变形也会得到复位。

预应力混凝土结构的缺点主要是相对钢筋混凝土而言计算繁杂，施工技术、制作技术要求高，施工周期较长，需要张拉及锚具设备等。

10.1.4 预应力混凝土的分类

按照使用荷载下对截面拉应力控制要求的不同，预应力混凝土结构构件可分为三种：

（1）全预应力混凝土。全预应力混全凝土是指在各种荷载组合下构件截面上均不允许出现拉应力的预应力混凝土构件。大致相当于裂缝控制等级为一级的构件。由于全预应力混凝土具有抗裂性高、抗疲劳性能好、刚度大和设计计算简单等优点，因此在预应力混凝土发展的早期，大多按全预应力混凝土来设计。

但是，全预应力混凝土也存在着以下的缺点：预应力钢筋配筋量往往由抗裂要求控制，造成预应力钢材的浪费。在恒荷载小、活荷载大的情况下，混凝土处于长期高预压应力状态，引起徐变和反拱不断增长，影响结构的正常使用。从开裂到破坏的过程很短，且破坏后延性小。施加预应力大，对张拉设备、锚具等有较高的要求，制作费用高。完全靠预应力来保证结构中不出现裂缝，在技术上很难做到，在经济上也不合理。因此，设计人员可以根据不同的裂缝控制要求，容许混凝土出现拉应力或开裂，做成有限预应力混凝土或部分预应力混凝土。

（2）有限预应力混凝土。有限预应力混凝土是按在短期荷载作用下，容许混凝土承受某一规定拉应力值，但在长期荷载作用下，混凝土不得受拉的要求设计。相当于裂缝控制等级为二级的构件。

（3）部分预应力混凝土。部分预应力混凝土是按在使用荷载作用下，使用荷载大于开裂荷载，容许构件出现裂缝，但最大裂缝宽度应控制在容许范围内，不超过允许值的设计要求。相当于裂缝控制等级为三级的构件。

采用有限预应力或部分预应力混凝土的优点如下：节约预应力钢材，有效地控制反拱，提高延性，部分开裂产生的刚度降低，有助于结构内力的调整。

10.1.5 预应力混凝土的材料

（1）钢筋。与普通钢筋混凝土构件不同，钢筋在预应力构件中，从构件制作开始，到构件破坏为止，始终处于高应力状态，故对钢筋有较高的质量要求。

1）高强度。为了使混凝土构件在发生弹性回缩、收缩及徐变后，其内部仍能建立较高的预压应力，就需采用较高的初始张拉应力，故要求预应力钢筋具有较高的抗拉强度。

2）与混凝土间有足够的黏结强度。由于钢筋与混凝土间的黏结力是先张法构件建立预压应力的前提，故在先张法构件中必须保证两者间有足够的黏结强度。

3）良好的加工性能。良好的可焊性、冷镦性及热镦性能等。

4）具有一定的塑性。为了避免构件发生脆性破坏，要求预应力筋在拉断时具有一定的延伸率，当构件处于低温环境和冲击荷载条件下，此点更为重要。

常用的预应力钢筋有钢筋、钢丝和钢绞线三大类（图 10-3）。中高强钢丝是采用优质碳素钢盘条，经过几次冷拔后得到。中强钢丝的强度为 $800 \sim 1200MPa$，高强钢丝的强度为 1470～1860MPa。为增加与混凝土的黏结强度，钢丝表面可采用"刻痕"或"压波"。钢绞线是用 3 股或 7 股高强钢丝扭结而成的一种高强预应力钢筋，其中以 7 股钢绞线应用最多，强度可高达 1860MPa。3 股钢绞线用途不广，仅用于某些先张法构件。热处理钢筋是用热轧中碳低合金钢经过调质热处理后制成的高强度钢筋，抗拉强度为 1470MPa。无黏结预应力束是由钢丝束、油脂涂料层和包裹层组成。油脂涂料使预应力束与其周围混凝土隔离，减少摩擦损失，防止预应力束锈蚀。护套包裹层的作用是保护油脂涂料及隔离预应力束和混凝土，应有一定的强度以防止施工中破损及一定的耐腐蚀性。目前多采用低密度

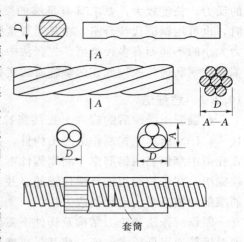

图 10-3　预应力钢筋

聚乙烯与油脂涂料一同在预应力筋上挤出形成无黏结预应力束的生产工艺。

（2）混凝土。预应力混凝土构件对混凝土的基本要求如下。

1）高强度。预应力混凝土必须具有较高的抗压强度，这样才能承受较大的预应力，有效地减少构件的截面尺寸，减轻构件自重，节约材料。对于先张法构件，高强度的混凝土具有较高的黏结强度，可减少端部应力传递长度，故在预应力混凝土构件中，混凝土强度等级不应低于 C30；当采用高强钢丝、钢绞线和热处理钢筋作预应力筋时，混凝土强度等级不应低于 C40。

2）收缩、徐变小。这样可以减少由于收缩、徐变引起的预应力损失。

3）快硬、早强。这样可尽早地施加预应力，以提高台座、模具、夹具的周转率，加快施工进度，降低管理费用。

10.2　施加预应力的方法和锚具

常用的施加预应力的方法主要有两种：先张法和后张法。

10.2.1　先张法

在浇筑混凝土前先张拉预应力钢筋的方法称为先张法。其主要工序如图 10-4（a）所示：先在台座上张拉钢筋，并作临时固定，然后浇灌混凝土，等混凝土达到一定强度后（约为设计强度的 70% 以上），放松钢筋，钢筋在回缩时要挤压混凝土，使混凝土获得顶加应力。所以先张法是靠钢筋与混凝土之间的黏结力来传递预加应力的。

制作先张法预应力构件一般需要台座、千斤顶、传力架和锚具等设备，台座承受张拉力

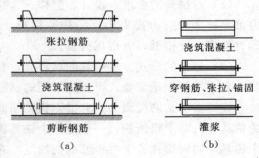

图 10-4　施加预应力的
方法主要工序示意图
（a）先张法；（b）后张法

的反力，长度较大，要求具有足够的强度和刚度，且不滑移，不倾覆。当构件尺寸不大时，也可用钢模代替台座，在其上直接张拉。千斤顶和传力架随构件的形式、尺寸及张拉力大小的不同而有多种类型。先张法中应用的锚具又称工具锚具或夹具，其作用是在张拉端夹住钢筋进行张拉或在两端临时固定钢筋，可以重复使用，这种锚具的种类较多。

10.2.2 后张法

在混凝土结硬后的构件上直接张拉预应力钢筋的方法称为后张法，其主要工序如图10-4（b）所示：先制作混凝土构件，在构件中预留孔道，待混凝土达到规定的强度后，在孔道中穿钢筋或钢筋束，利用构件本身作为台座，张拉钢筋时混凝土同时受到挤压。张拉完毕，在张拉端用锚具锚住钢筋，并在孔道内压力灌浆。由此可看出，后张法是依靠钢筋端部的锚具来传递预加应力的。

制作后张法预应力结构及构件不需要台座，张拉钢筋常用千斤顶。也可采用电热法，即对钢筋通以低压强电流，使其受热伸长，切断电源锚固钢筋后，钢筋回缩，混凝土受到预加应力。后张法的锚具永远安置在构件上，起着传递预应力的作用，故又称工作锚具，根据所锚对象和预加力的大小，可分多种类型。

先张法工艺比较简单，但需要台座（或钢模）设施；后张法工艺较复杂，需要对构件安装永久性的工作锚具，但不需要台座。前者适用于在预制构件厂批量制造的、方便运输的中小型构件；后者适用于在现场成型的大型构件，在现场分阶段张拉的大型构件以至整个结构。先张法只适用于直线预应力钢筋；后张法既适用直线预应力钢筋又适用于曲线预应力钢筋。在有的结构中，可同时采用先张法和后张法施工。例如在结构中采用很多尺寸相同的构件，则用先张法对它们分批制造是经济的；当构件运至现场安装就位后，采用后张法将它们联成整体，形成合理的结构。先张法与后张法虽然是以在浇筑混凝土的前后张拉钢筋来区分，但其本质差别却在于对混凝土构件施加预应力的途径。先张法是通过预应力筋与混凝土间的黏结作用来施加预应力；后张法则通过锚具施加预应力。

10.2.3 锚具

锚具是后张法预应力混凝土工程中必不可少的重要工具和附件。它不仅是建立预应力的关键因素之一，而且是传递预应力的重要构造措施。

（1）对锚具的要求。设计、制作、选择和使用锚具时，应尽可能满足下列要求：①受力可靠；②预应力损失小；③构造简单，便于加工；④张拉设备轻便简单，方便迅速；⑤材料省、价格低，有市场前景。

（2）锚具的形式。按锚具的材料分，有钢制的锚具、混凝土制的锚具等。有时一个锚具的各个零件根据需要，可采用不同的材料制成。

按锚固的钢筋类型分，有锚固粗钢筋的锚具、锚固钢筋（丝）束的锚具、锚固钢绞线的锚具等。对于粗钢筋，一般是一个锚具锚住一根钢筋；对于钢筋（丝）束和钢绞线，一个锚具须同时锚住若干根钢筋或钢绞线，它们往往按环形、圆形或矩形排列。

按锚固和传递预拉力的原理分，有依靠承压力的锚具、依靠摩擦力的锚具、依靠黏结力的锚具等。

按锚具使用的部位区分，有张拉端的锚具和固定端的锚具两种。有的锚具既可用于张拉端，又可用于固定端。有的锚具用于不同部位时，其内部构造有所不同。

（3）几种常见的锚具：

1）螺丝端杆锚具。在单根预应力粗钢筋的两端各焊一短段螺丝端杆，配上螺帽和垫板就形成如图 10-5 所示的螺丝端杆锚具，螺丝端杆用冷拉或热处理 45 号钢制成，螺纹用细牙，端杆与预应力钢筋的焊接宜在预应力钢筋冷拉前进行。预拉力通过螺丝杆上螺纹斜面上的承压力传到螺帽，再经过垫板承压在预留孔道口四周的混凝土构件上。

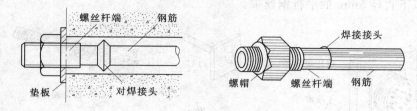

图 10-5　螺丝端杆锚具

这种锚具既可用于张拉端，也可用于固定端，张拉时采用一般的千斤顶，单根张拉，将千斤顶拉杆（端部带有内螺纹）拧紧在螺丝端杆的螺纹上进行张拉；张拉力从几十到几百千牛，张拉完毕后，旋紧螺帽，钢筋就被锚住。此类锚具的优点是比较简单，且锚固后千斤顶回油时，预应力钢筋基本不发生滑动，如需要，可再次张拉。缺点是对预应力钢筋长度的精确度要求高，不能太长或太短，否则螺纹长度不够用。

2）夹具式锚具。这是一种既可锚固单根又可锚固多根钢筋束或钢绞线的锚具。它由锚环和若干块夹片组成，夹片的块数与钢筋或钢绞线的根数相同，每根钢绞线均可分开锚固，是目前应用较多的锚具。其主要产品有 JM12 型、OVM 型、QM型、XM 型、VSL 型等。

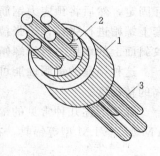

图 10-6　JM12 型锚具
1—锚环；2—夹片；3—钢筋束

JM12 型如图 10-6 所示，其夹片成楔形，截面成扇形，每块夹片有两个圆弧形槽，上有齿纹以锚住钢筋，锚环可嵌入混凝土构件中，也可凸出构件外，当外凸时，常需插入钢垫板。预拉力通过摩擦力由钢筋传给夹片，夹片靠斜面上的承压力传给锚环，锚环再通过承压力将预拉力传给混凝土构件。这种锚具既可用于张拉端，也可以用于固定端，张拉时需采用特别的双作用千斤顶。双作用的含义为：千斤顶可产生两个动作，一个夹住钢筋进行张拉，另一是将夹片顶入锚环，将预应力钢筋挤紧并牢牢锚住。

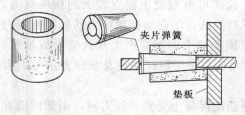

图 10-7　锥形锚具

3）锥形锚具。如图 10-7 所示，这种锚具是用于锚固多根平行钢丝束或钢绞线束的，它由锚环及锚塞组成，一般用铸钢制造。对于吨位较小的预应力束，也可采用高强度混凝土制成的锚环和锚塞。从图 10-7 可以看出，锚环的外圈和内圈均用螺旋筋加强，锚环在构件混凝土浇灌前预埋在构件端部。预拉力通过摩擦力由钢筋传递给锚环，后者再通过承压力和黏结力将预拉力传给混凝土构件。

这种锚具可用于张拉端，也可用于固定端。张拉采用特别的双作用千斤顶，一方面张拉钢筋，一方面将锚塞推入挤紧。

4）镦头锚具。如图10-8所示，这种锚具由锚环、外螺帽、内螺帽和垫板组成，均为45号钢制成。锚环应先进行热处理调质后再加工，锚环上的孔洞数和间距均由被锚固的钢筋的根数和排列方式而定，它可用于锚固多根直径为10~18mm的平行钢筋束，或锚固18根以下直径5mm的平行钢丝束。

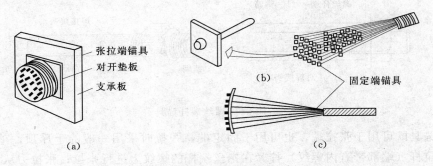

图 10-8 镦头锚具
(a) 张拉端；(b) 分散式固定端；(c) 集中式固定端

操作时，将钢筋穿过锚杯孔眼，用冷镦或热镦的方法把钢筋的端头镦粗成圆头，与锚环固定，然后将预应力钢筋束连同锚环一起穿过构件的预留孔道，待钢筋伸出孔道口后，套上螺帽进行张拉，边张拉边旋紧内螺帽。预拉力依靠镦头的承压力传给锚环，再依靠螺纹斜面上的承压力传给螺帽，最后通过垫板传给混凝土构件。

这种锚具的锚固性能可靠，锚固力大，张拉操作方便，但要求钢筋（丝）的长度有较高的精确度。

除了上述几种常见的锚具外，目前还经常用到的还有后张自锚锚具、JM型、SF型、YM型、VLM型等锚具，在无黏结预应力楼盖中经常用到单根无黏结钢绞线束的锚具等。

10.3 张拉控制应力和预应力损失

10.3.1 张拉控制应力

张拉控制应力是指张拉钢筋时，张拉设备（如千斤顶上油压表）所指示出的总张拉力除以预应力钢筋截面面积得出的应力值，以 σ_{con} 表示。

为了充分利用预应力钢筋，应尽可能高一些，这样可对混凝土建立较大的预压应力，以达到节约材料的目的。但如果值过高，会产生下列问题：①会增加预应力筋的松弛应力损失；②当进行超张拉时，应力超过屈服强度，可能会使个别钢筋产生永久变形或脆断；③降低构件的延性。因此 σ_{con} 值必须加以控制，其大小主要与钢材种类及张拉方法等因素有关。

与张拉方法的关系：先张法，当放松预应力钢筋使混凝土受到预压力时，钢筋即随着混凝土的弹性压缩而回缩，此时预应力钢筋的预拉应力已小于张拉控制应力。后张法的张拉力由构件承受，它受力后立即因受压而缩短，故仪表指示的张拉控制应力是已扣除混凝土弹性压缩后的钢筋应力。因此，当值相同时，不论受荷前，还是受荷后，后张法构件中钢筋的实际应力值总比先张法构件的实际应力值高，故后张法的 σ_{con} 值应适当低于先张法。

GB50010—2010 规定的张拉控制应力限值如表 10 - 1 所示。

设计预应力构件时，表 10 - 1 所列的数值可根据具体情况和施工经验作适当的调整。在下列情况下，可提高：①为了提高构件制作、运输及吊装阶段的抗裂性，而设置在使用阶段受压区的预应力钢筋；②为了部分抵消由于应力松弛、摩擦，钢筋分批张拉以及预应力钢筋与张拉台座间的温差因素而产生的预应力损失，对预应力钢筋进行超张拉。

表 10 - 1　张拉控制应力限值

钢筋种类	张 拉 方 法	
	先张法	后张法
预应力钢丝、钢绞线	$0.75 f_{ptk}$	$0.75 f_{ptk}$
热处理钢筋	$0.70 f_{ptk}$	$0.65 f_{ptk}$

注　表中 f_{ptk} 为预应力钢筋的强度标准值。

为了避免将 σ_{con} 定得过小，GB50010—2010 规定 σ_{con} 值不应小于 $0.4 f_{ptk}$。

10.3.2　预应力损失

预应力混凝土构件在制造、运输、安装、使用的各个过程中，由于张拉工艺和材料特性等原因，使钢筋中的张拉应力逐渐降低的现象，称为预应力损失。

引起预应力损失的因素很多，下面讨论引起预应力损失的原因、损失值的计算方法和减少预应力损失的措施。

10.3.2.1　张拉端锚具变形和钢筋内缩引起的预应力损失 σ_{l1}

预应力钢筋锚固时，由于锚具、垫板与构件之间的所有缝隙被挤紧，钢筋和楔块在锚具中的滑移，使已拉紧的钢筋内缩，造成预应力损失，其预应力损失值可按下列方法计算

对直线预应力钢筋

$$\sigma_{l1} = \frac{a}{l} E_s \qquad (10 - 1)$$

式中　a——张拉端锚具变形和钢筋内缩值，按表 10 - 2 取用；

l——张拉端至锚固端之间的距离，单位：mm。

表 10 - 2　锚具变形和钢筋的回缩值 a

单位：mm

锚 具 类 别		a
带螺帽的锚具（包括钢丝束的锥形螺杆锚具、筒式锚具等）	螺帽缝隙	1
	每块后加垫板的缝隙	1
钢丝束的镦头锚具		1
钢丝束的钢制锥形锚具		5
夹片式锚具	有预压时	5
	无预压时	6～8

锚具损失中只需考虑张拉端，因为固定端的锚具在张拉钢筋的过程中已被挤紧，不会引起预应力损失，为了减少锚具变形所造成的预应力损失，应尽量选择变形小的锚具，少用垫板，因为每增加一块垫板，a 值就增加 1mm；先张法构件增加台座长度。

10.3.2.2　预应力钢筋与孔道壁之间摩擦引起的预应力损失 σ_{l2}

后张法构件张拉钢筋时，由于钢筋与混凝土孔壁之间的摩擦，其实际预应力从张拉端往里逐渐减小，这种应力差额称为摩擦引起的预应力损失 σ_{l2}。直线孔道的摩擦损失是由

于施工时孔道尺寸的偏差、孔道粗糙以及钢筋的自重下垂等原因，使钢筋某些部位紧贴孔壁引起的；曲线孔道的摩擦损失除由于钢筋紧贴孔壁引起外，还有由于钢筋张拉时产生了对孔壁的垂直压力而引起的。因此 σ_{l2} 的大小与孔道形状和成型方式有关：曲线孔道部位的摩擦损失比直线孔道部位为大。可按下列公式计算：

$$\sigma_{l2} = \sigma_{con}\left(1 - \frac{1}{e^{kx + \mu\theta}}\right) \tag{10-2}$$

式中　x——从张拉端至计算截面的孔道长度，mm，亦可近似取该段孔道在纵轴上的投影长度；

　　　θ——从张拉端至计算截面曲线孔道部分切线的夹角（以弧度计）。

当 $(\mu\theta + kx) \leqslant 0.2$ 时，可按下列公式近似计算：

$$\sigma_{l2} = \sigma_{con}(kx + \theta\mu) \tag{10-3}$$

为了减少摩擦损失，可采用以下措施：

（1）对于较长的构件可在两端进行张拉两端张拉可减少一半摩擦损失。

（2）采用超张拉工艺，因为超张拉所建立的预应力钢筋的应力比较均匀，可使 σ_{l2} 大大降低。

超张拉工艺为：$0 \rightarrow 1.1\sigma_{con}$，持荷两分钟 $\rightarrow 0.85\sigma_{con} \rightarrow \sigma_{con}$。

10.3.2.3　混凝土加热养护时，受张拉的钢筋与承受拉力设备之间的温差引起的预应力损失 σ_{l3}

为了缩短先张法构件的生产周期，常采用蒸汽养护混凝土的办法，升温时混凝土尚未结硬，钢筋受热膨胀，但两端的台座是固定不动的，距离保持不变，所以造成钢筋松弛。降温时，混凝土已结硬并和钢筋黏结成整体，不能自由回缩，构件中钢筋的应力也就不能恢复到原来的张拉值，就产生了温差损失 σ_{l3}。

当预应力钢筋与承受拉力的设备之间的温差为 Δt 时，钢筋的线膨胀系数为 $1 \times 10^{-5}/℃$，由温差引起的钢筋应变为 $\alpha\Delta t$，则预应力损失为

$$\sigma_{l3} = 0.00001E_s\Delta t = 0.00001 \times 2 \times 10^5 \times \Delta t = 2\Delta t \tag{10-4}$$

减少温差损失，可采用以下措施：

（1）采用两次升温养护，首次升温至 20℃ 时，待混凝土强度等级达到 C7 至 C10 时，再逐渐升温至规定的温度。此时可以认为钢筋与混凝土已黏结成一体，能一起胀缩以减小应力损失。

（2）在钢模上张拉预应力钢筋，因钢模和混凝土一起加热养护，不存在温差，故不产生此项损失。

10.3.2.4　应力钢筋的应力松弛引起的预应力损失 σ_{l4}

钢筋的应力松弛是指钢筋受力后，在长度不变的条件下，钢筋的应力随时间的增长而降低的现象。显然，预应力钢筋张拉后固定在台座或构件上时，都会引起应力松弛损失。

应力松弛与时间有关：在张拉初期发展很快，第一分钟内大约完成 50%，24 小时内约完成 80%，1000 小时以后增长缓慢，5000 小时后仍有所发展。应力松弛损失值与钢材品种有关：冷拉热轧钢筋的应力松弛比碳素钢丝、冷拔低碳钢丝、钢绞线钢筋的应力松弛小。应力松弛损失值还与初始应力有关：当初始应力小于应力松弛损失值时，松弛与初始

应力呈线性关系，当初始应力大于应力松弛损失值时，松弛显著增大，在高应力下短时间的松弛可达到低应力下较长时间才能达到的数值。根据这一原理，若采用短时间内超张拉的方法，可减少松弛引起的预应力损失。常用的超张拉程序为：$0 \rightarrow 1.05\sigma_{con}$（静停 $2 \sim 5$ 分钟）$\rightarrow 0 \rightarrow \sigma_{con}$。

GB50010—2010 规定预力钢筋的应力松弛损失按下列方法计算：

（1）普通松弛预应力钢丝和钢绞线：

$$\sigma_{l4} = 0.4\psi\left(\frac{\sigma_{con}}{f_{ptk}} - 0.5\right)\sigma_{con} \qquad (10-5)$$

此处，ψ 为超张拉系数，一次张拉时，取 $\psi = 1.0$；超张拉时，取 $\psi = 0.9$。

（2）低松弛预应力钢丝和钢绞线：

当 $\sigma_{con} \leqslant 0.7 f_{ptk}$ 时

$$\sigma_{l4} = 0.125\psi\left(\frac{\sigma_{con}}{f_{ptk}} - 0.5\right)\sigma_{con} \qquad (10-6)$$

当 $0.7 f_{ptk} < \sigma_{con} \leqslant 0.8 f_{ptk}$ 时

$$\sigma_{l4} = 0.2\psi\left(\frac{\sigma_{con}}{f_{ptk}} - 0.575\right)\sigma_{con} \qquad (10-7)$$

式中　ψ——超张拉系数，一次张拉时，取 $\psi = 1$；超张拉时，取 $\psi = 0.9$。

当 $\sigma_{con} \leqslant 0.5 f_{ptk}$ 时，取 $\sigma_{l4} = 0$

（3）热处理钢筋：

一次张拉：$\qquad\qquad\qquad\sigma_{l4} = 0.05\sigma_{con} \qquad\qquad\qquad\qquad (10-8)$

超张拉：$\qquad\qquad\qquad\sigma_{l4} = 0.035\sigma_{con} \qquad\qquad\qquad\quad (10-9)$

可采用超张拉以减少此项损失。

10.3.2.5　混凝土收缩和徐变引起的预应力损失 σ_{l5}

在一般温度条件下，混凝土结硬时体积收缩，而在预压力作用下，混凝土又会发生徐变。徐变、收缩都使构件的长度缩短，造成预应力损失。

由于收缩和徐变是伴随产生的，且两者的影响因素很相似，而由收缩和徐变引起的钢筋应力变化的规律也基本相同，故可将两者合并在一起予以考虑，GB50010—2010 规定的由混凝土收缩及徐变引起的受拉区和受压区预应力钢筋的预应力损失可按下列公式计算：

（1）先张法构件：

受拉区预应力钢筋 $\qquad\qquad \sigma_{l5} = \dfrac{45 + 220 \times \dfrac{\sigma_{pcI}}{f'_{cu}}}{1 + 15\rho} \qquad\qquad (10-10)$

受压区预应力钢筋 $\qquad\qquad \sigma'_{l5} = \dfrac{45 + 220 \times \dfrac{\sigma'_{pcI}}{f'_{cu}}}{1 + 15\rho'} \qquad\qquad (10-11)$

（2）后张法构件：

受拉区预应力钢筋 $\qquad\qquad \sigma_{l5} = \dfrac{25 + 220 \times \dfrac{\sigma_{pcI}}{f'_{cu}}}{1 + 15\rho} \qquad\qquad (10-12)$

受压区预应力钢筋
$$\sigma'_{l5} = \frac{25 + 220 \times \dfrac{\sigma'_{pcI}}{f'_{cu}}}{1 + 15\rho'}$$
（10-13）

式中　σ_{pcI}、σ'_{pcI}——在受拉区、受压区预应力钢筋合力点处的混凝土法向压应力；

f'_{cu}——施加预应力时的混凝土立方体抗压强度；

ρ、ρ'——受拉区、受压区预应力钢筋和非预应力钢筋的配筋率。对先张法构件，$\rho = \dfrac{A_p + A_s}{A_0}$，$\rho' = \dfrac{A'_p + A'_s}{A_0}$；

对后张法构件
$$\rho = \frac{A_p + A_s}{A_n}, \quad \rho' = \frac{A'_p + A'_s}{A_n}$$

式中　A_0——先张法构件换算截面面积，$A_0 = A_c + \alpha_{E_0} A_p + \alpha_{E_s} A_s$；

A_n——后张法构件扣除孔道后净截面面积，$A_n = A_c + \alpha_{E_s} A_s$；

α_{E_0}——预应力钢筋弹性模量与混凝土弹性模量的比值；

α_{E_s}——非预应力钢筋弹性模量与混凝土弹性模量的比值。

对于对称配置预应力钢筋和非预应力钢筋的构件，取 $\rho = \rho'$，此时配筋率应按其钢筋截面面积的一半进行计算。

由式（10-10）～式（10-13）可见，后张法构件的取值比先张法构件要低，这是因为后张法构件在施加预应力时，混凝土已完成部分收缩。

减少此项预应力损失的措施有：减少水泥用量，降低水灰比；提高混凝土的密实度，加强养护；施加预应力时，混凝土的强度不宜过低等。

10.3.2.6　环形构件用螺旋式预应力钢筋作配筋时所引起的预应力损失 σ_{l6}

这项损失发生在用螺旋式预应力钢筋作配筋的环形构件中，混凝土在预应力钢筋的挤压下发生局部压陷，使构件直径减小，引起预应力损失。σ_{l6} 的大小与构件直径成反比。GB50010—2010规定，当环形构件直径大于3m时，可忽略该损失；当直径小于或等于3m时，可取 $\sigma_{l6} = 30\text{N/mm}^2$。

10.3.3　预应力损失的组合

以上分项讨论了各种预应力损失值，实际上预应力损失并不是对每一构件都同时产生的，而与施工方法有关。根据预应力损失发生时间先后关系，将预应力损失分为两批，即混凝土预压前完成的损失 σ_{lI} 和混凝土预压后完成的损失 σ_{lII}。

具体组合见表10-3。

表10-3中应注意以下两点：①电热后张法构件可不考虑摩擦损失；②先张法构件的值在第一批和第二批损失中所占比例可根据实际情况确定，一般情况下，可各取。同时，GB50010—2010规定：

当总损失值 $\sigma_l = \sigma_{lI} + \sigma_{lII}$ 小于下列数值时，应按下列数值取用：

先张法构件：100MPa；

表10-3　　各阶段预应力损失值的组合

预应力损失的组合	先张法构件	后张法构件
混凝土预压前（第一批）损失 σ_{lI}	$\sigma_{l1} + \sigma_{l2} + \sigma_{l3} + \sigma_{l4}$	$\sigma_{l1} + \sigma_{l2}$
混凝土预压后（第二批）损失 σ_{lII}	σ_{l5}	$\sigma_{l4} + \sigma_{l5} + \sigma_{l6}$

后张法构件：80MPa。

复习思考题

1. 何谓预应力混凝土？简述预应力混凝土的特点。
2. 对构件施加预应力的目的是什么？
3. 预应力混凝土中，对钢筋材料有什么要求？预应力钢筋有哪几种类型？
4. 预应力混凝土中，对混凝土材料有什么要求？
5. 预应力混凝土分为哪几类？
6. 施加预应力的方法有哪几种？
7. 先张法和后张法的区别何在？试简述它们的优缺点及适用范围。
8. 什么是预应力钢筋的控制应力 σ_{con}？σ_{con} 与哪些因素有关？
9. 什么是张拉控制应力 σ_{con}？σ_{con} 定得过高，有什么问题？
10. 何谓预应力损失？有哪些损失？

第11章 梁板结构

本章要点

- 掌握整体式单向梁板结构的内力按弹性及考虑塑性内力重分布的计算方法和构造要求；
- 整体式双向梁板结构的内力按弹性的计算方法和构造要求；
- 整体式楼梯的设计方法。

11.1 概　述

梁板结构指由梁和板共同组成的受力体系，广泛应用于屋盖、楼盖、楼梯和雨篷等处，如图11-1所示。

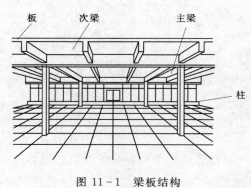

图 11-1　梁板结构

梁板结构的类型有三种分类方法：

（1）混凝土梁板结构按施工方法可分为现浇式、装配式和装配整体式梁板结构。

现浇整体式梁板结构是钢筋混凝土梁和板现场浇筑形成的整体结构。这种结构形式的优点是整体性能好，防水性能好，抗震性能强；此外，平面布置灵活，适用于各种不规则平面形式以及在板上开有较复杂的洞口等情况。因此现浇整体式结构在实际工程中得到广泛的应用。其缺点是费工、费模板、工期长、施工受季节的限制。

装配式梁板结构是由预制构件在现场安装连接而成，构件通过规格化、定型化，可在工厂大批量生产，造价较低，同时，节约劳动力，加快施工进度。其主要缺点是结构的整体性较差，抗震及防水性能也较差，不便于开设孔洞，故对于高层建筑、有抗震设防要求的建筑以及使用上要求防水和开设孔洞的楼面，不宜采用。

装配整体式梁板结构整体性较装配式的好，又较现浇式的节省模板和支撑。但这种楼盖需要进行混凝土的二次浇筑，对施工进度和造价都带来一些不利影响。因此，这种楼盖多用于多层、高层及有抗震设防要求的房屋。其整体性和刚度介于现浇式楼盖和装配式楼盖之间。

（2）混凝土梁板结构按预加应力情况可分为钢筋混凝土楼盖和预应力混凝土楼盖。

预应力混凝土楼盖用的最普遍的是无黏结预应力混凝土平板楼盖，当柱网尺寸较大时，它可有效减小板厚，降低建筑层高。

（3）混凝土梁板结构按结构形式可分为肋梁楼盖、井式楼盖、密肋楼盖和无梁楼盖，如图 11-2 所示。

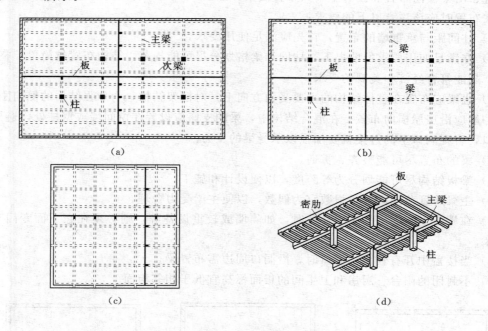

图 11-2　混凝土现浇梁板结构形式

（a）单向板肋梁楼盖；（b）双向板肋梁楼盖；（c）井式楼盖；（d）密肋楼盖

11.2　整体式单向板肋梁楼盖设计

整体式单向板梁板结构是应用最为普遍的一种结构形式，单向板梁板结构的梁一般分为主梁和次梁，其中板被梁划分成许多区格，如图 11-2（a）所示。

当板的长边 l_2 与短边 l_1 之比 $l_2/l_1>2$ 时，经力学分析可知，在荷载作用下板短跨方向的弯矩远远大于板长跨方向的弯矩。可以认为板仅在短跨方向有弯矩存在并产生挠度，这类板称为单向板。对于 $l_2/l_1\leqslant2$ 的板，在荷载作用下，板的短跨和长跨方向都有一定的弯矩存在，沿长边方向的弯矩不能忽略，这种板成为双向板。GB50010—2010 规定：$l_2/l_1\geqslant3$ 时，按单向板设计；$l_2/l_1\leqslant2$ 时，按双向板设计；$2<l_2/l_1<3$ 时，宜按双向板设计，若按单向板设计时，GB50010—2010 规定的单向板长边方向的分布钢筋尚不足以承担该方向弯矩，故应适当增加配筋量。

11.2.1　结构布置及梁板基本尺寸确定

梁板结构主要由板、次梁、主梁组成，而该结构必须支撑在柱或墙上，因此结构的布置就是确定柱网尺寸和主、次梁的位置。由此可见，整体式梁板结构中，合理的柱网（墙体）布置、梁格划分及基本尺寸确定是结构设计的首要问题，它对建筑物的使用、经济和美观的要求有直接的影响。

1. 梁板结构的布置

根据主梁、次梁的不同位置通常有三种不同的单向板肋梁楼盖结构布置形式：主梁横向布置、次梁横向布置和没有主梁只布置次梁，如图 11-3 所示。但不论何种结构布置形式，在布置时应该注意以下的要求：

1）柱间距与承重墙的布置，首先应满足使用要求。

2）在满足使用要求的前提下，柱网和梁格划分尽可能规范，结构布置越简单、整齐、统一，越能符合经济和美观的要求。

3）主梁应布置在整体结构的主要受力方向上。对框架结构，为加强结构的侧向刚度，主梁一般应沿房屋横向布置。在混合结构中，梁的支座应设置在窗间墙或壁柱处，避开门窗洞口，否则洞口上的过梁就要加强以承受梁的反力。

4）梁的布置尽可能整齐、贯通。

5）梁板结构尽可能划分为等跨度，以便设计和施工。

6）主梁跨度范围内次梁根数宜为偶数，以便主梁受力合理。

7）在楼板上有固定的集中荷载时，如隔墙或较重设备等，则必须在它下面专门布置承重梁。

8）当楼盖中开有较大的洞口时，沿洞口周边需布置梁。

9）不封闭的阳台、厨房和卫生间的板面标高宜低于相邻板面。

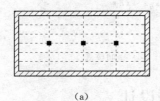 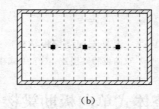 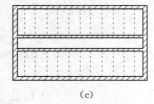

(a)　　　　　　　　　　(b)　　　　　　　　　　(c)

图 11-3　梁的布置

(a) 主梁沿横向布置；(b) 主梁沿纵向布置；(c) 有中间走道

2. 梁、板构件的最小尺寸

梁、板结构基本尺寸应根据结构承载力、刚度和裂缝控制等要求确定。单向板梁板结构尺寸建议如下：

1）单向板的经济跨度一般为 2~3m；次梁的经济跨度一般为 4~6m；主梁的经济跨度一般为 5~8m；

2）梁、板一般不作刚度验算的最小截面尺寸为：

板　　　　　　　　　　　$h = (1/30 - 1/40)l$

次梁　　　　　　　　　　$h = (1/12 - 1/18)l$

主梁　　　　　　　　　　$h = (1/8 - 1/14)l$

其中，h 为截面高度；l 为构件跨度。

同时，要求现浇混凝土板的最小厚度不得小于表 11-1 所规定的数值。

表 11-1 现浇混凝土板的最小厚度 单位：mm

板 的 类 型		最小厚度	板 的 类 型		最小厚度
单向板	屋面板	60	密肋板	肋间距小于或等于 700mm	40
	民用建筑楼板	60		肋间距大于 700mm	50
	工业建筑楼板	70	悬臂板	板的悬臂长度小于或等于 500mm	60
	行车道下的楼板	80		板的悬臂长度大于 500mm	80
双向板		80	无梁楼盖楼板		150

11.2.2 结构的荷载及计算单元

1. 作用在梁板结构上的荷载

作用在梁板结构上的荷载包括：

1）永久荷载：包括结构自重、地面及天棚（抹灰）、隔墙及永久性设备等荷载。

2）可变荷载：包括人群、货物以及雪荷载、屋面积灰和施工活荷载等；可变荷载的分布通常是不规则的，在工程设计中一般折算成等效均布荷载；作用在板、梁上的活荷载在一跨内均按满跨布置，不考虑半跨内活荷载作用的可能性。

各项荷载的分项系数和取值详见 GB50009—2001《建筑结构荷载规范》。

2. 计算单元

1）单向板：除承受结构自重、抹灰荷载外，还要承受作用在其上的使用活荷载，通常取 1m 宽度作为荷载计算单元。

2）次梁：除承受结构自重、抹灰荷载外，还要承受板传来的荷载，计算板传来的荷载时，为简化计算，不考虑板的连续性，通常将连续板视为简支板，取宽度为板跨度的荷载带作为荷载计算单元。

3）主梁：除承受结构自重、抹灰荷载外，还要承受次梁传来的集中荷载，为简化计算，不考虑次梁的连续性，通常将连续梁视为简支梁，以两侧次梁的支座反力作为主梁荷载；一般说来，主梁自重及抹灰荷载较次梁传递的集中荷载小得多，故主梁结构自重及抹灰荷载也可以简化为集中荷载。

11.2.3 结构的计算简图

对实际结构进行力学计算以前，必须加以简化，略去次要的细节，显示其基本特点，用一个简化的图形代替实际结构，我们把这种图形叫结构的计算简图。

其简化内容包括：结构体系的简化、支座的简化、连接的简化、荷载的简化等。

1. 结构计算单元

1）板：整体式单向板梁板结构中，板结构计算单元与板荷载计算单元相同——取 1m 宽的矩形截面板带作为板结构计算单元。

2）次梁：取宽度为板标志跨度 l_1 的 T 形截面带作为次梁结构的计算单元。

3）主梁：取宽度为次梁标志跨度 l_2 的 T 形截面带作为主梁结构的计算单元，如图 11-4 所示。

2. 结构的支承条件及折算荷载

1）支承在砖墙上。当整体式梁板结构的板、次梁或主梁支承在砖柱或墙上时，结构

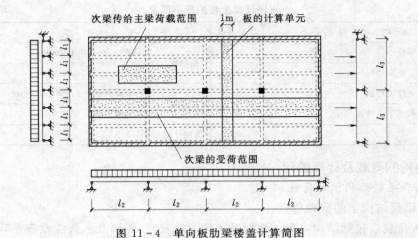

图 11-4　单向板肋梁楼盖计算简图

之间均可视为铰支座，砖柱、墙对它们的嵌固作用比较小，可以在构造设计中予以考虑。

2）支承在柱上。但当板（次梁）与次梁（主梁）整体浇筑时，需考虑支承梁的抗扭刚度对板（次梁）内力的影响。以等跨连续板为例，在恒荷载 g 作用下，次梁两侧的板上作用有相同的荷载，板在支座（次梁）处的转角很小（$\theta \approx 0$），次梁的抗扭刚度并不影响板的内力。但当某一跨板上作用有活载 p，其相邻两跨无活荷载时，次梁的抗扭刚度将部分地阻止板的自由转动，使板的支座转角 θ' 比假设为铰支座时的转角 θ 小，其效果是使支座负弯矩增大，跨中正弯矩减小。设计上为简化计算，采用折算荷载来代替实际的计算荷载。即将活荷载 p 折减为 p'，恒荷载 g 提高为 g'，而总的荷载（$g+p$）仍保持不变。这样折算的效果是使计算的支座转角 $\approx \theta'$，相当于考虑了次梁抗扭刚度的作用，如图 11-5 所示。对板和次梁的荷载采用下述的荷载调整方法：

板　　　　　　　　　　$g' = g + q/2$　　　　$q' = q/2$

次梁　　　　　　　　　$g' = g + q/4$　　　　$q' = 3q/4$

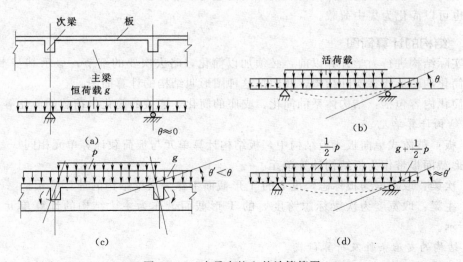

图 11-5　支承在柱上的计算简图

式中 q、g——实际作用于结构上的恒荷载和活荷载设计值;

q'、g'——结构分析时采用的折算荷载设计值。

若主梁与柱的线刚度比值大于 3～4 时,由于柱对主梁的约束作用较小,故主梁的荷载不必进行调整,可将柱视为梁的铰支座,否则就应该按框架进行结构分析。不过,应该清楚认识到,将柱视为梁的铰支座,对于梁是偏于安全,但对于柱子来说是偏于不安全的。

3. 结构计算跨度

1) 定义:整体式梁板结构中,梁、板计算跨度是指单跨梁、板支座反力的合力作用线间的距离。

2) 按弹性理论计算时,结构计算跨度按表 11－2 取用。

表 11－2　　　　　　　　弹性理论方法计算内力时梁、板的计算跨度

跨数	支座条件	计算跨度 L_0
单跨	两端搁置	$l_0 = l_n + a$ 且 $l_0 \leqslant l_n + h$(板),$l_0 \leqslant 1.05 l_n$ 梁
	一端搁置、一端与支承构件整浇	$l_0 = l_n + a$ 且 $l_0 \leqslant l_n + h/2$(板),$l_0 \leqslant 1.025 l_n$ 梁
	两端与支承构件整浇	$l_0 = l_n$
多跨	边跨	$l_0 = l_n + a/2 + b/2$ $l_0 \leqslant l_n + h/2 + b/2$(板),$l_0 \leqslant 1.025 l_n + b/2$(梁)
	中间跨	$l_0 = l_c$ 且 $l_0 \leqslant 1.1 l_n$(板),$l_0 \leqslant 1.05 l_n$(梁)

注　l_c—支座中心线间距离;l_n—板、梁的净高;h—板厚;a—板、梁端支承长度;b—中间支座宽度。

当连续梁、板各跨跨度不等时,如各跨计算跨度相差不超过 10%,为简化计算,可按等跨连续梁、板计算结构内力。对于各跨荷载相同,跨数超过 5 跨的等跨、等截面连续梁、板的计算表明,除两边第 1、2 跨外,所有中间各跨的内力十分接近,因此,设计中将所有中间跨均以第 3 跨来代表,即所有中间跨的内力和配筋均按第 3 跨处理。

11.2.4　结构内力计算

1. 结构最不利荷载组合

(1) 结构控制截面。

结构控制截面的确定取决于结构截面的内力与抗力的比值 (M/M_u),截面的比值最大者即为控制截面。

对于等截面的连续梁板结构,若结构截面配筋相同,梁、板的控制截面在支座处和跨中处。包括跨中最大正弯矩、跨中最大负弯矩(绝对值)、支座最大负弯矩(绝对值)、支座最大剪力。

(2) 结构最不利荷载组合规律。

1) 欲求结构某跨跨内截面最大正弯矩时,除恒载作用外,应在该跨布置活荷载,然后向两侧隔跨布置活荷载。

2) 欲求结构某跨跨内截面最大负弯矩(绝对值)时,除恒载作用外,不应在该跨布置活荷载,应在相邻两跨布置活荷载,然后向两侧隔跨布置活荷载。

3) 欲求结构某支座截面最大负弯矩(绝对值)时,除恒载作用外,应在该支座相邻

两跨布置活荷载，然后向两侧隔跨布置活荷载。

4）欲求结构边支座截面最大剪力时，除荷载作用外，其活荷载布置与求该跨跨内最大正弯矩时活荷载布置相同；欲求结构中间支座截面最大剪力时，其活荷载布置与求该支座截面最大负弯矩（绝对值）时活荷载的布置相同，如图 11-6 所示。

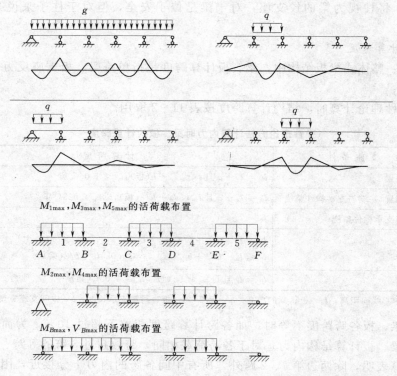

图 11-6 连续梁在不同跨承受荷载时的弯矩图和剪力图

5）一般说来，对于 N 跨的连续梁、板，有 $N+1$ 种最不利荷载组合方式。

对于等跨度、等截面和相同的均布荷载作用下的连续板、梁，在整体结构中，边跨跨内截面最大正弯矩为各跨跨内截面最大正弯矩的极值；边跨的第一内支座截面最大负弯矩（绝对值）为各支座截面最大负弯矩（绝对值）的极值；边跨的第一内支座截面最大剪力为各支座截面最大剪力的极值。

2. 连续梁、板结构按弹性理论的内力计算

（1）内力计算。

1）计算的基本理论基础：将混凝土结构视为弹性体，假设结构荷载与内力、荷载与变形、内力与变形均为线性关系。

2）计算方法：对于等截面、等跨度和相同荷载作用下的连续梁、板内力分析可以利用表格进行，参见有关计算表格。

（2）结构内力包络图。

有关的概念：

1）内力包络图：结构各截面的最大内力值（绝对值）的连线或点的轨迹，即为结构

内力包络图（包括拉、压、弯、剪、扭五种内力包络图）。

2）材料图：结构各截面承载力值的连线或点的轨迹，即为结构的抵抗内力图，亦称材料图。（包括拉、压、弯、剪、扭五种抵抗内力图）。

（3）包络图的应用。

综合结构的内力包络图和材料图可以决定纵向钢筋的弯起和切断，也可以决定箍筋直径和间距的变化。为保证结构所有截面都具有足够的承载力，结构材料图必须在每一截面处都大于或等于结构内力包络图。当然，还必须满足构造要求。

同时，我们也可以看出，结构纵向钢筋不弯起和切断，箍筋直径和间距相同时，结构各截面的承载力是相同的，因此只要结构控制截面具有足够的承载力，则结构其他截面一定具有足够的承载力，而不必绘制结构内力包络图和材料图。详见第4章。

3．连续梁、板按塑性理论的内力计算

（1）结构塑性铰。

1）塑性铰的形成。对于一个静定的钢筋混凝土适筋受弯构件，从加载到破坏，截面经历了三个明显的阶段。其中第三阶段是从钢筋开始屈服到截面达到极限承载力（受压区混凝土达到极限压应变）。截面从钢筋开始塑流到即将破坏，结构承载力由于内力臂的增大略有提高，而此时截面相对转角（和构件挠度）却由于材料塑性的充分发展而大大增长。

如果忽略从钢筋开始塑流到截面破坏前承载力的微小增长，则我们可以认为一旦钢筋屈服，截面在承载力几乎不增加的情况下构件继续变形——沿弯矩方向产生一定限度的转动。犹如出现一个能承担一定弯矩的铰，工程中把这种铰叫塑性铰，如图 11-7 所示。它的转动能力取决于混凝土的变形能力和配筋率。

2）塑性铰的特点：

a．能且只能承受、传递相当于截面屈服时的弯矩（$M_u = M_y$），其转动能力与混凝土的极限压应变及配筋率有关；

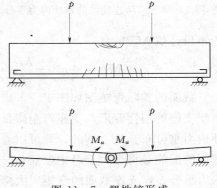

图 11-7　塑性铰形成

b．塑性铰在卸载时，它的转动变形与荷载成正比。

3）塑性铰出现的位置。塑性铰总在结构 M/M_u 最大截面处首先出现。在混凝土连续梁、板结构中，塑性铰一般都在支座和跨内弯矩最大截面处。支座处塑性铰一般均在板与次梁、次梁与主梁、主梁与柱的交界处出现，对于中间支座为砖墙、柱的结构，一般在墙体中心线处出现塑性铰。但应该注意到，塑性铰不是发生在结构的某一个截面，而是一个区段，区段长度大致为 $(1\sim1.5)h, h$ 为梁的截面高度。

（2）结构的承载力极限状态。

静定结构出现一个塑性铰就变成几何可变体系，不可能继续加载，也就是说结构的承载力极限状态随着塑性铰的出现即达到。

超静定结构出现一个塑性铰，超静定结构只减少一个多余约束，即减少一次超静定，但结构还能承受荷载，只有结构出现若干个塑性铰，使结构局部或整体变为几何可变体系时，结构才达到承载力极限状态。据此，我们可以将弹性理论的某一个截面的承载力极限状态扩展到整个结构的承载力极限状态，充分挖掘和利用结构的实际潜在承载力，使得结构设计更加经济合理。

（3）结构塑性内力重分布。

1）概念：结构内力分布规律相对于弹性内力分布的变化称为内力重分布。内力重分布主要是由于结构塑性变形及混凝土的开裂引起的，所以又称结构塑性内力重分布。

2）内力重分布应用举例：

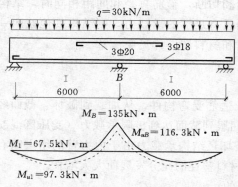

图 11-8 两跨连续梁的塑性内力重分布

图 11-8 所示为一两跨连续梁，承受均布荷载设计值 $q=30\text{kN/m}$，截面尺寸为 $200\text{mm} \times 500\text{mm}$，混凝土 C20，截面配筋如图所示，可以得到支座截面抗弯承载力为 $M_{uB}=116.3\text{kN} \cdot \text{m}$，跨中截面的承载力为 $M_{u1}=97.3\text{kN} \cdot \text{m}$，若按弹性理论计算结构的内力，则在均布荷载 q 作用下，其弯矩如图实线所示，支座弯矩设计值为 $M_B=135\text{kN} \cdot \text{m}$，跨中弯矩设计值为 $M_1=67.5\text{kN} \cdot \text{m}$。由于 $M_B>M_{uB}$，所以结构将在支座截面产生塑性铰，支座截面实际所能承担的弯矩仅为 $M'_B=M_{uB}=116.3\text{kN} \cdot \text{m}$，而跨中截面的弯矩设计值 M_1 变为

$$M'_1 = \frac{1}{8}ql^2 - \frac{M'_B}{2} = \frac{1}{8} \times 30 \times 6^2 - \frac{116.3}{2} = 76\text{kN} \cdot \text{m}$$

截面的实际弯矩图如图 11-8 虚线所示，同按弹性理论的计算结果比较，可以看出，由于支座的塑性变形，支座弯矩降低了，而跨中截面的弯矩却增加了，说明结构产生了塑性内力重分布。从上例的计算可以看出，若按弹性理论的计算方法对截面进行配筋，支座截面的配筋必将远大于跨中配筋，导致支座截面的钢筋拥挤，不便施工。若考虑梁的塑性内力重分布，支座截面的弯矩大大降低，截面的配筋减少，有利于改善支座截面的钢筋拥挤状况，方便施工。从上面的分析得出，超静定混凝土结构的内力重分布可概括为两个过程：第一过程发生在受拉区混凝土开裂到第一个塑性铰形成以前，主要是由于结构各部分抗弯刚度比值的改变而引起内力重分布，称为弹塑性内力重分布；第二过程发生于第一个塑性铰形成以后直到形成几何可变体系结构破坏，由于结构计算简图的改变而引起的内力重分布，称为塑性内力重分布。

应用塑性内力重分布时应该注意到：一是让塑性铰有足够的转动能力，二是保证结构的可靠度。

具体在操作过程中主要控制：

a. $0.1 \leqslant \xi \leqslant 0.35$ 或弯矩调整幅度 $\beta \leqslant 15\% \sim 25\%$，而对 $q/g \leqslant 1/3$ 的结构，弯矩调整幅度宜控制在 $\beta \leqslant 15\%$。

b. 弯矩调幅以后，其内力仍然符合弹性特征。

（4）结构按内力重分布的分析方法——弯矩调幅法（内力系数）。

考虑结构内力重分布时，对于在相同均布荷载作用下的等跨、等截面连续梁、板，结构各控制截面的弯矩和剪力可按下式计算：

弯矩 $\qquad\qquad\qquad M = \alpha_m(g+q)l^2$

剪力 $\qquad\qquad\qquad V = \alpha_v(g+q)l_0$

式中 $\quad l$——梁、板结构的计算跨度；

$\qquad l_0$——梁、板结构的净跨度；

$\quad g$、q——梁、板结构的恒荷载及活荷载设计值；

α_m、α_v——梁、板结构的弯矩和剪力计算系数，见表 11-3。

表 11-3 连续梁和连续单向板的弯矩计算系数

支承情况		截面位置					
		端支座	边跨跨中	离端第二支座	离端第二跨中	中间支座	中间跨中
		A	Ⅰ	B	Ⅱ	C	Ⅲ
梁板搁置在墙上		0	1/11	2跨连续：	1/16	-1/14	1/16
板	与梁整浇 连接	-1/16	1/14	-1/10			
梁		-1/24		3跨以上：			
梁与柱整体现浇		-1/16	1/14	-1/11			

注 对于相同均布荷载作用下的等跨度、等截面连续梁、板的弯矩系数和剪力系数是根据连续梁、板，$q/g=3$，弯矩调幅系数为 15%~25% 左右等条件下确定的。如果 $q/g=1/3$~5，结构跨数大于或小于 5 跨，各跨跨度相对差值小于 10% 时，上述系数原则上仍适用。但对于超出上述范围的连续梁、板，结构内力应按考虑塑性内力重分布的一般分析方法自行调幅计算，并确定结构的内力包络图。

4. 支座处控制截面与内力值的确定

由于结构支座有一定的长度，对于以混凝土梁和柱为支座的连续梁板结构，一般取支座边缘截面为控制截面。结构控制截面计算弯矩和剪力按下式近似计算：

$$M_\text{边} = M_\text{中} - \frac{b}{2}V_0$$

均布荷载 $\qquad\qquad\qquad V_\text{边} = V_\text{中} - \frac{b}{2}(g+q)$

集中荷载 $\qquad\qquad\qquad V_\text{边} = V_\text{中}$

当支座为墙体时，结构控制截面计算内力取值，弯矩计算时取支座中心线处截面为控制截面；剪力计算时取支座边缘处截面为控制截面。控制截面计算弯矩和剪力按下式取值：

$$M_\text{边} = M_\text{中}$$

均布荷载 $\qquad\qquad\qquad V_\text{边} = V_\text{中} - \frac{b}{2}(g+q)$

集中荷载 $\qquad\qquad\qquad V_\text{边} = V_\text{中}$

式中 $\quad V_0$——按简支梁计算的支座边缘处剪力设计值，$V_0 = \frac{1}{2}(g+q)l_0$；

$\qquad g$、q——作用于结构上的恒荷载和活荷载的设计值；

$\qquad b$——结构支座宽度。

11.2.5 单向板的设计计算

1. 正截面计算

按照梁的单筋截面正截面强度计算钢筋用量 A_s，并按构造要求根据附表 19 选配钢筋。混凝土连续板支座截面在负弯矩作用下，截面上部受拉下部受压；板跨内截面在正弯矩作用下，截面下部受拉上部受压；在板中受拉区混凝土开裂后受压区的混凝土呈一拱形，如果周边都有梁，能够有效约束拱的支座侧移，可以考虑拱的作用。在设计过程中一般减少 20%。

2. 斜截面计算

一般情况下不进行抗剪计算，但对于跨高比 l/h 较小、荷载很大的板，如人防顶板、片筏底板结构，还应进行板的受剪承载力计算。

3. 板的构造要求

(1) 受力钢筋。

1) 直径：一般采用 6mm、8mm、10mm、12mm。

2) 间距：当板厚 $h \leqslant 150$mm 时，不宜大于 200mm，当板厚 $h > 150$mm 时，不宜大于 $1.5h$，且不宜大于 250mm。

3) 弯起与截断：板的配筋方式有分离式和弯起式两种。跨中承受正弯矩的钢筋不宜截断和弯起，支座承受负弯矩的钢筋可以在距支座边缘不小于 a 处截断。当 $q/g \leqslant 3$ 时，$a = l_0/4$；当 $q/g > 3$ 时，$a = l_0/3$。如图 11-9 所示。

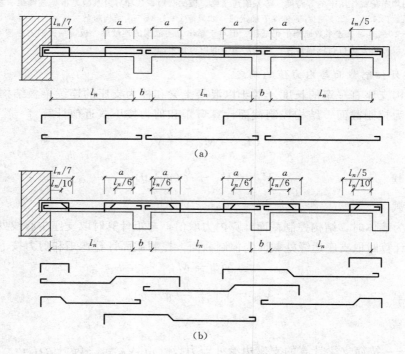

图 11-9 连续板的配筋形式

(a) 弯起式；(b) 分离式

4）钢筋的锚固：简支板或连续板下部纵向受力钢筋伸入支座的锚固长度不应小于 $5d$，d 为下部纵向受力钢筋的直径。

（2）构造钢筋。

1）分布钢筋。

作用：绑扎固定受力钢筋；承受板中的温度应力和混凝土收缩应力；将作用于板上的集中或局部荷载分散给更多的受力钢筋承受。

布置：在垂直于受力钢筋的方向，单位长度上分布钢筋的截面面积不宜小于受力钢筋截面面积的 15％，且不宜小于该方向板截面面积的 0.15％，间距不宜大于 250mm，直径不宜小于 6mm，对集中荷载较大的，其间距不宜大于 200mm。

2）附加钢筋。

a. 钢筋混凝土现浇板应沿支承周边配置上部构造钢筋，其间距不宜大于 200mm，直径不小于 6mm，并符合下列规定（图 11-10）：

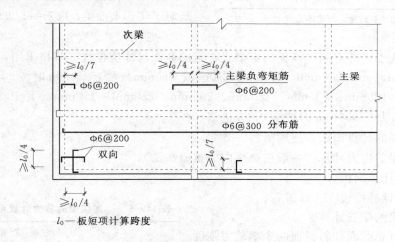

l_0—板短项计算跨度

图 11-10　单向板中的构造钢筋

周边现浇的板：在板边上部设置垂直板边的构造钢筋，其截面面积不宜小于板跨中相应方向纵向钢筋截面面积的 1/3，该钢筋自梁边或墙边伸入板内的长度，在单向板中不宜小于短方向计算跨度的 1/5，在双向板中不宜小于短方向计算跨度的 1/4；在板角处该钢筋应沿两个垂直方向布置或按放射状布置。上述构造钢筋应按受拉钢筋锚固在梁内或墙内和柱内。

嵌固在砌体墙内的板：其上部与板边垂直的构造钢筋伸入板内的长度，从墙边算起不宜小于板短方向跨度的 1/7；在梁边嵌固于墙内的板角部分，应配置双向上部构造钢筋，该钢筋伸入板内的长度，从墙边算起不宜小于板短方向跨度的 1/4；沿受力方向配置的上部构造钢筋，其截面面积不宜小于该方向跨中受力钢筋截面面积的 1/3，沿非受力方向配置的上部构造钢筋可以适当较少。

b. 现浇板的受力筋与梁平行时，应沿梁长度方向配置间距不大于 200mm 且与梁垂直的上部构造钢筋，其直径不小于 6mm，且单位长度内的总截面面积不宜小于单位宽度内受力钢筋截面面积的 1/3。该钢筋伸入板内的长度，从梁边算起不宜小于板计算跨度的 1/4。

（3）板的支承长度。

1) 板的支承长度应满足受力钢筋在支座内的锚固长度。

2) 现浇板搁置在砖墙上的支承长度一般不小于板厚，且不小于 120mm；在钢筋混凝土梁上的支承长度不小于 80mm。

11.2.6 次梁的设计计算

1. 次梁的强度计算

（1）截面尺寸。

表 11-4　不需作挠度计算的梁的最小截面高度

项次	构件种类		简支	两段连续	悬臂
1	整体肋形梁	次梁	$L_0/15$	$L_0/20$	$L_0/8$
		主梁	$L_0/12$	$L_0/15$	$L_0/6$
2	独立梁		$L_0/12$	$L_0/15$	$L_0/6$

注　L_0 为梁的计算跨度，当梁的宽度大于 9m 时表中数值乘 1.2。

1）截面高度 h。从刚度条件出发，根据工程经验，简支梁、连续梁和悬臂梁的截面高度可按表 11-4 采用。

2）截面宽度 b。

梁的宽度一般根据梁的高度来确定：

对于矩形截面梁，取 $b = (1/2 - 1/2.5)h$

对于 T 形截面梁，取 $b = (1/2.5 - 1/3.0)h$

3）常用尺寸。

为便于施工，并有利于模板的定型化，梁的截面尺寸应按统一规格采用，一般取为：

梁高 h = 150mm、180mm、200mm、240mm、250mm，大于 250mm 时按 50mm 进级。

梁宽 b = 120mm、150mm、180mm、200mm、220mm、250mm，大于 250mm 时按 50mm 进级，大于 800mm 时按 100mm 进级。

（2）次梁的计算简图：连续梁。

（3）次梁的内力计算（一般按塑性内力重分布法）。

1）弯矩计算同板。

2）剪力计算按表 11-5 进行。

（4）次梁的配筋计算。

应该进行正截面和斜截面两个承载力强度验算，可根据实际情况按矩形或 T 形截面进行。

表 11-5　连续梁的剪力计算系数

支承情况	截面位置				
	端支座内侧	离端第二支座		中间支座	
		外侧	内侧	外侧	内侧
搁置在墙上	0.45	0.60	0.55	0.55	0.55
整体现浇	0.50	0.55			

2. 配筋的一般规定

钢筋混凝土梁中通常配置以下几种钢筋：

（1）纵向受力钢筋。

1）当梁高 $h \geqslant 300$mm 时，直径不应小于 10mm；当梁高 $h < 300$mm 时，直径不应小于 8mm。

2）梁上部纵向钢筋水平方向的净间距（钢筋外边缘之间的最小距离）不应小于 30mm 和 $1.5d$（d 为最大钢筋的直径）；下部纵向钢筋水平方向的净间距不应小于 25mm 和 d。当梁的下部纵向钢筋配置多于两层时，两层以上钢筋水平方向的中距应比下面两层的中距增大一倍。各层钢筋之间的净间距不应小于 25mm 和 d。

3）伸入梁支座范围内的纵向受力钢筋根数，当梁宽 $b \geqslant 100$mm 时，不宜少于两根；当梁宽 $b < 100$mm 时，可为一根。

（2）箍筋。

1）箍筋的主要作用是用来承受由剪力和弯矩在梁内引起的主拉应力。同时，箍筋通过绑扎或焊接把其他钢筋联系在一起，形成一个空间的钢筋骨架。

2）梁中的箍筋应按计算确定，对按计算不需要箍筋的梁，当截面高度 $H>300\text{mm}$ 时，应沿梁全长设置箍筋；当截面高度 $h=150\sim300\text{mm}$ 时，可仅在构件端部各四分之一跨度范围设置箍筋，但当构件中部二分之一跨度范围内有集中荷载作用时，则应沿梁全长设置箍筋；当梁截面高度 $h<150\text{mm}$ 时，可不设置箍筋。

3）对于截面高度 $H>800\text{mm}$ 的梁，其箍筋直径不宜小于 8mm；对截面高度 $h\leqslant 800\text{mm}$ 的梁，其箍筋直径不宜小于 6mm。梁中配有计算需要的纵向受压钢筋时，箍筋直径尚不应小于纵向受压钢筋最大直径的 0.25 倍。

4）梁中箍筋的间距应符合下列规定：

a. 梁中箍筋的最大间距宜符合表 11-6 的规定，当 $V>0.7f_tbh_0+0.05N_{p0}$ 时，箍筋的配筋率 $\rho_{sv}[\rho_{sv}=A_{sv}/(bs)]$ 尚不应小于 $0.24f_t/f_{yv}$。

b. 当梁中配有按计算需要的纵向受压钢筋时，钢筋应做成封闭式；此时，箍筋的间距不应大于 15d（d 为纵向受压钢筋的最小直径），同时不应大于 400mm；当一层内的纵向受压钢筋多于 5 根且直径大于 18mm 时，箍筋间距不应大于 10d；当梁的宽度大于 400mm 且一层内的纵向受压钢筋多于 3 根时，或当梁的宽度不大于 400mm 但一层内的纵向受压钢筋多于 4 根时，应设置复合箍筋。

表 11-6	梁中箍筋的最大间距	单位：mm
梁高	$V>0.7f_tbh_0+$ $0.05N_{p0}$	$V\leqslant 0.7f_tbh_0+$ $0.05N_{p0}$
$150<h\leqslant 300$	150	200
$300<h\leqslant 500$	200	300
$500<h\leqslant 800$	250	350
$h>800$	300	400

5）箍筋肢数。

当梁的宽度 $b\leqslant 150\text{mm}$ 时，可采用单肢；

当梁的宽度 $150<b<350\text{mm}$ 时，可采用双肢；

当梁的宽度 $b\geqslant 350\text{mm}$ 时，或在一层内纵向受拉钢筋多于 5 根，或纵向受压钢筋多于 3 根时，采用四肢。

（3）弯起钢筋（不宜采用）。

1）弯起角度宜取 45°或 60°。

2）在弯起钢筋的弯终点外应留有平行于梁轴线方向的锚固长度，在受拉区不应小于 20d，在受压区不应小于 10d，d 为弯起钢筋的直径。

3）梁底层钢筋中的角部钢筋不应弯起，顶层钢筋中的角部钢筋不应弯下。

（4）架立钢筋。

1）当梁的跨度小于 4m 时，直径不宜小于 8mm；当梁的跨度在 4~6m 时，直径不宜小于 10mm；当梁的跨度大于 6m 时，直径不宜小于 12mm。

2）布置在受压区外缘两侧平行于纵向受力钢筋（若配置了纵向受压钢筋，可以不配置）。

（5）纵向构造钢筋。

1）GB50010—2010 规定：当梁的腹板高度 $h_w\geqslant 450\text{mm}$ 时，在梁的两个侧面沿高度配置纵向构造钢筋（腰筋），每侧纵向构造钢筋（不包括梁上、下部受力钢筋及架立钢筋）的截面面积不应小于腹板截面面积 bh_w 的 0.1%，且其间距不宜大于 200mm。此处，腹板高度 h_w，矩形截面为有效高度；对 T 形截面，取有效高度减去翼缘高度；对 I 形截面，取腹板净高。

2）对钢筋混凝土薄腹梁或需作疲劳验算的钢筋混凝土梁，应在下部二分之一梁高的腹板内沿两侧配置直径 8～14mm、间距 100～150mm 的纵向构造钢筋，并应按下密上疏的方式布置。在上部二分之一梁高的腹板内，纵向构造钢筋可按 1）的规定配置。（同前，按 T 形截面计算。）

3. 次梁的构造要求

（1）梁支座范围内的锚固长度。

钢筋混凝土简支梁和连续梁简支端的下部纵向受力钢筋，其伸入梁支座范围内的锚固长度 l_{as}，应符合下列规定：

1）当 $V \leqslant 0.7 f_t bh_0$ 时，$l_{as} \geqslant 5d$；

2）当 $V > 0.7 f_t bh_0$ 时，带肋钢筋 $l_{as} \geqslant 12d$，光面钢筋 $l_{as} \geqslant 15d$。此处 d 为纵向受力钢筋的直径。

3）如果纵向受力钢筋伸入梁支座范围内的锚固长度不符合上述要求时，应采取在钢筋上加焊锚固钢板或将钢筋端部焊接在梁端预埋件上等有效措施。

4）支承在砌体结构上的钢筋混凝土独立梁。在纵向受力钢筋的锚固长度范围内应配置不少于两个箍筋，其直径不宜小于纵向受力钢筋直径的 0.25 倍，间距不宜大于纵向受力钢筋最小直径的 10 倍；当采取机械锚固时，箍筋间距尚不宜大于纵向受力钢筋最小直径的 5 倍。

注意：对混凝土等级小于 C25 及以下的简支梁和连续梁的简支端，当距支座边 1.5h 范围内作用有集中荷载，且 $V > 0.7 f_t bh_0$ 时，对带肋钢筋宜采取附加锚固措施，或取 $l_{as} \geqslant 15d$。

（2）钢筋的截断。

钢筋混凝土梁支座截面负弯矩纵向受力钢筋不宜在受拉区截断。当必须截断时，应符合以下规定：

1）当 $V \leqslant 0.7 f_t bh_0$ 时，应延伸至按正截面受弯计算不需要该截面以外不小于 $20d$ 处截断，且从该钢筋强度充分利用截面伸出的长度不应小于 $1.2l_a$。

2）当 $V > 0.7 f_t bh_0$ 时，应延伸至按正截面受弯计算不需要该截面以外不小于 h_0 且不小于 $20d$ 处截断，且从该钢筋强度充分利用截面伸出的长度不应小于 $1.2l_a + h_0$。

3）若按上述规定确定的截断点仍位于负弯矩受拉区内，则应延伸至按正截面受弯计算不需要该截面以外不小于 $1.3h_0$ 且不小于 $20d$ 处截断，且从该钢筋强度充分利用截面伸出的长度不应小于 $1.2l_a + 1.7h_0$。

（3）钢筋的连接。

1）钢筋的连接可以分成两类：绑扎搭接；机械连接或焊接。

2）受力钢筋的接头宜设置在受力较小处。同一钢筋上宜少设接头。

3）同一构件中相邻纵向受力钢筋的绑扎搭接接头宜错开。钢筋绑扎接头连接区段的长度为搭接长度的 1.3 倍，凡搭接接头中点位于该连接区段长度内的搭接接头均属同一连接区段。同一连接区段内纵向钢筋搭接接头面积百分率为该区段内有搭接接头的纵向受力钢筋截面面积与全部纵向受力钢筋截面面积的比值。

位于同一连接区段内的受拉钢筋搭接接头面积百分率：对于梁、板、墙类构件不宜大于 25%；对于柱不宜大于 50%。当工程中确有必要增大受拉钢筋搭接接头面积百分率时，对于梁，不应大于 50%；对于板、墙及柱，可以根据实际情况放宽。

4）纵向受拉钢筋绑扎搭接接头的搭接长度按下式计算：

$$l_l = \zeta l_a$$

式中　l_l——纵向受拉钢筋的搭接长度；

　　　l_a——纵向受拉钢筋的锚固长度；

　　　ζ——纵向受拉钢筋的搭接长度修正系数，按表 11-7 计算。

5）构件中的纵向受压钢筋，当采用搭接连接时，其受压搭接长度不应小于 4）规定的 0.7 倍，且任何情况下不应小于 200mm。

6）纵向受力钢筋搭接长度范围内应配置箍筋，其直径不应小于搭接钢筋较大直径的 0.25 倍。当钢筋受拉时，箍筋间距不应大于搭接钢筋直径较小直径的 5

表 11-7　纵向受拉钢筋的搭接长度修正系数

纵向钢筋搭接接头面积百分率（%）	≤25	50	100
ζ	1.2	1.4	1.6

注　在任何情况下，纵向受拉钢筋绑扎搭接接头的搭接长度均不应小于 300mm。

倍，且不应大于 100mm；当钢筋受压时，箍筋间距不应大于搭接钢筋直径较小直径的 10 倍，且不应大于 200mm；当受压钢筋直径 $d > 25$mm 时，尚应在搭接接头两个端面外 100mm 范围内各设置两个箍筋。

7）纵向受力钢筋机械连接接头宜相互错开。钢筋机械连接接头连接区段的长度为 35d（d 为较大钢筋的直径），凡接头中点位于该连接区段长度内的机械连接接头均属同一连接区段。

在受力较大处设置机械连接接头时，位于同一区段内的纵向受拉钢筋接头面积百分率不宜大于 50%。纵向受压钢筋可以不受此限制。

8）机械连接接头连接件的混凝土保护层厚度宜满足纵向受力钢筋最小保护层厚度的要求。连接件之间的横向净距离不宜小于 25mm。

9）纵向受力钢筋焊接连接接头宜相互错开。钢筋焊接接头连接区段的长度为 35d（d 为较大钢筋的直径）且不小于 500mm，凡接头中点位于该连接区段长度内的焊接接头均属同一连接区段。

位于同一区段内的纵向受拉钢筋的焊接接头面积百分率不宜大于 50%。纵向受压钢筋可以不受此限制。

11.2.7　主梁的强度计算与构造要求

1. 强度计算

（1）主梁的计算简图。

1）支座：根据实际情况进行简化（墙支为简支、柱支为固定）。

2）荷载：主梁的自重（假设以集中荷载作用在次梁所在位置）、次梁传来的集中荷载、主梁直接承受的其他荷载。

（2）主梁的内力计算。

1）主梁是房屋结构中的主要承重构件，承受次梁传来的集中荷载，对变形及裂缝的要求较高，故应按弹性理论方法计算结构内力，并根据内力包络图配筋。

2）主梁在进行截面配筋计算时，截面形式与次梁相同。

2. 主梁的构造要求

（1）主梁的支承长度：主梁在砖墙上的支承长度应大于等于 370 mm。

（2）截面有效高度：在支座处、板、次梁、主梁中的支座负弯矩钢筋相互垂直交叉，如图 11-11 所示，且主梁负筋位于板和次梁的负筋之下，因此主梁支座截面的有效高度减小。在计算主梁支座截面纵筋时，截面有效高度 h_0 可取为：

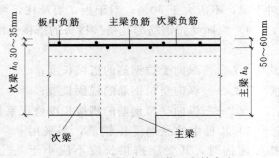

图 11-11 主梁支坐处截面有效高度

1）当负弯矩纵筋为一排时，$h_0 = h - （50\sim60）$ mm。

2）当负弯矩纵筋为二排时，$h_0 = h - （70\sim80）$ mm。

3. 主梁的横向附加钢筋

在主梁与次梁相交处，次梁的集中荷载有可能使主梁下部开裂，因此，应在主梁与次梁相交处设置横向附加钢筋，以承担次梁的集中荷载，防止局部破坏（图 11-12）。横向附加钢筋有附加箍筋及吊筋两种，附加横向钢筋宜优先采用箍筋，当集中荷载较大时，可增设吊筋。当采用吊筋时，其弯起段应伸至梁上边缘，且末端水平段长度在受拉区不应小于 20d，在受压区不应小于 10d，此处 d 为吊筋的直径。附加箍筋和吊筋的总截面面积按下式计算

$$F_l = 2f_y A_{sb} \sin\alpha + mn f_{yv} A_{sv1}$$

式中　F_l——由次梁传递的集中力设计值；

f_y——附加吊筋的抗拉强度设计值；

f_{yv}——附加箍筋的抗拉强度设计值；

A_{sb}——一根附加吊筋的截面面积；

A_{sv1}——附加单肢箍筋的截面面积；

n——在同一截面内附加箍筋的肢数；

m——附加箍筋的排数；

α——附加吊筋与梁轴线间的夹角，一般为 45°，当梁高 $h>800$ mm 时，采用 60°。

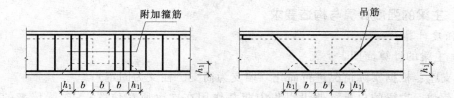

图 11-12 附加横向钢筋的布置

在设计中，不允许用布置在集中荷载影响区内的受剪箍筋代替附加横向钢筋。此外，当传入集中力的次梁宽度 b 过大时，宜适当减小由 $s=2h_1+3b$ 所确定的附加横向钢筋布置宽度。当次梁与主梁高度差 h_1 过小时，宜适当增大附加横向钢筋的布置宽度。

【例 11-1】 某工业建筑单向板肋梁楼盖设计

1. 设计内容

(1) 结构平面布置图：柱网、主梁、次梁及板的布置。

(2) 板的强度计算（按塑性内力重分布计算）。

(3) 次梁强度计算（按塑性内力重分布计算）。

(4) 主梁强度计算（按弹性理论计算）。

2. 设计资料

(1) 楼面的活荷载标准值为 9.0kN/m²。

(2) 楼面面层水磨石自重为 0.65kN/m²，梁板天花板混合砂浆抹灰 15mm。

(3) 材料选用。

1) 混凝土：C25。

2) 钢筋：主梁及次梁受力筋用 HRB335 级钢筋，板内及梁内的其他钢筋可以采用 HPB235 级。

【解】 现浇钢筋混凝土单向板肋梁楼盖设计。

1. 平面结构布置

(1) 确定主梁的跨度为 6.6m，次梁的跨度为 5.0m，主梁每跨内布置两根次梁，板的跨度为 2.2m。楼盖结构布置图如图 11-13 所示。

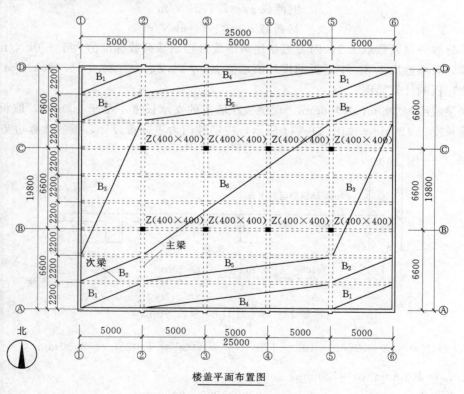

楼盖平面布置图

图 11-13 例 11-1 楼盖结构布置图

(2) 按高跨比条件，当 $h \geqslant \frac{1}{40}l = 55\text{mm}$ 时，满足刚度要求，可不验算挠度。对于工业建筑的楼盖板，要求 $h \geqslant 80\text{mm}$，取板厚 $h = 80\text{mm}$。

(3) 次梁的截面高度应满足 $h = \left(\frac{1}{12} \sim \frac{1}{18}\right)L = (278 \sim 417)\text{mm}$，取 $h = 400\text{mm}$ 则 $b = \left(\frac{1}{2} \sim \frac{1}{3}\right)h = (133 \sim 200)\text{mm}$，取 $b = 200\text{mm}$。

(4) 主梁的截面高度应该满足 $h = \left(\frac{1}{8} \sim \frac{1}{14}\right)L = (440 \sim 660)\text{mm}$，$h = 400\text{mm}$，则 $h = \left(\frac{1}{2} \sim \frac{1}{3}\right)h = (200 \sim 300)\text{mm}$，取 $b = 250\text{mm}$。

2. 板的设计（按塑性内力重分布计算）

(1) 荷载计算。

板的恒荷载标准值

取 1m 宽板带计算：

水磨石面层　　　　　　　　　$0.65 \times 1 = 0.65\text{kN/m}$

80mm 钢筋混凝土板　　　　　$0.08 \times 25 = 2.0\text{kN/m}$

15mm 板底混合砂浆　　　　　$0.015 \times 17 = 0.255\text{kN/m}$

恒荷载 $g_k = 2.905\text{kN/m}$

活荷载 $q_k = 9 \times 1 = 9\text{kN/m}$

恒荷载分项系数取 1.2；因为工业建筑楼盖且楼面活荷载标准值大于 4.0kN/m，所以活荷载分项系数取 1.3。于是板的设计值总值 $g + q = 1.2g_k + 1.3q_k = 15.186\text{kN/m}$

(2) 板的计算简图。

次梁截面为 200mm×400mm，现浇板在墙上的支承长度不小于 100mm，取板在墙上的支承长度为 120mm。如图 11-14 所示，按塑性内力重分布设计，板的计算边跨：

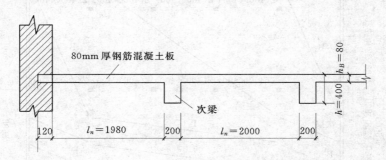

图 11-14　例 11-1 板的剖面图

$$l_{01} = l_n + \frac{1}{2}h = 2200 - 100 - 120 + \frac{80}{2} = 2020 \leqslant 1.025l_n = 2030\text{mm}$$

取 $l_{01} = 2020\text{mm}$（$a = 120\text{mm}$）

中跨　　　　　　　　$l_{02} = l_n = 2200 - 200 = 2000\text{mm}$

板为多跨连续板，对于跨数超过五跨的等截面连续板，其各跨受荷相同，且跨差不超过 10％时，均可按五跨等跨度连续板计算。

计算简图如图 11-15 所示。

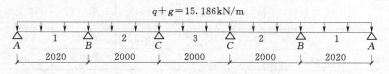

图 11-15　例 11-1 板的计算简图

（3）内力计算及配筋。

用塑性内力重分布理论计算，则有 α 系数如表 11-8 所示。

表 11-8　　　　　　　　　　　　　　α 系 数 取 值

支承情况		截 面 位 置					
		端支座	边跨跨中	离端第二支座	离端第二跨中	中间支座	中间跨中
		A	1	B	2	C	3
梁板搁支在墙上		0	1/11	两跨连续：$-1/10$	1/16	$-1/14$	1/16
板	与梁整浇连接	$-1/16$	1/14				
梁		$-1/24$		三跨以上连续：$-1/11$			
梁与柱整浇连接		$-1/16$	1/14				

则由 $M = \alpha(g+q) l_0^2$ 可计算出 M_1、M_B、M_2、M_c，计算结果见表 11-9。

表 11-9　　　　　　　　　　　　各 截 面 弯 矩 值

截面位置	1	B	2	C
α	1/11	$-1/11$	1/16	$-1/14$
$M = \alpha(g+q) l_0^2$ (kN/m)	$1/11 \times 15.186 \times 2.02^2 = 5.633$	$1/11 \times 15.186 \times 2.0^2 = -5.633$	$1/16 \times 15.186 \times 2.0^2 = 3.87$	$-1/14 \times 15.186 \times 2.0^2 = -4.43$

由题知：$b = 1000mm$，设 $a_s = 20mm$，则 $h_0 = h - a_s = 80 - 20 = 60mm$，$f_c = 11.9 \text{N/mm}$，$f_y = 210 \text{N/mm}$。

根据各跨跨中及支座弯矩可列表计算见表 11-10。

表 11-10　　　　　　　　　　　　选 配 钢 筋 情 况

截面	1	B	2		C	
$M(\text{kN} \cdot \text{m})$	M_1	M_B	M_2	$0.8M_2$	M_c	$0.8M_c$
$M = \alpha(g+q) l_0^2$	5.633	-5.633	3.87	3.10	-4.43	3.54
$\alpha_1 f_c b h_0^2 (\text{kN} \cdot \text{m})$			42.84			
$\alpha_s = \dfrac{M}{\alpha_1 f_c b h_0^2}$	0.131	0.131	0.090	0.073	0.103	0.083

截面		1	B	2		C	
$\xi=1-\sqrt{1-2\alpha_s}$ $(\leqslant \xi_b=0.614)$		0.141	0.141	0.094	0.076	0.109	0.087
$\gamma_s=1-0.5\xi$		0.930	0.930	0.953	0.962	0.946	0.957
$A_s=M/\gamma_s f_y h_0 (mm^2)$		480.7	480.7	322.3	255.8	317.7	293.6
选钢筋	①～②轴线 ⑤～⑥轴线	φ8/10@130	φ8/10@130	φ8@130		φ8@130	
	②～⑤轴线	φ8/10@130	φ8/10@130	φ6/8@130		φ6/8@130	
实际配筋	①～②轴线 ⑤～⑥轴线	495mm²	495mm²	387mm²		387mm²	
	②～⑤轴线	495mm²	495mm²	—	302mm²	—	302mm²

位于次梁内跨上的板带，其内区格四周与梁整体连接，故其中间跨的跨中截面（M_2、M_3）和中间支座（M_c）计算弯矩可以减少 20%，其他截面则不予以减少。

（4）确定各种构造钢筋：

1）分布筋选用 φ6@300。

2）嵌入墙内的板面附加钢筋选用 φ8@200。

3）垂直于主梁的板面附加钢筋选用 φ8@200。

4）板角构造钢筋：选用 φ8@200，双向配置板四角的上部。

（5）绘制板的配筋示意图，如图 11-16 所示。

采用弯起式筋，详见板的配筋图。

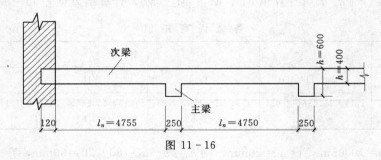

图 11-16

3. 次梁设计（按塑性内力重分布计算）

（1）次梁的支承情况。

（2）荷载计算。

由板传来	$2.905 \times 2.2 = 6.391 kN/m$
次梁肋自重	$0.2(0.4-0.08) \times 25 = 1.6 kN/m$
次梁粉刷重	$0.015 \times (0.4-0.08) \times 2 \times 17 = 0.2176 kN/m$

恒荷载　$g_k=8.2086 kN/m$

活荷载　$q_k=9 \times 2.2=19.8 kN/m$

设计值总值　$g+q=1.2g_k+1.3q_k=35.53 kN/m$

（3）确定计算跨度及计算简图。

塑性内力重分布计算时，其计算跨度：

中跨　$l_{02}=l_n=5000-250=4750\text{mm}$

边跨　$l_{01}=l_n+a/2=5000-120-250/2+240/2=4875\text{mm}\geqslant1.025l_n=1.025\times4755=4873\text{mm}$，取 $l_{01}=4870\text{mm}$（$a=240\text{mm}$）

因跨度相差小于 10%，可按等跨连续梁计算，计算简图如图 11-17 所示。

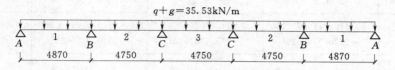

图 11-17　例 11-1 次梁的计算简图

（4）内力计算。

由 $M=\alpha(g+q)l_0^2$ 可计算出 M_1、M_B、M_2、M_c，计算结果见表 11-11。

表 11-11　　　　　　　　　　各 截 面 弯 矩 值

截面位置	1	B	2	C
α	1/11	−1/11	1/16	−1/14
$M=\alpha(g+q)l_0^2$ （kN/m）	$1/11\times35.53\times4.870^2$ $=76.61$	$-1/11\times35.53\times4.870^2$ $=-76.61$	$1/16\times35.53\times4.750^2$ $=50.10$	$-1/14\times35.53\times4.750^2$ $=-57.26$

由 $V=\beta(g+q)l_n$ 可计算出 V_A、V_{Bl}、V_{Br}、V_c，计算结果见表 11-12。

表 11-12　　　　　　　　　　各 截 面 剪 力 值

截面位置	A	B_l	B_r	C
β	0.45	0.60	0.55	0.55
$V=\beta(g+q)l_n$ （kN）	$0.45\times35.53\times4.755$ $=76.03$	$0.60\times35.53\times4.755$ $=101.371$	$0.55\times35.53\times4.750$ $=92.82$	$0.55\times35.53\times4.750$ $=92.82$

（5）截面承载力计算。

1）次梁跨中按 T 形截面计算，T 形截面的翼缘宽度 b_f'，按

$$b_f'\leqslant\frac{1}{3}l=\frac{1}{3}\times5000=1667\text{mm}<b+s_0=2000+200=2200\text{mm}，故取 }b_f'=1667\text{mm}。$$

梁高　　　　　　　　　　$h=400$，$h_0=400-40=360\text{mm}$

翼缘厚　　　　　　　　　$h_f'=80\text{mm}$

判定 T 形截面类型

$$\alpha_1f_cb_f'h_f'\left(h_0-\frac{h_f'}{2}\right)=1.0\times11.9\times1667\times80\times\left(360-\frac{80}{2}\right)=507.8\times10^6\text{N}\cdot\text{mm}$$

$$=507.8\text{kN}\cdot\text{m}>\begin{cases}76.61\text{kN}\cdot\text{m（边跨中）}\\50.10\text{kN}\cdot\text{m（中间跨中）}\end{cases}$$

故各跨中截面属于第一类 T 形截面。

2）支座截面按矩形截面计算，离端第二支座 B 按布置两排纵向钢筋考虑，取 $h_0 =$ 400－60＝340mm，其他中间支座按布置一排纵向钢筋考虑，取 $h_0 =$ 360mm。

3）次梁正截面承载力计算见表 11－13。

表 11－13   次梁正截面承载力计算

截　面	1	B	2	C
弯矩 M（kN·m）	76.61	－76.61	50.10	－57.26
$\alpha_1 f_c b h_0^2$ 或 $\alpha_1 f_c b'_f h_0^2$	$1.0 \times 11.9 \times 1667 \times 360^2$ $= 2570.914 \times 10^6$	$1.0 \times 11.9 \times 200 \times 340^2$ $= 275.128 \times 10^6$	$1.0 \times 11.9 \times 1667 \times 360^2$ $= 2570.914 \times 10^6$	$1.0 \times 11.9 \times 200 \times 360^2$ $= 308.448 \times 10^6$
$\alpha_s = \dfrac{M}{\alpha_1 f_c b h_0^2}$ 或 $\alpha_s = \dfrac{M}{\alpha_1 f_c b'_f h_0^2}$	0.030	0.278	0.019	0.183
$\xi = 1 - \sqrt{1-2\alpha_s}$ （$\leqslant \xi_b = 0.350$）	0.030	0.334	0.019	0.208
$\gamma_s = 1 - 0.5\xi$	0.985	0.833	0.911	0.896
$A_s = M/\gamma_s f_y h_0$	720.2	901.7	468.1	591.7
选用钢筋	3 Φ 18（弯1）	3 Φ 18＋1 Φ 16（弯起）	3 Φ 16（弯1）	3 Φ 16（弯1）
实际钢筋截面面积（mm²）	763	964.1	603	603

4）次梁斜截面承载力计算见表 11－14。

表 11－14   次梁斜截面承载力计算

截　面	A	$B_{左}$	$B_{右}$	C
V（kN）	76.03	101.37	92.82	92.82
$0.25\beta_c f_c b h_0$（kN）	214.2＞V 截面满足	202.3＞V 截面满足	202.3＞V 截面满足	214.2＞V 截面满足
$V_c = 0.7 f_t b h_0$（kN）	64.01＜V 需配箍筋	60.45＜V 需配箍筋	60.45＜V 需配箍筋	64.01＜V 需配箍筋
箍筋肢数、直径	2 Φ 6	2 Φ 6	2 Φ 6	2 Φ 6
$A_{sv} = n A_{sv1}$	56.6	56.6	56.6	56.6
$s = 1.25 f_{yv} A_{sv} h_0 / (V - V_c)$	445.0	123.3	156.1	185.7
实配箍筋间距	150	150 不足用 A_{sb} 补充	150	150
$V_{cs} = V_c + 1.25 f_{yv} \dfrac{A_{sv}}{s} h_0$	99.668＞V 满足	98.127＜V 不满足	94.127＞V 满足	99.668＞V 满足
$A_{sb} = \dfrac{V - V_{cs}}{0.8 f_y \sin a}$	—	9.55mm²	—	—
选配弯起钢筋	由于纵向钢筋充足，可弯起 1 Φ 18	1 Φ 18	由于纵向钢筋充足，可弯起 1 Φ 16	由于纵向钢筋充足，可弯起 1 Φ 16
实配钢筋面积	254.5mm²	254.5mm²	201.1mm²	201.1mm²

（6）构造配筋要求：沿全长配置封闭式箍筋，第一根箍筋距支座边 50mm 处开始布置，在简支端的支座范围内各布置一根箍筋。

4. 主梁设计（按弹性理论计算）

（1）支承情况（图 11-18）。

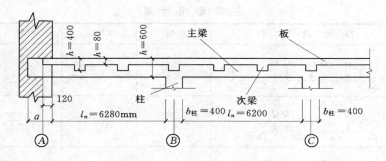

图 11-18 主梁的支承图

柱截面 400mm×400mm，由于钢筋混凝土主梁抗弯刚度较钢筋混凝土柱大得多，故可将主梁视作铰支于钢筋混凝土柱的连续梁进行计算。主梁端部支承于砖壁柱上，其支承长度 $a=370$mm。

（2）荷载计算。

为简化计算，主梁自重亦按集中荷载考虑。

次梁传来的荷载　　　　　$8.2086×5.0=41.043$kN

主梁自重　　　　　$(0.6-0.08)0.25×2.2×25=7.15$kN

主梁粉刷重　　　$2(0.6-0.08)0.015×2.2×17=0.58344$kN

恒荷载　$G_k=48.776$kN

恒荷载设计值　　　　　$G=1.2G_k=58.53$kN

活荷载设计值　　　　　$Q=9×2.2×5.0×1.3=128.7$kN

（3）确定计算跨度及计算简图。

主梁计算跨度：

边跨　$l_{01}=l_n+\frac{1}{2}b_柱+0.025l_n=6280+\frac{1}{2}×400+0.025×6280=6637$mm

　　　$\leqslant l_n+\frac{1}{2}a+\frac{1}{2}b_柱=6280+370/2+400/2=6665$mm

　　　近似取 $l_{01}=6640$mm

中跨　　　$l_0=l_n+\frac{1}{2}b_柱+\frac{1}{2}b_柱=6200+400/0+400/2=6600$mm

因跨度相差不超过 10%，可按等跨梁计算，计算简图如图 11-19 所示。

（4）内力计算。

1）弯矩设计值：$M=k_1GL+k_2QL$

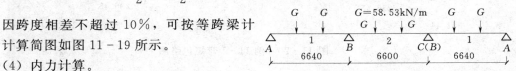

图 11-19　例 11-1 主梁的计算简图

其中，k_1、k_2 可由附表查取，L 为计算跨度，对于支 B 座，计算跨度可取相邻两跨的平均值。

2）剪力设计值：$V = k_3 G + k_4 Q$，其中，k_3、k_4 可由附表查可知。

主梁弯矩计算，见表 11-15。

表 11-15 主 梁 弯 矩 计 算

项次	荷 载 简 图	k/M_1	k/M_B	k/M_2	k/M_c
①	 	$\dfrac{0.244}{94.47}$	$\dfrac{-0.267}{-103.61}$	$\dfrac{0.067}{25.88}$	$\dfrac{-0.267}{-103.61}$
②		$\dfrac{0.289}{246.97}$	$\dfrac{-0.133}{-113.32}$	$\dfrac{-0.133}{-112.97}$	$\dfrac{-0.133}{-113.32}$
③		$\dfrac{-0.045}{-38.46}$	$\dfrac{-0.133}{-113.32}$	$\dfrac{0.200}{169.88}$	$\dfrac{-0.133}{-113.32}$
④		$\dfrac{0.229}{195.70}$	$\dfrac{-0.311}{-264.97}$	$\dfrac{0.170}{144.40}$	$\dfrac{-0.089}{-75.83}$
M_{min} (kN·m)	组合项次	①+③	①+④	①+②	①+④
	组合值	56.01	-368.58	87.09	179.44
M_{max} (kN·m)	组合项次	①+②		①+③	
	组合值	341.44		195.76	

由此可作出下列几种情况下的内力图：①+②；①+③；①+④。

将以上各图绘于同一坐标系上，取其外包线，则为弯矩包络图，如图 11-20 所示。

A线：①+④
B线：①+③
C线：①+②
D线：①+④

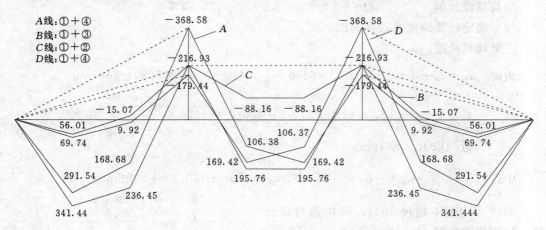

图 11-20 例 11-1 弯矩包络图

主梁剪力计算表，见表 11-16。

表 11-16 　　　　　　　　　　　主 梁 剪 力 计 算

项次	荷 载 简 图	k/V_A	$k/V_{B左}$	$k/V_{B右}$
①	*G G　　G G　　G G*	$\dfrac{0.733}{42.90}$	$\dfrac{-1.267}{-74.16}$	$\dfrac{1.00}{58.53}$
②	*Q Q　　　　　Q Q*	$\dfrac{0.866}{111.45}$	$\dfrac{-1.134}{145.95}$	$\dfrac{0}{0}$
④	*Q Q　　Q Q*	$\dfrac{0.689}{88.67}$	$\dfrac{-1.311}{-168.73}$	$\dfrac{1.222}{157.27}$
组合项次 $\pm V_{min}$（kN）		①+② 154.35	①+④ -242.89	①+④ 215.80

同样可绘出剪力包络图，如图 11-21 所示。

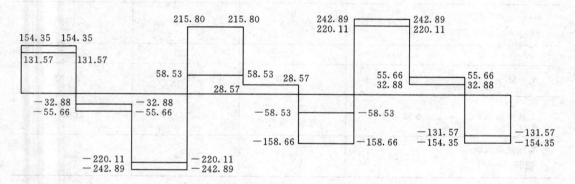

图 11-21　例 11-1 剪力包络图

（5）主梁正截面和斜截面承载力计算。

1）主梁跨中按 T 形截面计算，T 形截面的翼缘宽度 b_f'，按

$$b_f' \leqslant \frac{1}{3}l = \frac{1}{3}\times 6600 = 2200\text{mm} < b + s_0 = 5000\text{mm}，故取 } b_f' = 2200\text{mm}。$$

梁高 $h = 600$，$h_0 = 600 - 60 = 540\text{mm}$（边跨），$h_0 = 600 - 60 = 540\text{mm}$（中间跨）

翼缘厚 $\qquad\qquad\qquad h_f' = 80\text{mm}$

判定 T 形截面类型

$$\alpha_1 f_c b_f' h_f' \left(h_0 - \frac{h_f'}{2}\right) = 1.0 \times 11.9 \times 2200 \times 80 \times \left(540 - \frac{80}{2}\right) = 1047.2 \times 10^6 \text{N} \cdot \text{mm}$$

$$= 1047.2\text{kN} \cdot \text{m} > \begin{cases} 341.44\text{kN} \cdot \text{m}（边跨中）\\ 195.76\text{kN} \cdot \text{m}（中间跨中）\end{cases}$$

故各跨中截面属于第一类 T 形截面。

2）支座截面按矩形截面计算，离端第二支座 B 按布置两排纵向钢筋考虑，取 $h_0 = 600 - 70 = 530\text{mm}$。

正截面配筋计算表，见表 11-17。

表 11-17 　　　　　　　　　　　　　**正 截 面 配 筋 计 算**

截　　　面	1	B		2	
弯矩 M（kN·m）	341.44	-368.56		195.76	-88.16
$V_0b/2$		$(58.53+128.7)\times$ 0.4/2=37.45			
$M-\dfrac{1}{2}V_0b$		-331.11			
$\alpha_1 f_cbh_0^2$ 或 $\alpha_1 f_cb'_fh_0^2$	$1.0\times11.9\times2200\times$ $540^2=7634.088\times10^6$	$1.0\times11.9\times250\times$ $530^2=835.6775\times10^6$		$1.0\times11.9\times2200\times$ $560^2=8210.048\times10^6$	$1.0\times11.9\times250\times$ $560^2=932.96\times10^6$
$\alpha_s=\dfrac{M}{\alpha_1 f_cbh_0^2}$ 或 $\alpha_s=\dfrac{M}{\alpha_1 f_cb'_fh_0^2}$	0.045	0.392		0.026	0.094
$\xi=1-\sqrt{1-2\alpha_s}$ $(\leqslant\xi_b=0.550)$	0.046	0.535		0.026	0.099
$\gamma_s=1-0.5\xi$	0.977	0.733		0.987	0.951
$A_s=M/\gamma_s f_yh_0$	2157.3	2841.0		1224.3	551.8
选用钢筋	6 ϕ 22（弯 4）	6 ϕ 22+2 ϕ 20 （弯起 4 ϕ 22）		4 ϕ 22（弯 2）	2 ϕ 20
实际钢筋截面 面积（mm²）	2233	2909		1520	628

斜截面配筋计算表，见表 11-18。

表 11-18 　　　　　　　　　　　　　**斜 截 面 配 筋 计 算**

截　　　面	A	$B_左$	$B_右$
V（kN）	154.35	242.89	215.8
$h_w=h_0-h'_f=530-80=450\text{mm}$，因 $\dfrac{h_w}{b}=\dfrac{450}{250}=1.8<4$，截面尺寸按下面式验算			
$0.25\beta_c f_cbh_0$（kN）	394.2>V 截面满足	394.2>V 截面满足	394.2>V 截面满足
剪跨比：λ	$\lambda=\dfrac{2000}{540}=3.7>3$，取 $\lambda=3.0$		
$V_c=\dfrac{1.75}{\lambda+1}f_tbh_0$（kN）	75.01<V 需配箍筋	73.62<V 需配箍筋	73.62<V 需配箍筋
箍筋肢数、直径	2 ϕ 8	2 ϕ 8	2 ϕ 8
$A_{sv}=nA_{sv1}$	100.6	100.6	100.6
$s=1.0f_{yv}A_{sv}h_0/(V-V_c)$	143.80	66.15	78.75

截　　面	A	$B_左$	$B_右$
实配箍筋间距	取 150 不足用 A_{sb} 补充	取 150 不足用 A_{sb} 补充	取 150 不足用 A_{sb} 补充
$V_{cs}=V_c+1.0f_{yv}\dfrac{A_{sv}}{s}h_0$	151.06$<V$ 不满足	148.27$<V$ 不满足	148.27$<V$ 不满足
$A_{sb}=\dfrac{V-V_{cs}}{0.8f_y\sin a}$	4.05 mm²	278.8mm²	278.8mm²
选配弯起钢筋	弯起 1Φ22	1Φ22	由于纵向钢筋充足， 可弯起 1Φ22
实配钢筋面积（mm）	380.1	380.1	380.1
验算最小配筋率	$\rho_{sv}=\dfrac{A_{sv}}{bs}=\dfrac{100.6}{250\times150}=0.0027>0.24\dfrac{f_t}{f_{yv}}=0.00145$，满足要求		
说明	由于剪力图呈矩形，在支座 A 截面右边的 2.2m 范围内需要布置两排弯起钢筋，而且要使箍筋加密为 100mm 即可满足要求	由于剪力图呈矩形，且比较大，在支座截面 B 左边的 2.2m 范围内需要布置三排弯起钢筋，而且要使箍筋加密为 100mm，即可满足要求	由于剪力图呈矩形，在支座截面 B 右边的 2.2m 范围内需要布置两排弯起钢筋，而且要使箍筋加密为 100mm 即可满足要求
	为了施工方便，除加密区箍筋间距一律为 150mm		

（6）两侧附加横向钢筋的计算。

次梁传来的集中力

$$F_l=41.043\times1.2+128.7=177.95kN,\quad h_1=600-400=200mm$$

附加箍筋布置范围

$$s=2h_1+3b=2\times200+3\times200=1000mm$$

取附加箍筋 $\phi8@200mm$，则在长度范围内可布置箍筋的排数：$m=1000/200+1=6$ 排，梁两侧各布置三排。

另加吊筋 1Φ18，$A_{sb}=254.5mm^2$，则由

$2f_yA_{sb}\sin a+mnf_{yv}A_{sv1}=2\times300\times254.5\times0.707+6\times2\times210\times50.3=234.7kN>F_l$，满足要求。

11.3　整体式双向板肋梁楼盖设计

11.3.1　双向板的受力特点

整体式双向板梁板结构中的四边支承板，在荷载作用下板的荷载由短边和长边两个方向板带共同承受，各板带分配的荷载与 l_2/l_1 比值有关。当比值接近时，两个方向板带的弯矩值较为接近。随着比值的增大，短向板带弯矩值逐渐增大，长向板带弯矩值逐渐减小。

11.3.2　板的强度计算及构造要求

11.3.2.1　板的强度计算

1. 板厚的确定

可根据 $h=(1/40-1/50)$ l_1（l_1 是双向板的短向跨度），且应满足 $h \geqslant 80$mm 和表 11-1 的相关规定确定。当双向板平面尺寸较大、荷载较大时，尚应进行刚度、裂缝控制验算，必要时还应考虑活荷载作用下的振动问题。

2. 板的计算简图

取 1m（单位板宽）作为计算单元，按梁式构件确定支座形式、荷载。

3. 板内力计算

（1）按弹性理论计算。

1）单区格双向板的内力及变形计算。

对于单区格双向板，多采用弹性薄板理论的内力及变形计算结果编制的表格进行，详见附表六种边界条件的计算系数。

值得注意的是，由该表格系数求得的跨内截面弯矩值是按泊松比为 0 计算的，尚应考虑双向弯曲对两个方向板带弯矩值的相互影响，按下式计算

$$M_x^{(v)}=M_x+vM_y$$
$$M_y^{(v)}=M_y+vM_x$$

对钢筋混凝土，泊松比取 0.2。

对于支座截面弯矩值，由于另一个方向板带弯矩值为 0，故不存在两个方向板带的相互影响问题。

2）多区格等跨连续双向板的内力及变形计算。

按近似方法计算，将多区格板划成单区格板进行计算。

基本假设：假设双向板支承梁受弯刚度很大，其竖向位移可以忽略不计；假设支承梁受扭刚度很小，可以自由转动，不考虑支承梁受扭。这样可以将支承梁视为双向板的不动铰支座。

a. 各区格板跨内截面最大弯矩。

应该根据最不利荷载布置求。对于多区格双向连续板而言，最不利的荷载布置应该是按棋盘式进行布置，此时所有布有活荷载的区格板跨内双向正弯矩达到最大值。但在这种荷载情况下，任意区格板的边界支承条件既非完全固定支座，也非完全简支支座。为了能利用附表进行计算，我们可以采用下列方法进行近似计算：将棋盘式布置的活荷载部分分解成各区格板满布的对称荷载和各区格板棋盘式布置的反对称荷载。

在对称荷载（$g+q/2$）作用下，所有板的中间支座两侧荷载均相同，若忽略边区格板荷载作用的影响，可近似认为中间支座截面转角为零，即将中间区格板视为四周固定的单区格双向板；对于边区格和角区格板的边界支承条件按实际情况确定。这样就可以分别求出各板在对称荷载作用下的跨内截面正弯矩。

在反对称荷载（$\pm q/2$）作用下，所有板的中间支座相邻区格在支座处具有相同的转动趋势，相互之间没有约束作用，可近似认为中间支座截面能自由转动，即将中间区格板视为四周简支的单区格双向板；对于边区格和角区格板的界支承条件按实际情况确定。这

样就可以分别求出各板在反对称荷载作用下的跨内截面正弯矩。

最后将各区格板在上述两种荷载作用下求得的跨内截面正弯矩叠加，即可得到各区格板的跨内截面最大正弯矩值，如图 11-22 所示。

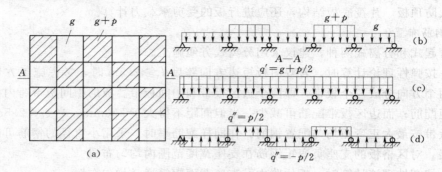

图 11-22 双向板计算跨中弯矩时的荷载不利布置

b. 各区格板支座截面最大负弯矩。

近似将活荷载满布在所有区格，将所有中间支座均视为固定支座，对于边区格和角区格可以按实际情况确定支承条件。对于相邻的两区格板，若计算的支座负弯矩值不同时，可以按其平均值采用。

3）按塑性内力重分布分析法计算。

常用的内力重分布分析法包括机动法、极限平衡法（塑性铰线法）、条带法三种，而应用最普遍的是极限平衡法。其基本思路是求解板能承受的极限荷载。由试验可知，当双向板在荷载作用下，达到承载力极限状态时，在混凝土板面的上部或下部形成许多条裂缝，将双向板分割成许多块板，裂缝处的受拉钢筋达到屈服强度，在荷载基本不变的情况下，截面能够承受弯矩并发生转动，此混凝土裂缝即塑性铰线。当双向板在荷载作用下"相继"出现若干塑性铰线后，各小板块沿塑性铰线转动，使双向板成为几何可变体系时，双向板达到承载力极限状态，此时，板所承受的荷载为极限荷载。具体的求解过程请参考有关书籍。

对于单区格、多区格双向板的内力计算可以利用《建筑结构静力计算手册》进行。

4. 板的空间内拱作用

对于多区格连续双向板，由于四边支撑梁的作用（空间拱），使得板的支座及跨中弯矩减小，在设计中可以考虑内拱的作用：

（1）中间区格减少 20％。

（2）边区格的跨内截面及第一内支座截面：

$l_b/l<1.5$ 时，减少 20％；

$1.5≤l_b/l≤2.0$ 时，减少 10％。

其中　l_b——沿板边缘方向的计算跨度；

　　　l——垂直板边缘方向的计算跨度。

（3）角区格板截面弯矩值不予折减。

5. 板的承载力计算

（1）正截面计算：按照梁的单筋截面正截面强度计算钢筋用量 A_s（长短向的截面有

效高度不同——短边取 $h_0 = h - 20\text{mm}$，长边取 $h_0 = h - 30\text{mm}$，内力臂系数可以近似取 $0.90 \sim 0.95$），并按构造要求根据附录选配钢筋。

(2) 斜截面计算：一般情况下不进行抗剪计算，但对于跨高比 l/h 较小、荷载很大的板，如人防顶板、片筏底板结构，还应进行板的受剪承载力计算。

6. 钢筋布置

有弯起式和分离式两种，建议采用分离式方便施工。

(1) 按弹性理论计算时，若双向板短边方向跨度 $l_x \geqslant 2.5\text{m}$ 时，考虑施工方便，可以将板在两个方向分成三个板带，即两个边区板带和中间板带。板的中间板带跨内截面按最大正弯矩配筋；而边区板带配筋可减少一半但间距不得大于 250mm。当 $l_x < 2.5\text{m}$ 时可以不划分板带按最大正弯矩均匀配置钢筋。在同样配筋率时，采用小直径的钢筋可以抑制裂缝的开展。对区格板的支座负弯矩钢筋在支座宽度范围内均匀布置。

(2) 按塑性理论计算时，板的跨内及支座截面钢筋通常均匀布置。

11.3.2.2　板的构造要求

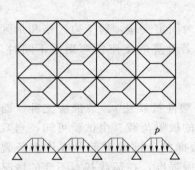

与单向板基本相同。

11.3.3　双向板支承梁的设计

支承梁的设计与单向板基本相同，仅仅是作用在支承梁上的荷载有所不同（见图 11-23）。通常双向板传递到支承梁上的荷载为三角形荷载或梯形荷载。为方便计算，我们往往采用等效均布荷载代替。支承梁的内力计算可以采用弹性理论计算，也可以采用塑性内力重分布方法（调幅法）计算。

图 11-23　双向板支承梁的荷载

11.4　整体式楼梯设计

11.4.1　概述

楼梯是建筑物中主要的垂直交通工具，同时也是典型的梁板结构。常见的楼梯按施工方法分为整体式和装配式。

11.4.2　整体式楼梯

楼梯结构形式。按结构受力状态分为梁式、板式、剪刀式（悬挑式）和螺旋式。

1. 梁式楼梯（图 11-24）

(1) 适用范围：楼梯段水平方向跨度大于 $3.0 \sim 3.3\text{m}$ 时。

(2) 组成：

1) 踏步板——支承在两边的斜梁上，不得支承在承重墙上；

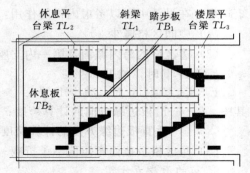

图 11-24　梁式楼梯示意图

2）楼梯斜梁——支承在上、下平台梁上或地基梁上，可设置在楼梯踏步板的下面或上面；

3）平台板——支承在平台梁和墙上，但休息平台的平台板不宜支承在两侧墙上；

4）平台梁——支承于墙体两侧墙体的承重墙上或柱上。

2. 板式楼梯（图 11－25）

（1）适用范围：楼梯段水平方向跨度小于 3.0～3.3m 时。

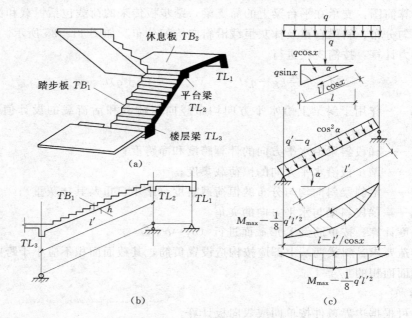

图 11－25　板式楼梯示意图

（2）组成：

1）梯段板——支承在上、下平台梁上，最下部可以支承在地梁上或基础上；

2）平台板——支承在平台梁和墙上，但中间休息平台的平台板不宜支承在两侧墙上；

3）平台梁——支承于墙体两侧墙体的承重墙上或柱上。

（3）优缺点：梯段板下表面平整，支模简单；但当梯段板跨度较大时，斜板厚度较大，结构材料用量较多。

11.4.3　梁式楼梯计算与构造要求

梁式楼梯设计包括踏步板、斜梁、平台板和平台梁的计算与构造。

1. 踏步板

（1）踏步板几何尺寸：其基本尺寸由建筑确定，斜板厚度一般取 $\delta=30\sim50\text{mm}$。

（2）计算简图：支承在斜梁上的简支板（梁），将梯形截面踏步板近似按矩形截面计算，其截面高度近似按 $h=c/2+\delta/\cos\alpha$ 计算，如图 11－26 所示，作用在踏步板上的荷载包括恒荷载和活荷载。

（3）内力计算：按简支梁进行。

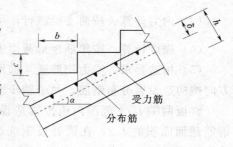

图 11－26　踏步板计算简图

（4）强度计算：按单筋矩形截面进行。

（5）构造要求：每级踏步板内受力筋不得少于 $2\phi 8$，沿板斜向的分布钢筋不少于 $\phi 8$ @250。

2. 梯段斜梁

（1）几何尺寸斜梁高度通常取 $h=(1/10-1/14)\ l$，l 为斜梁水平方向的跨度。

（2）计算简图：支承在平台梁上的简支梁，踏步板传来的荷载包括恒载和活荷载，沿水平方向均匀分布；斜梁自重及抹灰恒载沿斜向均匀分布。如图 11-25 所示。

（3）内力计算：按简支梁进行。

$$M_{max}=\frac{1}{8}(g+q)l^2 \qquad V_{max}=\frac{1}{2}(g+q)l_0\cos\alpha$$

式中　g、q——作用于斜梁上沿水平方向均布竖向恒荷载和活荷载的设计值，$g=g_1+g'_2/\cos\alpha$；

　　　　l、l_0——梯段斜梁沿水平方向的计算跨度和净跨度；

　　　　g_1——踏步板沿水平方向的恒荷载集度；

　　　　g'_2——沿斜梁斜向均匀分布的恒荷载集度（踏步自重及其抹灰重）；

　　　　α——梯段斜梁与水平方向的夹角。

（4）强度计算：按单筋倒 L 形截面进行（$b'_f=b+5t$）。

（5）构造要求：斜梁两端上部应按构造设置负筋，其截面面积不应小于跨中截面纵向受力钢筋截面面积的 1/4。

3. 平台板

平台板可根据边界条件按单向或双向板计算。

4. 平台梁

平台梁按简支梁计算，荷载包括自重、抹灰荷载、平台板传来荷载以及斜梁集中荷载。

11.4.4　板式楼梯设计

1. 梯段板

（1）踏步几何尺寸：其基本尺寸由建筑确定，斜板厚度一般取 $h=(1/25-1/30)\ l$，l 为斜板水平方向的跨度。

（2）计算简图：取 1m 板宽为计算单元，支承在平台梁上的斜向简支板，荷载包括恒荷载（自重和抹灰荷载）和活荷载。

（3）内力计算：按简支梁进行，可近似取：$M_{max}=\frac{1}{10}(q+g)l^2$。

（4）强度计算：按单筋矩形截面进行。

（5）构造要求：受力钢筋通常选用 $\Phi 11\sim\Phi 14$，间距 $100\sim200$mm；在垂直于受力筋方向按构造设置分布钢筋，每个踏步下放置 $1\phi 6$，或者沿斜向 $\phi 6$@300。

斜板两端 $l_0/4$ 范围内应按构造设置负筋，其截面面积不应小于跨中截面纵向受力钢筋截面面积的 $l/2$，在梁处板钢筋的锚固长度不小于 $30d$，l_0 为斜板沿水平方向的净跨度。

【例 11-2】 现浇钢筋混凝土梁式楼梯设计

1. 设计资料

已知某多层工业建筑现浇钢筋混凝土楼梯，活荷载标准值为 $3kN/m^2$，踏步面层为 30mm 厚水磨石，底面为 20mm 厚混合砂浆，混凝土为 C25，梁中受力钢筋为 Ⅱ 级，其余钢筋采用 Ⅰ 级，结构布置如图 11-27 所示。

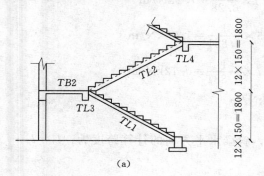
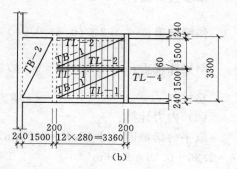

(a)   (b)

图 11-27 例 11-2 结构布置图

2. 踏步板计算和配筋

(1) 荷载计算。

踏步尺寸 280mm×150mm，斜板厚 $t = 40mm$，$\cos\varphi = \dfrac{280}{\sqrt{(150)^2 + (280)^2}} = \dfrac{280}{318} = 0.881$，则截面平均高度为：$h = 150/2 + 40/0.881 = 120mm$。

恒荷载

踏步板自重：　　　　$1.2 \times 0.12 \times 0.28 \times 25 = 1.008kN/m$

踏步面层重：　　　　$1.2 \times (0.28 + 0.15) \times 0.65 = 0.34kN/m$

踏步抹灰重：　　　　$1.2 \times 0.318 \times 0.02 \times 17 = 0.13kN/m$

小计　　　　　　　　$g = 1.5kN/m$

活荷载：　　　　　　$q = 1.4 \times 3 \times 0.28 = 1.2kN/m$

总计：　　　　　　　$g + q = 2.7kN/m$

(2) 内力计算。

斜截面尺寸选用 $b \times h = 150mm \times 300mm$，则踏步板计算跨度为 $l_0 = l_n + b = 1.5 + 0.15 = 1.35m$。

踏步板跨中弯矩　　$M = \dfrac{1}{8} \times (g+q)l_0^2 = \dfrac{1}{8} \times 2.7 \times (1.35)^2 = 0.6kN \cdot m$

(3) 截面承载力计算。

踏步计算截面尺寸：$b \times h = 280mm \times 120mm$，$h_0 = 120 - 20 = 100mm$

$$\alpha_s = \frac{M}{\alpha_1 f_c b h_0^2} = \frac{0.6 \times 10^6}{1.0 \times 11.9 \times 280 \times 100^2} = 0.018$$

$$\xi = 1 - \sqrt{1 - 2\alpha_s} = 1 - \sqrt{1 - 2 \times 0.018} = 0.018$$

$$A_s = \xi b h_0 \frac{\alpha_1 f_c}{f_y} = 0.018 \times 280 \times 100 \frac{1.0 \times 11.9}{210} = 29mm^2 < \rho_{min} bh = 0.0015 \times 280 \times 120 = 50mm^2$$

故踏步板按构造配筋，每个踏步板采用 $2\phi 8$($A_s=101\text{mm}^2$)，取踏步内斜板分布钢筋 $\phi 8@250$。

3. 斜梁计算和配筋

(1) 荷载计算。

踏步板荷载： $1/2 \times 2.7 \times (1.26+2\times 0.12) \times \dfrac{1}{0.28}=7.2\text{kN/m}$

斜梁自重： $1.2 \times (0.3-0.04) \times 0.12 \times 25 \times \dfrac{1}{0.881}=1.06\text{kN/m}$

斜梁抹灰重： $1.2 \times (0.3-0.04) \times 0.02 \times 17 \times \dfrac{1}{0.881}=0.12\text{kN/m}$

总计： $g+q=8.38\text{kN/m}$

(2) 内力计算。

取平台梁截面尺寸 $b \times h=200\text{mm} \times 400\text{mm}$，斜梁水平方向的计算跨度为： $l_0=l_n+b=3.36+0.20=3.56\text{m}$

斜梁跨中截面弯矩及支座截面剪力分别为：

$$M=\frac{1}{8} \times (g+q)l_0^2=\frac{1}{8} \times 8.38 \times 3.56^2=13.3\text{kN}\cdot\text{m}$$

$$V=\frac{1}{2}(g+q)l_n\cos\varphi=\frac{1}{2} \times 8.38 \times 3.36 \times 0.881=12.4\text{kN}$$

(3) 承载力计算。

斜梁按 T 形截面进行配筋计算，取 $h_0=h-a_s=300-35=265\text{mm}$，翼缘有效宽度 b'_f 按倒 L 形截面计算。

按梁的跨度考虑： $b'_f=l/b=3.56/6=593\text{mm}$

按翼缘宽度考虑： $b'_f=b+s_0/2=120+1260/2=750\text{mm}$

按翼缘高度考虑： $h'_f/h_0=40/265=0.151>0.10$

取 $b'_f=593\text{mm}$

首先按第一类 T 形截面进行计算：

$$\alpha_s=\frac{M}{\alpha_1 f_c bh_0^2}=\frac{13.3 \times 10^6}{1.0 \times 11.9 \times 593 \times 265^2}=0.027$$

$$\xi=1-\sqrt{1-2\alpha_s}=1-\sqrt{1-2\times 0.027}=0.027 \leqslant \frac{h'_f}{h_0}=0.151$$

结构确为第一类 T 形截面，故

$$A_s=\xi bh_0\frac{\alpha_1 f_c}{f_y}=0.027 \times 593 \times 265\frac{1.0 \times 11.9}{300}=168\text{mm}^2$$

因此选用 $2\Phi 12$($A_s=226\text{mm}^2$)

$0.7f_t bh_0=0.7 \times 1.27 \times 150 \times 265=35.3\text{kN}>12.4\text{kN}$。

故按构造配筋，选用双肢箍 $\phi 8@200$。

4. 平台板计算和配筋

$2<\dfrac{3060}{1500}=2.004<3$，按单向板计算，应沿长边方向配置不少于短边方向 25% 的受力

钢筋。

板厚取 $h=80\text{mm}>\dfrac{1500}{40}=37.5\approx38\text{mm}$，取 1m 宽板带进行计算。

（1）荷载计算。

恒荷载标准值：

30mm 厚水磨石：　　　　　　　0.65kN/m²

80mm 厚板：　　　　　　0.08×25＝2.0kN/m²

20mm 厚底面混合砂浆：　　0.02×17＝0.34kN/m²

$$g_k=3.0\text{kN/m}^2$$

线恒荷载设计值：　　　　$g=1.2\times3.0=3.6\text{kN/m}$

线活荷载设计值：　　　　$q=1.4\times3=4.2\text{kN/m}$

（2）内力计算。

计算跨度：　　　　　　$l_0=l_n+a=1.5+0.22=1.72\text{m}$

$$M=\frac{1}{8}(g+q)l_0^2=\frac{1}{8}\times7.8\times1.72^2=2.9\text{kN}\cdot\text{m}$$

（3）承载力计算。

$$\alpha_s=\frac{M}{\alpha_1 f_c bh_0^2}=\frac{2.9\times10^6}{1.0\times11.9\times1000\times60^2}=0.068$$

$$\xi=1-\sqrt{1-2\alpha_s}=1-\sqrt{1-2\times0.068}=0.070$$

$$A_s=\xi bh_0\frac{\alpha_1 f_c}{f_y}=0.070\times1000\times60\frac{1.0\times11.9}{210}=238\text{mm}^2$$

因此选用 φ8@200（$A_s=251\text{mm}^2$）。

5. 平台梁计算和配筋

设平台梁截面尺寸为 $b\times h=200\text{mm}\times400\text{mm}$。

（1）荷载计算。

梁自重：　　　　$1.2\times25\times0.2\times(0.4-0.08)=1.92\text{kN/m}$

梁侧抹灰　　　$0.02\times1.2\times(0.4-0.08)\times2\times17=0.3\text{kN/m}$

平台板传来的恒荷载：　　　$2.8\times\dfrac{1.72}{2}=2.4\text{kN/m}$

$$g=4.6\text{kN/m}$$

活荷载　　　　　$q=4.2\times\dfrac{1.72}{2}=3.6\text{kN/m}$

梯段斜梁传来的集中荷载：$8.38\times3.36=28.2\text{kN/m}$

$$g+q=8.2\text{kN/m}$$

（2）内力计算。

计算跨度：$l_0=l_n+a=3.06+0.24=3.3\text{m}>1.05\times3.06=3.21\text{m}$

平台梁按简支梁计算，计算简图如图 11-28 所示。

平台梁跨中截面弯矩及支座截面剪力分别为

$$M=\frac{1}{8}\times(g+q)l_0^2+\frac{1}{4}Fl_0=\frac{1}{8}\times8.2\times3.21^2+\frac{1}{4}\times28.2\times3.21=33.2\text{kN}\cdot\text{m}$$

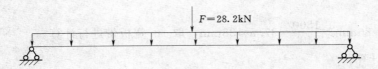

$$F = 28.2 \text{kN}$$

图 11-28 例 11-2 平台梁的计算简图

$$V = \frac{1}{2}(g+q)l_n + \frac{1}{2}F = \frac{1}{2} \times 8.2 \times 3.06 + \frac{1}{2} \times 28.2 = 26.6 \text{kN}$$

（3）承载力计算。

按倒 L 形计算，$h_0 = 400 - 35 = 365 \text{mm}$。

$\dfrac{h_f'}{h_0} = \dfrac{80}{365} = 0.22 > 0.1$，可不考虑 b_f'，按矩形截面计算。

$$\alpha_s = \frac{M}{\alpha_1 f_c b h_0^2} = \frac{33.2 \times 10^6}{1.0 \times 11.9 \times 200 \times 365^2} = 0.105$$

$$\xi = 1 - \sqrt{1 - 2\alpha_s} = 1 - \sqrt{1 - 2 \times 0.105} = 0.111$$

$$A_s = \xi b h_0 \frac{\alpha_1 f_c}{f_y} = 0.111 \times 200 \times 365 \frac{1.0 \times 11.9}{300} = 321 \text{mm}^2$$

选用 2Φ16（$A_s = 402 \text{mm}^2$）。

$0.7bh_0 f_t = 0.7 \times 200 \times 365 \times 1.27 = 64.9 \text{kN} > V$，按构造配筋，选双肢箍 $\phi 8@300$。

❓ 复习思考题与习题

一、思考题

1. 按弹性理论计算现浇单向板肋梁楼盖的内力时，为什么要使用折算荷载？按塑性理论计算内力时，为什么不出现折算荷载？

2. 试比较钢筋混凝土的塑性铰与理想铰的异同。

3. 什么是钢筋混凝土超静定结构的塑性内力重分布？

4. 单向板和双向板中各需布置哪些构造钢筋？其作用是什么？

5. 单向板的主梁、次梁和双向板的支承梁上的荷载是如何确定的？

6. 图 11-29 示伸臂梁，承受恒荷载 g 和活荷载 p，欲求：支座 B $-M_{max}$，跨中 M_{cmax}，$-M_{cmax}$，V_{Amax}，V_{Bmax}，荷载应如何布置？

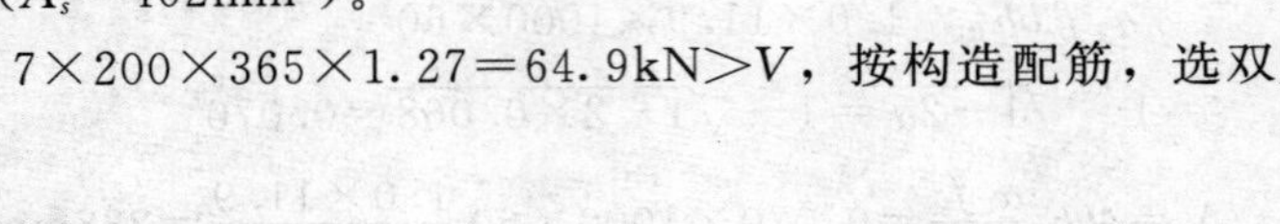

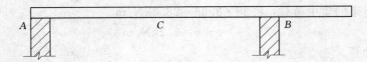

图 11-29 思考题 6 附图

7. 塑性理论计算的单向板肋梁楼盖的弯矩系数、剪力系数是如何确定的？

8. 什么是板的穹顶作用？什么情况下考虑穹顶作用？

9. 试述板式、梁式楼梯各自的优缺点，以及计算简图和传力路线。

10. 弯矩调幅法的基本原则是什么?

11. 钢筋混凝土楼盖有哪几种类型? 各自的特点、应用范围是什么?

12. 单向连续板计算中的折算荷载 $g' = g + \dfrac{g}{2}$, $q' = \dfrac{q}{2}$ 和双向板弹性方法计算中的调整荷载 $g' = g + \dfrac{g}{2}$, $q' = \dfrac{q}{2}$ 意义是否相同? 实际意义是什么?

二、习题

1. 图 11-30 所示 6 跨连续板,承受恒荷载设计值 $g = 4\text{kN/m}^2$,活荷载设计值 $q = 5.4\text{kN/m}^2$,混凝土为 C30,钢筋采用 HPB235 级,次梁截面 200mm×400mm,按考虑塑性内力重分布的方法设计此板。

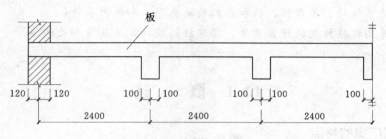

图 11-30 习题 1 附图

2. 如图两跨连续梁,承受集中恒荷载设计值 $G = 22\text{kN}$,集中活荷载设 RB335,($f_y = 300\text{N/mm}^2$)。

(1) 绘出该梁的 M 和 V 包络图。

(2) 计算支座和跨中的钢筋。

3. 如图 11-31 所示两跨连续梁,承受集中恒荷载设计值 $G = 22\text{kN}$,集中活荷载设计值 $Q = 44\text{kN}$,梁截面尺寸 $b \times h = 200\text{mm} \times 450\text{mm}$,混凝土为 C25,钢筋为 HRB335,$f_y = 300\text{N/mm}^2$。

(1) 绘出该梁的 M 和 V 包络图。

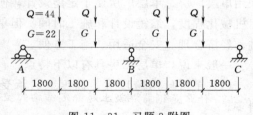

图 11-31 习题 3 附图

(2) 计算支座和跨中的钢筋。

(3) 如果考虑塑性内力重分布,按上述计算的配筋能承受多大的 G 和 Q,其调幅幅度是多少($Q/G = 2$)。

4. 图 11-32 所示整浇双向板肋梁楼盖,板厚 120mm,梁截面 $b \times h = 250\text{mm} \times 600\text{mm}$,混凝土为 C30,承受永久荷载(包括自重)标准值 3.2kN/m^2,可变荷载标准值 4.5kN/m^2,周边支承在砖墙上,试用弹性理论分析板 A、B、C 的内力,并计算截面配筋,绘出配筋图。

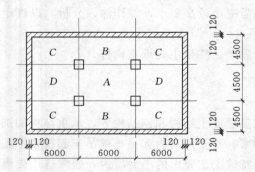

图 11-32 习题 4 附图

第 12 章 钢筋混凝土单层厂房

本章要点

- 了解单层工业厂房的组成及受力特点、支撑的作用及其布置以及结构中主要构件的选型；
- 掌握屋盖结构、吊车梁、柱和基础的基本形式和适用条件；
- 掌握等高铰接排架的计算方法、排架柱的设计方法及其相关构造。

12.1 概 述

12.1.1 单层厂房的特点

工业厂房按层数分类，可分为单层厂房和多层厂房。单层厂房是目前工业建筑中应用范围比较广泛的一种建筑类型，多用于机械设备和产品较重且轮廓尺寸较大的生产车间，这样大型设备可以直接安装在地面上，使生产工艺流程和车间内部运输比较容易组织。因此，冶金、机械制造和纺织工业等厂房（如炼钢、铸造、金工、锻压、机械等车间）通常采用单层厂房。单层厂房便于定型设计，使构配件标准化、系列化、通用化，从而提高施工机械化程度，缩短设计和施工时间。但单层厂房投资大、占地多，设计时应力求技术先进、经济合理、安全适用、施工方便。

一般来说，单层厂房具有以下特点：

（1）单层厂房跨度大、高度大、承受荷载大，因而构件内力大，截面尺寸大，用料多。

（2）单层厂房常承受动力荷载，因此，在进行结构设计时须考虑动力荷载的影响。

（3）单层厂房基础受力大，因此对地质勘测需提出较高要求，并作深入分析，以确定地基承载力和基础埋置深度、形式和尺寸。

（4）单层厂房四周主要设置柱和墙，几乎无隔墙。柱是主要承重构件。

12.1.2 单层厂房结构分类

1. 按承重结构材料分类

单层厂房按承重结构材料分为砖混结构、钢筋混凝土结构和钢结构等，承重结构的选择主要取决于厂房跨度、高度和吊车起重量等因素。对于厂房内无吊车或吊车起重量不超过 5t，跨度小于 15m，柱顶标高不超过 8m 且无特殊工艺要求的小型厂房，通常选用砖混结构；对于吊车起重量超过 250t，跨度大于 36m 或有特殊工艺要求（如高温车间或有较大设备的车间等）大型厂房通常采用全钢结构或钢屋架与钢筋混凝土柱承重。其余大部分厂房都可以选用钢筋混凝土结构。

2. 按承重结构形式分类

单层厂房按承重结构形式分为排架和刚架两种。排架结构是由屋架或屋面梁、柱、基础等构件组成，排架的柱与屋架铰接、与基础刚接。刚架结构也是由横梁、柱和基础组成，梁与柱刚接，柱与基础通常为铰接。

（1）排架结构。

根据生产工艺和使用要求不同，排架结构可设计成等高或不等高、单跨或多跨［图 12-1（a）、（b）］和锯齿形［图 12-1（c）］等多种形式。

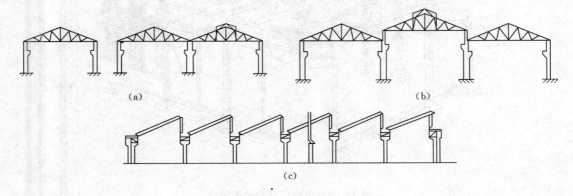

图 12-1　排架结构形式
(a) 等高排架；(b) 不等高排架；(c) 锯齿形排架

（2）刚架结构。

目前常用刚架有装配式钢筋混凝土门式刚架和钢框架结构。装配式钢筋混凝土门式刚架由横梁、柱和基础组成，梁和柱连为一体，柱与基础顶面为铰接或刚接。当门架顶点做成铰接时，构成三铰门架［图 12-2（a）］；当顶点做成刚接时为二铰门架［图 12-2（b）］；当门架跨度较大时，为便于运输和吊装，可将门架分为三段，一般在横梁弯矩较小的截面处设置接头，用焊接或螺栓连接成整体［图 12-2（c）］。

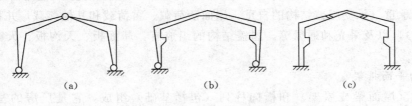

(a)　　　　　　　　(b)　　　　　　　　(c)

图 12-2　门式刚架

12.2　单层厂房的结构组成与结构布置

12.2.1　单层工业厂房的结构组成

单层工业厂房结构是由多种构件组成的空间受力体系，如图 12-3 所示。根据组成构件作用不同，可将单层厂房结构分为承重结构和维护结构。直接承受荷载并将荷载传递给其他构件的构件，如屋面板、天窗架、屋架、柱、吊车梁和基础等是单层厂房中的主要承重构件；外纵墙、山墙、连系梁、抗风柱等都是维护结构构件，这些构件所承受的荷载主要是墙体和构件自重以及作用在墙体上的风荷载。

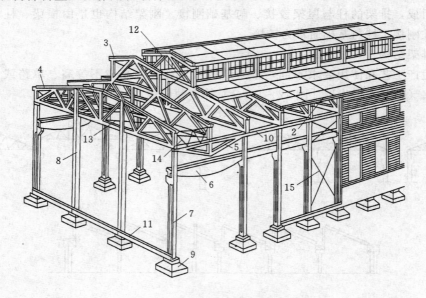

图 12-3 单层厂房的结构组成
1—屋面板；2—天沟板；3—天窗架；4—屋架；5—托架；6—吊车梁；7—排架柱；
8—抗风柱；9—基础；10—连系梁；11—基础梁；12—天窗架垂直支撑；
13—屋架下弦横向水平支撑；14—屋架端部垂直支撑；15—柱间支撑

1. 屋盖结构

屋盖结构分为无檩屋盖结构和有檩屋盖结构两种体系，前者由大型屋面板、屋面梁或屋架（包括屋盖支撑）组成；后者由小型屋面板（包括天沟板）、檩条、屋架（包括屋盖支撑）组成。单层厂房中多采用无檩屋盖结构体系。有时为了采光和通风，屋盖结构中还设有天窗架及其支撑。此外，为满足工艺上抽柱的要求，还设有托架。屋盖结构的主要作用是维护和承重（承受屋盖结构的自重、屋面活荷载、雪荷载和其他荷载，并将这些荷载传给排架柱），以及采光和通风等。屋盖结构的组成有：屋面板、天沟板、天窗架、托架及屋盖支撑。

2. 横向平面排架

由横梁（屋面梁或屋架）和横向柱列（包括基础）组成，它是厂房的基本承重结构。厂房结构承受的竖向荷载（结构自重、屋面活荷载、雪荷载和吊车竖向荷载等）及横向水平荷载（风荷载和吊车横向制动力、地震作用）主要通过它将荷载传至基础和地基，如图 12-4 所示。

横向平面排架上主要荷载传递途径如图 12-5 所示。

3. 纵向平面排架

由纵向柱列（包括基础）、连系梁、吊车梁和柱间支撑等组成（图 12-6），其作用是

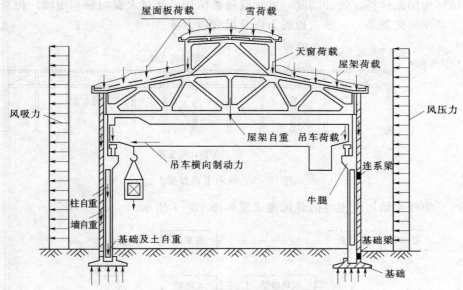

图 12-4　单层厂房的横向排架及其荷载示意

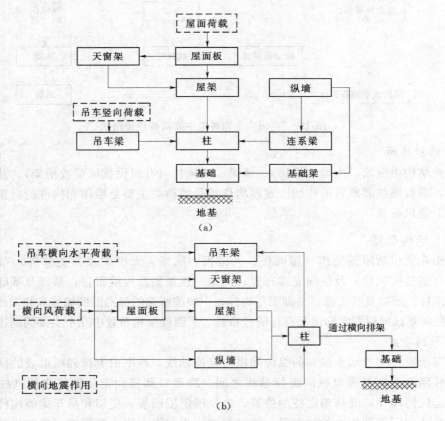

图 12-5　横向平面排架荷载传递路线
(a) 竖向荷载；(b) 横向水平荷载

保证厂房结构的纵向稳定性和刚度，并承受屋盖结构（通过天窗端壁和山墙）传来的纵向风荷载、吊车纵向制动力、纵向地震力以及温度应力等。

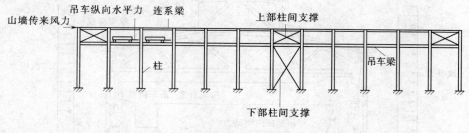

图 12-6　纵向平面排架

纵向平面排架结构上主要荷载传递途径如图 12-7 所示。

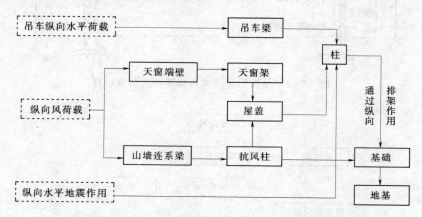

图 12-7　纵向平面排架主要荷载传递路线

4. 维护结构

维护结构由纵墙、山墙（横墙）、墙梁、抗风柱（有时设抗风梁或桁架）、基础梁等构件组成，兼有维护和承重的作用。这些构件承受的荷载主要是墙体和构件的自重以及作用在墙面上的风荷载。

12.2.2　结构布置

结构布置包括屋盖结构（屋面板、天沟板、屋架、天窗架及其支撑等）布置；吊车梁、柱（包括抗风柱）及柱间支撑布置；圈梁、连系梁及过梁布置；基础及基础梁布置。

屋面板、屋架及其支撑、基础梁等构件，一般按所选的标准图的编号和相应的规定进行布置。柱和基础则根据实际情况自行编号布置。下面就结构布置中几个主要问题进行说明。

1. 柱网布置

厂房承重柱（或承重墙）的纵向和横向定位轴线，在平面上排列所形成的网格，称为柱网。柱网布置就是确定纵向定位轴线之间（跨度）和横向定位轴线之间（柱距）的尺寸。确定柱网尺寸，既是确定柱的位置，也是确定屋面板、屋架和吊车梁等构件跨度的依据，并涉及到厂房结构构件的布置。柱网布置恰当与否，将直接影响厂房结构的经济合理性和先进性，对生产使用也有密切关系。

柱网布置的一般原则应为：符合生产和使用要求；建筑平面和结构方案经济合理；在厂房结构形式和施工方法上具有先进性和合理性；符合《厂房建筑统一化基本规则》的有关规定；适应生产发展和技术革新的要求。

厂房柱网尺寸应符模数化的要求，当厂房跨度不大于 18m 时，应采以 3m 为模数，即 9m、12m、15m、18m；当厂房跨度大于 18m 时，应以 6m 为模数，即 24m、30m、36m 等（图 12-8）。厂房柱距一般采用 6m 最为经济，当工艺有特殊要求时，可局部抽柱，即柱距为 12m，对某些有扩大柱距要求的厂房也可采用 9m 及 12m 柱距。

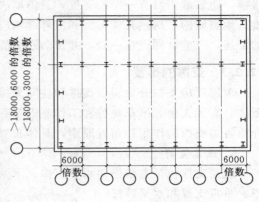

图 12-8　柱网布置示意图

2. 变形缝设置

变形缝包括伸缩缝、沉降缝和防震缝三种。

（1）伸缩缝。

如果厂房长度和宽度过大，当气温变化时，将使结构内部产生很大的温度应力，严重的可将墙面、屋面等拉裂，影响使用。为减小厂房结构中的温度应力，可设置伸缩缝，将厂房结构分成几个温度区段。伸缩缝将厂房从基础顶面到屋面完全分开，并留出一定宽度的缝隙，使上部结构在气温变化时，水平方向可以自由地发生变形，从而减小温度应力。温度区段的形状，应力求简单，并应使伸缩缝的数量最少。温度区段的长度（伸缩缝之间的距离），取决于结构类型和温度变化情况。GB50010—2010 规定：对于装配式钢筋混凝土排架结构，当处于室内或土中时，其伸缩缝的最大间距为 100mm；当处在露天时，其伸缩缝最大间距为 70mm。当超过上述规定或对厂房有特殊要求时，应计算温度应力。此外，对下列情况，伸缩缝的最大间距还应适当减小：

1）当屋面板上部无保温或隔热层时。

2）从基础顶面算起的柱长低于 8m 时。

3）位于气候干燥地区，夏季炎热且暴雨频繁地区的结构或经常处于高温作用下的结构。

4）室内结构因施工外漏时间较长时。

（2）沉降缝。

由于单层厂房排架结构对地基不均匀沉降有较好的适应能力，故通常不设置沉降缝，只有在以下情况下才需要考虑设置沉降缝，如厂房相邻两部分高度相差很大（如 10m 以上）；两跨间吊车起重量相差悬殊；地基承载力或下卧层土质有较大差别；或厂房各部分的施工时间先后相差很久；土壤压缩程度不同等情况。沉降缝应将建筑物从屋顶到基础完全分开，使缝两侧结构可以自由沉降而互不影响。沉降缝可兼作伸缩缝，但伸缩缝不能兼作沉降缝。

（3）防震缝。

防震缝是为了减轻厂房地震灾害而采取的有效措施之一。当厂房平、立面布置复杂或结构相邻两部分的高度和刚度相差较大时，应设置防震缝将相邻两部分分开。防震缝应沿厂房全高设置，两侧应布置墙或柱，基础可不设缝。为了避免地震时防震缝两侧结构相互碰撞，防震缝需具有一定的宽度，其值取决于抗震设防烈度和防震缝两侧中较低一侧的高度。地震区的厂房，其伸缩缝和沉降缝均应符合防震缝的要求。凡应设置伸缩缝和沉降缝的厂房，三缝宜同设在一处，并按防震缝的要求加以处理。

12.2.3 支撑的布置

单层厂房支撑分为屋盖支撑和柱间支撑两部分，其布置应结合厂房跨度、高度、屋架形式、有无天窗、吊车吨位和工作制以及有无振动设备等实际情况，分别对待。下面分别介绍各类支撑的作用和布置原则，具体布置方法及其连接构造可参阅有关标准图集。

1. 屋盖支撑

屋盖支撑包括上弦横向水平支撑、下弦横向水平支撑、下弦纵向水平支撑、天窗架支撑、垂直支撑和水平系杆。

（1）上弦横向水平支撑。

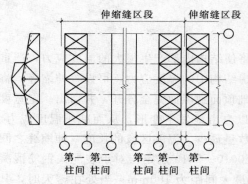

图 12-9 屋架上弦横向水平支撑

上弦横向水平支撑是由交叉角钢和屋架上弦杆组成的水平桁架，布置在厂房的端部及温度区段两端的第一或第二柱间，如图 12-9 所示，其作用是：增强屋盖整体刚度，保证屋架上弦或屋面梁上翼缘的侧向稳定，同时将抗风柱传来的风荷载传递到纵向柱列。

布置原则：无檩屋盖采用大型屋面板时，若屋架（或屋面梁）与屋面板的连接能保证足够的刚性要求（如屋盖或屋面梁与屋面板之间至少三点焊接）、且无天窗时，可不设上弦横向水平支撑。当屋盖为有檩体系或虽为无檩体系，但屋面板与屋架连接质量不能保证，且山墙抗风柱将风荷载传至屋架上弦时，应在伸缩缝区段两端各设置一道上弦横向水平支撑。

（2）下弦横向水平支撑。

下弦横向水平支撑与屋架下弦组成水平桁架，其作用是：将山墙风荷载及纵向水平荷载传至纵向柱列，同时防止屋架下弦的侧向振动。

布置原则：当屋架下弦设有悬挂吊车或厂房内有较大振动以及山墙风荷载通过抗风柱传至屋架下弦时，应在厂房端部及伸缩缝区段两端的第一柱间设置下弦横向水平支撑，如图 12-10 所示。

（3）下弦纵向水平支撑。

下弦纵向水平支撑是为了提高厂房刚度，保证横向水平力的纵向分布，增强排架的空间工作性能而设置的。在屋盖设有托架时，还可以保证上翼缘的侧向稳定，

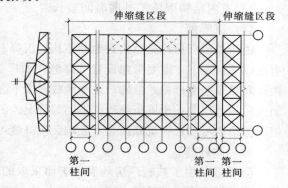

图 12-10 屋架下弦纵横向水平支撑

并将托架区域内的横向水平风荷载有效地传到相邻柱上。

布置原则：有托架时必须设置下弦纵向水平支撑；当厂房设有下弦横向水平支撑时，则下弦纵向水平支撑应尽可能与横向水平支撑连接，以形成封闭的水平支撑系统（图12-10）。

（4）天窗架支撑。

天窗架支撑包括天窗架上弦水平支撑和天窗架间垂直支撑。其作用是：保证天窗架上弦的侧向稳定，将天窗端壁上的水平风荷载传递给屋架。

布置原则：设有天窗的厂房均应设置天窗架支撑，并尽可能与屋架上弦支撑布置在同一柱间。

（5）垂直支撑与水平系杆。

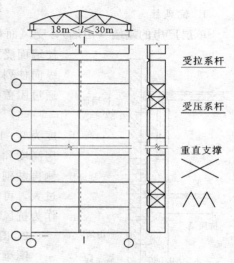

垂直支撑可保证屋架的整体稳定、防止倾覆；上弦水平系杆可保证屋架上弦或屋面梁受压翼缘的侧向稳定、防止局部失稳；下弦水平系杆可防止在吊车工作或有其他振动时屋架下弦侧向颤动。

布置原则：当厂房跨度较小 $L \leq 18m$ 且无天窗架时，一般可不设置垂直支撑和水平系杆；当厂房跨度 $18m < L \leq 30m$、屋架间距为 6m、采用钢筋混凝土大型屋面板时，应在温度区段两端的第一或第二柱间设置一道垂直支撑，并在相应的下弦节点处设置通长水平系杆，如图 12-11 所示，以增加屋架下弦的侧向刚度；当厂房跨度大于 $L > 30m$ 应设置两道对称垂直支撑。

图 12-11　垂直支撑与水平系杆

2. 柱间支撑

柱间支撑的作用主要是提高厂房的纵向刚度和稳定性，并将吊车纵向制动力、山墙及天窗端壁风荷载、纵向地震作用等传递给基础。

布置原则：柱间支撑一般由上、下两足交叉的钢拉杆组成［图12-12（a）］，常设在温度变形区段的中部。当因通行等原因不宜设置交叉支撑时，可采用门式支撑［图12-12（b）］。

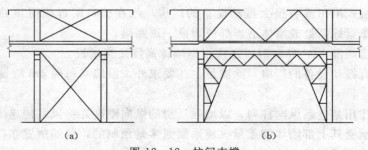

图 12-12　柱间支撑
(a) 交叉支撑；(b) 门式支撑

一般单层厂房，凡属下列情况之一者，应设置柱间支撑：

（1）设有臂式吊车或起重量 $Q \geq 3t$ 的悬挂式吊车时。

（2）设有重级工作制吊车或起重量 $Q \geqslant 10t$ 的中、轻级工作制吊车。

（3）厂房跨度在大于 18m 或等于 18m，或柱高大于 8m。

（4）纵向柱的总数在 7 根以下时。

（5）露天吊车的柱列。

12.2.4 围护结构布置

单层厂房围护结构包括抗风柱、圈梁、连系梁、过梁、基础梁等构件。

1. 抗风柱

单层厂房的端墙（山墙），受风面积较大，一般需要设置抗风柱将山墙分成几个区格，使墙面受到的风载一部分（靠近纵向柱列的区格）直接传至纵向柱列，另一部分则经抗风柱下端直接传至基础和经上端通过屋盖系统传至纵向柱列。

当厂房高度和跨度均不大（如柱顶高度在 8m 以下，跨度为 9～12m）时，可在山墙设置砖壁柱作为抗风柱；当厂房高度和跨度较大时，一般都设置钢筋混凝土抗风柱，柱外侧再贴砌山墙。在很高的厂房中，为不使抗风柱的截面尺寸过大，可加设水平抗风梁或钢抗风桁架，如图 12-13 所示，作为抗风柱的中间支座。

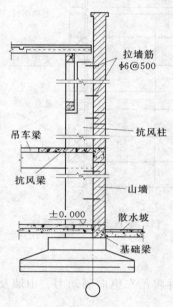

图 12-13 抗风柱的布置

2. 圈梁

圈梁的作用是将墙体同厂房柱箍在一起，以加强厂房的整体刚度，防止由于地基的不均匀沉降或较大振动荷载引起对厂房的不利影响。圈梁设置于墙体内，和柱连接仅起拉结作用。圈梁不承受墙体重量，所以柱上不设置支承圈梁的牛腿。

圈梁的布置与墙体高度、对厂房刚度的要求以及地基情况有关。对于一般单层厂房，可参照下述原则布置：

（1）对无桥式吊车的厂房，当墙厚不大于 240mm、檐口标高为 5～8m 时，应在檐口附近设置一道圈梁，当檐口标高大于 8m 时，宜在墙体适当部位增设一道圈梁。

（2）对有桥式吊车或有极大振动设备的厂房，除在檐口附近或窗顶处设置一道圈梁外，尚应在吊车梁标高处或墙体适当部位增设一道圈梁。

（3）当外墙高度大于 15m 时，还应根据墙体高度适当增设。

（4）对于有振动设备的厂房，除满足上述要求外，沿墙高每隔 4m 应设置一道圈梁。

3. 连系梁

连系梁的作用是连系纵向柱列，以增强厂房的纵向刚度并将风载传递给纵向柱列。此外，连系梁还承受其上部墙体的重量。连系梁通常是预制的，两端搁置在柱牛腿上，其连接可采用螺栓连接或焊接连接。

4. 过梁

过梁的作用是承托门窗洞口上部墙体重量。在进行围护结构布置时，应尽可能将圈梁、连系梁和过梁结合起来，使一种梁能起到两种或三种梁的作用，以简化构造、节约材料、方便设施。

5. 基础梁

基础梁用来承受围护墙体的重量，并将其传至柱基础顶面，而不另设墙体基础，这种做法使墙体和柱变形一致。

基础梁底部距土壤表面应预留 100mm 的空隙，使梁可随柱基础一起沉降。当基础梁下有冻胀性土时，应在梁下铺设一层干砂、碎砖或矿渣等松散材料，并预留 50～150mm 的空隙，这可防止土壤冻结膨胀时将梁顶裂。基础梁与柱一般不要求连接，将基础梁直接放置在柱基础杯口上，当柱基础埋置较深时，则通过混凝土垫块搁置在杯口上，如图 12-14 所示。施工时，基础梁支承处应座浆。

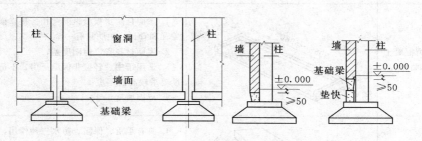

图 12-14　基础梁的位置

当厂房不高、地基比较好、柱基础又埋得较浅时，也可不设基础梁而做砖石或混凝土墙基础。

12.3　单层厂房主要构件的选型

钢筋混凝土单层厂房结构的构件，除柱和基础外，一般都可以根据工程的具体情况，从工业厂房结构构件标准图集中选择合适的标准构件。以下介绍几种主要承重构件的选型。

12.3.1　屋面板

屋面板是屋盖结构中用量最多、造价最高的构件。因此正确的选用屋面板是非常重要的。常用屋面板的形式、特点及使用条件见表 12-1。

表 12-1　　　　　　　　　　　　常用屋面板类型表

序号	构件名称（标准图集）	形　式	特点及适用条件
1	预应力混凝土屋面板（92G410）	5970　1490　240	1. 有卷材防水及非卷材防水两种； 2. 屋面水平刚度好； 3. 适用于中、重型和振动较大、对屋面刚度要求较高的厂房； 4. 屋面坡度，卷材防水最大 1/5，非卷材防水 1/4

序号	构件名称 (标准图集)	形 式	特 点 及 适 用 条 件
2	预应力混凝土 F型屋面板 (CG412)	5370 1490 200	1. 屋面自防水，板沿纵向互相搭接，横缝及脊缝加盖瓦和脊瓦； 2. 屋面水平刚度及防水效果比预应力混凝土屋面板差，如构造和施工不当，易飘雨、飘雪； 3. 适用于中、轻型非保温厂房，不适于对屋面刚度要求较高的厂房； 4. 屋面坡度 1/4～1/8
3	预应力混凝土 单肋板	935～1200 3980～5980 180～250	1. 屋面自防水板沿纵向互相搭接，横缝及脊缝加盖瓦和脊瓦，主肋只有一个； 2. 屋面材料省，但刚度差； 3. 适用于中、轻型非保温厂房，不适于对屋面刚度要求较高的厂房； 4. 屋面坡度 1/3～1/4
4	预应力混凝土 夹心保温屋面板 (三合一板)	5950 130 1490	1. 具有承重、保温、防水三种作用，故也称三合一板； 2. 适用于一般保温厂房，不适用于气候寒冷、冻融频繁地区和有腐蚀性气体及湿度大的厂房； 3. 屋面坡度 1/8～1/12
5	钢筋混凝土 槽瓦	990 3300～3900 100	1. 在檩条上相互搭接，沿横缝及脊缝加盖瓦和脊瓦； 2. 屋面材料省，构造简单，施工方便，但刚度较差如构造和施工不当。易渗漏； 3. 适用于中、轻型厂房，不适用于有腐蚀性介质、有较大振动、对屋面刚度及隔热要求高的厂房； 4. 屋面坡度 1/3～1/5
6	钢丝网水泥 波形瓦	1700～2000 990	1. 在纵横向相互搭接，加脊瓦； 2. 屋面材料省，施工方便，但刚度较差，运输、安装不当，易损坏； 3. 适用于轻型厂房，不适用于有腐蚀性介质、有较大振动、对屋面刚度及隔热要求高的厂房； 4. 屋面坡度 1/3～1/5

12.3.2 屋面梁和屋架

屋面梁和屋架是厂房结构最主要承重构件之一，它除了承受屋面板传来的荷载及自重外，有时还承受悬挂吊车、高架管道等荷载。各种类型的混凝土屋架和屋面梁的形式、特点及适用条件见表 12－2。

序号	构件名称 (标准图号)	形　式	跨度 (m)	特点及适用条件
1	预应力混凝土 单坡屋面梁 (95G414)		9 12	梁高小，重心低，侧向刚度好，施工较方便，但自重大。适合于有较大振动和腐蚀介质的厂房，屋面坡度 1/8～1/12
2	预应力混凝土 双坡屋面梁 (95G414)		12 15 18	
3	钢筋混凝土 两铰拱屋架 (95G310、 CG311)		9 12 15	上弦为钢筋混凝土，下弦为角钢，顶节点为刚结；自重较轻。适用于中、轻型厂房。屋面坡度：卷材防水 1/5，非卷材防水 1/4
4	钢筋混凝土 三铰拱屋架 (95G312、 CG313)		9 12 15	顶点为铰接，其他同上
5	预应力混凝土 三铰拱屋架 (CG424)		9 12 15 18	上弦为先张法预应力混凝土，下弦为角钢，其他同上
6	钢筋混凝土 组合式屋架 (CG315)		12 15 18	上弦及受压腹杆为钢筋混凝土，下弦及受拉腹杆为角钢。自重较轻，适合于中、轻型厂房。屋面坡度 1/4
7	钢筋混凝土 折线形屋架 (95G314)	1/5　1/15	15 18 21 24	外形较合理，屋面坡度合适，适用于卷材防水屋面的中型厂房
8	预应力混凝土 折线形屋架 (95G415)	1/5　1/15	18 21 24 27 30	适用于卷材防水屋面的重、中型厂房，其他同上
9	预应力混凝土 折线形屋架 (95G423)		18 21 24	外形较合理，屋面坡度合适，自重较轻，适用于非卷材防水屋面的中型厂房，屋面坡度 1/4
10	预应力混凝土 梯形屋架 (CG417)		18～30	自重较大，刚度好。适用于卷材防水屋面的重型、高温及采用井式或横向天窗架的厂房。屋面坡度 1/10～1/12
11	预应力混凝土 直腹杆屋架		15～36	无斜腹杆，构造简单，但端部坡度较陡，适用于采用井式或横向天窗架的厂房

12.3.3 吊车梁

吊车梁直接承受吊车传来的竖向荷载和水平制动力，由于吊车往返行驶，因此吊车梁除了要满足承载力、抗裂度和刚度要求外，还要满足疲劳强度要求。同时吊车梁沿厂房纵向布置，对传递厂房纵向荷载（如山墙荷载）和加强厂房纵向刚度，连接厂房各个横向平面排架，保证厂房空间工作，起着重要作用。此因吊车梁是厂房结构的一个重要构件，对它的选型应给予足够重视。

钢筋混凝土吊车梁的形式很多，一般根据厂房柱距、跨度、吨位及工作制和吊车台数等因素选用。表 12-3 列出常用吊车梁的形式及适用范围。

表 12-3　　　　　　　　　　　常 用 吊 车 梁 表

构件名称 （图集编号）	构件跨度 （m）	适用起重量 （t）	形　式
钢筋混凝土等截面吊车梁 （95G323）（一）、（二）	6	轻级：3～50 中级：1～32 重级：1～20	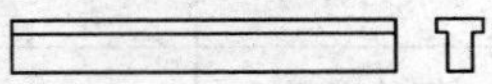
先张法预应力混凝土等截面吊车梁（G425）	6	轻级：5～125 中级：5～75 重级：5～50	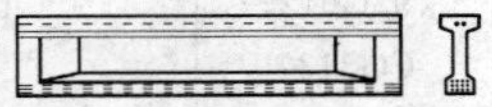
后张法预应力混凝土等截面吊车梁（CG426）（二）	6	轻级：15～100 中级：5～100 重级：5～50	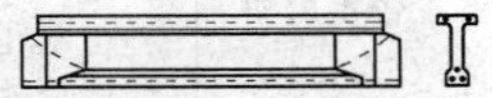
后张法预应力混凝土鱼腹式吊车梁（CG427）	6	中级：15～125 重级：10～100	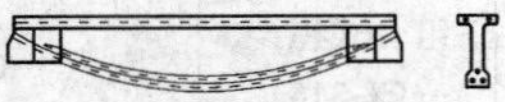
后张法预应力混凝土鱼腹式吊车梁（CG428）	12	中级：5～200 重级：5～50	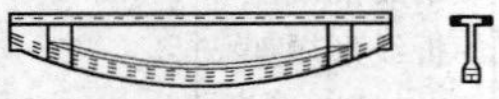
组合式轻型吊车梁	6	轻、中级≤5	
组合式吊车梁	6，12	轻、中级≤5	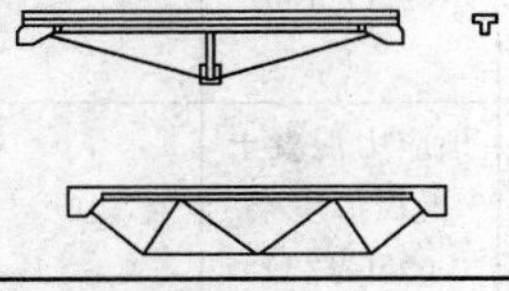

12.3.4 柱

柱是厂房结构的主要承重构件，承受屋架、吊车梁、连系梁和支撑等传来的荷载以及地震作用等，并传给基础。

1. 柱的形式

单层厂房柱的形式可概括为单肢柱和双肢柱两大类。单肢柱的截面有矩形、工字形和环形等；双肢柱包括平腹杆双肢柱、斜腹杆双肢柱和双肢管柱等，如图 12-15 所示。

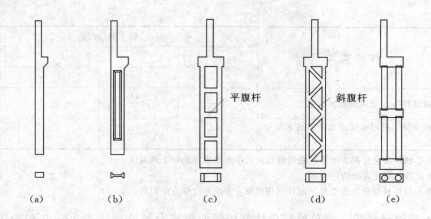

图 12-15　柱的形式

(a) 矩形截面柱；(b) I 形柱；(c) 平腹杆双肢柱；(d) 斜腹杆双肢柱；(e) 管柱

（1）矩形截面柱：如图 12-15（a）所示，其外形简单，施工方便，但自重大，经济指标差，主要用于截面高度 $h \leqslant 700mm$ 的偏压柱。

（2）I 形柱：如图 12-15（b）所示，能较合理地利用材料，在单层厂房中应用较多，但当截面高度 $h \geqslant 1600mm$ 后，由于结构自重较大，吊装比较困难，故使用范围受到一定限制。

（3）双肢柱：如图 12-15（c）、（d）所示，可分为平腹杆与斜腹杆两种。前者构造简单，制造方便，在一般情况下受力合理，且腹部整齐的矩形孔洞便于布置工艺管道，故应用较广泛。当承受较大水平荷载时，宜采用具有桁架受力特点的斜腹杆双肢柱。双肢柱与 I 形柱相比，自重较轻，但整体刚度较差，构造复杂，用钢量稍多。

（4）管柱：如图 12-15（e）所示，可分为圆管和方管（外方内圆）以及钢管混凝土柱三种。前两种采用离心法生产，质量好，自重轻，但受高速离心制管机的限制，且节点构造较复杂；后一种利用方钢管或圆钢管内浇膨胀混凝土后，可形成自应力（预应力）钢管混凝土柱，可承受较大荷载作用。

2. 柱的截面尺寸

柱的截面尺寸除满足承载力要求外，还应保证具有足够的刚度，以免厂房变形过大，根据刚度要求，表 12-4 给出了单层厂房矩形、工字形截面柱截面尺寸的最小限制，对于单层厂房，如能满足表 12-4 的要求，就可认为厂房的横向刚度满足规范的要求。

表 12-4　　　　　6m柱距单层厂房矩形、工字形截面柱截面尺寸限值

项次	柱的类型	截　面　尺　寸			
		b	h		
1	有吊车厂房	$\geqslant \dfrac{H_t}{25}$	$\geqslant \dfrac{H_t}{14}$	$\geqslant \dfrac{H_t}{12}$	$\geqslant \dfrac{H_t}{10}$
2	露天吊车柱	$\geqslant \dfrac{H_t}{25}$	$\geqslant \dfrac{H_t}{10}$	$\geqslant \dfrac{H_t}{8}$	$\geqslant \dfrac{H_t}{7}$
3	单跨及多跨无吊车厂房	$\geqslant \dfrac{H}{30}$	$\geqslant \dfrac{1.5H}{25}$（单跨）；$\geqslant \dfrac{1.25H}{25}$（多跨）		

项次	柱 的 类 型	截 面 尺 寸		
		b	h	
4	山墙柱（仅受风荷载及自重）	$\geqslant \dfrac{H_b}{40}$	$\geqslant \dfrac{H_t}{25}$	
5	山墙柱（同时承受由连系梁传来的墙重）	$\geqslant \dfrac{H_b}{30}$	$\geqslant \dfrac{H_t}{25}$	

注　1. H_t为基础顶面至装配式吊车梁底面或现浇式吊车梁顶面的柱下部高度。

　　2. H为从基础顶面算起的柱全高。

　　3. H_b为山墙柱从基础顶面至柱平面外（柱宽度b方向）支撑点的距离。

根据大量设计经验，将单层厂房柱常用截面形式及尺寸列于表 12-5 和表 12-6 中，供设计时参考。

表 12-5　　　　厂房柱截面形式和尺寸参考（中级工作制）

吊车起重量 （t）	轨顶标高 （m）	边柱 （mm）		中柱 （mm）	
		上柱	下柱	上柱	下柱
无吊车	4～5.4	矩 400×400（或 350×400）		矩 400×500（或 350×500）	
	6～8	400×600×100		400×600×100	
≤5	5～8	矩 400×400	工 400×600×100	矩 400×400	工 400×600×100
10	8	矩 400×400	工 400×700×100	矩 400×600	工 400×800×150
	10	矩 400×400	工 400×800×150	矩 400×600	工 400×800×150
15～20	8	矩 400×400	工 400×800×150	矩 400×600	工 400×800×150
	10	矩 400×400	工 400×900×150	矩 400×600	工 400×1000×150
	12	矩 500×400	工 500×1000×200	矩 500×600	工 500×1200×200
30	8	矩 400×400	工 400×1000×150	矩 400×600	工 400×1000×150
	10	矩 400×500	工 400×1000×150	矩 500×600	工 500×1200×200
	12	矩 500×500	工 500×1000×200	矩 500×600	工 500×1200×200
	14	矩 600×500	工 600×1200×200	矩 600×600	工 600×1200×200
50	10	矩 500×500	工 500×1200×200	矩 500×700	双 500×1600×300
	12	矩 500×600	工 500×1400×200	矩 500×700	双 500×1600×300
	14	矩 600×600	工 600×1400×200	矩 600×700	双 600×1800×300

注　表中尺寸对于矩形截面为$b \times h$；对于工字形截面（工）为：$b_f \times h \times h_f$；对于双肢柱（双）为$b \times h \times h_1'$（h_1'为肢杆截面高度）。本表按 6m 柱距采用。

表 12-6　　　　厂房柱截面形式和尺寸参考表（重级工作制）

吊车起重量 （t）	轨顶高度 （m）	6m 柱距（边柱）		6m 柱距（中柱）	
		上柱 （mm）	下柱 （mm）	上柱 （mm）	下柱 （mm）
≤5	6～8	矩 400×400	工 400×600×100	矩 400×500	工 400×800×150
10	8	矩 400×400	工 400×800×150	矩 400×600	工 400×800×150
	10	矩 400×400	工 400×800×150	矩 400×600	工 400×800×150

吊车起重量 (t)	轨顶高度 (m)	6m柱距（边柱）		6m柱距（中柱）	
		上柱 (mm)	下柱 (mm)	上柱 (mm)	下柱 (mm)
15~20	8	矩 400×400	工 400×800×150	矩 400×600	工 400×1000×150
	10	矩 500×500	工 500×1000×200	矩 500×600	工 500×1000×200
	12	矩 500×500	工 500×1000×200	矩 500×600	工 500×1000×200
30	10	矩 500×500	工 500×1000×200	矩 500×600	工 500×1200×200
	12	矩 500×600	工 500×1200×200	矩 500×600	工 500×1400×200
	14	矩 600×600	工 600×1400×200	矩 600×600	工 600×1400×200
50	10	矩 500×500	工 500×1200×200	矩 500×700	双 500×1600×300
	12	矩 500×600	工 500×1400×200	矩 500×700	双 500×1600×300
	14	矩 600×600	双 600×1600×300	矩 600×700	双 600×1800×300
75	12	双 600×1000×250	双 600×1800×300	双 600×1000×300	双 600×2200×350
	14	双 600×1000×250	双 600×1800×300	双 600×1000×300	双 600×2200×350
	16	双 700×1000×250	双 700×2000×350	双 700×1000×300	双 700×2200×350
100	12	双 600×1000×250	双 600×1800×300	双 600×1000×300	双 600×2400×350
	14	双 600×1000×250	双 600×2000×350	双 600×1000×300	双 600×2400×350
	16	双 700×1000×300	双 700×2200×400	双 700×1000×300	双 700×2400×400

注 表中尺寸对于矩形截面为 $b×h$；对于工字形截面（工）为：$b_f×h×h_f$；对于双肢柱（双）为 $b×h×h_1'$（h_1' 为肢杆截面高度）。本表按 6m 柱距采用。

12.3.5 基础

基础承受柱和基础梁传来的荷载，并传给地基。单层工业厂房的基础主要采用柱下独立基础——钢筋混凝土杯形基础，如图 12-16 所示。杯形基础适用于地基土质较好、地基承载力较大、荷载不大的一般厂房。当上部荷载较大、地基土质较差、对地基不均匀沉降要求严格控制的厂房中，可采用桩基础，如图 12-17 所示。

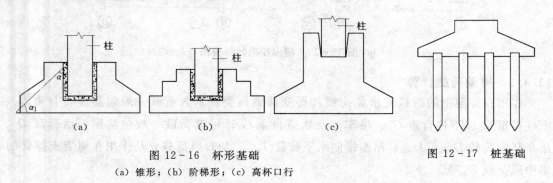

图 12-16　杯形基础
（a）锥形；（b）阶梯形；（c）高杯口行

图 12-17　桩基础

12.4　排　架　的　计　算

12.4.1　计算简图

1. 计算单元

作用在厂房排架上的各种荷载，如结构自重、雪荷载、风荷载等（吊车荷载除外），

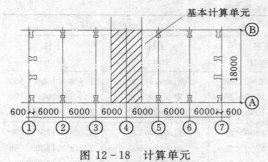

图 12-18　计算单元

沿厂房纵向都是均匀分布的；横向排架的间距一般都是相等的。在不考虑排架间的空间作用的情况下，每一中间的横向排架所承担的荷载及受力情况是完全相同的。计算时，可通过任意两相邻排架的中线，截取一部分厂房（图 12-18 中阴影部分）作为计算单元。

2. 基本假定

根据构造特点和实践经验，对不考虑空间工作的平面排架，其计算简图可作如下假定：

（1）横梁（屋架或屋面梁）与柱顶为铰接。

（2）柱下端固接于基础顶面。

（3）横梁为轴向变形可忽略的刚性杆件。

3. 计算简图

根据上述假定，确定计算简图时，横梁和柱均以其轴线表示。当柱为变截面时，牛腿顶面以上为上柱，其高度为 H_1，全柱高度为 H_2。横向排架计算简图如图 12-19 所示。

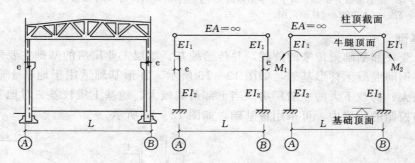

图 12-19　横向排架计算简图

12.4.2　排架荷载计算

作用在排架上的荷载有永久荷载和可变荷载两类。永久荷载一般包括屋盖自重 G_1、上柱自重 G_2、下柱自重 G_3、吊车梁及轨道自重 G_4；可变荷载一般包括屋面活荷载 Q_1、吊车竖向荷载 D_{max}、D_{min}、吊车横向水平荷载 T_{max}、均布风荷载 q 及作用在屋架支撑处的集中风荷载 F_w 等。

1. 永久荷载

（1）屋盖自重 G_1：包括屋面构造层、屋面板、天窗架、屋架及支撑等自重。这些荷载以集中荷载的形式作用在柱顶，且位于厂房纵向定位轴线内侧 150mm 处（图 12-20），因此 G_1 对上下柱截面几何中心均存在偏心。

（2）柱自重：上柱自重 G_2 和下柱自重 G_3 分别作用在上、下柱中心处，其数值可通过柱截面尺寸及高度计算。

（3）吊车梁及轨道自重 G_4：沿吊车梁中心线作用在牛腿顶面。

2. 可变荷载

（1）屋面活荷载 Q_1。

屋面活荷载包括屋面均布活荷载、雪荷载及积灰荷载，均按屋面水平投影面积计算。

1）屋面均布活荷载。

按 GB50009—2001 有关规定采用。

2）雪荷载。

按 GB50009—2001 第 6.1.1 条采用屋面水平投影面上的雪荷载标准值按下式计算

$$s_k = \mu_r s_0 \qquad (12-1)$$

式中　s_k——雪荷载标准值，kN/m^2；

s_0——基本雪压，kN/m^2，由 GB50009—2001 中"全国各地基本雪压分布图"查得；

μ_r——屋面积雪分布系数，可根据各类屋面的形状从 GB50009—2001 中查出。

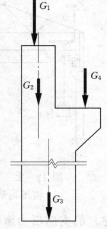

图 12-20　屋架荷载作用位置

3）屋面积灰荷载。

在设计生产中有大量排灰的厂房及其邻近建筑物时，应考虑积灰荷载，对具有一定除尘设施和保证清洁制度的机械、冶金、水泥厂的厂房屋面，其水平投影面上的屋面积灰荷载，应分别根据 GB50009—2001 采用。

GB50009—2001 规定，屋面均布活荷载不应与雪荷载同时考虑，只考虑两者中最大值。当有积灰荷载时，积灰荷载应与雪荷载或屋面均布活荷载两者中较大值同时考虑。

（2）吊车荷载。

吊车按其结构形式分为梁式吊车和桥式吊车，单层厂房中一般采用桥式吊车。桥式吊车由大车和小车组成，大车沿厂房纵向行驶，小车带着吊钩在大车的轨道上沿厂房横向行驶，如图 12-21 所示。

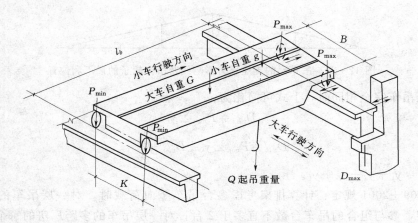

图 12-21　吊车荷载示意图

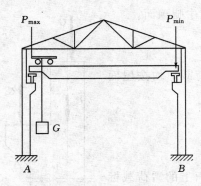

图 12-22　吊车的最大
轮压与最小轮压

作用在排架上的吊车荷载，包括吊车竖向荷载和吊车水平荷载两类。

1）吊车竖向荷载 D_{max} 或 D_{min}。

当小车吊有额定最大起重量开到大车一端的极限位置时，这一端的每个大车轮压称为吊车最大轮压 P_{max}，同时另一端的大车轮压称为吊车最小轮压 P_{min}，P_{max} 和 P_{min} 同时作用在排架上，如图 12-22 所示。P_{max} 和 P_{min} 的标准值，可根据吊车的规格（吊车类型、起重量、跨度及工作级别）从 GB/T3811—2005《起重机设计规范》及产品样本中查出。当 P_{max} 与 P_{min} 确定后，即可根据吊车梁（按简支梁考虑）的支座反力影响线及吊车轮子的最不利位置，如图 12-23 所示，计算两台吊车由吊车梁传给柱子的最大吊车竖向荷载的标准值 D_{max} 与最小吊车竖向荷载标准值 D_{min}。

当两台吊车不同时：

$$\left.\begin{aligned} D_{max} &= P_{1max}(y_1 + y_2) + P_{2max}(y_3 + y_4) \\ D_{min} &= P_{1min}(y_1 + y_2) + P_{2min}(y_3 + y_4) \end{aligned}\right\} \qquad (12-2)$$

式中　P_{1max}、P_{2max}——两台起重量不同的吊车最大轮压的标准值，且 $P_{1max} \geqslant P_{2max}$；

P_{1min}、P_{2min}——两台起重量不同的吊车最小轮压的标准值，且 $P_{1min} \geqslant P_{2min}$；

y_1、y_2、y_3、y_4——与吊车轮子相对应的支座反力影响线上竖向坐标值，按图 12-23 所示的几何关系计算。

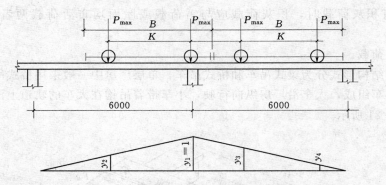

图 12-23　吊车梁的支座反力影响线及吊车轮子的最不利位置

当两台吊车完全相同时，上式可简化为：

$$D_{max} = P_{max} \sum y_i$$

$$D_{min} = P_{min} \sum y_i = D_{max} \frac{P_{min}}{P_{max}} \qquad (12-3)$$

式中　$\sum y_i = y_1 + y_2 + y_3 + y_4$。

GB50009—2001 规定：计算排架考虑多台吊车竖向荷载时，对一层吊车的单跨厂房的每个排架，参与组合的吊车台数不宜多于 2 台；对一层吊车的多跨厂房的每个排架不宜多于 4 台。

2）吊车横向水平荷载。

吊车的横向水平荷载是指载有额定最大起重量的小车，在启动或制动时，由于吊车和小车的惯性力而在厂房排架柱上产生的横向水平制动力，这个力通过吊车两侧的轮子及轨道传给两侧的吊车梁并最终传给两侧的柱。吊车的横向水平制动力应按两侧柱的刚度大小分配。为了简化计算 GB50009—2001 允许近似地平均分配给两侧柱，如图 12-24 所示。对于四轮桥式吊车，当小车满载时，大车每个轮子传递给吊车梁的横向水平制动力为

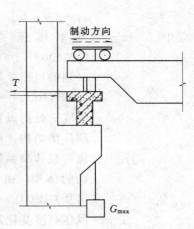

图 12-24 吊车横向水平荷载

$$T = \frac{1}{4}\alpha(G+g) \qquad (12-4)$$

式中　　α——横向制动力系数，对软钩吊车；

当 $G \leqslant 10\mathrm{t}$ 时，取 12%；

当 $G = 16 \sim 50\mathrm{t}$ 时，取 10%；

当 $G \geqslant 75\mathrm{t}$ 时，取 8%；

对硬钩吊车，取 20%。

n——每台吊车两端的总轮数一般为 4。

当吊车上面每个轮子的 T 值确定后，可用计算吊车竖向荷载的办法，计算吊车的最大横向水平制动力 $T_{\max}$

两台吊车不同时

$$T_{\max} = T_1(y_1 + y_2) + T_2(y_3 + y_4) \qquad (12-5)$$

式中　　T_1，T_2——起重量不同的两台吊车横向水平制动力。

两台吊车相同时

$$T_{\max} = T \sum y_1 \qquad (12-6)$$

3）吊车纵向水平荷载。

吊车的纵向水平荷载是指大车沿厂房纵向启动或制动时，由吊车自重和吊重的惯性力在纵向排架柱上所产生的水平制动力。其方向与轨道方向一致，由厂房的纵向排架承担。吊车纵向水平荷载标准值，应按作用在一边轨道上所有刹车轮的最大轮压力之和的 10% 计算，即

$$T_{\max} = \frac{n}{10} P_{\max} \qquad (12-7)$$

式中　　n——吊车每侧制动轮数，对于一般四轮吊车 $n=1$；

$P_{\max}$——吊车最大轮压标准值。

当厂房纵向有柱间支撑时，吊车纵向水平荷载由柱间支撑承受；当厂房纵向无柱间支撑时，吊车纵向水平荷载由伸缩缝区段内的所有柱共同承受。

（3）风荷载。

作用在排架上的风荷载，是由计算单元这部分墙身和屋面传来的，其作用方向垂直于建筑物的表面，如图 12-25 所示，分压力和吸力两种。风荷载 ω_k 的标准值可按下式计算：

$$\omega_k = \beta_z \mu_s \mu_z w_0 \qquad (12-8)$$

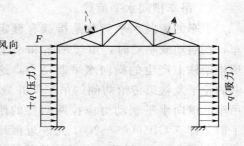

图 12-25　排架风荷载计算简图

式中　　w_0——基本风压，kN/m^2，应按 GB50009—2001 给出的 50 年一遇的风压采用，但不得小于 $0.3kN/m^2$；

β_z——高度 z 处的风振系数，对于单层厂房结构，可取 $\beta_z = 1$；

μ_s——风荷载体型系数，取决于建筑物的体型，由风洞试验确定，可从 GB50010—2010 中有关表格查出；

μ_z——风压高度变化系数，一般来讲，离地面越高，风压值越大，μ_z 即为建筑物不同高度处的风压与基本风压（10m 标高处）的比值，它与建筑物所处的地面粗糙度有关，其值可从 GB50010—2010 中的有关表格查出。

计算单层工业厂房风荷载时，柱顶以下的风荷载可按均布荷载计算，屋面与天窗架所受的风荷载一般折算成作用在柱顶上的某种集中水平风荷载 F。

12.4.3　排架内力计算

单层厂房排架结构属于空间结构。目前，其内力计算方法有两种：考虑厂房整体空间作用和不考虑厂房整体空间作用。本节主要讨论不考虑厂房整体空间作用的平面排架计算方法。

1. 等高排架内力计算

根据排架横梁刚度无穷大和横梁长度不变的假定，柱顶标高相同的排架在任意荷载作用

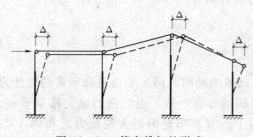

图 12-26　等高排架的形式

下，所有柱顶的水平位移均相等，若柱顶标高不同，但由倾斜横梁连接，能保证各柱柱顶水平位移相同，称为等高排架（图 12-26）。等高排架的内力，一般采用剪力分配法进行计算。按剪力分配法可求出各柱的柱顶剪力，然后根据柱顶剪力及外荷载按独立悬臂柱计算任意截面的内力。

（1）单阶一次超静定柱内力分析。

由结构力学可知，当单位水平力作用于单阶悬臂柱顶时，如图 12-27（a）所示，柱顶水平位移为

$$\delta = \frac{H^3}{3E_cI_l}\left[1+\lambda^3\left(\frac{1}{n}-1\right)\right] = \frac{H^3}{C_0E_cI_l} \qquad (12-9)$$

其中　　　　　　$\lambda = \frac{H_u}{H}, \quad n = \frac{I_u}{I_l}, \quad C_0 = \frac{3}{1+\lambda^3\left(\frac{1}{n}-1\right)}$

C_0 由附录 12-1 的附图查得。

因此要使柱顶产生单位水平位移，则需在柱顶施加 $1/\delta$ 的水平力，如图 12-27（b）所

示。显然，若材料相同，柱的刚度越大，需要施加的水平力越大。由此可见 $1/\delta$ 反映了柱抵抗侧移的能力，称之为"抗侧移刚度"，有时也称之为"抗剪刚度"。

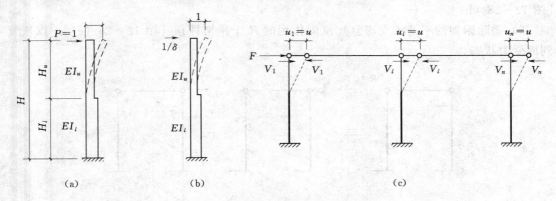

图 12 - 27　排架柱顶位移

对于由若干柱子构成的等高排架，在柱顶水平力作用下，其柱顶剪力可根据各柱的抗剪刚度进行分配，这就是结构力学中的剪力分配法。下面就柱顶作用水平力和作用任意荷载两种情况，分别讨论剪力分配法在等高排架内力计算时的应用。

（2）柱顶作用水平集中力 F 时。

如图 12 - 27（c）所示，设排架有 n 根柱，任一柱 i 的抗侧移刚度为 $1/\delta_i$ 横梁为刚性连杆，则每根柱顶端位移为 μ，则 $\mu_1 = \mu_2 = \cdots = \mu_i = \mu$，每根柱分担的剪力

$$V_i = \frac{1}{\delta_i}\mu \tag{12-10}$$

由平衡条件得

$$F = V_1 + V_2 + V_i + \cdots + V_n = \sum_{i=1}^{n} V_i = \sum_{i=1}^{n} \frac{1}{\delta_i}\mu = \mu \sum_{i=1}^{n} \frac{1}{\delta_i} \tag{12-11}$$

则 $\mu = \dfrac{F}{\sum\limits_{i=1}^{n} \dfrac{1}{\delta_i}}$ 代入上式得

$$V_i = \frac{\dfrac{1}{\delta_i}}{\sum\limits_{i=1}^{n} \dfrac{1}{\delta_i}} F = \eta_i F \tag{12-12}$$

令 $\eta_i = \dfrac{\dfrac{1}{\delta_i}}{\sum\limits_{i=1}^{n} \dfrac{1}{\delta_i}}$，称为第 i 根柱的剪力分配系数。

式中　δ_i——第 i 根柱的柔度，$1/\delta_i$ 为第 i 根柱的侧移刚度。

当排架柱顶作用有水平集中力 F 时，各柱的柱顶剪力按其侧移刚度与各柱侧移刚度总和的比例进行分配，故称为剪力分配法。

（3）任意荷载作用时。

在任意荷载作用下，无法直接进行剪力分配，为了应用剪力分配法，应按以下三个步

骤进行内力计算（图 12-28）：

1）先在排架柱顶假想地附加一个不动铰支座以阻止水平侧移，求出其支座反力 R [图 12-28 (b)]。

2）撤除附加的不动铰支座且加反向作用的 R 于排架柱顶 [图 12-28 (c)]，以恢复到原受力状态。

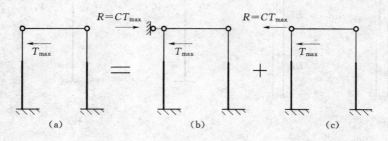

图 12-28 各种荷载作用时排架计算示意图
(a) 任意荷载作用下的排架；(b) 在柱顶附加不动铰支座；(c) 支座反力 R 作用于柱顶

3）叠加上述两步骤中的内力，即为排架的实际内力。

各种荷载作用下的附加不动铰支座反力 R 可以从附录中附图 12-1～12-8 求得。图中系数 C 为吊车水平荷载 T_{max} 作用下的不动铰支座反力系数。

【例 12-1】 用剪力分配法计算图 12-29 所示的排架在风荷载作用下的内力。

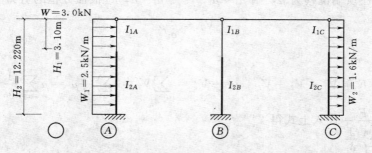

图 12-29 风荷载作用下排架内力计算

已知：屋面及天窗架传来的风荷载集中力设计值为 $W=3.0\text{kN/m}$，由墙传来的风荷载均布荷载设计值为柱 $W_1=2.5\text{kN/m}$，$W_2=1.6\text{kN/m}$。

截面参数：边柱 $I_{1A}=I_{1C}=2.13\times10^9\text{mm}^4$，$I_{2A}=I_{2C}=9.23\times10^9\text{mm}^4$；

中柱 $I_{1B}=4.17\times10^9\text{mm}^4$，$I_{2B}=9.23\times10^9\text{mm}^4$；

上柱高均为 $H_1=3.1\text{m}$，柱总高 $H=12.22\text{m}$。

【解】 （1）计算剪力分配系数

$$\lambda=\frac{H_1}{H}=\frac{3.10}{12.22}=0.254$$

柱 A、柱 C： $n=\frac{2.13}{9.23}=0.231$

柱 B： $n=\frac{4.17}{9.23}=0.452$

查附表 12-1，得位移计算系数式

$$C_0 = \frac{3}{1 + \lambda^3 \left(\frac{1}{n} - 1\right)}$$

边柱 $C_0 = 2.85$

中柱 $C_0 = 2.94$

$$\delta_A = \delta_C = \frac{H_l^3}{EI_{2A}C_0} = \frac{12.22^3 \times 10^9}{9.23 \times 10^9 E \times 2.85} = 69.4 \frac{1}{E}$$

$$\delta_B = \frac{H_l^3}{EI_{2C}C_0} = \frac{12.22 \times 10^9}{9.23 \times 10^9 E \times 2.94} = 67.2 \frac{1}{E}$$

剪力分配系数为

$$\eta_A = \eta_C = \frac{\frac{1}{\delta_i}}{\sum \frac{1}{\delta_i}} = \frac{\frac{E}{69.4}}{\frac{E}{69.4} \times 2 + \frac{E}{67.2}} = 0.33$$

$$\eta_B = 1 - 2 \times 0.33 = 0.34$$

（2）计算各柱顶剪力，把荷载分为 W、W_1 和 W_2 三种情况，分别求出各柱顶所产生的剪力，然后叠加。

1）在 W_1 的作用下，查附表 12-1 求 A 支座反力

$$C_{11} = \frac{3\left[1 + \lambda^4 \left(\frac{1}{n} - 1\right)\right]}{8\left[1 + \lambda^3 \left(\frac{1}{n} - 1\right)\right]} = \frac{3\left[1 + 0.254^4 \left(\frac{1}{0.231} - 1\right)\right]}{8\left[1 + 0.254^3 \left(\frac{1}{0.231} - 1\right)\right]} = 0.361$$

A 支座反力：$R_A = W_1 H_2 C_{11} = 2.5 \times 12.22 \times 0.361 = 11.0\text{kN}$

2）在 W_2 的作用下，查附表 12-1 求 C 支座反力 $C_{11} = 0.361$

C 支座反力：$R_C = W_2 H_2 C_{11} = 1.6 \times 12.2 \times 0.361 = 7.0\text{kN}$

3）求各柱总的柱顶剪力（图 12-30）。

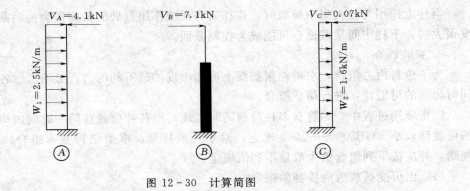

图 12-30　计算简图

$$V_A = \eta_A(R_A + W + R_C) - R_A = 0.33 \times (11 + 3.0 + 7.0) - 11 = 4.07\text{kN}$$

$$V_B = \eta_B(R_A + W + R_C) = 0.34(11 + 3.0 + 7.0) = 7.14$$

$$V_C = \eta_C(R_A + W + R_C) - R_C = 0.33(11 + 3.0 + 7.0) - 7.0 = -0.07$$

（3）绘制弯矩图。由上述柱顶剪力值，即可根据柱本身所受荷载情况，绘制出各柱的弯矩图，如图 12-31 所示。

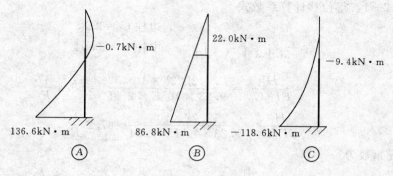

图 12-31 内力图

2. 不等高排架内力计算

不等高排架在任意荷载作用下，各跨排架柱顶位移不等，不能采用剪力分配法求解内力，一般采用结构力学中的力法进行排架内力计算。

12.4.4 排架内力组合

分析排架结构的内力时，应先求出各种荷载单独作用时各柱的内力，然后进行内力组合。其目的是求出起控制作用的截面的最不利内力，作为柱和基础设计的依据。

1. 控制截面

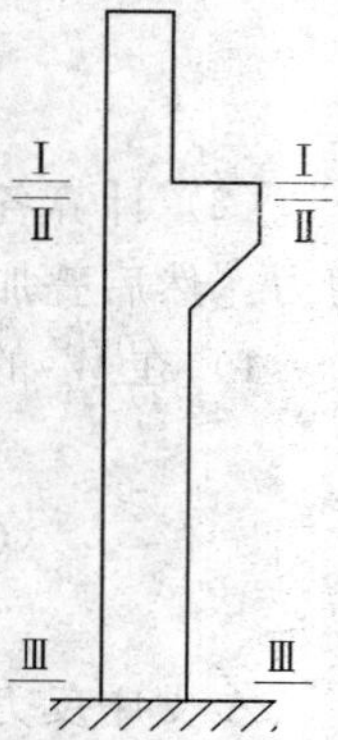

控制截面是指对柱配筋和基础设计起控制作用的那些截面。对于变截面柱，由于其上柱柱底 I—I 截面弯矩及轴力较大，因此取该截面作为上柱控制截面；对于下柱，牛腿顶面 II—II 截面在吊车竖向荷载作用下弯矩最大；柱底 III—III 截面在风荷载或吊车横向水平力作用下弯矩最大，因此取这两个截面作为下柱的控制截面。

图 12-32

当柱上作用有较大集中荷载时，往往需将荷载作用点处的截面作为控制截面；当柱高度很大时，下柱中间某截面也可能成为控制截面。

2. 荷载组合

为了进行内力组合，求得控制截面上可能出现的最不利内力，必须考虑各种单项荷载同时出现的可能性，进行荷载组合。

厂房使用过程中，尽管有多种荷载同时出现，但各种荷载在同一时间内均达到最大值的可能性较小。GB50009—2001 规定：对于一般排架、框架结构基本组合，可采用简化规则，并应按下列组合值中取最不利值确定：

（1）由可变荷载效应控制的组合

$$S = \gamma_G S_{Gk} + \gamma_{Q1} S_{Q1k} \tag{12-13}$$

$$S = \gamma_G S_{Gk} + 0.9 \sum_{i=1}^{n} \gamma_{Qi} S_{Qik} \tag{12-14}$$

（2）由永久荷载效应控制的组合

$$S = \gamma_G S_{Gk} + \sum_{i=1}^{n} \gamma_{Qi} \Psi_{ci} S_{Qik} \tag{12-15}$$

式中 γ_G——永久荷载的分项系数；

    γ_{Qi}——第 i 个可变荷载的分项系数，其中 γ_{Q1} 为可变荷载 Q_1 的分项系数；

    S_{Gk}——按永久荷载标准值 G_k 计算的荷载效应值；

    S_{Qik}——按可变荷载标准值 Q_{ik} 计算的荷载效应值，其中 S_{Qik} 为诸可变荷载效应中起控制作用者；

    Ψ_{ci}——可变荷载 Q_i 的组合值系数；

    n——参与组合的可变荷载数。

根据以上原则，对不考虑抗震设防的单层厂房结构，按承载能力极限状态进行内力计算时，须进行以下组合：

（1）由可变荷载效应控制的组合。

1）恒荷载＋0.9（屋面活载＋吊车荷载＋风荷载）；

2）恒荷载＋0.9（吊车荷载＋风荷载）；

3）恒荷载＋0.9（屋面活荷载＋风荷载）；

4）恒荷载＋0.9（屋面活荷载＋吊车荷载）；

5）恒荷载＋吊车荷载；

6）恒荷载＋风荷载；

7）恒荷载＋屋面活荷载。

（2）由永久荷载效应控制的组合。

1）恒载＋0.7 屋面均布活荷载（雪荷载）＋0.9 屋面积灰荷载＋0.7（0.95）吊车荷载；

2）恒载＋0.7 屋面均布活荷载（雪荷载）＋0.9 屋面积灰荷载；

3）恒载＋0.7（0.95）吊车竖向荷载。

实践证明，内力不利组合由可变荷载效应控制的组合多，其中由 1）、2）、3）控制的较多，（上柱有时由 2）控制）；由 4）、5）、6）控制的较少。

3．内力组合

单层排架柱是偏心受压构件，其截面内力有 $\pm M$、N、$\pm V$ 因有异号弯矩，且为便于施工，柱截面常用对称配筋，即：对称配筋构件，当 N 一定时，无论大、小偏压，M 越大，则钢筋用量也越大。当 M 一定时，对小偏压构件，N 越大，则钢筋用量也越大；对大偏压构件，N 越大，则钢筋用量反而减小。因此，在未能确定柱截面是大偏压还是小偏压之前，一般应进行下列四种内力组合：

（1）$+M_{max}$ 与相应的 N、V；

（2）$-M_{max}$ 与相应的 N、V；

（3）N_{max} 与相应的 M、V（取绝对值较大者）；

（4）N_{min} 与相应的 M、V（取绝对值较大者）。

在进行单层厂房结构内力组合时，应注意以下几点：

（1）恒载在任何一种内力组合中都存在；

（2）组合目标要明确。例如进行第（1）种组合时，应以得到 $+M_{max}$ 为组合目标来分析荷载组合。然后计算出相应荷载组合下的 $+M_{max}$、$-M_{max}$、N 和 V；

（3）当以 N_{max} 或 N_{min} 为组合目标时，应使相应的 M 尽可能大；

（4）考虑吊车荷载时，若要组合 F_h，则必组合 D_{max} 或 D_{min}；反之要组合 D_{max} 或 D_{min} 则不一定要组合 F_h。

12.5　单层厂房柱的计算

单层工业厂房排架柱设计的内容包括：选择柱的形式、确定截面尺寸以及配筋计算，此外还需进行吊装验算。柱的截面形式和截面尺寸在 12.3 节中已讲过，在这只介绍柱的配筋和吊装验算等。

12.5.1　柱的截面设计

根据排架内力分析得到单层厂房柱各控制截面的内力 M、N、V。因为柱截面上剪力 V 比轴力 N 小得多，很少由于剪力作用使柱产生斜截面破坏，因此，在柱的配筋计算中，一般不进行抗剪承载力计算，而按偏心受压构件进行配筋计算。

1. 柱的计算长度

确定偏心距增大系数 η 和稳定性系数 φ 需要用到单层厂房柱的计算长度，其值与柱两端支撑情况有关，应按表 12-7 规定取值。

表 12-7　　　　采用刚性屋盖的单层工业厂房和露天吊车栈桥柱的计算长度

项次	柱 的 类 型		排架方向	垂直排架方向	
				有柱间支撑	无柱间支撑
1	无吊车厂房柱	单跨	$1.5H$	1.0	$1.2H$
		两跨及多跨	$1.25H$	$1.0H$	$1.2H$
2	有吊车厂房柱	上柱	$2.0H_u$	$1.25H_u$	$1.5H_u$
		下柱	$1.0H_l$	$0.8H_l$	$1.5H_l$
3	露天吊车柱和栈桥柱		$2.0H_l$	$1.0H_l$	—

注　1. H—从基础顶面算起的柱全高；

H_l—从基础顶面至装配式吊车梁底面或现浇式吊车梁顶面的柱下部高度；

H_u—从装配式吊车梁底面或从现浇式吊车梁顶面算起的柱上部高度。

2. 表中有吊车厂房排架柱的计算长度，当计算中不考虑吊车荷载时，可按无吊车厂房的计算长度采用；但上柱的计算长度仍按有吊车厂房采用。

3. 表中有吊车厂房排架柱的上柱在排架方向的计算长度，仅适用于 $H_u/H_L \geqslant 0.3$ 的情况，当 $H_u/H_L < 0.3$ 时，计算长度宜采用 $2.5H_u$。

2. 截面配筋计算

根据排架计算求得的控制截面的最不利内力组合 M、N 和 V，按偏心受压构件分别对上柱和下柱进行配筋计算。由于柱截面在排架方向有正反方向相近的弯矩，并避免施工中主筋易放错，一般采用对称配筋。

3. 柱的吊装验算

单层厂房施工时，往往采用预制柱，预制柱在自重作用下的受力状态与使用荷载作用下完全不同，因此需要对柱的吊装及运输阶段进行验算。

柱在吊装时可以采用平吊或翻身吊，为便于施工应尽量采用平吊。当采用平吊需要较多地增加柱的配筋时，应考虑采用翻身吊。由于翻身吊时截面的受力方向与使用阶段相同，一般不必验算。当采用平吊时，其吊点一般设在牛腿下缘处，其荷载应考虑吊装时动力效应，将自重乘以动力系数 1.5。其内力应按外伸梁计算如图 12-33 所示。

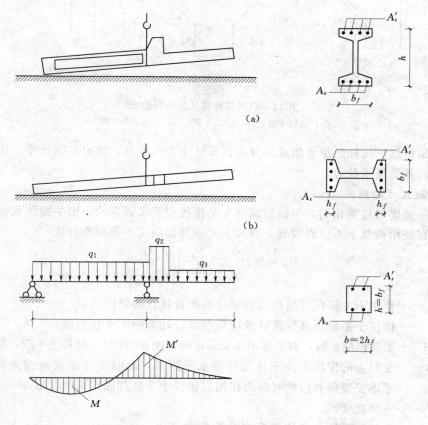

图 12-33 柱吊装验算计算简图与弯矩图
(a) 翻身吊；(b) 平吊

柱的吊装阶段的验算包括承载力验算和裂缝宽度验算两部分。

（1）承载力验算。

根据 GB50010—2010 规定，吊装阶段承载力验算时，结构的重要性系数可降低一级。承载力验算采用图 12-33 中弯矩设计值 M 或 M' 分别按双筋截面受弯构件进行验算。

（2）裂缝宽度验算。

裂缝宽度一般采用前面介绍的最大裂缝宽度计算公式来验算。

12.5.2 牛腿设计

单层厂房排架柱一般都带有短悬臂（牛腿）以支承吊车梁、屋架及连系梁等，并在柱身不同标高处设有预埋件，以便和上述构件及各种支撑进行连接，如图 12-34 所示。

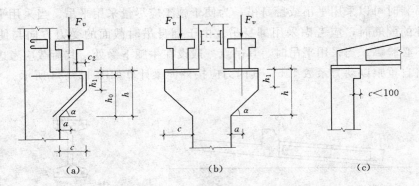

图 12-34　几种常见的牛腿形式

(a) 边柱牛腿；(b) 中柱牛腿；(c) 支承屋架牛腿

牛腿是单层厂房柱的重要组成部分，其设计主要内容有：确定牛腿尺寸；计算牛腿配筋；验算局部受压承载力。

1. 牛腿尺寸的确定

牛腿的宽度与柱宽相同，牛腿的高度 h 是按抗裂要求确定的。因牛腿负载很大，设计时应使其在使用荷载下不出现裂缝。故按下式验算以确定牛腿截面高度

$$F_{vk} \leqslant \beta \left(1 - 0.5 \frac{F_{hk}}{F_{vk}}\right) \frac{f_{tk}bh_0}{0.5 + \dfrac{a}{h_0}} \qquad (12-16)$$

式中　F_{vk}——作用于牛腿顶部按荷载效应标准组合计算的竖向力值；

F_{hk}——作用于牛腿顶部按荷载效应标准组合计算的水平拉力值；

β——裂缝控制系数，对支撑吊车梁的牛腿，取 $\beta=0.65$；对其他牛腿，取 $\beta=0.8$；

a——竖向力的作用点至下柱边缘的水平距离，此时应考虑安装偏差 20mm；当考虑安装偏差后的竖向力作用点仍位于下柱截面以内时，取 $a=0$；

b——牛腿宽度；

h_0——牛腿与下柱交接处的垂直截面有效高度，$h_0=h_1-a_s+c\tan\alpha$ 当 $\alpha > 45^\circ$ 时，取 $\alpha=45^\circ$，c 为下柱边缘到牛腿外缘的水平长度。

牛腿尺寸的构造要求如图 12-35 所示。

2. 牛腿的配筋计算

(1) 纵向受力钢筋。

牛腿的纵向受力钢筋由承受竖向力所需的受拉钢筋和承受水平拉力所需的水平锚筋组成，钢筋的总面积 A_s，应按下式计算

$$A_s \geqslant \frac{F_v a}{0.85 f_y h_0} + 1.2 \frac{F_h}{f_y} \qquad (12-17)$$

式中　F_v——作用在牛腿顶部的竖向力设计值；

F_h——作用在牛腿顶部的水平拉力设计值；

a——竖向力作用点至下柱边缘的水平距离，当 $a < 0.3h_0$ 时，取 $a=0.3h_0$。

(2) 水平箍筋和弯起钢筋。

牛腿水平箍筋按 GB50010—2010 构造要求设置，当牛腿的剪跨比 $a/h \geqslant 0.3$ 时，宜设置弯起钢筋。

3. 牛腿的局部受压承载力验算

牛腿垫板下局部受压承载力按下式验算

$$\sigma = \frac{F_{VK}}{A} \leqslant 0.75 f_c \qquad (12-18)$$

式中 A——局部受压面积，$A=ab$，其中 a、b 分别表示垫板的长和宽。

当式（12-18）不满足要求时，应采取必要措施，如加大受压面积、提高混凝土强度等级或在牛腿中加配钢筋网等。

4. 牛腿的构造要求

（1）承受竖向力所需的纵向受力钢筋的配筋率，按牛腿的有效截面计算，不应小于 0.2% 及 $0.45 f_t / f_y$，也不宜大于 0.6%；其数量不宜少于 4 根，直径不宜小于 12mm。

（2）纵向受拉钢筋的一端伸入柱内，并应具有足够的锚固长度 l_a，其水平段长度不小于 $0.4 l_a$，在柱内的垂直长度，除满足锚固长度 l_a 外，尚不小于 $15d$，不大于 $22d$；另一端沿牛腿外缘弯折，并伸入下柱 150mm（图 12-35）。纵向受拉钢筋是拉杆，不得下弯兼作弯起钢筋。

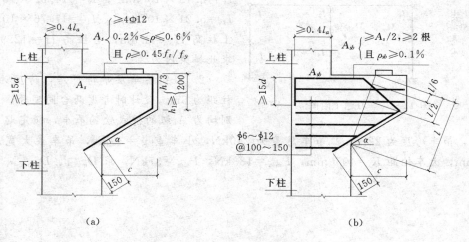

图 12-35 牛腿尺寸的构造要求
(a) 牛腿尺寸及纵筋配置；(b) 箍筋和弯筋的配置

（3）牛腿内应按构造要求设置水平箍筋及弯起钢筋（图 12-35），它能起抑制裂缝的作用。水平箍筋应采用直径 6～12mm 的钢筋，在牛腿高度范围内均匀布置，间距 100～150mm。但在任何情况下，在上部 $2h_0/3$ 范围内的水平箍筋的总截面面积不宜小于承受竖向力的受拉钢筋截面面积的二分之一。

（4）当牛腿的剪跨比 $a/h_0 \geqslant 0.3$ 时，宜设置弯起钢筋。弯起钢筋宜用变形钢筋，并应配置在牛腿上部 $l/6$～$l/2$ 之间主拉力较集中的区域，l 为集中荷载作用点到牛腿斜边下端点连线的长度，如图 12-35 所示，以保证充分发挥其作用。弯起钢筋的截面面积 A_{sb} 不宜小于承受竖向力的受拉钢筋截面面积的 1/2，数量不少于 2 根，直径不宜小于 12mm。

❓ 复习思考题与习题

一、思考题

1. 单层工业厂房由哪几部分组成？

2. 单层厂房纵、横向排架分别由哪些构件组成？其传力途径如何？

3. 单层厂房结构布置包括哪些？

4. 单层厂房中有哪些支撑系统？其布置原则是什么？

5. 排架计算简图如何确定？其依据假设有哪些？

6. 排架柱在进行最不利内力组合时，如何组合各种荷载引起的内力？应进行哪几种内力组合？

7. 排架柱截面尺寸及配筋是怎么确定的？

二、习题

1. 如图 12-36 所示的两跨排架，在 A 柱牛腿顶面处作用的力矩设计值 $M_{max}=211.1$kN·m，在 B 柱牛腿顶面处作用的力矩设计值 $M_{min}=134.5$kN·m；柱截面惯性矩

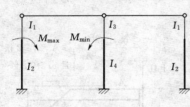

图 12-36 习题1附图

$I_1=2.13\times10^9$mm^4，$I_2=14.52\times10^9$mm^4，$I_3=5.21\times10^9$mm^4，$I_4=17.76\times10^9$mm^4，上柱高 $H_u=3.8$m，全柱高 $H=12.9$m，试求此排架内力。

2. 已知某单层单跨厂房，跨度为 24m，柱距为 6m。设计时考虑两台同型号、工作级别均为 A_4 级的桥式软钩吊车，额定起重量均为 10t，吊车跨度为 22.5m。吊车总重为 240kN，小车重 $g=39$kN，吊车最大宽度 $B=5290$mm，大车轮距 $K=4050$mm，$P_{max}=133$kN，$P_{min}=37$kN，求 $D_{max,k}$、$D_{min,k}$。

附录 单阶柱柱顶反力与位移系数表

附图 12-1 柱顶单位集中荷载作用下系数 C_0 的数值

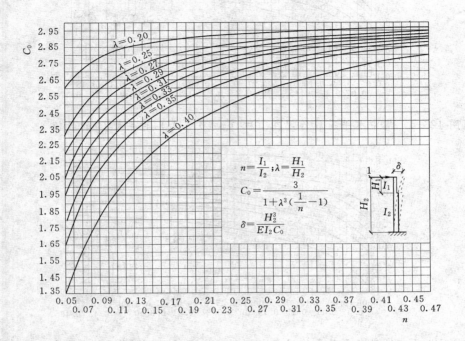

附图 12-2 柱顶力矩作用下系数 C_1 的系数

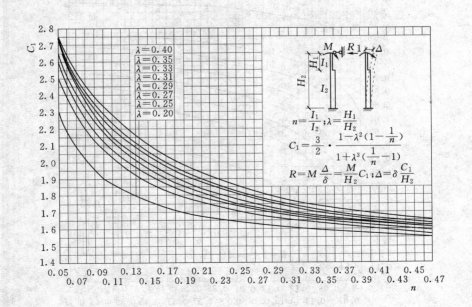

附图 12-3　力矩作用在牛腿顶面时系数 C_3 的数值

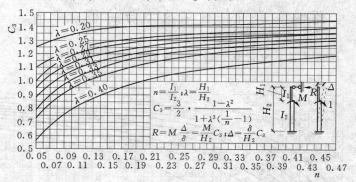

附图 12-4　集中水平荷载作用在上柱 ($y=0.5H_u$) 时系数 C_5 的数值

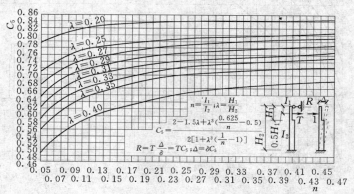

附图 12-5　集中水平荷载作用在上柱 ($y=0.6H_u$) 时系数 C_5 的数值

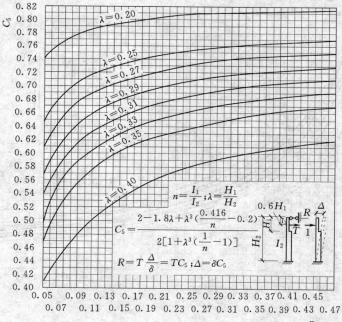

附图 12-6 集中水平荷载作用在上柱（$y=0.7H_u$）时系数 C_5 的数值

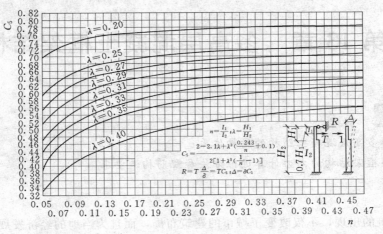

附图 12-7 集中水平荷载作用在上柱（$y=0.8H_u$）时系数 C_5 的数值

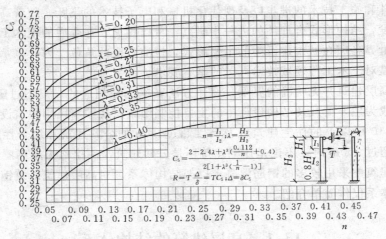

附图 12-8 水平均布荷载作用在整个上、下柱时系数 C_{11} 的数值

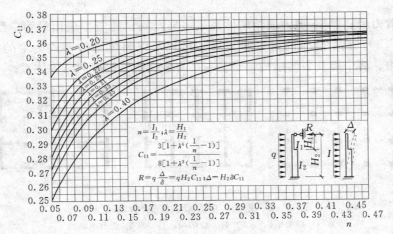

第 13 章 多高层混凝土框架结构

高层建筑的出现，不仅改变了城市的建筑布局，而且为当地的经济发展起到了巨大的带动作用。高层建筑的发展，得益于新材料的不断出现、力学分析方法和分析手段的发展、结构设计和施工技术的进步以及现代化机械和电子技术的飞跃。随着高性能材料的不断研制和开发，结构形式合理性的进一步研究，可以预见，在今后的土木工程领域，高层建筑仍将是世界各国在城市建设中的主要形式，扮演重要的角色。因此，掌握高层建筑的设计知识，是对土木工程领域技术人员的基本要求。

多层与高层建筑并无明确的界限，设计方法基本上是相通的，只不过随高度的增大，水平荷载将成为主要荷载及结构设计中的主要控制因素。我国《民用建筑设计通则》则规定，10 层及 10 层以上的住宅建筑以及高度超过 24m 的公共建筑和综合性建筑为高层建筑，而高度超过 100m 时，不论是住宅建筑还是公共建筑，一律称为超高层建筑。本章主要论述多层建筑中采用较多的钢筋混凝土框架结构体系。对高层建筑以及钢筋混凝土结构的其他结构体系仅作简单介绍。

13.1 高层建筑的结构体系

框架、剪力墙、框架-剪力墙结构体系是多层及高层建筑中应用最为广泛的几种结构体系（图 13-1）。高层建筑的进一步发展，出现了以筒体结构形式为主的框架-筒体结构、框筒结构、筒中筒及多筒结构，这是一些有较强抗侧刚度的结构体系。

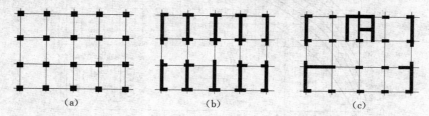

图 13-1 框架、剪力墙、框架-剪力墙结构
(a) 框架结构；(b) 剪力墙结构；(c) 框架-剪力墙结构

1. 框架结构体系

钢筋混凝土框架结构体系是以由梁、柱组成的框架作为竖向承重和抗水平作用的结构体系。

框架结构的优点是可以为建筑提供灵活布置的室内空间，便于布置会议室、餐厅、办公室、车间、实验室等大房间；其平面和立面也可有较多变化。

框架结构的缺点是在水平荷载作用下，结构的侧向刚度较小，水平位移较大，故称其为柔性结构体系。

框架结构的抗震性能较差，在强震下容易产生震害。因此它主要用于非抗震设计、层数较少、建造高度不超过 60m 的建筑中，在抗震设防烈度较高的地区，建造高度受到严格限制。在地震区采用框架结构必须加强梁、柱和节点的抗震措施，还要注意非结构构件（如填充墙等）材料的选用以及填充墙与框架的连接，避免过大变形导致非结构构件的损坏。

2. 剪力墙结构体系

利用建筑物的墙体作为抗侧力并同时承受竖向荷载的结构，称为剪力墙结构体系。剪力墙结构适用于住宅、旅馆等具有小房间的建筑。剪力墙同时可作为维护及分隔房间的构件，可避免大量砌筑填充墙。

现浇钢筋混凝土剪力墙结构的整体性好，刚度大，抗侧力性能好，同时抗震性能也较好。它适宜于建造高层建筑，一般在 10～40 层范围内都可采用，在 20～30 层的房屋中应用较为广泛。

剪力墙结构也有其缺点。主要是剪力墙间距太小（3～8m），平面布置往往受到限制而不够灵活，结构自重也较大。剪力墙结构用来建造宾馆时布置餐厅、会议室、舞厅等大房间很困难，通常将这些房间放置在顶层或设裙房来解决；也有将剪力墙结构的底部一层或几层取消部分剪力墙而代之以框架，形成底部大空间剪力墙结构，而标准层则可以是小开间或大开间结构。

3. 框架-剪力墙结构体系

在框架结构中布置一定数量的剪力墙可以组成框架-剪力墙结构，竖向荷载主要由框架承受，水平荷载主要由剪力墙承受。

这种结构既有框架结构布置灵活、使用方便的优点，又有较大的刚度和较强的抗震能力，因而广泛地应用于高层办公楼及宾馆建筑。

4. 筒体结构体系

当建筑物的层数超过 40～50 层时，仍采用平面受力状态的框架、剪力墙组成的结构体系其抗侧刚度往往不能满足变形控制的要求，需要采用刚度更大的空间结构体系——筒体结构。筒体有如以楼板作为刚性隔板加劲的箱形截面竖向悬臂梁，它具有很大的空间刚度和抗侧、抗扭能力，用于承受水平荷载。筒体可以由剪力墙或密柱框架组成。

如图 13-2（a）所示为一框架-筒体结构的平面，建筑物中央布置一个由剪力墙连接形成的大薄壁筒，绝大部分水平荷载由筒体承受；周边布置的柱子对抗侧力不起作用，主要用于承受竖向荷载。图 13-2（b）为筒中筒结构，它由内外两个筒体组成：内筒是实腹薄壁筒，用来布置电梯、竖向管道等；外筒是由密柱与深梁组成的空间框架，由于柱距小、梁高大实际上是一个开了许多窗洞的筒体，称为框筒。框筒与实腹筒的空间受力状态相似，具有很大的空间刚度和整体性，内外筒之间可不设柱，楼板起到协同内外筒共同工作的作用。

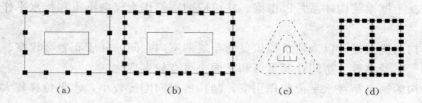

图 13-2 筒体结构的类型

(a) 框架-筒体结构；(b) 筒中筒结构；(c) 多重筒结构；(d) 成束筒结构

13.2 结构总体布置原则

一个建筑结构方案的确定，要涉及到安全可靠、使用要求、经济投入、施工技术和建筑美观等诸多方方面面的问题。要求设计者综合运用力学概念、结构破坏机理的概念、地震对建筑物造成破坏的经验教训、结构试验结论和计算结果的分析判断等进行设计，这在工程设计中被称为"概念设计"。概念设计虽然带有一定的经验性，涉及的范围十分丰富，但是它的基本原则是明确的。事实证明概念设计是十分有效的。高层建筑由于体形庞大，一些复杂部位难以进行精确计算，特别是对需要进行抗震设防的建筑，因为地震作用影响因素很多，要进行精确计算更是困难。因此，在高层建筑设计中，除了要根据建筑高度选择合理的结构体系外，必须运用概念设计进行分析。本节讨论的结构总体布置原则，就是高层建筑设计中属于概念设计的一些基本原则。

1. 控制结构的高宽比 H/B

在高层建筑的设计中，控制侧向位移是结构设计的主要问题。随着高宽比的增大，结构的侧向变形能力也相对越强，倾覆力矩也越大。因此，建造宽度很小的高层建筑是不合适的，应对建筑物的高宽比加以限制，如表 13-1 所示。

表 13-1 是《钢筋混凝土高层建筑设计与施工规程》的规定，是根据经验得到的，可供初步设计时参考。如果体系合理、布置恰当，经过验算结构侧向位移、自振周期、地震反应和风振下的动力效应在理想的范围内，则 H/B 值可以适当放宽。

表 13-1 高宽比限值 (H/B)

结构类型	非抗震设计	抗震设计		
		6度、7度	8度	9度
框架	5	5	4	2
框架-剪力墙	5	5	4	3
剪力墙	6	6	5	4
筒中筒、成束筒	6	6	5	4

2. 结构的平面形状

建筑物的平面形状一般可以分为以下两类。

(1) 板式。

板式是指建筑物宽度较小、长度较大的平面形状。在板式结构中，因为宽度较小，平面短边方向抗侧移刚度较弱。当长度较大时，在地震或风荷载作用下，结构会产生扭转、楼板平面翘曲等现象。因此，应对板式结构的长宽比 L/B 加以限制，一般情况下 L/B 不宜超过 4；当抗震设防烈度等于或大于 8 度时，限制应更加严格。同时，板式结构的高宽比也需控制的更严格一些。

（2）塔式。

塔式是指建筑物的长度和宽度相近的平面形状。塔式平面形状不局限于方形或圆形，可以是多边形、长宽相近的矩形、Y 形、井字形、三角形等。在塔式结构中，两个方向抗侧移刚度相近。尤其是平面形状对称时，扭转相对要小得多。在高层建筑、尤其是超高层建筑中，多采用塔式平面形状。

无论采用那一种平面形状，都应遵循平面规则、对称、简单的原则，尽量减少因平面形状不规则而产生扭转的可能性。

3. 对抗震有利的结构布置形式

大量地震震害调查说明，建筑物平面布置不合理、刚度不均匀、高低错层连接、屋顶局部突出、高度方向刚度突变等，都容易造成震害。在抗震设计中，必须遵循以下两点使结构形式对抗震有利。

（1）选择有利于抗震的结构平面。

平面形状复杂、不规则、不对称的结构，不仅结构设计难度大，而且在地震作用的影响下，结构要出现明显的扭转和应力集中，这对抗震是非常不利的。另外，各抗侧力结构的刚度在平面内的布置也必须做到均匀，尽可能对称。避免刚度中心和水平力作用点出现过大偏心距。故平面布置简单、规则、对称是应遵循的原则。

（2）选择有利于抗震的竖向布置。

结构竖向布置的原则是刚度均匀连续，避免刚度突变。在结构竖向刚度有变化时要做到由上到下刚度逐渐变化，尽量避免在结构的某个部位出现薄弱层。对结构顶部的局部突起的"鞭梢效应"，应有足够的重视。震害分析表明，这些部位往往是震害最严重的地方。

4. 有关缝的设置

在一般房屋结构的总体布置中，考虑到沉降、温度收缩和体型复杂对房屋结构的不利影响，常常采用沉降缝、伸缩缝或防震缝将房屋分成若干个独立的部分，以消除沉降差、温度应力和体型复杂对结构的危害。对这三种缝，有关规范都作了原则性的规定。

但是，在高层建筑中常常由于建筑使用要求和立面效果的考虑以及防水处理困难等，希望少设缝或不设缝。目前在高层建筑中，总的趋势是避免设缝，并从总体布置上或构造上采取相应措施来减少沉降、温度和体型复杂引起的问题。

5. 温度差对房屋竖向的影响

季节温差、室内外温差和日照温差对房屋竖向结构亦是有影响的。当建筑物高度在 30～40 层以上时，就应考虑这种温度作用。

6. 高层建筑楼盖

在高层建筑中，楼盖不再是简单的竖向分割和平面支撑。在高层结构侧向变形时，要求楼盖应具备必要的整体性和平面内刚度。同时，考虑到高层建筑平面较为复杂、尽量减少楼盖的结构高度和重量，装配式楼盖已不再适用，一般应采用现浇整体式或装配整体式楼盖。

7. 基础埋置深度及基础形式

（1）基础埋置深度。

高层建筑由于高度大、重量大，受到的地震作用和风荷载值较大，因而倾覆力矩和剪力都比较大。为了防止倾覆和滑移，高层建筑的基础埋置深度要深一些，使高层建筑基础周围所受到的嵌固作用较大，减小地震反应。《钢筋混凝土高层建筑设计与施工规程》规定：

1）在天然地基上基础埋置深度不小于建筑物总高度的 1/12。

2）采用桩基时，桩基承台的埋置深度不宜小于建筑物总高度的 1/15。

3）当地基为岩石时，基础埋置深度可减小一些，但应采用地锚等措施。

（2）基础形式。

基础承托房屋全部重量及外部作用力，并将它们传到地基；另一方面，它又直接受到地震波的作用，并将地震作用传到上部结构。可以说，基础是结构安全的第一道防线。基础的形式，取决于上部结构的形式、重量、作用力以及地基土的性质。基础形式有以下几种：

1）柱下独立基础。适用于层数不多、地基承载力较好的框架结构。当抗震要求较高或土质不均匀时，可在单柱基础之间设置拉梁，以增加整体性。

2）条形基础。条形基础、交叉条形基础比柱下独立基础整体性要好，可增加上部结构的整体性。

3）钢筋混凝土筏形基础。当高层建筑层数不多、地基土较好、上部结构轴线间距较小且荷载不大时，可以采用钢筋混凝土筏形基础。

4）箱形基础。箱形基础是高层建筑广泛采用的一种基础类型。它具有刚度大、整体性好的特点，适用于上部结构荷载大而基础土质较软弱的情况。它既能够抵抗和协调地基的不均匀变形，又能扩大基础底面积，将上部荷载均匀传递到地基上，同时，又使部分土体重量得到置换，降低了土压力。

5）桩基。桩基也是高层建筑广泛采用的一种基础类型。桩基具有承载力可靠、沉降小的优点，适用于软弱土壤。震害调查表明，采用桩基常常可以减少震害。但是必须注意，在地震区，应避免采用摩擦桩，因为在地震时土壤会因震动而丧失摩擦力。

8. 框架结构的柱网布置

框架结构的柱网是根据建筑平面的要求和结构受力的合理性确定的。从结构上看，柱网应规则、整齐，间距合理，传力体系明确。矩形平面中平行于短边方向的框架称为横向框架，平行于长边方向的称为纵向框架。按楼板（或次梁）布置方向的不同，又分为承受楼板荷载的承重（主）框架和只承受填充墙荷载的非承重框架。如楼板为双向板，则两个方向的框架均为承重框架。

通常承重框架沿房屋的横向布置，以提高结构的横向抗侧刚度。矩形平面的纵向受风面积小，且柱子根数多，故纵向框架的抗侧力要求较低，沿纵向可设置连系梁。当房屋采用大柱网或楼面荷载较大、或有抗震设防要求时，主要承重框架应沿房屋横向布置。

主要承重框架沿房屋纵向布置，开间布置灵活，适用于层数不多，荷载要求不高的工业厂房。当建筑使用有特殊要求时，承重框架也可沿房屋纵向布置。

框架结构按施工方法的不同分为现浇式、装配式及装配整体式三种。本章主要介绍现浇框架的设计方法。

9. 梁、柱截面尺寸

框架结构的梁、柱截面尺寸在内力计算、位移计算之前要初步确定，然后再根据承载力计算及变形验算最后确定。

承重框架梁的截面尺寸，可参照第 11 章梁板结构的"主梁"来估计。通常取梁高 h_b ＝ $(1/8 \sim 1/12)$ l_b（主梁计算跨度），同时 h_b 也不宜大于净跨的 $1/4$；梁宽 b_b 不宜小于 200mm，且不小于柱宽的 $1/2$；同时 $h_b/b_b \leqslant 4$。非承重框架的梁可按"次梁"要求选择截面尺寸，一般取梁高为 $(1/12 \sim 1/20)$ 计算跨度。当满足上述要求时一般可不进行挠度验算。

柱截面尺寸可近似根据柱承受的竖向荷载来估算。在初步设计时，可按照每个柱支承的楼板面积（不考虑连续性）及填充墙长度，由楼板单位面积上的荷载（包括恒荷载及全部活荷载）及填充墙材料重量计算出它的最大竖向荷载设计值 N_V。考虑到在水平荷载作用下由于弯矩的影响，可按下式估算柱的截面积 A_c

$$A_c \geqslant (1.05 \sim 1.10) N_V / f_c$$

式中　f_c——混凝土的轴心抗压强度设计值。

框架柱截面可做成矩形或方形，一般柱截面的长边应与主承重框架方向一致。柱截面长边 h_c 一般不宜小于 400mm，短边 b_c 不宜小于 350mm，且柱净高与 h_c 之比不应小于 4。

13.3　荷载及设计要求

高层建筑所承受的荷载可分为竖向荷载和水平荷载两部分。竖向荷载中重力荷载和楼面活荷载与一般结构相同，在此不再重复。水平荷载包括风荷载和水平地震作用。设计要求包括荷载效应组合方法和承载力、变形的要求。

13.3.1　风荷载

空气流动形成的风遇到建筑物时，就在建筑物的表面产生压力或吸力，这种风力作用称为风荷载。

1. 风荷载标准值

风对建筑物表面的作用力大小，与建筑物体型、高度、建筑物所处位置、结构特性有关。垂直于建筑物表面的单位面积上的风荷载标准值 W_K（kN/m²）可按下式计算：

$$W_K = \beta_z \mu_z \mu_s W_0$$

式中　W_0——高层建筑基本风压值；

　　　μ_z——风压高度变化系数；

　　　μ_s——风载体型系数；

　　　β_z——风振系数。

（1）高层建筑基本风压值 W_0。

GB50009—2001 给出了各地的基本风压值。是用各地区空旷平坦地面上离地 10m 高、统计 30 年重现期的 10 分钟平均风速 V_0 (m/s) 计算得到的。

基本风压
$$W_0' = \frac{V_0^2}{1600} \quad (kN/m^2)$$

对于高层建筑，需要考虑重现期为 50 年的大风，对于特别重要或者有特殊要求的高层建筑，需要考虑重现期为 100 年的强风。因此要用基本风压值 W_0' 乘以系数 1.1 或 1.2 后，作为一般高层建筑及特别重要的高层建筑的基本风压值 W_0。

（2）风压高度变化系数 μ_z。

风速大小不仅与高度有关，一般越靠近地面风速越小，越向上风速越大，而且风速的变化与地貌及周围环境有直接关系。GB50009—2001 将地面情况分为 A、B、C 三类：

A 类地面粗糙度：指海岸、湖岸、海岛及沙漠地区；

B 类地面粗糙度：指田野、乡村、丛林、丘陵以及房屋比较稀疏的中小城镇和大城市的郊区；

C 类地面粗糙度：指平均建筑高度在 15m 以上、有密集建筑群的大城市市区。风压高度变化系数 μ_z 反应了不同高度处和不同地面情况下的风速情况，具体见表 13 - 2。

表 13 - 2 风 压 高 度 变 化 系 数

离地面高度（m）		5	10	20	30	40	50	60	70	80	90	100	150	200
地面粗糙度	A	1.17	1.38	1.63	1.8	1.92	2.03	2.12	2.2	2.27	2.34	2.40	2.64	2.83
	B	0.8	1.0	1.25	1.42	1.56	1.67	1.77	1.86	1.95	2.02	2.09	2.38	2.61
	C	0.54	0.71	0.94	1.11	1.24	1.36	1.46	1.55	1.64	1.72	1.79	2.11	2.36

（3）风载体型系数 μ_S。

风载体型系数 μ_S 是指建筑物表面所受实际风压与基本风压的比值。通过实测可以看出，风压在建筑物表面的分布不是均匀的。在风荷载计算时，为简化计算，一般将建筑物各个表面的风压看成是均匀分布的。风载体型系数的取值见 GB50009—2001。

（4）风振系数 β_z。

空气在流动时，风速、风向都在不停地改变。建筑物所受到的风荷载是不断波动的。风压的波动周期一般较长，对一般建筑物影响不大，可以按静载来对待。但是，对于高度较大或刚度相对较小的高层建筑来讲，就不能忽视风压的动力效应。在设计中，用风振系数 β_z 来考虑。

GB50009—2001 规定，对于高度大于 30m，且高宽比大于 1.5 的房屋建筑均需考虑风振系数。GB50045—95《高层建筑设计规范》规定了有关风振系数 β_z 的计算。

2. 总风荷载与局部风荷载

（1）总风荷载。

总风荷载是指建筑物各个表面所受风荷载的合力，是沿建筑物高度变化的线荷载。通常按建筑物的主轴方向进行计算。

（2）局部风荷载。

局部风荷载是指在建筑物表面某些风压较大的部位，考虑风压对局部某些构件的不利作用时考虑的风荷载。考虑部位一般是建筑物的角隅或阳台、雨篷等悬挑构件。

13.3.2 荷载效应组合

一般用途的高层建筑荷载效应组合分为以下两种情况：

1）无地震作用组合

$$S = \gamma_G C_G G_K + \gamma_{Q1} C_{Q1} Q_{1K} + \gamma_{Q2} C_{Q2} Q_{2K} + \psi_w \gamma_w C_w W_K$$

2）有地震作用组合

$$S_E = \gamma_G C_G G_E + \gamma_{Eh} C_{Eh} E_{hK} + \gamma_{Ev} C_{Ev} E_{vK} + \psi_w \gamma_w C_w W_K$$

式中　　　　　S——无地震作用组合时的荷载总效应；

$\quad\quad\quad S_E$——有地震作用组合时的荷载总效应；

$\quad\quad\quad C_G G_K$——永久荷载的荷载效应标准值；

$\quad\quad\quad C_{Q1} Q_{1K}$——使用荷载的荷载效应标准值；

$\quad\quad\quad C_{Q2} Q_{2K}$——其他可变荷载的荷载效应标准值；

$\quad\quad\quad C_w W_K$——风荷载的荷载效应标准值；

γ_G、γ_{Eh}、γ_{Ev}、γ_w——分别相应于上述各荷载效应的分项系数；

$\quad\quad\quad \psi_w$——风荷载的组合系数；

$\quad\quad\quad C_G G_E$——重力荷载代表值产生的荷载效应标准值（包括 100% 自重标准值，50% 雪荷载标准值，50%～80% 楼面活荷载标准值）；

$\quad\quad\quad C_{Eh} E_{hK}$——水平地震作用的荷载效应标准值；

$\quad\quad\quad C_{Ev} E_{vK}$——竖向地震作用的荷载效应标准值。

其中，2、3、4是高层建筑的基本组合情况，在抗震设防烈度为 9 度的地区，才考虑 5、6、7 三种情况。

13.3.3 设计要求

（1）极限承载能力的验算。

极限承载能力验算的一般表达式为：

不考虑地震作用的组合内力　　　　$\gamma_0 S \leqslant R$

考虑地震作用的组合内力　　　　$S_E \leqslant R_E / \gamma_{RE}$

式中　S、S_E——由荷载组合得到的构件内力设计值；

$\quad R$、R_E——不考虑抗震及考虑抗震时构件承载力设计值；

$\quad\quad\gamma_0$——结构重要性系数；

$\quad\quad\gamma_{RE}$——承载力抗震调整系数。

（2）位移限制。

高层建筑的位移要限制在一定范围内，这是因为：

1）过大的位移会使人感觉不舒服，影响使用。这一点主要是对风荷载而言的，在地震发生时，人的舒适感是次要的。

2）过大的位移会使填充墙或建筑装修出现裂缝或损坏，也会使电梯轨道变形。

3）过大的位移会使主体结构出现裂缝甚至损坏。

4）过大的位移会使结构产生附加内力，$P-\Delta$ 效应显著。

高层建筑对位移的限制，实际上是对抗侧移刚度的要求。衡量标准是结构顶点位移和层间位移，GB50045—95 给出了有关位移的限制。

（3）大震下的变形验算。

按照我国 GB50011—2001《建筑抗震设计规范》提出的"三水准"（小震不坏、中震可修、大震不倒）及"两阶段"（弹性阶段、弹塑性阶段）的设计原则，遇到下列情况时，必须进行罕遇地震作用下的变形验算：

1）7～9 度设防的、楼层屈服强度系数 ξ_y 小于 0.5 的框架结构；

2）7～9 度设防的、高度较大且沿高度结构的刚度和质量分布很不均匀的高层建筑；

3）特别重要的建筑。

其中，楼层屈服强度系数 ξ_y 按下式计算：

$$\xi_y = \frac{V_y^a}{V_e}$$

式中 V_y^a——按楼层实际配筋及材料强度标准值计算的楼层承载力，以楼层剪力表示；

V_e——在罕遇地震作用下，由等效地震荷载按弹性计算所得的楼层剪力。

具体验算见 GB50011—2001。

13.4   框架结构的内力和位移计算

框架结构的计算简图，就是《结构力学》中讨论的刚架，因而其内力计算方法大家都比较熟悉。本章介绍常用的一些近似计算方法。

13.4.1   框架结构在竖向荷载作用下的近似计算——分层法

框架所承受的竖向荷载一般是结构自重和楼（屋）面使用活荷载。框架在竖向荷载作用下，侧移比较小，可以作为无侧移框架按力矩分配法进行计算。精确计算表明，各层荷载除了在本层梁以及与本层梁相连的柱子中产生内力之外，对其他层的梁、柱内力影响不大。为此，可以将整个框架分成一个个单层框架来计算，这就是分层法。

由于在单层框架中，各柱的远端均取为了固定支座，这与柱子在实际框架中的情况有较大差别。为此需要对计算作以修正：

1）除底层外，各柱的线刚度乘以 0.9 加以修正。

2）将各柱的弯矩传递系数修正为 1/3。

计算出各个单层框架的内力以后，再将各个单层框架组装成原来的整体框架即可。节点上的弯矩可能不平衡，但误差不会很大，一般可不作处理。如果需要更精确一些，可将节点不平衡弯矩在节点作一次分配即可，不需要再进行传递。

13.4.2   框架在水平荷载作用下的近似计算（一）——反弯点法

框架所承受的水平荷载主要是风荷载和水平地震作用，它们都可以转化成作用在框架节点上的集中力。在这种力的作用下，无论是横梁还是柱子，它们的弯矩分布均成直线变化。如图 13－3 所示，一般情况下每根杆件都有一个弯矩为零的点，称为反弯点。如果在反弯点处将柱子切开，切断点处的内力将只有剪力和轴力。如果知道反弯点的位置和柱子的抗侧移刚度，即可求得各柱的剪力，从而求得框架各杆件的内力，反弯点法即由此而来。

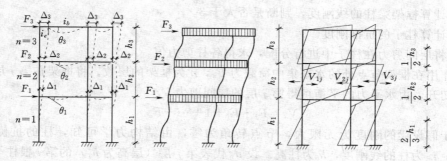

图 13-3 反弯点法示意图

由此可见，反弯点法的关键是反弯点的位置确定和柱子抗推刚度的确定。

1. 反弯点法的假定及适用范围

（1）假定框架横梁刚度为无穷大。如果框架横梁刚度为无穷大，在水平力的作用下，框架节点将只有侧移而没有转角。实际上，框架横梁刚度不会是无穷大，在水平力下，节点既有侧移又有转角。但是，当梁、柱的线刚度之比大于 3 时，柱子端部的转角就很小。此时忽略节点转角的存在，对框架内力计算影响不大。梁、柱的线刚度分别为 EI_b/l 和 EI_c/h，此处 I_b、I_c 分别为梁、柱的截面惯性矩；l、h 分别为梁的跨度及柱高。

计算梁截面惯性矩 I_b 时，应考虑楼板作为梁的翼缘宽度对 I_b 的影响。设计时可近似按下列公式确定有现浇楼板的梁截面惯性矩。

两侧有楼板 $I_b=2.0I_r$

一侧有楼板 $I_b=1.5I_r$

式中 I_r——按矩形截面计算的惯性矩。

由此也可以看出，反弯点法是有一定的适用范围的，即框架梁、柱的线刚度之比应不小于 3。

（2）假定底层柱子的反弯点位于柱子高度的 2/3 处，其余各层柱的反弯点位于柱中。当柱子端部转角为零时，反弯点的位置应该位于柱子高度的中间。而实际结构中，尽管梁、柱的线刚度之比大于 3，在水平力的作用下，节点仍然存在转角，那么反弯点的位置就不在柱子中间。尤其是底层柱子，由于柱子下端为嵌固，无转角，当上端有转角时，反弯点必然向上移，故底层柱子的反弯点取在 2/3 处。上部各层，当节点转角接近时，柱子反弯点基本在柱子中间。

2. 柱子的抗侧移（抗推）刚度 d

柱子端部无转角时，柱子的抗推刚度用结构力学的方法可以很容易的给出

$$d=\frac{12i_c}{h^2}$$

式中 i_c——柱子的线刚度；

    h——柱子的层高。

3. 反弯点法的计算步骤

反弯点法的计算步骤可以归纳如下：

1）计算框架梁柱的线刚度，判断是否大于3。

2）计算柱子的抗推刚度。

3）将层间剪力在柱子中进行分配，求得各柱剪力值。

设作用在框架节点处的水平集中荷载为 F_n，n 为框架的层数。将框架在第 j 层柱的反弯点处切开，由水平力的平衡可得第 j 层的层间剪力 V_j

$$V_j = F_j + F_j + 1 + \cdots + F_n$$

由于假设梁的刚度为无限大，节点转角为零，由结构力学可知，柱的抗侧刚度为 $12i_c/h_2$，i_c 为柱的线刚度，h 为柱高。设 d_{ij} 代表第 j 层（层高为 h_j）的第 i 根柱子的抗侧刚度，则

$$d_{ij} = 12i_{ci}/h_{j2}$$

按各柱的抗侧刚度 d_{ij} 分配层间剪力，第 j 层第 i 根柱抵抗的剪力为

$$V_{ij} = d_{ij}V_j/\sum d_{ij}$$

式中 $\sum d_{ij}$ ——第 j 层柱子的抗侧刚度 d_{ij} 值的总和。

4）按反弯点高度计算到柱子端部弯矩（图 13 - 4）。

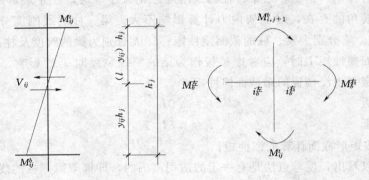

图 13 - 4   反弯点法示意图

由各柱剪力 V_{ij} 乘以反弯点到柱上、下端的距离即为柱端弯矩：

j 层 i 柱上端弯矩 $\qquad\qquad M_{ij}{}^t = (1 - y_{ij})h_j V_{ij}$

j 层 i 柱下端弯矩 $\qquad\qquad M_{ij}{}^b = y_{ij}h_j V_{ij}$

式中 $y_{ij}h_j$ ——反弯点到柱下端的距离：对底层柱 $y_{i1}h_1 = 2h_1/3$，对其他各层柱 $y_{ij}h_j = h_j/2$。

根据节点平衡，将上、下层柱端弯矩之和，按节点左、右两侧梁的线刚度比例分配给梁端

$$M_b^{左} = (M_{ij}{}^t + M_{i,j+1}{}^b)i_b^{左}/(i_b^{左} + i_b^{右})$$

$$M_b^{右} = (M_{ij}{}^t + M_{i,j+1}{}^b)i_b^{右}/(i_b^{左} + i_b^{右})$$

5）利用节点平衡计算梁端弯矩，进而求得梁端剪力。

6）计算柱子的轴力。根据梁左右两端弯矩之和除以梁的跨度可求得梁的剪力 V_b，再由梁端剪力计算柱的轴力 N_c。

13.4.3 框架在水平荷载作用下的近似计算（二）——改进反弯点（D值）法

当框架的高度较大、层数较多时，柱子的截面尺寸一般较大，这时梁、柱的线刚度之比往往要小于 3，反弯点法不再适用。如果仍采用类似反弯点的方法进行框架内力计算，就必须对反弯点法进行改进——改进反弯点（D 值）法。

1. 基本假定

1）假定同层各节点转角相同。承认节点转角的存在，但是为了计算的方便，假定同层各节点转角相同。

2）假定同层各节点的侧移相同。这一假定，实际上是忽略了框架梁的轴向变形。这与实际结构差别不大。

2. 柱子的抗推刚度 D

在上述假定下，柱子的抗推刚度 D 仍可以按照结构力学的方法计算：

$$D = \alpha \frac{12i_c}{h^2}$$

式中 α——柱子抗推刚度的修正系数，$\alpha \leqslant 1.0$。考虑梁、柱的线刚度的相对大小对柱子抗推刚度的影响，其值与节点类型和梁、柱线刚度的比值有关；

其余符号同前。

可以看出，按照上式计算到的柱子抗推刚度一般要小于反弯点法的 d 值。这是考虑柱子端部转角的缘故。转角的存在，同样水平力作用下柱子的侧移要来得大一些。

3. 反弯点高度

柱子反弯点的位置——反弯点高度，取决于柱子两端转角的相对大小。如果柱子两端转角相等，反弯点必然在柱子中间；如果柱子两端转角不一样，反弯点必然向转角较大的一端移动。影响柱子反弯点高度的因素主要有以下几个方面：

1）结构总层数及该层所在的位置；

2）梁、柱线刚度比；

3）荷载形式；

4）上、下层梁刚度比；

5）上、下层层高变化。

在改进反弯点法中，柱子反弯点位置往往用反弯点高度比 y 来表示：

$$y = \frac{\overline{y}}{h}$$

式中 $\overline{y}$——反弯点到柱子下端的距离，即反弯点高度；

h——柱子高度。

综合考虑上述因素，各层柱的反弯点高度比由下式计算：

$$y = y_n + y_1 + y_2 + y_3$$

式中 y_n——柱标准反弯点高度比。标准反弯点高度比是在各层等高、各跨相等、各层梁和柱线刚度都不改变时框架在水平荷载作用下的反弯点高度比。其值见有关计算手册；

y_1——上、下梁刚度变化时的反弯点高度比修正值。当某柱的上梁与下梁的刚度不等，柱上、下结点转角不同时，反弯点位置会有变化，应将标准反弯点高度比 y_n 加以修正。其值见有关计算手册；

y_2、y_3——上、下层高度变化时反弯点高度比的修正值。在框架最顶层，不考虑 y_2，在框架最底层，不考虑 y_3。见有关计算手册。

有了柱子的抗推刚度和柱子反弯点高度比，就可以按照与反弯点同样的方法求解框架结构内力。

13.4.4 框架在水平荷载作用下侧移的近似计算

高层结构要控制侧移，对框架结构来讲，侧移控制有两部分：一是结构顶点侧移的控制，目的是使结构满足正常使用的要求；二是结构层间侧移的控制，防止填充墙出现裂缝。

1. 框架结构在水平荷载下的侧移特点

为了了解框架结构在水平荷载下的侧移特点，我们先来看悬臂柱在均布水平荷载下的侧移。悬臂柱的侧移由以下两部分组成。

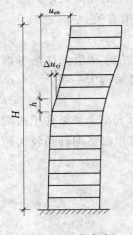

图 13-5　框架侧移曲线

（1）弯曲变形产生的顶点侧移 δ_m。

如图 13-5 所示，柱 Z 高度处，由水平荷载产生的弯矩 M_z 为

$$M_z = \frac{1}{2}q(H-Z)^2$$

在此弯矩作用下，柱 Z 截面曲率为

$$\varphi_z = \frac{M_z}{EI}$$

柱 Z 高度处微段 dz 截面转角为 $\varphi_z dx$，由此转角产生的柱顶侧移为

$$\delta_{mz} = (H-Z)\varphi_z dx$$

积分可得柱弯曲变形产生的顶点侧移 δ_m

$$\delta_m = \int_0^H \varphi_z(H-Z)dz = \frac{qH^4}{8EI}$$

如果计算到柱子不同高度处的侧移值，画出侧移曲线，可以看出，曲线凸向柱子原始位置，这种曲线称之为弯曲变形曲线。

（2）剪切变形产生的顶点侧移 δ_v。

在柱子 Z 高度处，由水平荷载产生的剪力 V_z 为

$$V_z = q(H-Z)$$

相应的截面平均剪应力

$$\tau_z = \frac{\mu V_z}{A} = \frac{\mu q(H-Z)}{A}$$

其平均剪应变为

$$\gamma_z = \frac{\mu q(H-Z)}{GA}$$

式中　μ——剪应力不均匀系数；

G——剪切弹性模量。

则由剪切变形产生的顶点侧移为

$$\delta_v = \int_0^H \frac{\mu q(H-Z)}{GA}\,\mathrm{d}z = \frac{\mu q H^2}{2GA}$$

同样，如果计算到不同高度处的侧移，画出曲线，可以看出，侧移曲线是凹向柱子原始位置的。这种曲线称之为剪切变形曲线。

框架可以看成是一根空腹的悬臂柱，该悬臂柱的截面高度为框架的跨度。该截面弯矩是由柱轴力组成，截面剪力由柱剪力组成。框架梁、柱的弯曲变形是由柱子的剪力引起，相当于空腹悬臂柱的剪切变形。在楼层处水平荷载作用下，如果只考虑梁柱构件的弯曲变形产生的侧移，则侧移曲线如图 13-5 所示。它与实腹悬臂柱的剪切变形曲线一致，故框架结构在水平荷载下的弯曲变形曲线为剪切型。如果只考虑框架柱子轴向变形产生的侧移，它与实腹悬臂柱的弯曲变形曲线一致，由此可知框架结构由柱子轴向变形产生的侧移为弯曲型。

也就是说，框架结构在水平荷载作用下产生的侧移由两部分组成：弯曲变形和剪切变形。在层数不多的情况下，柱子轴向变形引起的侧移很小，常常可以忽略。在近似计算中，只需计算由梁、柱弯曲变形产生的侧移、即所谓剪切型变形。在高度较大的框架中，柱子轴向力较大，由柱子轴向变形引起的侧移已不能忽略。一般说来，两种变形叠加以后，框架侧移曲线仍以剪切型为主。

2. 梁、柱弯曲变形产生的侧移

框架柱抗推刚度的物理意义就是柱顶相对柱底产生单位水平侧移时所需要的柱顶水平推力，即柱子剪力。因此，由梁、柱弯曲变形产生的层间侧移可以按照下式计算

$$\delta_j^M = \frac{V_{pj}}{\sum D_{ij}}$$

式中 V_{pj}——第 j 层层剪力；

   δ_j^M——第 j 层层间侧移；

   D_{ij}——第 j 层第 i 根柱子的剪力。

各层楼板标高处侧移绝对值是该层以下各层层间侧移之和。框架顶点由梁、柱弯曲变形产生的侧移为所有 n 层层间侧移之和。

第 j 层侧移 $\qquad\qquad\qquad \Delta_j^M = \sum_{i=1}^{j} \delta_i^M$

顶点侧移 $\qquad\qquad\qquad \Delta_n^M = \sum_{j=1}^{n} \delta_j^M$

3. 柱轴向变形产生的侧移

在水平荷载作用下，对于一般框架来讲，只有两根边柱轴力较大，一侧为拉力，另一侧为压力。中柱因柱子两边梁的剪力相近，轴力很小。这样，由柱轴向变形产生的侧移只需考虑两边柱的贡献。

在任意水平荷载 $q(z)$ 作用下，用单位荷载法可求出由柱轴向变形引起的框架顶点水平位移

$$\Delta_j^N = 2\int_0^{H_j} (\overline{N}N/EA)\,\mathrm{d}z$$

式中 $\overline{N}$——单位水平集中力作用在 j 层时边柱轴力

$$\overline{N} = \pm (H_j - Z)/B，B \text{ 为两边柱之间的距离}$$

N——水平荷载 $q(z)$ 作用下边柱的轴力

$$N = \pm M(z)/B$$

$$M(z) = \int_z^H q(\tau)\mathrm{d}\tau(\tau - z)$$

A——边柱截面面积。假定边柱截面沿高度直线变化，令

$$n = A_{顶}/A_{底}$$

$$A(z) = [1 - (1-n)z/H]A_{底}$$

将上述公式整理，则有

$$\Delta_j^N = \frac{2}{EB^2 A_{底}} \int_0^H \frac{(H_j - z)M(z)}{1 - (1-n)z/H}\mathrm{d}z$$

针对不同荷载，积分即可求得框架顶部侧移。

4. 框架结构的侧移限值

多层框架结构在正常使用状态时，风荷载作用下的层间侧移及顶点侧移应满足下列要求：

1）层间侧移：砖砌体填充墙 $\Delta u_{ej}/h \leqslant 1/500$；轻质隔墙 $\Delta u_{ej}/h \leqslant 1/450$。

2）顶点侧移：砖砌体填充墙 $u_{en}/H \leqslant 1/650$；轻质隔墙 $u_{en}/H \leqslant 1/550$。

式中 h、H——框架结构的层高和总高；

$\Delta u_{ej}/h$——层间侧移角。

13.4.5 框架内力组合

1. 竖向荷载下的活荷载不利位置及塑性调幅

确定框架梁跨中及支座截面最大弯矩和支座截面最大剪力活荷载不利位置的原则与第9章所述相同。

在多层及高层建筑中，通常楼层使用活荷载为 $1.5 \sim 2 \mathrm{kN/m^2}$，相对较小。为了简化设计，一般可不考虑活荷载不利位置的影响，与恒荷载相同，按各跨满布情况计算。

但是对于使用荷载很大的多层厂房、公共建筑或书库等，则应考虑活荷载的不利位置进行竖向荷载下的内力计算。

为了减少框架梁支座截面负弯矩配筋过分拥挤，以保证混凝土浇筑质量，尤其是在抗震结构设计中为了使梁端出现塑性铰以形成延性框架，允许在框架梁中进行塑性调幅，降低竖向荷载作用下的支座弯矩，并相应调整跨中截面的弯矩。现浇框架支座弯矩的调幅系数 $\beta = 0.8 \sim 0.9$，装配整体式框架取 $\beta = 0.7 \sim 0.8$。相应地增大跨中弯矩。根据平衡关系调幅后的梁端弯矩 $M_b^{左}$、$M_b^{右}$ 及跨中弯矩 $M_b^{中}$，应满足下列条件：

$$(M_b^{左} + M_b^{右})/2 + M_b^{中} \geqslant M_0$$

式中 M_0——按简支梁计算的跨中弯矩。

为了保证必要的跨中弯矩取值，同时要求：$M_b^{中} \geqslant M_0/2$

竖向荷载下的弯矩应先进行塑性调幅，再与水平荷载作用下的弯矩进行组合。

2. 控制截面的最不利内力组合

内力分析中算得的梁支座弯矩是柱轴线处的弯矩值，与第11章中主梁设计相同，用

来进行配筋计算的是梁端控制截面的弯矩（如图 13-6 所示）。因此需将柱轴线处的弯矩换算为柱边截面处的弯矩值。框架梁一般情况下需进行跨中截面 M_{max} 和 M_{min} 的最不利组合；支座截面需对 M_{max}、M_{min} 及 $|V|_{max}$ 进行最不利组合。

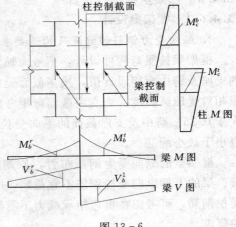

柱控制截面在柱上端及下端，确切地说是梁底面及梁顶面的柱截面，如图 13-6 所示。因此，同样需要将内力分析中得出的梁轴线处的弯矩值换算为控制截面的弯矩值，再进行组合。框架柱的内力组合项目，与第 12 章排架柱类似。对采用对称配筋的柱，一般可进行以下四个项目的不利内力组合：

图 13-6

1) $|M|_{max}$ 与相应的 N；

2) N_{max} 与相应的 M；

3) N_{min} 与相应的 M；

4) $|V|_{max}$ 与相应的 N。

从以上四项内力组合中选出对柱的配筋起控制作用的最不利情况。

3. 荷载效应组合式

对于非抗震设防区的一般多层框架，由于假定竖向荷载下框架无侧移（只有风荷载作用产生侧移），因此，荷载效应组合就是内力组合，其设计值 S 可按下列简化公式确定：

$$S = \gamma_G S_{GK} + \psi \sum \gamma_{Qi} S_{QiK}$$

式中　γ_G、γ_{Qi}——永久荷载和第 i 个可变荷载分项系数；

S_{GK}、S_{QiK}——永久荷载和第 i 个可变荷载产生的内力标准值；

ψ——可变荷载组合系数，当有两个或两个以上的可变荷载产生的内力参与组合，且其中包括风荷载的内力时，$\psi = 0.9$；其他情况取 $\psi = 1.0$。

恒荷载分项系数取 1.2，楼面活荷载、风荷载的分项系数取 1.4（当楼面活荷载标准值不小于 $4kN/m^2$ 时，取 1.3），则框架结构的内力组合式可写成：

1) 恒荷载＋活荷载：

$$S = 1.2 S_{GK} + 1.4 \text{ 或 } 1.3 S_{LK}$$

2) 恒荷载＋风荷载：

$$S = 1.2 S_{GK} + 1.4 S_{WK}$$

3) 恒荷载＋0.9（活荷载＋风荷载）：

$$S = 1.2 S_{GK} + 0.9 \times (1.4 \text{ 或 } 1.3 S_{LK} + 1.4 S_{WK})$$

4) 对于 ≥8 层的高层框架结构：恒荷载＋0.9（活荷载＋风荷载）：

$$S = 1.2 S_{GK} + 0.9 \times (1.4 \text{ 或 } 1.3 S_{LK}) + 1.4 S_{WK}$$

式中　S_{LK}、S_{WK}——活荷载及风荷载产生的内力标准值。

在进行侧移计算时，荷载分项系数均取值 1.0。

13.4.6 框架结构构件设计

13.4.6.1 框架梁设计

1. 纵向受力钢筋的配置及构造要求

框架梁按受弯构件设计，不考虑轴力的影响，梁的纵向受力钢筋应根据内力组合得到的支座及跨中弯矩设计值，按正截面受弯承载力计算，截面的相对受压区高度应不大于界限相对受压区高度。当支座截面弯矩考虑塑性调幅时，支座截面的相对受压区高度尚应不大于 0.35。跨中及支座截面的纵向受拉钢筋配筋率（包括跨中截面的上部受拉钢筋）不应小于最小配筋率。

框架梁的纵向受力钢筋布置，原则上应根据本章所述内力组合下的弯矩包络图来进行。梁的下部纵向受拉钢筋不宜截断，应全部伸入支座并有可靠的锚固；支座处上部纵向受拉钢筋，可考虑在负弯矩承载力不需要处截断，其截断位置应满足第四章中延伸长度 l_d 的要求。

2. 箍筋的配置及构造要求

梁中箍筋的配置按斜截面受剪承载力确定，通常框架梁不采用弯起钢筋抗剪。框架梁沿全长配箍率不得小于 $0.02 f_c / f_{yv}$，且箍筋的最小直径及最大间距，都应符合第 4 章的构造要求。同时，梁的最大剪力设计值应不大于 $0.25 f_c b h_0$，否则应加大截面或提高混凝土强度等级。

13.4.6.2 框架柱设计

1. 纵向受力钢筋的配置及构造要求

框架柱受到轴力、弯矩及剪力的作用。纵向钢筋通常采用对称配筋，配筋面积按偏心受压构件正截面承载力计算。

柱的纵向钢筋搭接长度应不小于 $1.2 l_a$，l_a 为钢筋的最小锚固长度。当纵向钢筋直径大于 22mm 时，不宜采用非焊接的搭接接头。纵向钢筋接头的位置应相互错开，一般应在两个水平面上。相邻接头的间距：焊接接头不应小于 $35d$（d 为纵向钢筋直径），且不应小于 500mm；搭接接头不应小于 $1.2 l_a$。接头距楼板面的距离不宜小于 750mm 及柱截面的长边尺寸。

框架顶层柱纵向钢筋伸入节点或梁内的锚固长度（自梁底面计算）应不小于 l_a（图 13-7）。由于柱宽一般大于梁宽，故柱角部钢筋将不能伸入梁内，这时可采用柱内外两侧钢筋相互搭接或焊接的构造（图 13-8）。

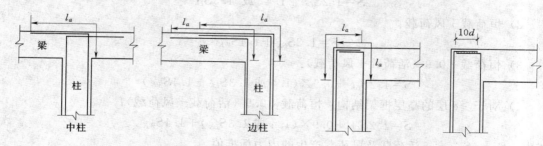

图 13-7 顶层柱纵向钢筋的锚固图 　　　　图 13-8 柱钢筋不能伸入梁内的锚固图

2. 箍筋的配置及构造要求

框架柱的配箍量按斜截面受剪承载力计算。

柱内纵向钢筋搭接长度范围内的箍筋间距：当纵筋为受拉时，不应大于 100mm，且不大于 5d；当纵筋为受压时不应大于 200mm，且不大于 10d（d 为受力钢筋中的最小直径）。

13.4.6.3 框架节点构造

1. 中间层梁柱节点的配筋构造

由于柱的纵向钢筋是贯穿中间层节点的，而且柱纵向钢筋的搭接区段也位于节点区以外，因此，中间层节点构造的主要问题是梁中纵向钢筋在节点内的锚固。梁的上部纵向钢筋通常在中间节点内是贯穿的；下部纵向钢筋伸入中间节点的锚固长度，当需要其发挥抗拉强度时（如在风荷载作用下），不应小于 l_a。框架梁上部纵向钢筋伸入边节点内的锚固长度不应小于 l_a，并要伸过节点中心线；当纵向钢筋在节点内的水平锚固长度不够时，应沿节点外侧向下弯折，但弯折前的水平段长度不应小于 0.45l_a，弯折后的垂直段长度不应小于 10d，也不宜大于 22d。在风荷载作用下，当下部纵向钢筋需要在柱边截面发挥其抗拉强度时，同样其伸入边节点内的锚固长度不应小于 l_a；如水平段锚固长度不够时，其锚固要求与上部纵向钢筋相同，为了便于绑扎钢筋，下部纵向钢筋可向上弯折，如图 13-9 所示。

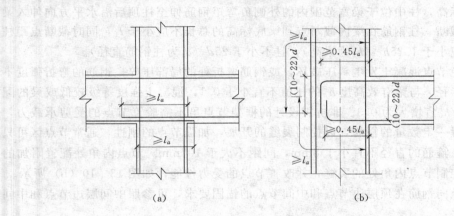

图 13-9 中间层梁柱节点的配筋构造图
(a) 中间节点；(b) 边节点

2. 顶层边节点的配筋构造

顶层边节点与中间层边节点受力状态不同，由于不存在上层柱轴向压力的有利影响，因此要求梁中纵向钢筋在节点区的锚固长度要大于中间层节点的 l_a。此外，梁与柱的钢筋在节点处必须采用搭接的传力方式，因此，其总搭接长度不应小于第 4 章所述受拉钢筋的搭接长度 $l_1 = 1.2l_a$。一般非抗震设计框架的梁、柱配筋率不高，钢筋直径也不是很大，为了便于施工时绑扎钢筋和浇筑混凝土，顶层边节点可采用节点内搭接或梁内搭接两种构造方案：

（1）节点内搭接。

如图 13-10（a）所示，节点内搭接方案的构造做法是将全部柱外侧负弯矩钢筋沿节点外缘水平弯至柱内侧以后，再垂直下弯至少 8d（d 为柱钢筋直径）处截断；梁的上部纵向钢筋沿节点外缘下弯至梁底标高，再水平弯入节点 8d 后截断（此处，d 为梁纵筋的直径）。梁纵筋与柱纵筋搭接段的长度不应小于 l_1。

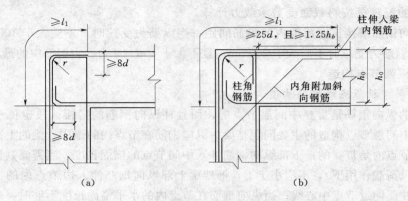

图 13 - 10　顶层边节点配筋构造图

(a) 节点内搭接；(b) 梁内搭接

（2）梁内搭接。

如图 13 - 10 (b) 所示，梁内搭接方案的构造做法是将梁的上部纵向钢筋沿节点外缘下弯至梁底标高，柱中位于梁宽范围内的外侧负弯矩钢筋伸至柱顶后沿水平方向伸入梁内一段长度后截断。柱钢筋在梁内截断点到梁底标高的总长不应小于 l_1，同时截断点距柱内边的距离不应小于 $1.25h_b$ （h_b 为梁高），且不小于 $25d$ （d 为柱钢筋直径）。

为了避免节点混凝土发生斜压破坏，或钢筋弯折处的局部压碎，钢筋的弯折弧度不能太小，弯折半径 r 与梁有效高度 h_0 的比值不宜小于 0.1，混凝土强度等级较低或梁的配筋率较高时，r/h_0 宜增大为 0.3。非抗震设计的框架节点虽不需验算节点的受剪承载力，但仍有必要配置一定数量的箍筋，以控制裂缝的开展，加强节点的刚性。通常节点区可只配置柱的箍筋，箍筋的直径不宜小于 8mm，间距不大于 100mm。节点内角处配置附加的斜向钢筋，可控制节点内角处的裂缝，并改善节点的受力性能，如图 13 - 10 (b) 所示。

梁下部纵向钢筋在顶层边节点和中间节点的锚固要求，可参照中间层边节点和中间节点的构造做法。

❓ 复习思考题

1．多高层建筑结构布置的一般原则是什么？

2．简述框架结构形式的受力特点及优缺点。

3．简述框架结构设计的一般步骤和主要内容。

4．框架结构内力计算的分层法和反弯点法各采用了哪些假定？各自的主要计算步骤是什么？

5．框架结构在哪些情况下采用？现浇框架结构设计的主要内容和步骤是什么？

附录一 钢 筋

1. 纵向受力普通钢筋宜采用 HRB400、HRB500、HRBF400、HRBF500 钢筋，也可采用 HPB300、HRB335、HRBF335、RRB400 钢筋。

2. 梁、柱纵向受力普通钢筋应采用 HRB400、HRB500、HRBF400、HRBF500 钢筋。

3. 箍筋宜采用 HRB400、HRBF400、HPB300、HRB500、HRBF500 钢筋，也可采用 HRB335、HRBF335 钢筋。

4. 预应力筋宜采用预应力钢丝、钢绞线和预应力螺纹钢筋。

4.2.2 钢筋的强度标准值应具有不小于 95% 的保证率。普通钢筋的屈服强度标准值 f_{yk}、极限强度标准值 f_{stk} 应按表 4.2.2-1 采用；预应力钢丝、钢绞线和预应力螺纹钢筋的屈服强度标准值 f_{pyk}、极限强度标准值 f_{ptk} 应按表 4.2.2-2 采用。

表 4.2.2-1　　　　　　　普通钢筋强度标准值　　　　　　　单位：N/mm

牌 号	符号	公称直径 d（mm）	屈服强度标准值 f_{yk}	极限强度标准值 f_{stk}
HPB300		6～22	300	420
HRB335 HRBF335	F	6～50	335	455
HRB400 HRBF400 RRB400	F R	6～50	400	540
HRB500 HRBF500	F	6～50	500	630

表 4.2.2-2　　　　　　　预应力筋强度标准值　　　　　　　单位：N/mm

种 类		符号	公称直径 d（mm）	屈服强度标准值 f_{pyk}	极限强度标准值 f_{ptk}
中强度预应力钢丝	光面 螺旋肋	pm Hm	5、7、9	620 780 980	800 970 1270
预应力螺纹钢筋	螺纹	T	18、25、32、40、50	785 930 1080	980 1080 1230
消除应力	光面 螺旋肋	P H	5	— —	1570 1860
			7	— —	1570 1470
			9	— —	1570 1570
钢绞线	1×3 （三股）	s	8.6、10.8、12.9	—	1570 1860 1960
	1×7 （七股）		9.5、12.7、 15.2、17.8	—	1720 1860 1960
			21.6	—	1860

注 极限强度标准值为 1960N/mm² 的钢绞线作后张预应力配筋时，应有可靠的工程经验。

4.2.3 普通钢筋的抗拉强度设计值 f_y、抗压强度设计值 f'_y 应按表 4.2.3-1 采用；预应力筋的抗拉强度设计值 f_{py}、抗压强度设计值 f'_{py} 应按表 4.2.3 - 2 采用。

当构件中配有不同种类的钢筋时，每种钢筋应采用各自的强度设计值。横向钢筋的抗拉强度设计值应按表中人的数值采用；当用作受剪、受扭、受冲切承载力计算时，其数值大于 360N/mm² 时应取 360N/mm²。

表 4.2.3 - 1　　　　　　　　　普通钢筋强度设计值　　　　　　　　单位：N/mm²

牌　　号	抗拉强度设计值 f_y	抗压强度设计值 f'_y
HPB300	270	270
HRB335、HRBF335	300	300
HRB400、HRBF400、RRB400	360	360
HRB500、HRBF500	435	410

表 4.2.3 - 2　　　　　　　　　预应力筋强度设计值　　　　　　　　单位：N/mm²

种类	极限强度标准值 f_{ptk}	抗拉强度设计值 f_{py}	抗压强度设计值 f'_{py}
中强度预应力钢丝	800	510	410
	970	650	
	1270	810	
消除应力钢丝	1470	1040	410
	1570	1110	
	1860	1320	
钢绞线	1570	1110	390
	1720	1220	
	1860	1320	
	1960	1390	
预应力螺纹钢筋	980	650	410
	1080	770	
	1230	900	

注　当预应力筋的强度标准值不符合表 4.2.3 - 2 的规定时，其强度设计值应进行相应的比例换算。

钢筋的计算截面面积及理论重量表

公称直径 (mm)	不同根数钢筋的计算截面面积（mm²）									单根钢筋理论重量 (kg/m)
	1	2	3	4	5	6	7	8	9	
6	28.3	57	85	113	142	170	198	226	255	0.222
6.5	33.2	66	100	133	166	199	232	265	299	0.260
8	50.3	101	151	201	252	302	352	402	453	0.395
8.2	52.8	106	158	211	264	317	370	423	475	0.432
10	78.5	157	236	314	393	471	550	628	707	0.617
12	113.1	226	339	452	565	678	791	904	1017	0.888
14	153.9	308	461	615	769	923	1077	1231	1385	1.21
16	201.1	402	603	804	1005	1206	1407	1608	1809	1.58
18	254.5	509	763	1017	1272	1526	1780	2036	2290	2.00
20	314.2	628	941	1256	1570	1884	2200	2513	2827	2.47
22	380.1	760	1140	1520	1900	2281	2661	3041	3421	2.98
25	490.9	982	1473	1964	2454	2945	3436	3927	4418	3.85
28	615.8	1232	1847	2463	3079	3695	4310	4926	5542	4.83
32	804.2	1609	2413	3217	4021	4826	5630	6434	7238	6.31
36	1017.9	2036	2054	4072	5089	6107	7125	8143	9161	7.99
40	1256.6	2513	3770	5027	6283	7540	8796	10053	11310	9.87

注　表中直径 $d=8.2mm$ 的计算截面面积及理论重量仅适用于有纵肋的热处理钢筋。

附录二 每米板宽内的钢筋截面面积表

钢筋间距 (mm²)	当钢筋直径（mm）为下列数值时的钢筋截面面积 (mm²)												
	4	4.5	5	6	8	10	12	14	16	18	20	22	25
70	180	227	280	404	718	1122	1616	2199	2872	3635	4488	5430	7012
75	168	212	262	377	670	1047	1508	2053	2681	3393	4189	5068	6545
80	157	199	245	353	628	982	1414	1924	2513	3181	3927	4752	6136
90	140	177	218	314	559	873	1257	1710	2234	2827	3491	4224	5454
100	126	159	196	283	503	785	1131	1539	2011	2545	3142	3801	4909
110	114	145	178	257	457	714	1028	1399	1828	2313	2856	3456	4462
120	105	133	164	236	419	654	942	1283	1676	2121	2618	3168	4091
125	101	127	157	226	402	628	905	1232	1608	2036	2513	3041	3927
130	97	122	151	217	387	604	870	1184	1547	1957	2417	2924	3776
140	90	114	140	202	359	561	808	1100	1436	1818	2244	2715	3506
150	84	106	131	188	335	524	754	1026	1340	1696	2094	2534	3272
160	79	99	123	177	314	491	707	962	1257	1590	1963	2376	3068
170	74	94	115	166	296	462	665	906	1183	1497	1848	2236	2887
175	72	91	112	162	287	449	646	880	1149	1454	1795	2172	2805
180	70	88	109	157	279	436	628	855	1117	1414	1745	2112	2727
190	66	84	103	149	265	413	595	810	1058	1339	1653	2001	2584
200	63	80	98	141	251	392	565	770	1005	1272	1571	1901	2454
250	50	64	79	113	201	314	452	616	804	1018	1257	1521	1963
300	42	53	65	94	168	262	377	513	670	848	1047	1267	1636

附录三 单肢箍 A_{sv1}/s

箍筋间距 s	钢 筋 直 径（mm）			
	6	8	10	12
100	0.283	0.503	0.785	1.131
150	0.188	0.335	0.523	0.754
200	0.142	0.251	0.392	0.566

附录四 梁内单层钢筋最多根数

梁宽 (mm)	钢 筋 直 径（mm）						
	14	16	18	20	22	25	28
200	4	3/4	3/4	3	3	3	2/3
250	5	5	4/5	4	4	3/4	3
300	6/7	6	5/6	5/6	5	4/5	4
350	7/8	7	6/7	6/7	6	5/6	4/5
400	8/9	8/9	7/8	7/8	7	6/7	5/6

附录五　一种直径及两种直径组合时的钢筋面积

单位：mm²

直径		0	5	直径	1	2	3	4	5	直径	1	2	3	4	5
16	1	201	1206	14	355	509	663	871	971	12	314	427	570	653	767
	2	402	1407		556	710	864	1018	1172		515	628	741	855	968
	3	603	1608		757	911	1065	1219	1373		716	829	942	1056	1169
	4	804	1810		958	1112	1266	1420	1574		917	1030	1144	1257	1370
	5	1005	2011		1159	1313	1467	1621	1775		1118	1232	1345	1458	1571
18	1	254	1527	16	456	657	858	1059	1260	14	408	562	716	870	1024
	2	509	1781		710	911	1112	1313	1514		663	817	971	1125	1279
	3	763	2036		964	1166	1367	1566	1769		917	1071	1225	1379	1533
	4	1018	2290		1219	1420	1621	1822	2023		1172	1326	1480	1634	1788
	5	1272	2545		1473	1674	1876	2077	2278		1426	1580	1734	1888	2042
20	1	314	1885	18	569	823	1018	1332	1587	16	515	716	917	1118	1319
	2	628	2200		883	1137	1392	1646	1900		829	1030	1232	1433	1634
	3	942	2513		1197	1451	1706	1960	2215		1144	1345	1546	1747	1948
	4	1257	2827		1511	1766	2020	2275	2529		1458	1659	1860	2061	2262
	5	1571	3142		1825	2080	2334	2589	2843		1771	1973	2174	2375	2576
22	1	380	2280	20	649	1008	1332	1636	1951	18	630	889	1144	1398	1652
	2	760	2662		1074	1389	1703	2017	2331		1015	1269	1534	1778	2033
	3	1140	3040		1455	1769	2083	2397	2711		1395	1649	1904	2158	2413
	4	1520	3420		1835	2149	2463	2777	3091		1775	2029	2284	2538	2793
	5	1900	3800		2215	2529	2843	3157	3471		2155	2410	2664	2919	3173
25	1	491	2845	22	871	1251	1631	2011	2392	20	805	1119	1433	1748	2162
	2	982	3436		1361	1742	2122	2502	2882		1296	1610	1924	2236	2553
	3	1473	3927		1853	2233	2613	2993	3373		1787	2101	2415	2729	3043
	4	1963	4418		2344	2724	3104	3484	3864		2278	2592	2906	3220	3534
	5	2454	4909		2835	3215	3595	3975	4355		2769	3083	3397	3711	4025

附录六 混凝土强度

GB50010—2010 第 4.1.2 条 钢筋混凝土结构的混凝土强度等级不应低于 C15；当采用 HRB335 级钢筋时，混凝土强度等级不宜低于 C20；当采用 HRB400 和 RRB400 级钢筋以及承受重复荷载的构件，混凝土强度等级不得低于 C20。预应力混凝土结构的混凝土强度等级不应低于 C30；当采用钢绞线、钢丝、热处理钢筋作预应力钢筋时，混凝土强度等级不宜低于 C40。

注：当采用山砂混凝土及高炉矿渣混凝土时，尚应符合专门标准的规定。

表 4.1.4 混凝土强度设计值

强度种类	混凝土强度等级													
	C15	C20	C25	C30	C35	C40	C45	C50	C55	C60	C65	C70	C75	C80
f_c	7.2	9.6	11.9	14.3	16.7	19.1	21.1	23.1	25.3	27.5	29.7	31.8	33.8	35.9
f_t	0.91	1.10	1.27	1.43	1.57	1.71	1.80	1.89	1.96	2.04	2.09	2.14	2.18	2.22

混凝土规范 4.1.5 混凝土受压或受拉的弹性模量 E_c 应按表 4.1.5 采用。

表 4.1.5 混凝土弹性模量   单位：$\times 10^4 \, \text{N/mm}^2$

混凝土强度等级	C15	C20	C25	C30	C35	C40	C45	C50	C55	C60	C65	C70	C75	C80
E_c	2.20	2.55	2.80	3.00	3.15	3.25	3.35	3.45	3.55	3.60	3.65	3.70	3.75	3.8

附录七 混凝土保护层

GB50010—2010 第 8.2.1 条 纵向受力的普通钢筋及预应力钢筋，其混凝土保护层厚度（受力钢筋外边缘至混凝土表面的距离）不应小于钢筋的公称直径，设计使用年限为 50 年的混凝土结构，最外层钢筋的保护层厚度应符合表 8.2.1 的规定；设计使用年限为 100 年的混凝土结构，最外层钢筋的保护层厚度不应小于表 8.2.1 中数值的 1.4 倍。

表 8.2.1 混凝土保护层的最小厚度 c 单位：mm

环境类别	板、墙、壳	梁、柱、杆
一	15	20
二 a	20	25
二 b	25	35
三 a	30	40
三 c	40	50

注 1. 混凝土强度等级不大于 C25 时，表中保护层厚度数值应增加 5mm；
2. 钢筋混凝土基础宜设置混凝土垫层，基础中钢筋的混凝土保护层厚度应从垫层顶面算起，且不应小于 40mm。

附录八　纵向受力钢筋的配筋率

10.1　考虑到满足最小配筋率要求，常见板纵向受力钢筋的最小配筋率应符合 GB50010—2010 第 9.5.1 条的规定：钢筋混凝土结构构件中纵向受力钢筋的配筋百分率不应小于表 9.5.1 规定的数值。

表 9.5.1　　　　钢筋混凝土结构构件中纵向受力钢筋的最小配筋百分率　　　　　％

受 力 类 型		最小配筋百分率
受压构件	全部纵向钢筋	0.6
	一侧纵向钢筋	0.2
受弯构件、偏心受拉、轴心受拉构件一侧的受拉钢筋		0.2 和 $45f_t/f_y$ 中的较大值

注　1. 受压构件全部纵向钢筋最小配筋率，当采用 HRB400 级、RRB400 级钢筋时，应按表中规定减小 0.1；当混凝土强度等级为 C60 及以上时，应按表中规定增大 0.1。
　　2. 偏心受拉构件中的受压钢筋，应按受压构件一侧纵向钢筋考虑。
　　3. 受压构件的全部纵向钢筋和一侧纵向钢筋的配筋率以及轴心受拉构件和小偏心受拉构件一侧受拉钢筋的配筋率应按构件的全截面面积计算；受弯构件、大偏心受拉构件一侧受拉钢筋的配筋率应按全截面面积扣除受压翼缘面积 $(b_f' - b)h_f'$ 后的截面面积计算。
　　4. 当钢筋构件截面周边布置时，"一侧纵向钢筋" 系指沿受力方向两个对边中的一边布置的纵向钢筋。

钢筋混凝土板最小配筋量

混凝土标号	钢筋种类	$0.45f_t/f_y$ 和 0.2 的较大值	板厚（mm）为下行数值时每米宽范围内最小配筋（mm²）								
			90	100	110	120	130	140	150	160	170
C20 $f_t=1.10$	HPB235	0.236	212	236	260	283	307	330	354	378	401
	HRB335	0.200	180	200	220	240	260	280	300	320	340
C25 $f_t=1.27$	HPB235	0.272	245	272	299	326	354	381	408	435	462
	HRB335	0.200	180	200	220	240	260	280	300	320	340
C30 $f_t=1.43$	HPB235	0.306	275	306	337	367	398	428	459	490	520
	HRB335	0.215	194	215	237	258	280	301	323	344	366

第 9.5.2 条　对卧置于地基上的混凝土板，板中受拉钢筋的最小配筋率可适当降低，但不应小于 0.15％。

地基上混凝土板最小配筋量

板　厚（mm）									
300	400	500	600	700	800	900	1000	1100	1200
450	600	750	900	1050	1200	1350	1500	1650	1800
φ10—170	φ10—130	φ12—150	φ14—170	φ16—190	φ16—160	φ18—180	φ18—170	φ18—150	φ18—140

注　上表中，第一排数字为板厚 mm；第二排数字为配筋量 mm²/1000mm。

混凝土强度等级	HPB235 (Q235) ($f_y=210\text{N/mm}^2$)	HPB335 ($f_y=300\text{N/mm}^2$)	HPB400、RRB400 ($f_y=360\text{N/mm}^2$)
C20	2.807	1.760	1.380
C25	3.479	2.182	1.711
C30	4.181	2.622	2.056

10.2 当按单向板设计时，除沿受力方向布置受力钢筋外，尚应在垂直受力方向布置分布钢筋。单位长度上分布钢筋的截面面积不宜小于单位宽度上受力钢筋截面面积的 15%，且不宜小于该方向板截面面积的 0.15%（GB50010—2010 第 10.1.7 条和第 10.1.8 条），特别注意梯段板分布筋问题。

第 10.1.7 条 对于支承结构整体浇筑或嵌固在承重砌体墙内的现浇混凝土板，应沿支承周边配置上部构造钢筋，其直径不宜小于 8mm，间距不宜大于 200mm，并应符合下列规定：

（1）现浇楼盖边与混凝土梁或混凝土墙整体浇筑的单向板或双向板，应在板边上部设置垂直于板边的构造钢筋，其截面面积不宜小于板跨中相应方向纵向钢筋截面面积的三分之一；该钢筋自梁边或墙边伸入板内的长度，在单向板中不宜小于受力方向板计算跨度的五分之一，在双向板中不宜小于板短跨方向计算跨度的四分之一；在板角处该钢筋应沿两个垂直方向布置或按放射状布置；当柱角或墙的阳角突出到板内且尺寸较大时，亦应沿柱边或墙阳角边布置构造钢筋，该构造钢筋伸入板内的长度应从柱边或墙边算起。上述上部构造钢筋应按受拉钢筋锚固在梁内、墙内或柱内（在板角上部按放射状布置板筋不少于 7φ8@200，长度为短向跨度的 0.5 倍）；

（2）嵌固在砌体墙内的现浇混凝土板，其上部与板边垂直的构造钢筋伸入板内的长度，从墙边算起不宜小于板短边跨度的七分之一；在两边嵌固于墙内的板角部分，应配置双向上部构造钢筋，该钢筋伸主板内的长度从墙边算起不宜小于板短边跨度的四分之一；沿板的受力方向配置的上部构造钢筋，其截面面积不宜小于该方向跨中受力钢筋截面面积的三分之一；沿非受力方向配置的上部构造钢筋，可根据经验适当减少。

第 10.1.8 条 当按单向板设计时，除沿受力方向布置受力钢筋外，尚应在垂直受力方向布置分布钢筋。单位长度上分布钢筋的截面面积不宜小于单位宽度上受力钢筋截面面积的 15%，且不宜小于该方向板截面面积的 0.15%；分布钢筋的间距不宜大于 250mm，直径不宜小于 6mm；对集中荷载较大的情况，分布钢筋的截面面积应适当增加，其间距不宜大于 200mm。

注：当有实践经验或可靠措施时，预制单向板的分布钢筋可不受本条限制。

10.3 板配筋计算时，边梁板支座应按简支考虑，边梁板支座负筋应按 GB50010—2010 第 10.1.7 条的规定配置。

10.4 板配筋应按塑性理论计算，因混凝土板并非弹性材料，而是弹塑性材料。当计算结果裂缝超过限值时，应进行调整；提高混凝土标号、增加板的厚度、选用直径小的钢筋及增加钢筋用量均可减小裂缝宽度。当增加钢筋用量时，为节约钢材，调整后板的裂缝宽度，对于楼面应控制在 $0.25\sim0.30$mm 之间；对于屋面应控制在 $0.15\sim0.2$mm 之间。建议板布筋间距相对统一，以利施工；支座负筋与跨中配筋相差不宜超过一级，如跨中配筋 $\phi8@150$，则支座配筋为 $\phi10@150$；过大差距不符合混凝土实际受力特点。尤其是支座负筋的有效高度很难保证。

10.5 GB50010—2010 第 10.1.9 条 在温度、收缩应力较大的现浇板区域内，钢筋间距宜取为 $150\sim200$mm，并应在板的未配筋表面布置温度收缩钢筋。板的上、下表面沿纵、横两个方向的配筋均不宜小于 0.1%。

温度收缩钢筋可利用原有钢筋贯通布置，也可另行设置构造钢筋网，并与原有钢筋按受拉钢筋的要求搭接或在周边构件中锚固。

10.6 《现浇钢筋混凝土楼（屋面）板及砌筑墙体的设计与施工规程》第 2.2.1 条 板的厚度：当板内敷设有 PVC 管线时，楼面板厚不应小于 90mm，屋面板厚度不应小于 100mm。板内管径不得大于板厚的 1/3，交叉处 PVC 管重迭不应超过二层，且所占高度不大于板厚的 1/2。板厚度与跨度的最小比值 (h/L_0) 宜按表 2.2.1 控制。

表 2.2.1 板厚度与跨度的最小比值 (h/L_0)

板的支承情况	板 的 种 类		
	单 向 板	双 向 板	悬 臂 板
简支	1/30	1/35	1/10～1/12
连续	1/35	1/40	

注　L_0 为板的计算跨度，对于双向板则为短向计算跨度。

10.7 现浇钢筋混凝土悬臂板的最小厚度

现浇悬臂板的最小厚度

板 的 类 型	最 小 厚 度 值 h
板的悬臂长度≤500mm	板的根部 $h\geqslant70$mm
板的悬臂长度＞500mm	板的根部 $h\geqslant80$mm 及 $l/10$，取两者中的大者

注　表中 l 为臂板的悬挑长度。

10.8 屋面、露台梁板环境类别为二（a）类，应严格控制梁板构件最大裂缝宽 $\leqslant0.2$mm。

10.9 当 $L_2/L_1\geqslant1.4$ 时小跨板负弯矩钢筋宜通长布置（L_2 为双向板长向跨度；L_1 为双向板短向跨度）。

附录九　结　构　荷　载

11.1　民用建筑楼面均布活荷载

GB50009—2001 第 4.1.1 条　民用建筑楼面均布活荷载的标准值及其组合值、频遇值和准永久值系数，应按表 4.1.1 的规定采用。

第 4.1.2 条　设计楼面梁、墙、柱及基础时，表 4.1.1 中的楼面活荷载标准值在下列情况下应乘以规定的折减系数。

（1）设计楼面梁时的折减系数：

1）第 1（1）项当楼面梁从属面积超过 25m² 时，应取 0.9；

2）第 1（2）～7 项当楼面梁从属面积超过 50m² 时应取 0.9；

3）第 8 项对单向板楼盖的次梁和槽形板的纵肋应取 0.8，对单向板楼盖的主梁应取 0.6，对双向板楼盖的梁应取 0.8；

4）第 9～12 项应采用与所属房屋类别相同的折减系数。

（2）设计墙、柱和基础时的折减系数：

1）第 1（1）项应按表 4.1.2 规定采用；

2）第 1（2）～7 项应采用与其楼面梁相同的折减系数；

3）第 8 项对单向板楼盖应取 0.5，对双向板楼盖和无梁楼盖应取 0.8；

4）第 9～12 项应采用与所属房屋类别相同的折减系数。

注：楼面梁的从属面积应按梁两侧各延伸二分之一梁间距的范围内的实际面积确定。

表 4.1.2 　　　　　　　　**活荷载按楼层的折减系数**

墙、柱、基础计算截面以上的层数	1	2～3	4～5	6～8	9～20	＞20
计算截面以上各层活荷载总和的折减系数	1.00 (0.90)	0.85	0.70	0.65	0.60	0.55

注　当楼面梁的从属面积超过 25m² 时，应采用括号内的系数。

11.2　屋面活荷载

GB50009—2001 第 4.3.1 条　房屋建筑的屋面，其水平投影面上的屋面均布活荷载，应按表 4.3.1 采用。屋面均布活荷载，不应与雪荷载同时组合。

表 4.3.1 　　　　　　　　　　**屋　面　均　布　活　荷　载**

项次	类　　别	标准值 (kN/m²)	组合值系数 Ψ_c	频遇值系数 Ψ_f	准永久值系数 Ψ_q
1	不上人屋面	0.5	0.7	0.5	0
2	上人屋面	2.0	0.7	0.5	0.4
3	屋顶花园	3.0	0.7	0.6	0.5

注　1. 不上人的屋面，当施工或维修荷载较大时，应按实际情况采用；对不同结构应按有关设计规范的规定，将标准值作 0.2kN/m² 的增减。

　　2. 上人的屋面，当兼作其他用途时，应按相应楼面活荷载采用。

　　3. 对于因屋面排水不畅、堵塞等引起的积水荷载，应采取构造措施加以防止；必要时，应按积水的可能深度确定屋面活荷载。

　　4. 屋顶花园活荷载不包括花圃土石等材料自重。

表 4.1.1 民用建筑楼面均布活荷载标准值及其组合值、频遇值和准永久值系数

项次	类　别	标准值 (kN/m²)	组合值系数 Ψ_c	频遇值系数 Ψ_f	准永久值系数 Ψ_q
1	(1) 住宅、宿舍、旅馆、办公楼、医院病房、托儿所、幼儿园	2.0	0.7	0.5	0.4
	(2) 教室、试验室、阅览室、会议室、医院门诊室			0.6	0.5
2	食堂、餐厅、一般资料档案室	2.5	0.7	0.6	0.5
3	(1) 礼堂、剧场、影院、有固定座位的看台	3.0	0.7	0.5	0.3
	(2) 公共洗衣房	3.0	0.7	0.6	0.5
4	(1) 商店、展览厅、车站、港口、机场大厅及其旅客等候室	3.5	0.7	0.5	0.5
	(2) 无固定座位的看台	3.5	0.7	0.5	0.3
5	(1) 健身房、演出舞台	4.0	0.7	0.5	0.3
	(2) 舞厅	4.0	0.7	0.6	0.3
6	(1) 书库、档案库、贮藏室	5.0	0.9	0.9	0.8
	(2) 密集柜书库	12.0			
7	通风机房、电梯机房	7.0	0.9	0.9	0.8
8	汽车通道及停车库: (1) 单向板楼盖 (板跨不小于 2m)				
	客车	4.0	0.7	0.7	0.6
	消防车	35.0	0.7	0.7	0.6
	(2) 双向板楼盖和无梁楼盖 (柱网尺寸不小于 6m×6m)				
	客车	2.5	0.7	0.7	0.6
	消防车	20.0	0.7	0.7	0.6
9	厨房(1) 一般的	2.0	0.7	0.6	0.5
	(2) 餐厅的	4.0	0.7	0.7	0.7
10	浴室、厕所、盥洗室: (1) 第 1 项中的民用建筑	2.0	0.7	0.5	0.4
	(2) 其他民用建筑	2.5	0.7	0.6	0.5
11	走廊、门厅、楼梯: (1) 宿舍、旅馆、医院病房、托儿所、幼儿园、住宅	2.0	0.7	0.5	0.4
	(2) 办公楼、教室、餐厅、医院门诊部		0.7	0.5	0.4
	(3) 消防疏散楼梯,其他民用建筑	3.5	0.7	0.5	0.3
12	阳台: (1) 一般情况	2.5	0.7	0.6	0.5
	(2) 当人群有可能密集时	3.5			

注　1. 本表所给各项活荷载适用于一般使用条件,当使用荷载较大或情况特殊时,应按实际情况采用。

　　2. 第 6 项书库活荷载当书架高度大于 2m 时,书库活荷载尚应按每米书架高度不小于 2.5kN/m² 确定。

　　3. 第 8 项中的客车活荷载只适用于停放载人少于 9 人的客车;消防车活荷载是适用于满载总重为 300kN 的大型车辆;当不符合本表的要求时,应将车轮的局部荷载按结构效应的等效原则,换算为等效均布荷载。

　　4. 第 11 项楼梯活荷载,对预制楼梯踏步平板,尚应按 1.5kN 集中荷载验算。

　　5. 本表各项荷载不包括隔墙自重和二次装修荷载。对固定隔墙的自重应按恒荷载考虑,当隔墙位置可灵活自由布置时,非固定隔墙的自重应取每延米长墙重 (kN/m) 的 1/3 作为楼面活荷载的附加值 (kN/m²) 计入,附加值不小于 1.0kN/m²。

11.3 施工和检修荷载及栏杆水平荷载

GB50009—2001 第 4.5.1 条 设计屋面板、檩条、钢筋混凝土挑檐、雨篷和预制小梁时，施工或检修集中荷载（人和小工具的自重）应取 1.0kN，并应在最不利位置处进行验算。

注：（1）对于轻型构件或较宽构件，当施工荷载超过上述荷载时，应按实际情况验算，或采用加垫板、支撑等临时设施承受。

（2）计算挑檐、雨篷承载力时，应沿板宽每隔 1.0m 取一个集中荷载；在验算挑檐，雨篷倾覆时，应沿板宽每隔 2.5～3.0m 取一个集中荷载。

第 4.5.2 条 楼梯、看台、阳台和上人屋面等的栏杆顶部水平荷载，应按下列规定采用：

1) 住宅、宿舍、办公楼、旅馆、医院、托儿所、幼儿园，应取 0.5kN/m；

2) 学校、食堂、剧场、电影院、车站、礼堂、展览馆或体育场，应取 1.0kN/m。

第 4.5.3 条 当采用荷载准永久组合时，可不考虑施工和检修荷载及栏杆水平荷载。

11.4 隔墙荷载

2.7.1 计算支承隔墙的楼板和次梁时，满跨长度的隔墙重量宜按下列原则取用：

（1）挠度计算：对无洞隔墙，当为砖、陶粒空心砌块或加气混凝土砌体等时，可不考虑隔墙自重；当为石膏板或板条墙时，可按其自重的 40% 计算。

（2）弯曲承载力计算：对无洞口或洞口在板（梁）跨中 1/3 范围内且洞口上砌体高度不小于 500mm 的隔墙，可取隔墙自重的 40% 或取板（梁）跨度的 1/3 作为隔墙高度的隔墙自重，两者中的较大者作为板（梁）的每延长米均布荷载计算，否则按实际自重计算。

（3）剪切承载力计算：不论何种隔墙，均按实际自重计算。

2.7.2 在现浇钢筋混凝土楼盖的建筑中，当隔墙位置在设计中没有指明或允许灵活布置时，可将隔墙每延长米自重的 30% 作为每平方米楼面的均布荷载标准值计算，且不且小于 1.0kN/m²，其准永久值系数可取 0.5。

2.7.3 在隔墙顺着预制板跨度方向布置，且预制板间灌缝质量有可靠保证时，当隔墙作用于一块板上时，隔墙荷载的 50% 可由墙下预制板承受，其左右相邻的板各承受 25% 计算；当隔墙作用于两块板上时，隔墙荷载则可按各承受 50%，并应按 2.7.1 条规定计算隔墙荷载。

表 2.1.2－5 楼面活荷载补充

序号	楼面用途	均布活荷载标准值 (kN/m²)	准永久值系数 Ψ_q	组合值系数 Ψ_C
1	阶梯教室	3	0.6	0.7
2	微机电子计算机房	3	0.5	0.7
3	大中型电子计算机房	≥5，或按实际	0.7	0.7
4	银行金库及票据仓库	10	0.9	0.9
5	制冷机房	8	0.9	0.7
6	水泵房	10	0.9	0.7
7	变配电房	10	0.9	0.7
8	发电机房	10	0.9	0.7
9	设浴缸、坐厕的卫生间	4	0.5	0.7

序号	楼 面 用 途		均布活荷载标准值 （kN/m²）	准永久值系数 Ψ_q	组合值系数 Ψ_C
10	有分隔的蹲厕公共卫生间（包括填料、隔墙）		8	0.6	0.7
11	管道转换层		4	0.6	0.7
12	电梯井道下有人到达房间的顶板		≥5	0.5	0.7
13	通风机平台	≤5号通风机	6	0.85	0.7
		8号通风机	8		

11.5 活荷载的不利布置

2.8.1 楼面活荷载标准值大于 2.0kN/m² 或跨度相差较大的房屋建筑，按弹性方法计算框架的连续梁（板）的内力时，应考虑活荷载的不利布置。

2.8.2 考虑活荷载不利组合的房屋，不应将连续梁支座左右剪力的最大值相加传至主梁，又将主梁支座左右剪力的最大值相加传至框架柱，致使主梁、柱、桩基荷载不必要的增大。

11.6 基本风压取值

泉州地区一般取 0.8kN/m²；山区（安溪、永春、德化县）可取 0.7kN/m²。

11.7 恒荷载取值

（1）楼面：

板厚 h=90	25×0.09＝2.25kN/m²
面层 20 厚水泥砂浆	20×0.02＝0.40kN/m²
板底抹灰	17×0.02＝0.34kN/m²
二次装修	0.90kN/m²

（标准值） 共计　　　　　　　　　　　g＝3.8kN/m²
板厚 h＝100　　　　　　　　　　　g＝4.05kN/m²
板厚 h＝110　　　　　　　　　　　g＝4.3kN/m²

（2）屋面：

板 100 厚	25×0.10＝2.50kN/m²
面层 20 厚水泥砂浆找平层	20×0.02＝0.40kN/m²
面层水泥砂浆找坡层＝2%	0.4kN/m²
卷材防水层	0.3kN/m²
架空隔热层	1.40kN/m²

（标准值）共计　　　　　　　　　　g＝5.0kN/m²
板厚 h＝110　　　　　　　　　　　g＝5.25kN/m²
板厚 h＝120　　　　　　　　　　　g＝5.50kN/m²

（3）200 厚墙体荷载：
普通空心砖墙体 g＝3.50kN/m²
陶粒空心砖墙体 g＝2.80kN/m²
加气混凝土墙体 g＝1.98kN/m²

附录十　双向板在均布荷载作用下的挠度和弯矩系数表

（1）表中符号如下：

f、f_{max}——板中心点的挠度和最大挠度；

M_x、M_{xmax}——平行于 l_x 方向板中心点单位板宽内的弯矩和板跨内最大弯矩；

M_y、M_{ymax}——平行于 l_y 方向板中心点单位板宽内的弯矩和板跨内最大弯矩；

M_x^0——固定边中点沿 l_x 方向单位板宽内的弯矩；

M_y^0——固定边中点沿 l_y 方向单位板宽内的弯矩。

（2）弯矩和挠度正负号的规定如下：

弯矩——使板的受荷面受压者为正；

挠度——变位方向与荷载作用方向相同者为正。

（3）各表的弯矩系数按 $v=0$ 计算。对于钢筋混凝土，v 一般可取为 0.2，此时，对于挠度、支座中点弯矩，仍可按表中系数计算；对于跨中弯矩，一般也可按表中系数计算（即近似地认为 $v=0$）；必要时，可按下式计算：

$$M_x^v = M_x + vM_y$$
$$M_y^v = M_y + vM_x$$

（4）挠度＝表中系数×$\dfrac{ql_0^4}{B_c}$。

（5）弯矩＝表中系数×ql_0^2。

式中 l_0 取用 l_x 和 l_y 中之较小者。

（6）板支承边的符号为：

固定边 ∣∣∣∣∣∣∣∣∣∣∣ 简支边————————

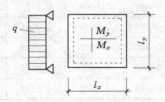

附表 10－1　　　　　　　　　　　　　　四 边 简 支 双 向 板

l_x/l_y	f	M_x	M_y	l_x/l_y	f	M_x	M_y
0.5	0.01013	0.0965	0.0174	0.8	0.00603	0.0561	0.0334
0.55	0.00940	0.0892	0.0210	0.85	0.00547	0.0506	0.0349
0.6	0.00867	0.0820	0.0242	0.9	0.00496	0.0456	0.0358
0.65	0.00796	0.0750	0.0271	0.95	0.00449	0.0410	0.0364
0.7	0.00727	0.0683	0.0296	1	0.00406	0.0368	0.0368
0.75	0.00663	0.0620	0.0317				

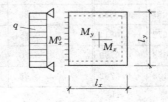

附表 10 - 2　　　　　三边简支、一边固定双向板

l_x/l_y	l_y/l_x	f	f_{max}	M_x	$M_{x\,max}$	M_y	$M_{y\,max}$	M_x^0
0.5		0.00488	0.00504	0.0583	0.0646	0.0060	0.0063	−0.1212
0.55		0.00471	0.00492	0.0563	0.0618	0.0081	0.0087	−0.1187
0.6		0.00453	0.00472	0.0539	0.0589	0.0104	0.0111	−0.1158
0.65		0.00432	0.00448	0.0513	0.0559	0.0126	0.0133	−0.1124
0.7		0.00410	0.00422	0.0485	0.0529	0.0148	0.0154	−0.1087
0.75		0.00388	0.00399	0.04527	0.0496	0.0168	0.0174	−0.1048
0.8		0.00365	0.00376	0.0428	0.0463	0.0187	0.0193	−0.1007
0.85		0.00343	0.00352	0.0400	0.0431		0.0211	−0.0965
0.9		0.00321	0.00329	0.0372	0.0400		0.0226	−0.0922
0.95		0.00299	0.00306	0.0345	0.0369		0.0239	−0.0880
1	1	0.00279	0.00285	0.0319	0.0340		0.0249	−0.0839
	0.95	0.00316	0.00324	0.0324	0.0345		0.0287	−0.0882
	0.9	0.00360	0.00368	0.0328	0.0347		0.0330	−0.0926
	0.85	0.00409	0.00417	0.0329	0.0347		0.0378	−0.0970
	0.8	0.00464	0.00473	0.0326	0.0343		0.0433	−0.1014
	0.75	0.00526	0.00536	0.0319	0.0335		0.0494	−0.1056
	0.7	0.00595	0.00605	0.0308	0.0323		0.0562	−0.1096
	0.65	0.00670	0.00680	0.0291	0.0306		0.0637	−0.1133
	0.6	0.00752	0.00762	0.0268	0.0289		0.0717	−0.1166
	0.55	0.00838	0.00848	0.0239	0.0271		0.0801	−0.1193
	0.5	0.00927	0.00935	0.0205	0.0249		0.0888	−0.1215

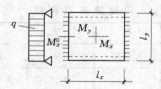

附表 10 - 3　　　　　两对边简支、两对边固定双向板

L_x/l_y	L_y/l_x	f	M_x	M_y	M_x^0	L_x/l_y	L_y/l_x	f	M_x	M_y	M_x^0
0.50		0.00261	0.0416	0.0017	−0.0843		0.95	0.00233	0.0296	0.0189	−0.0746
0.55		0.00259	0.0410	0.0028	−0.0840		0.90	0.00260	0.0306	0.0224	−0.0797
0.60		0.00255	0.0402	0.0042	−0.0834		0.85	0.00303	0.0314	0.0266	−0.0850
0.65		0.00250	0.0392	0.0057	−0.0826		0.80	0.00354	0.0319	0.0316	−0.0904
0.70		0.00243	0.0379	0.0072	−0.0814		0.75	0.00413	0.0321	0.0374	−0.0959
0.75		0.00236	0.0366	0.0088	−0.0799		0.70	0.00482	0.0318	0.0441	−0.1013
0.80		0.00228	0.0351	0.0103	−0.0782		0.65	0.00560	0.0308	0.0518	−0.1066

L_x/l_y	L_y/l_x	f	M_x	M_y	M_x^0		L_x/l_y	L_y/l_x	f	M_x	M_y	M_x^0
0.85		0.00220	0.0335	0.0118	−0.0763			0.60	0.00647	0.0292	0.0304	−0.1114
0.90		0.00211	0.0319	0.0133	−0.0743			0.55	0.00743	0.0267	0.0698	−0.1156
0.95		0.00201	0.0302	0.0146	−0.0721			0.50	0.00844	0.0234	0.0798	−0.1191
1.00	1.00	0.00192	0.0385	0.0158	−0.0698							

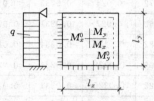

附表 10 - 4   两邻边简支、两邻边固定双向板

l_x/l_y	f	f_{max}	M_x	$M_{x\,max}$	M_y	$M_{y\,max}$	M_x^0	M_y^0
0.5	0.00468	0.00471	0.0559	0.0562	0.0079	0.0135	−0.1179	−0.0786
0.55	0.00445	0.00454	0.0529	0.0530	0.0104	0.0153	−0.1140	−0.0785
0.6	0.00419	0.00429	0.0496	0.0498	0.0129	0.0169	−0.1095	−0.0782
0.65	0.00391	0.00399	0.0461	0.0465	0.0151	0.0183	−0.1045	−0.0777
0.7	0.00363	0.00368	0.0426	0.0432	0.0172	0.0195	−0.0992	−0.0770
0.75	0.00335	0.00340	0.0390	0.0396	0.0189	0.0206	−0.0938	−0.0760
0.8	0.00308	0.00313	0.0356	0.0361	0.0204	0.0218	−0.0883	−0.0748
0.85	0.00281	0.00286	0.0322	0.0328	0.0215	0.0229	−0.0829	−0.0733
0.9	0.00256	0.00261	0.0291	0.0297	0.0224	0.0238	−0.0776	−0.0716
0.95	0.00232	0.00237	0.0261	0.0267	0.0230	0.0244	−0.0726	−0.0698
1	0.00210	0.00215	0.0234	0.0240	0.0234	0.0249	−0.0677	−0.0677

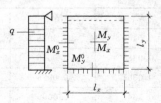

附表 10 - 5   一边简支、三边固定双向板

l_x/l_y	l_y/l_x	f	f_{max}	M_x	$M_{x\,max}$	M_y	$M_{y\,max}$	M_x^0	M_y^0
0.5		0.0027	0.00258	0.0408	0.0409	0.0028	0.0089	−0.0836	−0.0569
0.55		0.00252	0.00255	0.0398	0.0399	0.0042	0.0093	−0.0827	−0.0570
0.6		0.00245	0.00249	0.0384	0.0386	0.0059	0.0105	−0.0814	−0.0571
0.65		0.00237	0.00240	0.0368	0.0371	0.0076	0.0116	−0.0796	−0.0572
0.7		0.00227	0.00229	0.0350	0.0354	0.0093	0.0127	−0.0774	−0.0572

l_x/l_y	l_y/l_x	f	f_{max}	M_x	$M_{x\,max}$	M_y	$M_{y\,max}$	M_x^0	M_y^0
0.75		0.00216	0.00219	0.0331	0.0335	0.0109	0.0137	−0.0750	−0.0572
0.8		0.00205	0.00208	0.0310	0.0314	0.0124	0.0147	−0.0722	−0.0570
0.85		0.00193	0.00196	0.0289	0.0293	0.0138	0.0155	−0.0693	−0.0567
0.9		0.00181	0.00184	0.0268	0.0273	0.0159	0.0163	−0.0663	−0.0563
0.95		0.00169	0.00172	0.024	0.0252	0.0160	0.0172	−0.0631	−0.0558
1	1	0.00157	0.00160	0.022	0.0231	0.0168	0.0180	−0.0600	−0.0550
	0.95	0.00178	0.00182	0.0229	0.0234	0.0194	0.0207	−0.0629	−0.0599
	0.9	0.00201	0.00206	0.0228	0.0234	0.0223	0.0238	−0.0656	−0.0653
	0.85	0.00227	0.00222	0.0225	0.0231	0.0255	0.0273	−0.0683	−0.0711
	0.8	0.00256	0.00262	0.0219	0.0224	0.0290	0.0311	−0.0707	−0.0772
	0.75	0.00286	0.00294	0.0208	0.0214	0.0329	0.0354	−0.0729	−0.0837
	0.7	0.00319	0.00327	0.0194	0.0200	0.0370	0.0400	−0.0748	−0.0903
	0.65	0.00352	0.00365	0.0175	0.0182	0.0412	0.0446	−0.0762	−0.0970
	0.6	0.00386	0.00403	0.0153	0.0160	0.0454	0.0493	−0.0773	−0.1033
	0.55	0.00419	0.00437	0.0127	0.0133	0.0496	0.0541	−0.0780	−0.1093
	0.5	0.00449	0.00463	0.0099	0.0103	0.0534	0.0588	−0.0784	−0.1146

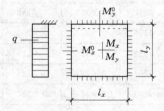

附表 10-6 　　　　　　　　 四 边 固 定 双 向 板

l_x/l_y	f	M_x	M_y	M_x^0	M_y^0
0.5	0.00253	0.0400	0.0038	−0.0829	−0.0570
0.55	0.00246	0.0385	0.0056	−0.0814	−0.0571
0.6	0.00236	0.0367	0.0076	−0.0793	−0.0571
0.65	0.00224	0.0345	0.0095	−0.0766	−0.0571
0.7	0.00211	0.0321	0.0113	−0.0735	−0.0569
0.75	0.00197	0.0296	0.0130	−0.0701	−0.0565
0.8	0.00182	0.0271	0.0144	−0.0664	−0.0559
0.85	0.00168	0.0246	0.0156	−0.0626	−0.0551
0.9	0.00153	0.0221	0.0165	−0.0588	−0.0541
0.95	0.00140	0.0198	0.0172	−0.0550	−0.0528
1	0.00127	0.0176	0.0176	−0.0513	−0.0513

第二篇

砌 体 结 构

第 14 章   绪   论

本章要点

- 理解关于砌体结构的基本概念及其特点；
- 了解砌体结构的发展简况、应用及其发展方向。

14.1   砌体结构的发展简史

砌体结构是由各种块材（如砖、各种型号的混凝土砌块、毛石、料石、土块）用胶结材料（如砂浆）通过人工组砌筑而成的一种结构形式。

夏代（距今约 4000 多年），我们的祖先就已经用夯土来构筑城墙。商代（公元前 1600 年~公元前 1046 年）以后又逐渐学会了用自然风干的黏土砖（土坯砖）砌筑房屋。西周时期（公元前 1122 年~公元前 771 年）出现了烧制成形的瓦。战国时期（公元前 403 年~公元前 221 年）又出现了烧制成形的大尺寸空心砖，而且这种空心砖在西汉时期（公元前 206 年~公元前 8 年）得到广泛应用。东晋（公元 317 年~419 年）以后的时期里，空心砖的使用已经很普遍。

已有的史料表明，我国砌体结构的历史漫长而悠久。伟大的万里长城（始建于秦代）是中华民族的骄傲。中国现存最早，并且保存良好的隋代赵州安济桥，又称赵州桥，为敞间圆弧石拱，拱券并列 28 道，净跨 37.02m，矢高 7.23m，上狭下宽总宽 9m。主拱券等厚 1.03m，主拱券上有护拱石。在主拱券上两侧，各开两个净跨分别为 3.8m 和 2.85m 的小拱，以宣泄拱水，减轻自重。桥面呈弧形，栏槛望柱，雕刻着龙兽，神采飞扬。桥史建于隋开皇十五年（公元 595 年），完工于隋大业元年（公元 605 年），距今已有 1405 年。安济桥制作精良，结构独创，造型匀称美丽，雕刻细致生动，列代都予重视和保护，1991 年列为世界文化遗产。

建于公元 520 年（南北朝时期）的河南登封县嵩山嵩岳寺塔，塔共 15 层，高约 40m，完全由砖砌成，是我国最古老的佛塔，它标志着该时期我国在砌体结构技术方面已取得伟大成就。

北宋年间（1055 年），在河北定县建造的瞭敌塔，高 82m，共 11 层，为砖楼面，砖砌双层筒体结构，是我国古代保留至今的最高砌体结构。它采用的筒中筒结构体系，仍然是现代高层建筑中采用的结构体系之一。它反映了我国古代结构体系的选取已达到了很高的水平。明代（1368~1648 年）建造的苏州开元寺的无梁殿和南京灵谷寺的无梁殿是我国古代典型的砖砌穹隆结构。它将砖砌体直接用于房屋建筑中，使受拉承载力低的砌体结构能跨越较大空间，显示了我国古代应用砌体结构方面的伟大成就。

从鸦片战争（1840 年）以后到新中国成立前的约 100 年的时间内，由于水泥的出现，砂浆强度的提高，促进了砖砌体结构的发展。这一时期我国建筑受欧洲建筑风格的影响，开始改变原砌筑空斗墙的薄形砖而烧制八五砖（规格为 216mm×105mm×43mm），广泛地用于砌筑实心承重砖墙，建造单层或二、三层的低层房屋。这个时期的砌体材料主要是黏土砖。从设计理论上采用容许应力法进行粗略地估算，而缺乏对砌体房屋结构静力分析的正确理论依据。

我国新中国成立后逐步开始广泛地采用 240mm×115mm×53mm 的标准砖来建造单、多层房屋。在非地震区，厚度为 240mm 的砖墙建造到 6 层，加厚以后可以造到 7 层或 8 层，砌体结构的潜力得到发挥。在地震区用砖建造的房屋也达到 6～7 层。

20 世纪 70 年代后期，在山城重庆市用黏土砖作承重墙建造了 12 层的房屋。砌体结构不仅用于各类民用房屋，而且也在工业建筑中大量使用，不仅作承重结构，也用作维护结构。20 世纪 60 年代中期到 70 年代初，我国首都地区已广泛地利用工业废料制造的粉煤灰砌块或煤灰矿渣混凝土墙板来建造住宅建筑。

与此同时在国外，采用石材和砖建造各种建筑物也在不停的发展。古希腊在发展石结构方面作出了重要的贡献。埃及的金字塔和我国的万里长城一样，因其气势宏伟而举世闻名。公元前 432 年建成的帕提农神庙，比例匀称，庄严和谐，是古希腊多立克柱式建筑的最高成就。公元前 80 年建成的古罗马庞培城角斗场，规模宏大，功能完善，结构合理，景观宏伟，其形制对现代的大型体育场仍有着深远的影响。532 年～537 年在君士坦丁堡（今土耳其伊斯坦布尔）建成的圣索菲亚大教堂，为砖砌大跨结构，东西长 77m，南北长 71.7m，巨大的圆顶直径达 33m，离地高 55m，具有很高的水平。古罗马建筑依靠高水平的拱券结构获得宽阔的内部空间，能满足各种复杂的功能要求。始建于 1173 年的著名的意大利比萨斜塔塔高 58.36m，以其大角度的倾斜（现倾斜约 5.5°）而闻名。1163 年～1345 年间建成的巴黎圣母院，宽 48m，进深约 148m，内部可容纳 9000 人，它立面雕饰精美，堪为法国哥特式教堂的典型。

1889 年，在美国芝加哥由砖砌体、铁混合材料建成的第一幢高层建筑 Monadnock，共 17 层，高 66m。

目前，在世界各地，现代砌体结构仍较广泛地用于建造低层、多层居住和办公建筑，一些高层建筑也采用砌体结构。

14.2 砌体结构的优缺点

资料表明，目前在我国各类房屋的墙体中，砌体结构占 90％以上。即使在发达国家，砌体结构在墙体中所占的比重也超过了 60％。砌体结构之所以在全世界范围内得到如此广泛的应用，是与砌体这种建筑材料具有如下优点分不开的：

（1）取材方便。

天然的石料、沙子、用来烧砖的黏土等，几乎都可以就地取材。这使得砌体结构的房屋造价低廉。

（2）具有良好的耐火、隔声、保温等性能。

砌体材料本身具有耐火性能、良好的隔音效果；砌体房屋还能调节室内湿度，透气性好，同时砌体结构具有良好的化学稳定性能，抗腐蚀性强，这就保证了砌体结构的耐久性。

（3）节约材料。

与钢筋混凝土结构相比，砌体结构中水泥、钢材、木材的用量均大为减少，由于新型砖材的出现，可以利用工业废渣而大大降低源材料的应用利于环保。

（4）可连续施工。

因为新砌体能承受一定的施工荷载，故不像混凝土结构那样在浇筑混凝土后需要有施工间隙。

（5）施工设备简单。

砌体的施工技术简单，无需特殊的施工设备，因此能普遍推广使用。

国内外不少专家学者认为：古老的砖结构是在与其他材料相竞争中重新出世的承重墙体结构，可以看出灰砂砖、混凝土砌块砌体是高层建筑中受压构件的良好材料。

但砌体结构还存在着下列缺点：

（1）自重大而强度不高。

特别是砌体的抗拉、抗剪强度低，普通砌体结构，由于强度低而截面尺寸一般较大，材料用量多，运输量也很大。同时，由于自重大，对基础和抗震均不利。

（2）砌筑工作量大。

砌体结构在施工中常常是手工操作，劳动强度高，施工进度也较慢。

（3）抗震性能不好。

除了前述自重大的影响因素外，还由于砂浆与砖石等块体之间的黏结力弱，无筋砌体抗拉、抗剪强度低，延性差，因此其抗震性能低。

14.3　砌体结构的应用范围

由于砌体结构的诸多优点，故其应用范围较为广泛；另一方面，由于砌体结构本身存在的缺点，而又在某些方面限制了它的应用。

砌体结构的受压承载力高，因此适于用作受压构件，如在多层混合结构房屋、外砌内浇结构体系中的竖向承重构件——墙和柱。此外，采用砌体不但可以建造桥梁、隧道、挡土墙、涵洞等构筑物，还可以建造像坝、堰、渡槽等水工结构，可以建造如水池、水塔支架、料仓、烟囱等特种结构。在南方部分地区，人们用整块花岗岩建造楼（屋）面板和梁柱以砌筑多层建筑。

由于传统砌体结构的承载力低，且具有整体性、抗震性差等缺点，使其在高层和地震地区建筑中的应用受到限制。

14.4　砌体结构的发展趋势

为了充分利用砌体结构的优点并克服砌体结构的缺点，各国的砌体结构必将在以下几个方面得以改进和发展。

（1）轻质高强的砌体材料。

块材强度和砂浆强度是影响砌体强度的主要因素。采用轻质高强的块材和高强度砂浆，对于减轻结构自重，扩大砌体结构的应用范围有着重要的意义。而要做到"轻质"，常常要在材料的孔洞率上做文章。空心砖的孔洞体积占砖的外轮廓所包围体积的百分率，称为孔洞率。为了扩大孔洞率，于是有了各种类型的空心砖。我国砌墙用空心砖的孔洞率一般在 40% 左右。在我国空心砖的产量近些年来逐渐增加，国外空心砖的产量已经很高，如瑞士的空心砖产量占砖总产量的 95%。

国外的高强度砖发展很快，一般砖的强度为 40～60MPa，有的达到 160MPa，甚至 200MPa。而我国砖的强度一般为 7.5～15MPa，相差较大。

高强度特别是高黏结强度砂浆的生产，在一些国家发展也较快。1978 年丹麦掺微硅粉制成的砂浆，其边长为 100mm 立方体试块的抗压强度已达到 350MPa。由于砖墙的抗震能力主要取决于砂浆的黏结强度，因此国外早已采用高黏结强度砂浆。我国砖混结构所占的比例很大，而很多地方又处于抗震设防地区，研究开发经济适用的高黏结强度砂浆的意义尤为重要。

（2）配筋砌体结构。

配筋砌体结构在很大程度上克服了传统砌体结构整体性差、抗震性能差的缺点，而在世界各国已经迅速发展。我国是一个多地震的国家，有三分之一的国土处于抗震设防烈度为 7 度及其以上的地区，有一百多个大、中城市需要抗震设防。我国又是一个发展中国家，人口众多，用地十分紧张，因此发展抗震性能好、施工简单、造价经济的高层和中层配筋砌体结构体系对我国具有特别重要的意义。

（3）工业废料在混凝土砌块中的应用。

在城市建设中，人们越来越多地利用工业废料，如粉煤灰、炉渣、煤矸石等，制作硅酸盐砖、加气硅酸盐砌块或煤渣混凝土砌块等。这样既处理了城市中的部分工业废料，又缓解了烧黏土砖与农业争地的矛盾。

（4）大型墙板。

采用大型墙板作为承重的内墙或悬挂的外墙，可减轻砌体砌筑时繁重的体力劳动，采用各种轻质墙板作隔墙，还可减轻砌体结构的自重。这有利于建筑工业化、施工机械化，从而加快建筑速度。

？ 复习思考题

1. 简述国内砌体结构的发展进程。
2. 简述砌体结构的发展方向。

第15章　砌体材料和砌体力学性能

本章要点

- 了解砌体所用材料的种类、强度等级及设计要求；
- 了解砌体的组成、种类、强度、弹性模量等基本物理力学性能；
- 重点掌握砌体受压破坏的全过程；
- 理解影响抗压强度的主要因素，能正确采用砌体的各种强度指标。

15.1 砌 体 材 料

砌体结构由砖、石和砌块等块体材料用胶结材料砂浆等砌筑而成。砌体可作为房屋的基础、承重墙、过梁甚至屋盖等承重结构，也常作为房屋的隔墙等非承重结构，还可作为挡土墙、水池及烟囱等构筑物。

15.1.1 块体材料

我国目前常用的块体材料有下列几种。

1. 砖

（1）烧结普通砖。

以黏土、页岩、煤矸石或粉煤灰为主要原料，经过烧结而成的实心或孔洞率不大于规定值且外形尺寸符合规定的砖。分烧结黏土砖、烧结粉煤灰砖等。

我国烧结普通砖的规格为 240mm×115mm×53mm，容重一般在 $16\sim19kN/m^3$。这种砖广泛应用于一般民用房屋结构的承重墙体及维护结构中，其强度高，耐久性、保温隔热性好，生产工艺简单，砌筑方便。由于我国对环保的重视，已经取缔烧结黏土砖的生产。

（2）烧结多孔砖。

以黏土、页岩、煤矸石或粉煤灰为主要原料，经烧结而成，孔洞率不小于 25%，孔的尺寸小而孔洞多，主要用于承重部位，简称多孔砖。

烧结多孔砖在砖的厚度方向形成竖向孔洞以减轻砌体的自重。多孔砖可以具有不同的孔形、孔数、容重和孔洞率。烧结多孔砖与烧结普砖相比具有许多优点：由于孔洞多，可节约机制砖材料；节省烧砖燃料和提高烧成速度；在建筑上可提高墙体隔热保温性能；在结构上可减轻自重，从而减小墙体重量，减轻基础的荷载。目前多孔砖分为 P 型砖和 M 型砖，有三种规格，而未规定孔形及孔洞的位置，只规定孔洞率必须在 25% 以上。这三种规格为 KM1、KP1、KP2。其中字母 K 表示多孔，M 表示模数，P 表示普通。KM1 的

规格为 $190\text{mm}\times190\text{mm}\times90\text{mm}$，KP1 的规格为 $240\text{mm}\times115\text{mm}\times90\text{mm}$，KP2 的规格为 $240\text{mm}\times180\text{mm}\times115\text{mm}$。图 15-1 (a)、(b) 所示为南京地区曾广泛采用的多孔砖，图 15-1 (c) 为上海、西安、辽宁等地采用的 KP1 型多孔砖，图 15-1 (d) 为四川、广州地区采用的孔洞率为 25% 的烧结多孔砖。长沙地区采用的多孔砖规格及孔型与广州地区的基本相同。南宁地区采用的多孔砖规格与上海地区的相仿。

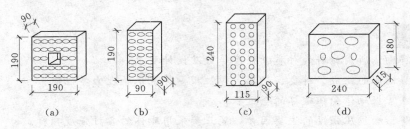

图 15-1 多孔砖

烧结多孔砖在砌筑时，KP1 及 KP2 规格的多孔砖还可以与烧结普通砖配合使用，也可与同类辅助规格的多孔砖配合使用。

一般多孔砖容重为 $11\sim14\text{kN/m}^3$，大孔洞多孔砖容重为 $9\sim11\text{kN/m}^3$，孔洞率可达 $40\%\sim60\%$。一般多孔砖可作为房屋的承重墙和隔墙材料，而大孔洞多孔砖目前只用于隔墙。近年来多孔砖在我国部分地区已得到推广和应用，目前正在继续进行研究和改进，其应用范围将会进一步扩大。

（3）非烧结砖。

以石灰、粉煤灰、矿渣、石英砂及煤矸石等为主要原料，经坯料制备、压制成型、高压蒸汽养护而成的实心砖，主要有粉煤灰砖、矿渣硅酸盐砖、灰砂砖及煤矸石砖等。这些砖的外形尺寸同烧制普通砖，其容重为 $14\sim15\text{kN/m}^3$，可砌筑清水外墙和基础等砌体结构，但不宜砌筑处于高温环境下的砌体结构。

这类砖由于是压制生产，其表面光滑，经高压低薪釜蒸养后表面有一层粉末，用砂浆砌筑时黏结很差，因此砌体抗剪强度较低，对抗震较为不利，地震区应有限制地使用。

（4）强度等级。

根据标准试验方法所得的砖石材料或砌块抗压极限强度来划分其强度的等级，砌块的强度等级仅以其抗压强度来确定；而砖的强度等级的确定，除考虑抗压强度外，还应考虑其抗弯强度，这是因为砖厚度较小，应防止其在砌体中过早地断裂。块体强度等级以符号"MU"表示，单位为 MPa。

烧结普通砖、烧结多孔砖等的强度等级为：MU30、MU25、MU20、MU15 和 MU10。

蒸压灰砂砖、蒸压粉煤灰砖的强度等级为：MU25、MU20、MU15 和 MU10。

2. 砌块

（1）混凝土砌块。

由普通混凝土或轻骨料混凝土制成，主规格尺寸为 $390\text{mm}\times190\text{mm}\times190\text{mm}$，孔洞率为 $25\%\sim50\%$ 的空心砌块。把高度在 350mm 以下的砌块称为小型砌块，如图 15-2 所示。把高度在 350～900mm 之间的砌块称为中型砌块，如图 15-3 所示。混凝土中型砌块的高度一般为 850mm。高度大于 900mm 的砌块称为大型砌块。

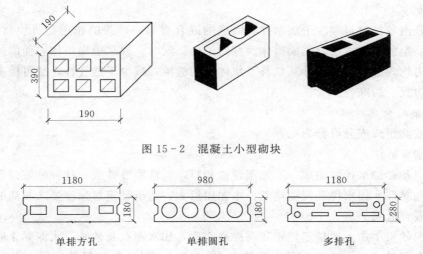

图 15-2　混凝土小型砌块

单排方孔　　　　　　单排圆孔　　　　　　多排孔

图 15-3　混凝土中型砌块

（2）加气混凝土砌块。

这可用作承重或围护结构材料，具有良好的保温隔热性能，容重在 10kN/m³ 以下。

砌块的强度等级是根据三个砌块毛面积截面的抗压强度平均值划分的，分为 MU20、MU15、MU10、MU7.5 和 MU5 共五个强度等级。

3. 石材

在承重结构中，常用的天然石材有花岗岩、石灰岩、凝灰岩等。天然石材抗压强度高，耐久性能良好，故多用于房屋的基础、勒脚等，也可砌筑挡土墙。在山区中易就地取材，但当作为墙体材料时，因石材的高传热性，在炎热及寒冷地区常需要较大的厚度。经过打平磨光的天然石料亦常用于重要建筑物的饰面工程。一般重岩容重大于 18kN/m³，轻岩容重小于 18kN/m³。天然石料按其外形及加工程度可分为料石和毛石。

（1）料石。

1）细料石：经过精细加工，外形规则，表面平整。

2）粗料石：经过加工，外形规则，表面大致平整，凹凸深度不大于 20mm。

3）毛料石：外形大致方正，一般不做加工或稍做修整。

（2）毛石。

形状不规则的石块，亦称片石。

石材的强度等级是根据 3 个边长为 70mm 的立方体石块抗压强度的平均值划分的，分为 MU100、MU80、MU60、MU50、MU40、MU30 和 MU20 共七个强度等级。

4. 砌体结构对块材的基本要求

（1）砌体所用块材应具有足够的强度，以保证砌体结构的承载力。

（2）砌体所用块材应有良好的耐久性能，以保证砌体结构在正常使用时满足使用功能的要求。

（3）砌体所用块材应具有保温隔热性能，以满足房屋的热工性能。

15.1.2 砂浆

砂浆是由胶结材料和沙子加水拌和而成的混合材料。砂浆的作用是将块材（砖、石、砌块）按一定的砌筑方法黏结成整体而共同工作。同时，砂浆填满块体表面的间隙，使块体表面应力均匀分布。由于砂浆填补了块体间的缝隙，减少了透气性，故可提高砌体的保温性能及防火、防冻性。

1. 砂浆的分类

砂浆按其组成成分可分为三种。

（1）水泥砂浆。

由水泥和砂加水拌制而成，不加塑性掺和料，又称刚性砂浆。这种砂浆强度高、耐久性好，但和易性、保水性和流动性差，水泥用量大，适于砌筑对强度要求较高的砌体。

（2）混合砂浆。

在水泥砂浆中加入适量塑性掺和料拌制而成，如水泥石灰砂浆、水泥黏土砂浆等。这种砂浆水泥用量减少，砂浆强度约降低 10％～15％，但砂浆和易性、保水性好，砌筑方便，砌体强度可提高 10％～15％，同时节约了水泥，适用于一般墙、柱砌体的砌筑，但不宜用于潮湿环境中的砌体。

（3）非水泥砂浆。

即不含水泥的砂浆，如石灰砂浆、黏土砂浆、石膏砂浆。这类砂浆强度较低，耐久性较差，常用于砌筑简易或临时性建筑的砌体。

砂浆质量与其保水性（即保持水分的能力）有很大的关系。缺乏足够保水性的砂浆，在运输和砌筑过程中一部分水分会从砂浆内分离出来，使砂浆的流动性降低，铺抹操作困难，从而降低灰缝质量，影响砌体强度。分离出来的水分容易被砖块吸收。水分失去过多，不能保证砂浆正常凝结硬化，亦会降低砂浆强度。砂浆中掺入塑性掺和料后可提高砂浆的保水性，从而保证灰缝的质量和砌体的强度。因此，砌体结构通常都采用混合砂浆来砌筑。

2. 砂浆的强度等级

砂浆的强度等级是以用标准方法制作的 70.7mm 的砂浆立方米，在标准条件下养护28d，经抗压试验所测得的抗压强度平均值来确定的。其强度等级以符号"M"来表示，分为 M15、M10、M7.5、M5 和 M2.5 五个强度等级。

在验算施工阶段尚未硬化的新砌筑砌体强度时或在冻结法施工解冻时，可按砂浆强度为零来确定。

当砂浆强度在两个等级之间时，采用相邻较低值。

3. 砌体对砂浆的基本要求

（1）砂浆应具有足够的强度和耐久性。

（2）砂浆应具有一定的可塑性，以便于砌筑，提高生产率，保证质量，提高砌体强度。

（3）砂浆应具有足够的保水性，以保证砂浆正常硬化所需要的水分。

15.2 砌 体 的 种 类

砌体是由砖、石和砌块等材料按一定排列方式用砂浆砌筑而成的整体。按受力情况分为承重砌体与非承重砌体；按砌筑方法分为实心砌体与空心砌体；按材料分为砖砌体、石砌体及砌块砌体；按是否配有钢筋分为无筋砌体与配筋砌体。

15.2.1 无筋砌体

1. 砖砌体

一般砖砌体常用于内外墙、柱及基础等承重结构中和围护墙及隔断墙等非承重结构中，一般多为实心砌体，砌筑方式有一顺一丁、梅花丁、三顺一丁，如图 15-4 (a)、(b)、(c) 所示。试验表明，按以上方法砌筑的砌体其抗压强度相差不大。

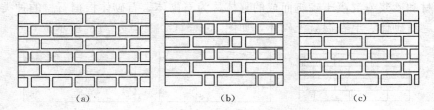

图 15-4　砖砌体的组合方式
(a) 一顺一丁；(b) 梅花丁；(c) 三顺一丁

为了符合砖的模数，砖砌体构件的尺寸一般取 240mm（1 砖）、370mm（1 砖半）、490mm（2 砖）、620mm（2 砖半）及 740mm（3 砖）等。有时为了节约材料，实心砖墙体厚度也可按 1/4 砖长的倍数采用。可构成 180mm、300mm、420mm 等尺寸。多孔砖也可砌成 90mm、180mm、190mm、240mm、290mm 及 390mm 厚度的墙体，这种墙厚的缺点是砌筑时需要砍砖。

空心砌体一般是将砖立砌成两片薄壁，以丁砖相连，中间留有空腔。可以在空腔内填充松散材料或轻质材料。这种砌体自重小，热工性能好。如空斗墙是我国古老、传统的结构形式，这种墙体节省 22%～38% 的砖和 50% 的砂浆，造价降低 30%～40%，但其整体性和抗震性能较差。在非地震区可作 1～3 层小开间民用房屋的墙体，常采用一眠一斗、一眠多斗或无眠斗墙的砌筑方法，如图 15-5 (a)、(b)、(c) 所示。设计时应满足有关构造要求。

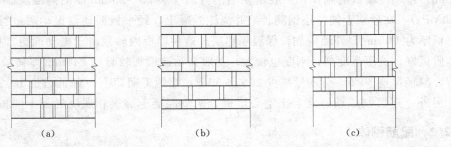

图 15-5　空斗墙砌筑方法
(a) 一眠一斗砖砌；(b) 一眠多斗砖砌；(c) 无眠斗砖砌

在砖砌体施工中，为确保质量应防止强度等级不同的砖混用，应严格遵守施工规范，使配制的砂浆强度符合设计强度的要求。否则将会引起砌体强度的降低。

2. 砌块砌体

由砌块和砂浆砌筑而成的整体称为砌块砌体。砌块砌体的使用决定于砌块的材料及大小。大型砌块尺寸大，便于生产工厂化、施工机械化，有利于提高劳动生产率，加快施工进度，但对企业生产设备和施工能力要求较高。中型砌块尺寸较大，适于机械化施工，可提高劳动生产率，但其型号少，使用不够灵活。小型砌块尺寸较小，型号多，适用范围广，但施工时手工操作量大，生产率低。

设计砌块墙体时要求砌块排列有规律，砌块类型最少，排列整齐，尽量减少通缝，使得砌筑牢固。

3. 石砌体

由石材和砂浆或混凝土砌筑而成的整体称为石砌体。石砌体根据石材的种类又分为料石砌体、毛石砌体、毛石混凝土砌体，如图 15-6（a）、（b）、（c）所示。

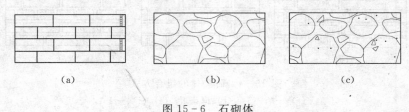

图 15-6　石砌体

(a) 料石砌体；(b) 毛石砌体；(c) 毛石混凝土砌体

在产石山区，石砌体应用较为广泛，可用作一般民用房屋的承重墙、柱和基础，还用作建造拱桥、坝和涵洞等构筑物。

4. 墙板

在墙体中采用预制大型墙板，其尺寸大，高度一般为房屋的层高，宽度可为房屋的一个开间或进深。它有利于建筑工业化和施工机械化，缩短施工周期，提高生产率，是一种具有发展前途的墙体体系。

目前采用的主要有大型预制的砖（或砌块）墙板和振动砖墙板。一般采用专用机械设备，连续铺砌块体和砂浆。如美国采用的高 1.5～3.0m、宽 6～12m 的混凝土砌块墙板，板厚110mm。振动砖墙板的制作，一般是在钢模内铺一层 20～25mm 厚的高强度砂浆（一般强度为10MPa），在砂浆上铺一层钢筋骨架并浇注混凝土，经平板振动器振动后进行蒸汽养护制成，板厚为 140mm。外墙应加设保温隔热层。这种墙板内砂浆由于振动而更加密实、均匀，砌体质量好，抗压强度高，刚度也较大。一般振动砖墙板较普通 240mm 厚砖墙可节约 50%的砖，减轻自重 30%，劳动量减少 20%～30%，缩短工期 20%，降低造价 10%～20%。

另外，还可制成预制混凝土空心墙板、矿渣混凝土墙板和现浇混凝土墙板等。

15.2.2　配筋砌体

当荷载较大，而采用砌体构件导致构件截面较大或强度不足时，可采用在砌体内不同的部位以不同方式配置钢筋或浇注钢筋混凝土，以提高砌体的抗压强度和抗拉强度。这种砌体称为配筋砌体。

1. 横向配筋砌体

在砖砌体的水平灰缝内配置钢筋网，称为网状配筋砖砌体或横向配筋砖砌体。如图15-7（a）所示。

2. 纵向配筋砌体

在砖砌体竖向灰缝内或预留的竖槽内配置纵向钢筋以承受拉力或部分压力，称为纵向配筋砖砌体。如图15-7（b）所示。

3. 组合砖砌体

由砖砌体和钢筋混凝土或钢筋砂浆构成的砌体称为组合砖砌体。通常将钢筋混凝土或钢筋砂浆做面层，如图15-7（c）所示，可用作承受偏心压力（偏心距较大）的墙、柱。

4. 约束配筋砌体

而在墙体的转角和交接处设置钢筋混凝土构造柱，如图15-7（d）所示，也是一种组合砖砌体，它能提高一般多层混合结构房屋的抗震能力。

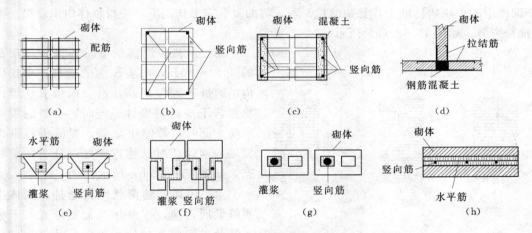

图15-7 配筋砌体形式

国外的配筋砌体有两类。一类是普通配筋砌体，在砌块或组砌的空洞内配置纵向钢筋，在水平灰缝内设置成桁架形状的配筋或在内外层砌体的中间空腔内设置纵向和横向钢筋并灌注细石混凝土（或砂浆），如图15-7（e）、（f）、（g）、（h）所示。另一类是预应力砌体，在墙体中采用后张法设置预应力钢筋，在砌体梁中采用先张法设置预应力钢筋。这种预应力砌体提高了砌体结构的抗弯性能、竖向承载力及结构的延性和刚度，有利于抵抗水平荷载的作用。配筋砌体结构是一种有竞争力的新型结构。

15.2.3 砌体的选用原则

在进行砌体结构设计时，应根据各类砌体的不同特点，按以下原则选用。

（1）因地制宜，就地取材。应根据当地砌体材料的生产供应情况，选择适当的砌体材料，尽量满足经济性要求。

（2）满足强度要求。多层砌体房屋宜选择容重小、强度高、砌筑整体性好的砌体种类，以满足结构承载力的要求。

（3）满足使用要求和耐久性要求。砌体材料选用应考虑地区的特点，对于炎热或寒冷地区，砌体应具有较好的保温隔热性能并满足抗冻性要求；在潮湿环境下砌体材料应有较好的耐久性能。

（4）满足当地施工技术条件的要求。选用砌体材料的还应考虑该种材料在当地的应用程度、当地施工单位的技术条件和水平。

15.3　无筋砌体的受压性能

15.3.1　无筋砌体破坏的三个阶段

砖砌体是由单块砖用砂浆黏结而成的整体。它的受压工作与匀质的整体构件有很大差别。试验表明，砖砌体受压时从加载到破坏，按照裂缝的出现和发展特点，大致可划分为三个受力阶段（图 15-8）。

第一阶段：在荷载作用下，砌体受压，当荷载增加至破坏荷载的 50%～70% 时，由于砌体中的单块块材处于较复杂的拉、弯、剪的复合应力作用下，使得砌体内出现第一条（批）裂缝，如图 15-8（a）所示。

第二阶段：继续加载，约为破坏荷载的 80%～90%，随着压力的增加，单块砖内的裂缝不断发展，并沿竖向形成连续的贯穿若干皮砖的裂缝。同时，有新的裂缝产生。此时，若停止加载，裂缝仍将继续发展，砌体此时已临近破坏，处于危险状态，如图 15-8（b）所示。

第三阶段：随荷载继续增加，砌体中裂缝发展迅速，逐渐加长加宽形成若干条连续的贯通整个砌体的裂缝，并将砌体分成若干个 1/2 砖的小立柱，最后小立柱发生失稳破坏（个别砖可能被压碎），整个砌体构件随之破坏。在此过程中，可看到砌

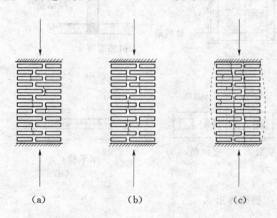

图 15-8　砖砌体试件受压破坏过程
(a) 第一阶段；(b) 第二阶段；(c) 第三阶段

体很明显地向外鼓出，如图 15-8（c）所示。

在砌块砌体中，小型砌块的尺寸与砖的尺寸相近，砌体的破坏特征与砖砌体的受压破坏特征类似。中型砌块，尺寸较大，砌体受压后裂缝的出现较晚，一旦开裂，可形成一条主裂缝而呈劈裂破坏状态。显然，对中型砌块砌体，出现第一条裂缝时的压力与破坏时的压力很接近。

15.3.2　单块砖在砌体中的受力特点

对砌体试件可以观察到，由于砌体内灰缝厚度不均匀，砂浆也不一定饱满和密实，砖的表现也不是完全平整和规则的，因此，砂浆层与砖石表面不能很理想地均匀接触和黏结。当砌体受压时，砌体中的砖并非单纯地均匀受压，而是处于受压、受弯、受剪等复杂的受力状态之下，如图 15-9 所示。

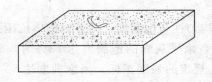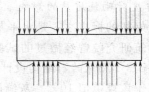

图 15-9　砌体内单块砖的受力状况

砌体中第一批裂缝的出现是由于单块砖内的弯、剪应力引起的。因砂浆的弹性性质，砖可视为作用在"弹性地基"上的梁，砂浆的弹性模量越小，砖的弯曲变形越大，砖内产生的弯、剪应力也越高。由于砂浆的弹性模量比砖的弹性模量小，而其横向变形系数却比砖大，因而在压力作用下，砂浆的横向变形受到砖的约束，使砂浆的横向变形减小，砂浆处于三向受压的状态，砂浆的抗压强度增大。而砖受砂浆的影响，其横向变形增大，砖内产生拉应力，加快了单砖内的裂缝出现。低强度砂浆变形率大，低强度砂浆砌的砌体裂缝出现也较早。

此外，在砌筑时，由于竖向灰缝往往不能填满，在竖向灰缝处将产生应力集中现象。因此，在竖向灰缝处的砖内横向拉应力和剪应力集中，又加快了砖的开裂，导致砌体强度的降低。

由此可见，砌体受压发生破坏时，首先是单块砖在复杂应力作用下开裂，到最后破坏时砖的抗压强度也没有充分发挥，因此砌体的抗压强度远低于单块砖的抗压强度。

15.3.3　影响砌体抗压强度的因素

砌体是一种复合材料，又具有一定的塑性变形性质，因此影响其抗压强度的因素有很多，主要因素有块体和砂浆的强度、弹塑性性质、块体的外形尺寸、砌体的砌筑质量、砖的含水率、试验方法等，现分析如下。

1. 块体和砂浆的强度

试验表明，块体和砂浆的强度越高，砌体的抗压强度也越高。国外一研究资料表明：要提高砌体的抗压强度，首先要考虑提高块体的强度，因为砂浆对砌体强度的影响不如块体对砌体强度的影响明显。而在考虑提高块体的强度，应首选提高块体的抗弯强度，因为提高块体抗压强度对砌体的影响不如提高块体抗弯强度明显。该资料显示：一组试件的砖抗压强度为 20.9MPa，抗弯强度为 1.9MPa，砂浆抗压强度为 12.4MPa，测得其砌体抗压强度为 2.5MPa；另一组试件的砖抗压强度为 17.4MPa，抗弯强度为 3.2MPa，砂浆抗压强度为 11.3MPa，测得其砌体抗压强度为 3.6MPa。

因此，材料验收规范中规定，一定强度的砖，必须有相应的抗弯强度。当砖的抗弯强度符合标准时，砌体强度随砖和砂浆的强度等级的提高而提高。

2. 砂浆的弹塑性性质

砂浆具有明显的弹塑性性质，其弹性模具、可塑性（和易性）对砌体亦有较大的影响。砂浆的弹性模量小，变形率大，则砂浆的可塑性好，铺砌时易于铺平，保证水平灰缝的均匀性，可减小砖内的复杂应力，使砌体强度提高。但若砂浆的可塑性过大，或弹性模量过小，或强度过低，都会增大砂浆受压的横向变形，对单块砖产生不利的拉应力而使得砌体抗压强度降低。因此，若砂浆抗压强度较高，可塑性又适当，弹性模量大，则砌体的抗压强度较高。

3. 砂缝厚度对砌筑质量的影响

砌筑质量好坏的标志之一是水平灰缝的均匀性与饱满度，两者对砌体抗压强度影响较大。四川省建筑研究院曾经做过的试验表明，水平灰缝的饱满度达 73% 时，砌体抗压强度高可达到 GBJ3—73《砖石结构设计规范》规定的强度指标。当饱满度达 80% 以上时砌体抗压强度高于该规范值 10%。灰缝厚度要薄而均匀，标准厚度为 10~12mm。同时，在保证质量的前提下，快速砌筑，能使砌体在硬化前就受压，可增加水平灰缝的密实性，有利于提高砌体的抗压强度。

4. 块材外形尺寸的影响

砖的尺寸、外形规则程度及表面平整程度不同，将导致灰缝厚度的不均匀性。如厚度较大、砖长过长、表面的凹凸，都将使所受弯、剪作用增大，使砌体过早破坏，砖愈规则、平整，砌体的抗压强度也愈高。

5. 砖含水率的影响

湖南大学的试验指出：把含水率为 10% 的砖砌筑的砌体强度取为 1，则干燥的砖，其相对的砌体强度为 0.8。可见，施工中对砖进行湿水很重要，但过湿易导致墙面流浆，砖的最佳含水率应为 8%~10%。

6. 试验方法的影响

砌体的抗压强度与试验方法及龄期有关。试件的尺寸、形状和加载的方法不同，所得抗压强度也不同。随龄期的增长，砌体的强度也提高。加载速度高，所测得砌体强度也高。在长期荷载效应组合作用下，砌体的抗压强度还会有所降低。

15.3.4 砌体的抗压强度

1. 各类砌体轴心抗压强度平均值 f_m

近年来对各类砌体抗压强度的试验研究表明，各类砌体轴心抗压强度的平均值，主要取决于块体的抗压强度平均值 f_1，其次是砂浆的抗压强度平均值 f_2，规范给出了适用于各类砌体的轴心抗压强度平均值的计算表达式

$$f_m = k_1 f_1^\alpha (1 + 0.07 f_2) k_2 \qquad (15-1)$$

式中　f_m——砌体的抗压强度平均值，MPa；

　　f_1，f_2——分别为块材和砂浆的抗压强度平均值，MPa；

　　k_1——与块材类别有关的系数；

　　α——与块材高度有关的系数；

　　k_2——砂浆强度对砌体强度的修正系数。

表 15-1　　　　　　　　　　　　轴心抗压强度平均值的系数

砌体种类	k_1	α	k_2
粉煤灰砖	0.78	0.5	当 $f_2 < 1$ 时 $k_2 = 0.6 + 0.4 f_2$
混凝土砌块	0.46	0.9	当 $f_2 < 0$ 时，$k_2 = 0.8$
毛料石	0.79	0.5	当 $f_2 < 1$ 时，$k_2 = 0.6 + 0.4 f_2$
毛石	0.22	0.5	当 $f_2 < 2.5$ 时，$k_2 = 0.4 + 0.24 f_2$

注　f_2 在表列条件以外时均等于 1.0。

2. 各类砌体轴心抗压强度标准值 f_k

对各类砌体轴心抗压强度标准值 f_k，其保证率为95%，可由下式确定

$$f_k = f_m - 1.645\delta_f \tag{15-2}$$

式中　　δ_f——砌体强度的标准差，对各种砖、砌块及毛料石取 $0.17f_m$；对毛石取 $0.24f_m$。

各类砌体的抗压强度标准值可由表15-2至表15-6查出。

表 15-2　　　　　　　　　　砖砌体的抗压强度标准值 f_k　　　　　　　　单位：MPa

砖强度等级	砂 浆 强 度 等 级					砂浆强度
	M15	M10	M7.5	M5	M2.5	0
MU30	6.30	5.23	4.69	4.15	3.61	1.84
MU25	5.75	4.77	4.28	3.79	3.30	1.68
MU20	5.15	4.27	3.83	3.39	2.95	1.50
MU15	4.46	3.69	3.32	2.94	2.56	1.30
MU10	3.64	3.02	2.71	2.40	2.09	1.07

表 15-3　　　　　　　　混凝土砌块砌体的抗压强度标准值 f_k　　　　　　单位：MPa

砌块强度等级	砂 浆 强 度 等 级				砂浆强度
	M15	M10	M7.5	M5	0
MU20	9.08	7.93	7.11	6.30	3.73
MU15	7.38	6.44	5.78	5.12	3.03
MU10	—	4.47	4.01	3.55	2.10
MU7.5	—	—	3.10	2.74	1.62
MU5	—	—	—	1.90	1.13

表 15-4　　　　　　　　　毛料石砌体的抗压强度标准值 f_k　　　　　　　单位：MPa

料石强度等级	砂 浆 强 度 等 级			砂浆强度
	M7.5	M5	M2.5	0
MU100	8.67	7.68	6.68	3.41
MU80	7.76	6.87	5.98	3.05
MU60	6.72	5.95	5.18	2.64
MU50	6.13	5.43	4.72	2.41
MU40	5.49	4.86	4.23	2.16
MU30	4.75	4.2	3.66	1.87
MU20	3.88	3.43	2.99	1.53

表 15-5　　　　　　　　　毛石砌体的抗压强度标准值 f_k　　　　　　　单位：MPa

毛石强度等级	砂 浆 强 度 等 级			砂浆强度
	M7.5	M5	M2.5	0
MU100	2.03	1.80	1.56	0.53
MU80	1.82	1.61	1.40	0.48

毛石强度等级	砂 浆 强 度 等 级			砂浆强度
	M7.5	M5	M2.5	0
MU60	1.57	1.39	1.21	0.41
MU50	1.44	1.27	1.11	0.38
MU40	1.28	1.14	0.99	0.34
MU30	1.11	0.98	0.86	0.29
MU20	0.91	0.80	0.70	0.24

表 15 - 6 　　　　　沿砌体灰缝破坏时的轴心抗拉强度标准值 $f_{t,k}$、
弯曲抗拉强度标准值 $f_{tm,k}$ 和抗剪强度标准值 $f_{v,k}$ 　　单位：MPa

强度类别	破坏特征	砌 体 种 类	砂 浆 强 度 等 级			
			≥M10	M7.5	M5	M2.5
轴心抗拉	沿齿缝	烧结普通砖、烧结多孔砖	0.30	0.26	0.21	—
		蒸压灰砂浆、蒸压粉煤灰砖	0.19	0.16	0.13	—
		混凝土砌块	0.15	0.13	0.10	—
		毛石	0.14	0.12	0.10	0.07
弯曲抗拉	沿齿缝	烧结普通砖、烧结多孔砖	0.53	0.46	0.38	0.27
		蒸压灰砂浆、蒸压粉煤灰砖	0.38	0.32	0.26	—
		混凝土砌块	0.17	0.15	0.12	—
		毛石	0.20	0.18	0.14	0.10
	洞通缝	烧结普通砖、烧结多孔砖	0.27	0.23	0.19	0.13
		蒸压灰砂浆、蒸压粉煤灰砖	0.19	0.16	0.13	—
		混凝土砌块	0.12	0.10	0.08	—
抗 剪		烧结普通砖、烧结多孔砖	0.27	0.23	0.19	0.13
		蒸压灰砂浆、蒸压粉煤灰砖	0.19	0.16	0.13	—
		混凝土砌块	0.15	0.13	0.10	—
		毛石	0.34	0.29	0.24	0.17

3. 各类砌体的轴心抗压强度设计值

砌体结构在设计与验算时，为保证有相应足够的可靠概率，抗压强度设计值 f_c，按下式确定

$$f_c = \frac{f_k}{\gamma_f} \tag{15-3}$$

式中　γ_f——砌体结构的材料性能分项系数，对无筋砌体取 $\gamma_f = 1.6$。

龄期为 28d 的以毛截面计算的各类砌体抗压强度设计值，当施工质量控制等级为 B 级时，应根据块体和砂浆的强度等级分别按表 15 - 7 至表 15 - 12 采用。

表 15 - 7 　　　　　烧结普通砖和烧结多孔砖砌体的抗压强度设计值　　单位：MPa

砌块强度等级	砂 浆 强 度 等 级					砂浆强度
	M15	M10	M7.5	M5	M2.5	0
MU30	3.94	3.27	2.93	2.59	2.26	1.15

砌块强度等级	砂浆强度等级					砂浆强度
	M15	M10	M7.5	M5	M2.5	0
MU25	3.60	2.98	2.68	2.37	2.06	1.05
MU20	3.22	2.67	2.39	2.12	1.84	0.94
MU15	2.79	2.31	2.07	1.83	1.60	0.82
MU10	—	1.89	1.69	1.50	1.30	0.67

表 15－8　　　　　蒸压灰砂砖和蒸压粉煤砖砌体的抗压强度设计值　　　　单位：MPa

砖强度等级	砂浆强度等级				砂浆强度
	M15	M10	M7.5	M5	0
MU25	3.60	2.98	2.68	2.37	1.05
MU20	3.22	2.67	2.39	2.12	0.94
MU15	2.79	2.31	2.07	1.83	0.82
MU10	—	1.89	1.69	1.50	0.67

表 15－9　　　　　单排孔混凝土和轻骨料混凝土砌体的抗压强度设计值　　　　单位：MPa

砖强度等级	砂浆强度等级				砂浆强度
	Mb15	Mb10	Mb7.5	Mb5	0
MU20	5.68	4.95	4.44	3.94	2.33
MU15	4.61	4.02	3.61	3.20	1.89
MU10	—	2.79	2.50	2.22	1.31
MU7.5	—	—	1.93	1.71	1.01
MU5	—	—	—	1.19	0.70

注　1. 对错孔砌的砌体，应按表中数值乘以 0.8。
　　2. 对独立柱或厚度为双排组砌的砌块砌体，应按表中数值乘以 0.7。
　　3. 对 T 形截面砌体，应按表中数值乘以 0.85。
　　4. 对表中轻骨料混凝土砌块为煤矸石和水泥煤渣混凝土砌块。

表 15－10　　　　　　轻骨料混凝土砌块砌体的抗压强度设计值　　　　单位：MPa

砌块强度等级	砂浆强度等级			砂浆强度
	Mb10	Mb7.5	Mb5	0
MU10	3.08	2.76	2.45	1.44
MU7.5	—	2.13	1.88	1.12
MU5	—	—	1.31	0.78

注　1. 表中的砌块为火山灰、浮石和陶粒轻骨料混凝土砌块。
　　2. 对厚度方向为双排组砌的轻骨料混凝土砌块砌体，抗压强度设计值应按表中数值乘以 0.8。

表 15-11	毛料石砌体的抗压
	强度设计值　单位：MPa

毛料石强度等级	砂　浆　强　度　等　级			砂浆强度
	M7.5	M4.185	M2.5	0
MU100	5.42	4.80	4.18	2.13
MU80	4.85	4.29	3.73	1.91
MU60	4.20	3.71	3.23	1.65
MU50	3.83	3.39	2.95	1.51
MU40	3.43	3.04	2.64	1.35
MU30	2.97	2.63	2.29	1.17
MU20	2.42	2.15	1.87	0.95

表 15-12	毛石砌体的抗压
	强度设计值　单位：MPa

毛石强度等级	砂　浆　强　度　等　级			砂浆强度
	M7.5	M4.185	M2.5	0
MU100	1.27	1.12	0.98	0.34
MU80	1.13	1.00	0.87	0.30
MU60	0.98	0.87	0.76	0.26
MU50	0.90	0.80	0.69	0.23
MU40	0.08	0.71	0.62	0.21
MU30	0.69	0.61	0.53	0.18
MU20	0.56	0.51	0.44	0.15

注　对下列各类料石砌体，应按表中数值细料石砌体乘以 1.5，半细料石砌体乘以 1.3，粗料石砌体乘以 1.2，干砌勾缝石砌体乘以 0.8。

15.4　砌体的轴心受拉、受弯和受剪性能

砌体构件一般常用来承受竖向荷载，即作受压构件。但有时也用来承受轴心拉力、弯矩和剪力，如水池、过梁和挡土墙等。

砌体抗拉和抗剪强度远远低于其抗压强度。抗压强度主要取决于块体的强度，而在大多数情况下，受拉、受弯和受剪破坏一般均发生于砂浆和块体的连接面上。因此，抗拉、抗弯和抗剪强度主要取决于砂浆和块体的黏结强度，即与砂浆强度大小直接有关。

砌体受拉、受弯和受剪破坏一般有下述三种形态：

（1）砌体沿水平通缝截面破坏；

（2）砌体沿齿缝截面破坏；

（3）砌体沿竖缝及砖石截面破坏。

规范规定，砌体轴心抗拉、弯曲抗拉和抗剪强度按统一公式计算。当破坏沿齿缝截面积或通缝截面发生时，采用下列公式计算

砌体轴心抗拉强度平均值　　　　　$f_{t,m} = k_3 \sqrt{f_2}$　　　　　　　　　　（15-4）

砌体弯曲抗拉强度平均值　　　　　$f_{tm,m} = k_4 \sqrt{f_2}$　　　　　　　　　（15-5）

砌体抗剪强度平均值　　　　　　　$f_{v,m} = k_5 \sqrt{f_2}$　　　　　　　　　（15-6）

式中　k_3、k_4 和 k_5——强度影响系数，可由表 15-13 查出。

当破坏沿竖缝和砖石截面发生时，按下述公式计算：

砌体轴心抗拉强度平均值　　　　　$f_{t,m} = 0.212 \sqrt[3]{f_1}$　　　　　　　（15-7）

砌体弯曲抗拉强度平均值　　　　　$f_{tm,m} = 0.318 \sqrt[3]{f_1}$　　　　　　（15-8）

表 15 - 13　砌体轴心抗拉强度平均值 $f_{t,m}$、弯曲抗拉强度平均值 $f_{tm,m}$

和抗剪强度平均值 $f_{v,m}$ 的影响系数

砌体种类	$f_{t,m}=k_3\sqrt{f_2}$	$f_{tm,m}=k_4\sqrt{f_2}$		$f_{v,m}=k_5\sqrt{f_2}$
	k_3	k_4		k_5
		沿齿缝	沿通缝	
烧结普通砖、烧结多孔砖	0.141	0.250	0.125	0.125
蒸压灰砂砖、蒸压粉煤灰砖	0.09	0.18	0.09	0.09
混凝土砌块	0.069	0.081	0.056	0.069
毛石	0.075	0.113	—	0.188

龄期为 28d 的以毛截面计算的各类砌体的轴心抗拉强度设计值、弯曲抗拉强度设计值和抗剪强度设计值，当施工质量控制等级为 B 级时，应按表 15 - 14 采用。

表 15 - 14　沿砌体灰缝截面破坏时气体的轴心抗拉强度设计值、

弯曲抗拉强度设计值和抗剪强度设计值　　　　单位：MPa

强度类别		破坏特征及砌体种类	砂浆强度等级			
			≥M10	M7.5	M5	M2.5
轴心抗拉	沿齿缝	烧结普通砖	0.19	0.16	0.13	0.09
		蒸压灰砂砖、蒸压粉煤灰砖	0.12	0.10	0.08	0.06
		混凝土砌块	0.09	0.08	0.07	—
		毛石	0.08	0.07	0.06	0.04
弯曲抗拉	沿齿缝	烧结普通砖	0.33	0.29	0.23	0.17
		蒸压灰砂砖、蒸压粉煤灰砖	0.24	0.20	0.16	0.12
		混凝土砌块	0.11	0.09	0.08	—
		毛石	0.13	0.11	0.09	0.07
	沿通缝	烧结普通砖	0.17	0.14	0.11	0.08
		蒸压灰砂砖、蒸压粉煤灰砖	0.12	0.10	0.08	0.06
		混凝土砌块	0.08	0.06	0.05	—
抗剪		烧结普通砖	0.17	0.14	0.11	0.08
		蒸压灰砂砖、蒸压粉煤灰砖	0.12	0.10	0.08	0.06
		混凝土砌块	0.09	0.08	0.06	—
		毛石	0.21	0.19	0.16	0.11

注　1. 对于形状规则的块体砌筑的砌体，当搭接长度与块体高度的比值小于 1 时，其轴心抗拉强度设计值和弯曲抗拉强度设计值，应按表中数值乘以搭接长度与块体高度比值后采用。

2. 对孔洞率不大于 35% 的双排孔或多排孔轻骨料混凝土砌块砌体的抗剪强度设计值，可按表中混凝土砌块砌体强度设计值乘以 1.1。

3. 对蒸压灰砂砖、蒸压粉煤灰砖砌体，当有可靠的试验数据时，表中强度设计值允许作适当调整。

4. 对烧结页岩砖、烧结煤矸石砖、烧结粉煤灰砖砌体，当有可靠的试验数据时，表中强度设计值允许作适当调整。

有表 15 - 15 中的情况时，砌体强度设计值应进行调整。

表 15 - 15　　　　　　　　　　砌体强度设计值的调整系数 γ_a

使　用　情　况		γ_a
有吊车房屋砌体、跨度小于 9m 的梁下烧结普通砖砌体、跨度不小于 7.5m 的梁下烧结多孔砖、蒸压灰砂砖、蒸压粉煤灰砖砌体，混凝土和轻骨料混凝土砌体砌块		0.9
对无筋砌体构件，其截面面积 A 小于 $0.3m^2$ 时		$0.7 + A$
对配筋砌体构件，其中砌体截面面积 A 小于 $0.2m^2$ 时		$0.8 + A$
用水泥砂浆砌筑的各类砌体	对表 15 - 8～表 15 - 13 的强度设计值	0.9
	对表 15 - 14 的强度设计值	0.8
当验算施工中房屋的构件时		1.1
当施工质量控制等级为 C 级时（配筋砌体不允许采用 C 级）		0.89

15.4.1　砌体受剪时的基本性能及其破坏特征

在图 15 - 10 中，受力微元体当仅承受剪应力 τ 时，其受力称为纯剪。若该微元承受双轴应力 σ_x 和 σ_y 时，则在一定的斜面上作用有法向应力 σ_θ 和剪应力 τ_θ。这也是一种受剪状态，它与纯剪的区别在于截面上的法向应力不等于零。当 $\sigma_x = -\sigma_y$ 时，单元中最大剪应力产生于 $\theta = 45°$ 的斜面上，可见纯剪是材料单元承受双轴应力的一种特定状态。砌体的受剪也可分为截面上法向应力等于零的纯剪和截面上法向应力不等于零的受剪两种情况。

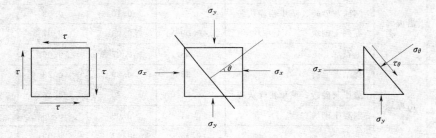

图 15 - 10　微元体的受剪状态

下面论述的砌体抗剪强度 f_v，确切地说是指砌体受纯剪作用的抗剪强度。由于实际上砌体很难遇到承受纯剪力的状态，因此只能采取一些近似的试验方法进行测定。受剪面有一个或两个（称为单剪或双剪），在剪力作用下沿灰缝截面破坏，破坏较突破，其强度称为沿通缝截面的抗剪强度。单剪时，如图 15 - 11 (a)、(b)、(c) 所示，试验结果的离散性较大；双剪时，如图 15 - 11 (d) 所示，试验结果的离散性较小，两个受剪面一般不会同时破坏。为了尽量减小试验结果的离散性，《砌体基本力学性能试验方法标准》规定，砖砌体沿通缝截面抗剪试验采用图 15 - 11 (e) 所示双剪试件作为标准试件。当采用图 15 - 12 所示方法试验时，砌体可能沿阶梯截面破坏，其强度称为沿阶梯形截面的抗剪强度。理论上对于实际砌体，该强度应是水平灰缝的抗剪强度和竖向灰缝抗剪强度的代数和。但在实际工程中，由于竖向灰缝内砂浆往往不饱满，其抗剪能力很低，故通常不予考虑，因此取砌体沿阶梯形截面的抗剪强度等于它沿水平通缝截面的抗剪强度。当毛石砌体在剪力作用下沿齿缝截面破坏时，其强度仍称为沿缝截面的抗剪强度。

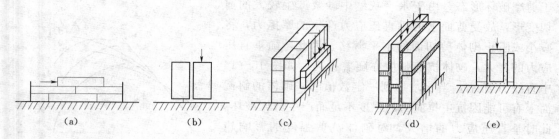

图 15-11　砌体沿通缝截面受剪试验示意

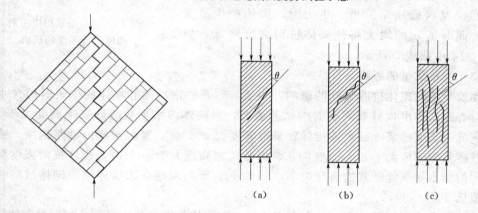

图 15-12　砌体沿阶梯截面受剪试验示意

图 15-13　砌体的三种剪切破坏形态

(a) $\theta \leqslant 45°$；(b) $45° < \theta \leqslant 60°$；(c) $60° < \theta \leqslant 90°$

当砌体截面上受剪力和垂直压力同时作用时，其受力性能和破坏特征与上述纯剪情况有较大差别。由于砌体的灰缝具有不同的倾斜度，在竖向压力作用下，通缝截面上的法向压力与剪应力之比亦不同，故可能有三种剪切破坏形态。当 θ 较小，即通缝方向与竖直方向的夹角 $\theta \leqslant 45°$ 时，砌体沿通缝受剪且在摩擦力作用下产生滑移而破坏，称剪摩破坏，如图 15-13（a）所示。当 θ 较大，即 $45° < \theta \leqslant 60°$ 时，砌体将产生阶梯形裂缝而破坏，称剪压破坏，如图 15-13（b）所示。当 θ 更大，即 $60° < \theta \leqslant 90°$ 时，砌体基本沿压应力作用方向产生裂缝而破坏，称斜压破坏，如图 15-13（c）所示。

15.4.2　影响砌体抗剪强度的因素

影响砌体抗剪强度的因素主要有以下几点。

（1）材料强度的影响。

块体和砂浆的强度对砌体的抗剪强度均有影响，其影响程度与砌体受剪后可能产生的破坏形态有关。对于剪摩和剪压破坏形态，由于破坏沿砌体灰缝截面产生，如采用的砂浆强度高，其抗剪强度增大，此时块体强度的影响很小。对于斜压破坏形态，由于砌体沿压力作用方向开裂，如采用的块体强度高，砌体抗剪强度增大，此时砂浆强度的影响很小。

（2）垂直压应力的影响。

垂直压应力 σ_y 的大小决定着砌体的剪切破坏形态，也直接影响砌体的抗剪强度。对于剪摩破坏形态，由于水平灰缝中砂浆产生较大的剪切变形，故受剪面上的垂直压应力产生的摩擦力，将减小或阻止砌体剪切面的水平滑移。因此，随垂直压应力的增大，砌体抗剪强度亦随着提高，如图15-14中直线 A 所示。当 σ_y 增加到一定数值时，砌体的斜截面上有可能因抗主拉应力的强度不足而产生剪压破坏，此时垂直压应力的增大，对砌体抗剪强度的影响趋于平缓，其增加幅度不大，如图15-14中曲线 B 和曲线 C 交叉区段所示。当 σ_y 更大时，砌体产生斜压破坏，此时随 σ_y 的增大将使砌体抗剪强度降低，如图15-14中曲线 C 所示。

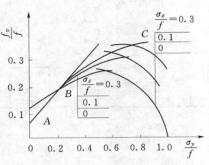

图15-14　垂直压应力对
砌体抗剪强度的影响

（3）砌筑质量的影响。

砌筑质量对砌体抗剪强度的影响，主要与砂浆的饱满度和块体的砌筑时的含水率有关。空心砖砌体沿齿缝截面受剪的试验表明，当砌体内水平灰缝砂浆饱满度大于92%、竖向灰缝内未灌砂浆，或水平灰缝砂浆饱满度大于62%、竖向灰缝内砂浆饱满，或当水平灰缝砂浆饱满度大于80%、竖向灰缝内砂浆饱满度大于40%时，砌体抗剪强度可达规定值。但当水平灰缝砂浆饱满度为70%～80%、竖向灰缝内未灌砂浆，砌体抗剪强度较规定值低20%～30%。

试验研究表明，随砖砌筑时含水率的增加砌体抗剪强度相应提高，与它对砌体抗压强度的影响规律一致。砖的含水率对砌体抗剪强度的影响，存在一个较佳含水率，当砖的含水率约为10%时砌体抗剪强度最高。

（4）试验方法的影响。

砌体抗剪强度也与试件的形式、尺寸以及加载方式有关，其影响程度如砌体受剪破坏特性中所述。

15.4.3　砌体抗剪强度

砌体的抗剪强度主要取决于水平灰缝中砂浆与块体的黏结强度。

龄期为28d的各类砌体的抗剪强度设计值 f_v（以毛截面计算），可按表15-14采用。对于烧结普通砖、烧结多孔砖砌体，抗剪强度设计值与其沿通缝截面的弯曲抗拉强度设计值相等。

15.5　砌体的弹性模量、摩擦系数和膨胀系数

15.5.1　砌体的弹性模量

由于砌体为弹塑性材料，受压时，随着压力的增加应变增加，应变增长速度较应力增加快。应力-应变关系呈曲线特点。根据砖砌体的受压试验结果，应力-应变曲线如图15-15所示。

根据国内外研究资料，砌体的应力-应变曲线可按下列对数规律采用

$$\varepsilon = -\frac{1}{\xi}\ln\left(1-\frac{\sigma}{f_m}\right) \tag{15-9}$$

式中 ξ——砌体变形的弹性特征值，主要与砂浆强度等级有关。

砌体受压时，弹性模量有三种表示方法。如图 15-16 所示。

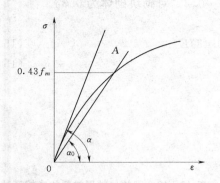

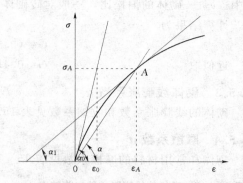

图 15-15 砌体轴心受压应力-应变曲线   图 15-16 砌体受压的变形模量

（1）初始弹性模量。

在应力-应变曲线的原点作切线，其斜率称为初始弹性模量，即

$$E_0 = \frac{\sigma_A}{\varepsilon_0} = \tan\alpha_0 \tag{15-10}$$

（2）切线弹性模量。

在 σ-ε 曲线上任意点作切线，其应力增量与应变增量之比即为点 A 切线模量。即

$$E_t = \frac{d\sigma_A}{d\varepsilon_A} = \tan\alpha_1 \tag{15-11}$$

（3）割线模量。

在 σ-ε 曲线上由原点过任意点 A 作割线，其斜率即为割线模量，即

$$E = \frac{\sigma_A}{\varepsilon_A} = \tan\alpha \tag{15-12}$$

实用上，为反映砌体在一般受力情况下的工作状态，取 $\sigma = 0.43f_m$ 时的割线模量（或变形模量）作为砌体的弹性模量。其大小与砌体类型、砂浆强度等级及砌体抗压强度设计值 f 有关。设计时可按表 15-16 采用。

表 15-16 　　　　　　　　　　　　砌 体 的 弹 性 模 量　　　　　　　　　　单位：MPa

砌 体 种 类	砂 浆 强 度 等 级			
	≥M10	M7.5	M5	M2.5
烧结普通砖、烧结多孔砖砌体	1600f	1600f	1600f	1390f
蒸压灰砂砖、蒸压粉煤砖砌体	1060f	1060f	1060f	960f
混凝土砌块砌体	1700f	1600f	1500f	—
粗、毛料石、毛石砌体	7300	5650	4000	2250
细料石、半细料石砌体	22000	17000	12000	6750

注　轻骨料混凝土砌块砌体的弹性模量，可按表中混凝土砌块砌体的弹性模量采用。

15.5.2 砌体剪变模量 G

根据材料力学公式，剪切变形模量 G 为

$$G = \frac{E}{2(1+\nu)} \tag{15-13}$$

式中　ν——砌体的泊松比，一般对砖砌体为 $0.1\sim0.2$，对砌块砌体为 0.3。

计算结果为

$$G = (0.348 - 0.43)E \tag{15-14}$$

近似取

$$G = 0.4E \tag{15-15}$$

15.5.3 砌体线膨胀系数 α_T

砌体的线膨胀系数和收缩系数见表 15-17。

15.5.4 摩擦系数 μ

砌体和常用材料的摩擦系数见表 15-18。

表 15-17　砌体的线膨胀系数和收缩率

砌体类别	线膨胀系数 （$10^{-6}/℃$）	收缩率 （mm/m）
烧结黏土砖砌体	5	-0.1
蒸压灰砂砖、蒸压粉煤砖砌体	8	-0.2
混凝土砌块砌体	10	-0.2
轻骨料混凝土砌块砌体	10	-0.3
料石和毛石砌体	8	—

注　表中的收缩率系由达到收缩允许标准的块体砌筑 28d 的砌体收缩率，当地方有可靠的砌体收缩试验数据时，亦可采用当地的试验数据。

表 15-18　砌体与常用材料的摩擦系数

材料类别	摩擦面情况	
	干燥的	潮湿的
砌体沿砌体或混凝土滑动	0.70	0.60
木材沿砌体滑动	0.60	0.50
钢沿砌体滑动	0.45	0.35
砌体沿砂或卵石滑动	0.60	0.50
砌体沿粉土滑动	0.55	0.40
砌体沿黏性土滑动	0.50	0.30

❓ 复习思考题

1. 在砌体中，砂浆有什么作用？砖与砂浆常用的强度等级有哪些？

2. 砌体结构设计时对块体和砂浆有哪些基本要求？

3. 砖砌体轴心受压时分哪几个受力阶段？它们的破坏特征如何？

4. 在轴心受压状态，砌体中单块砖及砂浆处于怎样的压力状态？对砌体强度有何影响？

5. 影响砌体抗压强度的因素有哪些？

6. 为什么砖砌体抗压强度远小于单砖的抗压强度？

7. 如何确定砌体的抗压强度设计值？

8. 在何种情况下可按砂浆强度为零来确定砖体强度？

9. 轴心受拉、弯曲受拉及受剪破坏主要取决于什么因素？

10. 砌体的受压弹性模量是如何确定的？它主要与哪些因素有关？

第 16 章　砌体结构构件承载力计算

本章要点

- 掌握砌体结构以概率理论为基础的极限状态设计方法的基本概念，以及砌体强度标准值和设计值的原则；
- 熟悉无筋和配筋砌体结构构件受压、局部受压、轴心受拉、受弯和受剪承载力计算方法。

16.1　以概率理论为基础的极限状态设计方法

我国 GB50003—2011《砌体结构设计规范》采用以概率理论为基础的极限状态设计方法，以可靠指标度量结构构件的可靠度，采用分项系数的设计表达式计算。砌体结构应按承载能力极限状态设计，并满足正常使用极限状态。在学习砌体结构承载力计算方法之前，有必要了解极限状态设计方法的基本概念。

16.1.1　极限状态设计方法的基本概念

（1）结构的功能要求。

结构设计的主要目的是要保证所建造的结构安全适用，并能在设计使用年限内满足各项功能的要求，并且经济合理。我国《建造结构统一标准》规定，建筑结构必须满足下列功能要求。

1）安全性。在正常设计、正常施工和正常使用条件下，结构应能承受可能出现的各种荷载作用和变形而不发生破坏；在偶然事件发生时及发生后，仍能保持必要的整体稳定性。

2）适用性。在正常使用时，结构应具有良好的工作性能。对砌体结构，应对影响正常使用的变形、裂缝等进行控制。

3）耐久性。在正常维护条件下，结构应在预定的设计使用年限内满足各项功能要求。

安全性、适用性和耐久性又统称为结构的可靠性。

（2）结构的极限状态。

整个结构或结构的一部分超过某一特定状态而不能满足设计规定的某一功能的要求时，此特定状态称为该功能的极限状态。结构的极限状态分为：承载能力极限状态和正常使用极限状态。

承载能力极限状态：对应于结构或构件达到最大承载力或达到不适于继续承载的变形。超过这一极限状态，结构或构件就不能满足预定安全性要求。

正常使用极限状态：对应于结构或构件达到正常使用或耐久性的某项规定限值。超过这一极限状态，结构或构件就不能满足预定的适用性和耐久性要求。

（3）结构上的作用、作用效应和结构抗力。

结构是指房屋建筑或其他构筑物中承重骨架的总称。结构上的作用是指使结构产生内力、变形、应力或应变的所有原因。

1）按其出现的方式不同可分为：直接作用和间接作用。

直接作用是指施加在结构上的集中荷载和分布荷载，如：结构自重、人群自重、风压和积雪荷载等。

间接作用是指引起结构外加变形和约束变形的其他作用，如：温度变化、地基沉降和地震作用等。

2）按其随时间变化情况可分为：永久作用、可变作用和偶然作用等。

3）按其随空间变化情况可分为：固定作用和可动作用。

作用效应是指各种作用施加在结构上，使结构产生的内力和变形。当作用为荷载时，其效应称为荷载效应。由于荷载效应和荷载一般呈线性关系。故荷载效应可用荷载值乘以荷载效应系数来表示。

结构抗力是指整个结构或构件承受内力或变形的能力。结构抗力是材料性能、几何参数及计算模式的函数。

（4）结构的功能函数。

结构的工作状态可以用作用效应 S 和结构抗力 R 这两个随机变量来描述。引入随机变量 Z，令

$$Z = R - S \qquad\qquad (16-1)$$

式中　Z——结构极限状态功能函数。

随结构或构件作用条件的变化，功能函数有以下三种可能的结果：

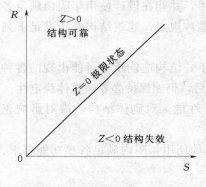

图 16-1　结构所处状态

1）$Z > 0$，即 $R > S$，结构可靠；

2）$Z < 0$，即 $R < S$，结构失效；

3）$Z = 0$，即 $R = S$，结构处于极限状态。

因此，结构安全可靠地工作必须满足 $Z \geqslant 0$，结构所处状态可以用图 16-1 表示。

由于结构抗力 R 和作用效应 S 都是随机变量，所以结构功能函数 Z 也是一个随机变量。

我们把 $Z \geqslant 0$ 这一事件出现的概率称为可靠概率，记为 P_s。

把 $Z < 0$ 这一事件出现的概率称为失效概率，记为 P_f，即

$$P_s + P_f = 1 \qquad\qquad (16-2)$$

（5）结构的可靠度。

结构可靠度是指结构在规定的时间内、规定条件下完成预定功能的概率。这个规定的时间为设计基准期，即 50 年。规定的条件为正常设计、正常施工和正常维护使用。而规定条件下的预定功能是指结构的安全性、适用性和耐久性。因此，结构可靠度是结构可靠

性的概率度量。

假定 R 和 S 是相对独立的，且均服从正态分布，则结构功能函数 Z 也服从正态分布。Z 的平均值和标准差分别为

$$\mu_Z = \mu_R - \mu_S \tag{16-3}$$

$$\sigma_Z = \sqrt{\sigma_R^2 + \sigma_S^2} \tag{16-4}$$

变异系数为

$$\delta_z = \frac{\sigma_Z}{\mu_Z} = \frac{\sqrt{\sigma_R^2 + \sigma_S^2}}{\mu_R - \mu_S} \tag{16-5}$$

结构功能函数的分布曲线如图 $16-2$ 所示，横坐标表示功能函数 Z，纵坐标表示结构功能函数的频率密度 f_z。纵坐标以左 $Z<0$，因此图中阴影面积表示失效概率 P_f，纵坐标以右 $Z>0$，因此纵坐标以右曲线与坐标轴围成面积表示结构的可靠概率 P_S。因而有

$$P_f = \int_{-\infty}^{0} f(Z)\,\mathrm{d}Z \tag{16-6}$$

$$P_S = \int_{0}^{+\infty} f(Z)\,\mathrm{d}Z \tag{16-7}$$

$$P_f + P_S = 1 \tag{16-8}$$

因此，既可以用结构的可靠概率 P_S 来度量结构的可靠性，也可以用结构的失效概率 P_f 来度量结构的可靠性。

由于影响结构可靠性的因素十分复杂，目前从理论上计算概率是有困难的，因此 GB50068《建筑结构可靠度设计统一标准》中规定采用近似概率法。并规定采用平均值 μ_Z 的、标准差 σ_R 及可靠指标 β 代替失效概率来近似地度量结构的可靠度。图 $16-2$ 表示了它们之间的关系

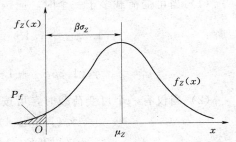

图 $16-2$ 失效概率与安全指标的关系

$$\beta = \frac{\mu_Z}{\sigma_Z} = \frac{\mu_R - \mu_S}{\sqrt{\sigma_R^2 + \sigma_S^2}} \tag{16-9}$$

可见，β 值越大，失效概率 P_f 的值越小。可靠指标与失效概率是一对一的关系，如表 $16-1$ 所示。

表 $16-1$ 可靠指标与失效概率的对应关系

β	P_f	β	P_f
1.0	1.59×10^{-1}	3.2	6.90×10^{-4}
1.3	6.68×10^{-2}	3.5	2.33×10^{-4}
2.0	2.28×10^{-2}	3.7	1.10×10^{-4}
2.5	6.21×10^{-3}	4.0	3.17×10^{-5}
2.7	3.5×10^{-3}	4.2	1.30×10^{-5}
3.0	1.35×10^{-3}	4.5	3.40×10^{-6}

为使设计人员正确选择合适的可靠指标进行设计，GB50068—2001 根据结构破坏可能产生的后果的严重性（危及生命安全、造成经济损失、产生社会影响等），将建筑结构划分为三个安全等级，如表 16-2 所示。

以上统一标准规定的结构构件按承载力极限状态设计时的可靠指标，如表 16-3 所示。

表 16-2　　建筑结构的安全等级

安全等级	破坏后果	建筑物类型
一级	很严重	重要的房屋
二级	严重	一般的房屋
三级	不严重	次要的房屋

注　1. 对于特殊建筑物，其安全等级可根据具体情况另行确定。
　　2. 对地震区的砌体结构设计，应按国家现行 GB 50223《建筑抗震设防分类标准》根据建筑物重要性区分建筑物类别。

表 16-3　　规定的可靠指标

破坏类型	安　全　等　级		
	一级	二级	三级
延性破坏	3.7	3.2	2.7
塑性破坏	4.2	3.7	3.2

16.1.2　极限概率状态设计法

（1）当可变荷载多于一个时，应按下列公式中最不利组合进行计算：

$$\gamma_0 \left(1.2S_{Gk} + 1.4S_{Q1k} + \sum_{i=2}^{n} \gamma_{Qi}\psi_{ci}S_{Qik} \right) \leqslant R(f, \alpha_k, \cdots) \qquad (16-10)$$

$$\gamma_0 \left(1.35S_{Gk} + 1.4 \sum_{i=1}^{n} \psi_{ci}S_{Qik} \right) \leqslant R(f, \alpha_k, \cdots) \qquad (16-11)$$

（2）当仅有一个可变荷载时，可按下列公式中最不利组合进行计算：

$$\gamma_0 \left(1.2S_{Gk} + 1.4S_{Qk} \right) \leqslant R(f, \alpha_k, \cdots) \qquad (16-12)$$

$$\gamma_0 \left(1.35S_{Gk} + 1.4\psi_c S_{Qk} \right) \leqslant R(f, \alpha_k, \cdots) \qquad (16-13)$$

式中　γ_0——结构重要性系数，对安全等级为一级或设计使用年限为 50 年以上的结构构件不应小于 1.1；对安全等级为二级或设计使用年限为 50 年的结构构件不应小于 1.0；对安全等级为三级使用年限为 5 年及以下的结构构件不应小于 0.9；

　　S_{Gk}——永久荷载标准值效应；

　　S_{Q1k}——在其本组合中起控制作用的一个可变荷载标准值效应；

　　S_{Qik}——第 i 个可变荷载标准值效应；

　　R——结构构件抗力函数；

　　γ_{Qi}——第 i 个可变荷载分项系数；

　　ψ_{ci}——第 i 个可变荷载的组合值系数，一般情况下取 0.7；对书库、档案库、储藏室或通风机房、电梯机房应取 0.9；

　　f——砌体强度设计值，$f = f_k/\gamma_f$，其中 f_k 为砌体强度标准值，$f_k = f_m - 1.645\sigma_f$，$\gamma_f$ 为砌体结构材料性能分项系数，一般情况下，按施工控制等级为 B 级考虑，$\gamma_f = 1.6$，当为 C 级时 $\gamma_f = 1.8$；f_m 为砌体强度平均值；σ_f 为砌体强度标准差；

α_k——几何参数标准值。

（3）当砌体结构作为一个刚体，需要验证整体稳定性时，例如：

倾覆、滑移、漂浮等。应按下列表达式进行验算

$$\gamma_0 \left(1.2 S_{G2k} + 1.4 S_{Q1k} + \sum_{i=2}^{n} S_{Qik} \right) \leqslant 0.8 S_{G1k} \qquad (16-14)$$

式中　S_{G1k}——起有利作用的永久荷载准值效应；

　　　S_{G2k}——起不利作用的永久荷载标准值效应。

根据砌体结构的特点，砌体结构除应按承载能力极限状态设计外，还应满足正常使用极限状态的要求，一般情况下可由相应的构造措施来满足。

16.2　砌体受压构件

16.2.1　受压短柱的受力分析

1. 轴心受压短柱的受力状态分析

在轴心压力作用下，短柱截面的应力分布是均匀的，如图 16-3（a）所示，该应力达到砌体抗压强度 f 时，轴心受压短柱承载力 N_u 为

$$N_u = Af \qquad (16-15)$$

式中　A——柱的截面面积；

　　　f——砌体抗压强度设计值。

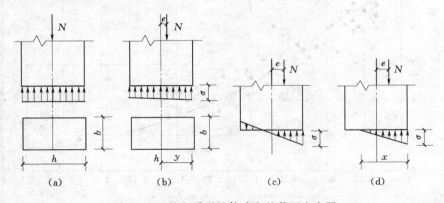

图 16-3　按匀质弹性体确定的截面应力图

2. 偏心受压短柱的受力分析

当轴向压力偏心距较小时，截面虽全部受压，但压应力分布不均匀，破坏将发生在压应力较大一侧，如图 16-3（b）所示。随着偏心距的增大，在远离荷载的截面边缘，由受压逐步过渡到受拉，如图 16-3（c）所示。若偏心距再增大，受拉边将出现水平裂缝，已开裂截面退出工作，实际受压截面面积将减少，此时，受压区压应力的合力将与所施加的偏心压力保持平衡，如图 16-3（d）所示。

如把材料看作匀质弹性体，按照材料力学公式计算，则截面较大受压边缘的应力 σ 为

$$\sigma = \frac{N}{A} + \frac{Ne}{I}y = \frac{N}{A}\left(1 + \frac{ey}{i^2}\right) \qquad (16-16)$$

式中 A、I、i——分别为砌体的截面面积、惯性矩和回转半径；

e、y——分别为轴心压力的偏心距及受压边缘到截面形心轴的距离。

当上述边缘应力达到砌体抗压强度 f 时，该柱能承受的压力为

$$N_u = \frac{1}{1 + \frac{ey}{i^2}}Af \qquad (16-17)$$

令

$$\varphi_1 = \frac{1}{1 + \frac{ey}{i^2}} \qquad (16-18)$$

对矩形截面柱，若 h 为沿轴向力偏心方向的边长，则有

$$\varphi_1 = \frac{1}{1 + \frac{6e}{h}} \qquad (16-19)$$

大量的砌体构件受压试验表明，按上述材料力学公式计算砌体偏心距影响系数，其承载力远低于试验结果（图 16-4）。事实上，由于砌体的弹塑性性质，偏心截面上的应力呈曲线分布，如图 16-5 所示。

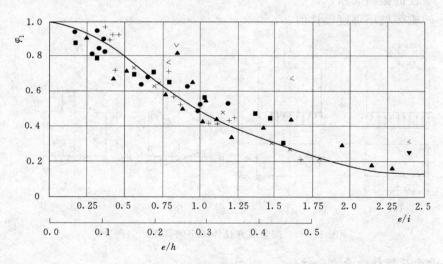

图 16-4 砌体偏心受压构件的 $\varphi_1 - e/i$ 关系曲线

在材料力学偏心距影响系数公式形式基础上，根据我国大量试验资料，经统计分析，砌体受压时偏心距影响系数可按下式计算：

$$\varphi_e = \frac{1}{1 + \left(\frac{e}{i}\right)^2} \qquad (16-20)$$

对矩形截面砌体

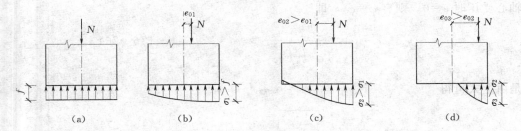

图 16-5　砌体受压时截面应力变化

$$\varphi_e = \cfrac{1}{1 + 12\left(\cfrac{e}{h}\right)^2} \qquad (16-21)$$

对于 T 形截面砌体

$$\varphi_e = \cfrac{1}{1 + 12\left(\cfrac{e}{h_T}\right)^2} \qquad (16-22)$$

式中　i——截面回转半径；

$\quad\quad\varphi_e$——砌体受压时偏心影响系数；

$\quad\quad h_T$——T 形截面的折算厚度，$h_T = 3.5i$。

因此，砌体偏心受压短柱承载力计算公式为

$$N_u = \varphi_e A f \qquad (16-23)$$

16.2.2　受压长柱的受力分析

1. 轴心受压长柱的受力分析

当砌体的长细比较大时，在承受轴心压力作用下，往往由于侧向变形过大而发生纵向弯曲破坏，因而长柱的受压承载力比短柱要低，所以在受压承载力计算中要考虑稳定系数 φ_0 的影响。根据材料力学压杆稳定理论并考虑砌体中砂浆和砖的强度及其他因素对构件纵向弯曲的影响，GB50010—2010 规定按下式计算轴心受压稳定系数

$$\varphi_0 = \cfrac{1}{1 + \alpha\beta^2} \qquad (16-24)$$

式中　α——与砂浆强度有关的系数，当砂浆强度等级大于或等于 M5 时，$\alpha = 0.0015$；当砂浆强度等级为 M2.5 时，$\alpha = 0.002$；当砂浆强为 0 时，$\alpha = 0.009$；

$\quad\quad\beta$——构件的高厚比，其取值见式（16-31）及式（16-32）的规定。

2. 偏心受压长柱的受力分析

长柱在承受偏心压力作用时，因柱的纵向弯曲产生一个附加偏心距（图 16-6）使得荷载偏心距增大，所以应考虑附加偏心距对承载力的影响。

在图 16-6 所示偏心受压构件中，设轴向压力的偏心距为 e，纵向弯曲产生的附加偏心距为 e_i，若以新的偏心距 $(e + e_i)$ 代替式（16-20）中原有偏心距 e，则受压长柱考虑纵向弯曲时的偏心距影响系数为

$$\varphi = \cfrac{1}{1 + \left(\cfrac{e + e_i}{i}\right)^2} \qquad (16-25)$$

当轴心受压时 $e=0$，则有 $\varphi=\varphi_0$，即

$$\varphi_0 = \frac{1}{1+\left(\dfrac{e_i}{i}\right)^2} \qquad (16-26)$$

于是由上式可得

$$e_i = i\sqrt{\frac{1}{\varphi_0}-1} \qquad (16-27)$$

对于矩形截面

$$e_i = \frac{h}{\sqrt{12}}\sqrt{\frac{1}{\varphi_0}-1} \qquad (16-28)$$

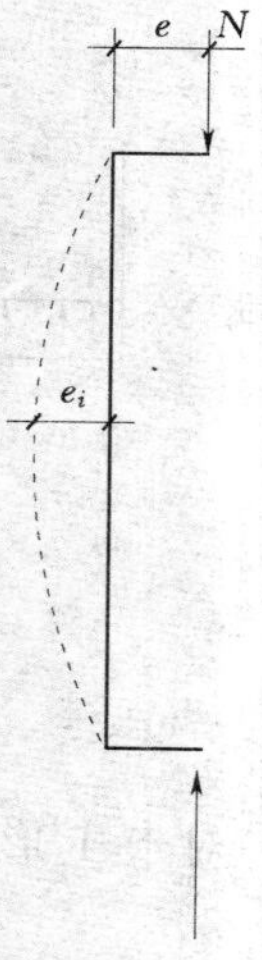

将式（16-28）代入式（16-25），则可得到规范中考虑纵向弯曲和偏心距影响的系数为

$$\varphi = \frac{1}{1+12\left[\dfrac{e}{h}+\sqrt{\dfrac{1}{12}\left(\dfrac{1}{\varphi_0}-1\right)}\right]^2} \qquad (16-29)$$

图 16-6 偏心
受压构件的
附加偏心距

式中 φ_0 按式（16-24）计算。式（16-29）计算较复杂。因此规范中根据不同砂浆强度等级和不同偏心距及高厚比计算出 φ 值。列于表 16-4、表 16-5 及表 16-6，供计算时查用。

表 16-4　　　　　　　　影响系数 φ（砂浆强度等级≥M5）

β	$\dfrac{e}{h}$ 或 $\dfrac{e}{h_T}$												
	0	0.025	0.05	0.075	0.1	0.125	0.15	0.175	0.2	0.225	0.25	0.275	0.3
≤3	1	0.99	0.97	0.94	0.89	0.84	0.79	0.73	0.68	0.62	0.57	0.52	0.48
4	0.98	0.95	0.90	0.85	0.80	0.74	0.69	0.64	0.58	0.53	0.49	0.45	0.41
6	0.65	0.91	0.86	0.81	0.75	0.69	0.64	0.59	0.54	0.49	0.45	0.42	0.38
8	0.91	0.86	0.81	0.76	0.70	0.64	0.59	0.54	0.50	0.46	0.42	0.39	0.36
10	0.87	0.82	0.76	0.71	0.65	0.60	0.55	0.50	0.46	0.42	0.39	0.36	0.33
12	0.82	0.77	0.71	0.66	0.60	0.55	0.51	0.47	0.43	0.39	0.36	0.33	0.31
14	0.77	0.72	0.66	0.61	0.56	0.51	0.47	0.43	0.40	0.36	0.34	0.31	0.29
16	0.72	0.67	0.61	0.56	0.52	0.47	0.44	0.40	0.37	0.34	0.31	0.29	0.27
18	0.67	0.62	0.57	0.52	0.48	0.44	0.40	0.37	0.34	0.31	0.29	0.27	0.25
20	0.62	0.57	0.53	0.48	0.44	0.40	0.37	0.34	0.32	0.29	0.27	0.25	0.23
22	0.58	0.53	0.49	0.45	0.41	0.38	0.35	0.32	0.30	0.27	0.25	0.24	0.22
24	0.54	0.49	0.45	0.41	0.38	0.35	0.32	0.30	0.28	0.26	0.24	0.22	0.21
26	0.50	0.46	0.42	0.38	0.35	0.33	0.30	0.28	0.26	0.24	0.22	0.21	0.19
28	0.46	0.42	0.39	0.36	0.33	0.30	0.28	0.26	0.24	0.22	0.21	0.19	0.18
30	0.42	0.39	0.36	0.33	0.31	0.28	0.26	0.24	0.22	0.21	0.20	0.18	0.17

表 16-5　　　　　　　　　影响系数 φ（砂浆强度等级 M2.5）

β	$\frac{e}{h}$ 或 $\frac{e}{h_T}$												
	0	0.025	0.05	0.075	0.1	0.125	0.15	0.175	0.2	0.225	0.25	0.275	0.3
≤3	1	0.99	0.97	0.94	0.89	0.84	0.79	0.73	0.68	0.62	0.57	0.52	0.48
4	0.97	0.94	0.89	0.84	0.78	0.73	0.67	0.62	0.57	0.52	0.48	0.44	0.40
6	0.93	0.89	0.84	0.78	0.73	0.67	0.62	0.57	0.52	0.48	0.44	0.40	0.37
8	0.89	0.84	0.78	0.72	0.67	0.62	0.57	0.52	0.48	0.44	0.40	0.37	0.34
10	0.83	0.78	0.72	0.67	0.61	0.56	0.52	0.47	0.43	0.40	0.37	0.34	0.31
12	0.78	0.72	0.67	0.61	0.52	0.52	0.47	0.43	0.40	0.37	0.34	0.31	0.29
14	0.72	0.66	0.61	0.56	0.47	0.47	0.43	0.40	0.36	0.34	0.31	0.29	0.27
16	0.66	0.61	0.56	0.51	0.43	0.43	0.40	0.36	0.34	0.31	0.29	0.26	0.25
18	0.61	0.56	0.51	0.47	0.40	0.40	0.36	0.33	0.31	0.29	0.26	0.24	0.23
20	0.56	0.51	0.47	0.43	0.36	0.36	0.33	0.31	0.28	0.26	0.24	0.23	0.21
22	0.51	0.47	0.43	0.39	0.33	0.33	0.31	0.28	0.26	0.24	0.23	0.21	0.20
24	0.46	0.43	0.39	0.36	0.31	0.31	0.28	0.26	0.24	0.23	0.21	0.20	0.18
26	0.42	0.39	0.36	0.33	0.28	0.28	0.26	0.24	0.22	0.21	0.20	0.18	0.17
28	0.39	0.36	0.33	0.30	0.26	0.26	0.24	0.22	0.21	0.20	0.18	0.17	0.16
30	0.36	0.33	0.30	0.28	0.24	0.24	0.22	0.21	0.20	0.18	0.17	0.16	0.15

表 16-6　　　　　　　　　影响系数 φ（砂浆强度 0）

β	$\frac{e}{h}$ 或 $\frac{e}{h_T}$												
	0	0.025	0.05	0.075	0.1	0.125	0.15	0.175	0.2	0.225	0.25	0.275	0.3
≤3	1	0.99	0.97	0.94	0.89	0.84	0.79	0.73	0.68	0.62	0.57	0.52	0.48
4	0.87	0.82	0.77	0.71	0.66	0.60	0.55	0.51	0.46	0.43	0.39	0.36	0.33
6	0.76	0.70	0.65	0.59	0.54	0.50	0.46	0.42	0.39	0.36	0.33	0.30	0.28
8	0.63	0.58	0.54	0.49	0.45	0.41	0.38	0.35	0.32	0.30	0.28	0.25	0.24
10	0.53	0.48	0.44	0.41	0.37	0.34	0.32	0.29	0.27	0.25	0.23	0.22	0.20
12	0.44	0.40	0.37	0.34	0.31	0.29	0.27	0.25	0.23	0.21	0.20	0.19	0.17
14	0.36	0.33	0.31	0.28	0.26	0.24	0.23	0.21	0.20	0.18	0.17	0.16	0.15
16	0.30	0.28	0.26	0.24	0.22	0.21	0.19	0.18	0.17	0.16	0.15	0.14	0.13
18	0.26	0.24	0.22	0.21	0.19	0.18	0.17	0.16	0.15	0.14	0.13	0.12	0.12
20	0.22	0.20	0.19	0.18	0.17	0.16	0.15	0.14	0.13	0.12	0.12	0.11	0.10
22	0.19	0.18	0.16	0.15	0.14	0.14	0.13	0.12	0.12	0.11	0.10	0.10	0.09
24	0.16	0.15	0.14	0.13	0.13	0.12	0.11	0.11	0.10	0.10	0.09	0.09	0.08
26	0.14	0.13	0.13	0.12	0.11	0.10	0.10	0.10	0.09	0.09	0.08	0.08	0.07
28	0.12	0.12	0.11	0.11	0.10	0.10	0.09	0.09	0.08	0.08	0.07	0.07	0.07
30	0.11	0.10	0.10	0.09	0.09	0.09	0.08	0.08	0.07	0.07	0.07	0.07	0.06

注　砂浆强度 0 是指施工阶段尚未硬化的新砌砌体，可按砂浆强度为 0 确定其砌体强度；还有冬季施工冻结法砌墙，在解冻期，也是砂浆强度为 0。

16.2.3 受压构件的承载力计算

在以上分析的基础上，规范规定无筋砌体受压构件的承载力按下列公式计算

$$N \leqslant \varphi f A \tag{16-30}$$

式中 N——轴向力设计值；

$\quad\varphi$——高厚比 β 和轴向力偏心距 e 对受压构件承载力的影响系数，查表 16-4～表 16-6；

$\quad f$——砌体抗压强度设计值；

$\quad A$——截面面积，对各类砌体均按毛截面计算。

构件高厚比 β 按下列公式计算

矩形截面

$$\beta = \gamma_\beta \frac{H_0}{h} \tag{16-31}$$

T 形截面

$$\beta = \gamma_\beta \frac{H_0}{h_T} \tag{16-32}$$

式中 H_0——受压构件计算高度；

$\quad h$——矩形截面轴向力偏心方向边长，当轴心受压时为截面较小边长；

$\quad h_T$——T 形截面折算厚度 $h_T = 3.5i$；

$\quad i$——截面回转半径；

$\quad \gamma_\beta$——不同砌体材料高厚比修正系数，按表 16-7 采用。

【例 16-1】 截面为 $490\text{mm} \times 370\text{mm}$ 的砖柱，采用强度等级为 MU10 的烧结普通砖及 M5 混合砂浆砌筑，柱计算高度 $H_0 = 5\text{m}$，柱顶承受轴心压力设计值为 $N = 140\text{kN}$，试验算其承载力。

【解】 (1) 考虑砖柱自重后，柱底截面所承受轴心压力最大，故应对该截面进行验算。当砖砌体密度为 18kN/m^3 时，柱底截面的轴向力设计值

表 16-7	高 厚 比 修 正 系 数
砌体材料类别	γ_β
烧结普通砖，烧结多孔砖	1.0
混凝土及轻集料混凝土砌块	1.1
蒸压灰砂砖、蒸压粉煤灰砖、细料石、半细料石	1.2
粗料石、毛石	1.5

$$N = 140 + \gamma_G G_K = 140 + 1.2 \times 18 \times 0.49 \times 0.37 \times 5 = 159.58\text{kN}$$

(2) 求柱的承载力。

MU10 烧结普通砖和 M5 混合砂浆砌体抗压强度设计值查表 15-7 得 $f = 1.5\text{N/mm}^2$。柱截面面积 $A = 0.49 \times 0.37 = 0.18\text{m}^2 < 0.3\text{m}^2$，则砌体抗压强度设计值应乘以调整系数 γ_a

$$\gamma_a = A + 0.7 = 0.18 + 0.7 = 0.88$$

由 $\beta = \gamma_\beta H_0/h = 13.5$ 及 $e/h = 0$，查表 16-4 得影响系数 $\varphi = 0.783$。

则得柱的承载力

$$\varphi \gamma_a f A = 0.783 \times 0.88 \times 1.5 \times 0.18 \times 10^6 = 186.05\text{kN} > 159.58\text{kN}$$

满足要求。

【例 16-2】 已知一矩形截面偏心受压柱，截面为 490mm×620mm，采用强度等级为 MU10 烧结普通砖及 M5 混合砂浆，柱的计算高度 $H_0=5$m，该柱承受轴向力设计值 $N=240$kN，沿长边方向作用的弯矩设计值 $M=26$kN·m，试验算其承载力。

【解】 （1）验算长边方向的承载力。

1）计算偏心距：

$$e=M/N=26\times10^3/240=108\text{mm}$$

$$y=h/2=310\text{mm}$$

$$0.6y=0.6\times310=186\text{mm}>e=108\text{mm}$$

2）承载力验算：

MU10 砖及 M5 混合砂浆砌体抗压强度设计值查表 16-4 得 $f=1.5\text{N/mm}^2$。

柱截面面积 $A=0.49\times0.62=0.3038\text{m}^2>0.3\text{m}^2$，$\gamma_a=1.0$。

由 $\beta=\gamma_\beta H_0/h=1.0\times\dfrac{5000}{620}=8.06$ 及 $e/h=0.174$，查表 16-11 得影响系数 $\varphi=0.538$。

则得柱的承载力

$$\varphi\gamma_a fA=0.538\times1.0\times1.5\times490\times620=245.17\text{kN}>240\text{kN}$$

满足要求。

（2）验算柱短边方向轴心受压承载力。

由 $\beta=\gamma_\beta H_0/h=10.2$ 及 $e/h=0$ 查附表 16-4 得影响系数 $\varphi=0.865$。

则得柱的承载力

$$\varphi\gamma_a fA=0.865\times1.0\times1.5\times490\times620=394.18\text{kN}>240\text{kN}$$

满足要求。

【例 16-3】 某单层单跨无吊车工业厂房，其窗间墙带壁柱的截面如图 16-7 所示。墙的计算高度 $H_0=10.5$m，采用强度等级为 MU10 烧结普通砖及 M5 水泥砂浆砌筑，施工质量控制 B 级。该柱柱底截面承受轴向力设计值 $N=320$kN，弯矩设计值 $M=51$kN·m，偏心压力偏向截面肋部一侧，试验算窗间墙的承载力。

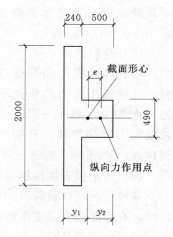

图 16-7　窗间墙带壁柱截面尺寸

【解】 （1）计算截面几何特征值计算。

截面面积：$A=2000\times240+490\times500=725000\text{mm}^2$

截面重心位置：

$$y_1=\frac{2000\times240\times120+500\times490\times490}{2000\times240+490\times500}=245\text{mm}$$

$$y_2=740-245=495\text{mm}$$

截面惯性矩：

$$I=\frac{2000\times240^3}{12}+240\times2000\times125^2+\frac{490\times500^3}{12}+490\times500\times245^2=296\times10^8\text{mm}^4$$

回转半径：

$$i=\sqrt{\frac{I}{A}}=\sqrt{\frac{296\times10^8}{725000}}=202\text{mm}$$

T 形截面折算厚度为

$$H_T = 3.5i = 3.5 \times 202 = 707 \text{mm}$$

（2）计算偏心距。

$$e = M/N = \frac{51}{320} = 0.159\text{m} = 159\text{mm}$$

$$e/y_2 = 0.32 < 0.6$$

（3）承载力计算。

MU10 烧结普通砖与 M5 水泥砂浆砌体抗压强度设计值，查表得 $f = 1.5\text{N/mm}^2$。
根据规定，施工质量控制为 B 级强度不予调整，但水泥砂浆应乘以 $\gamma_a = 0.9$。
由 $\beta = \gamma_\beta H_0/h = 0.225$，查表 16-4 得影响系数 $\varphi = 0.44$，则得窗间墙承载力
$\varphi\gamma_a fA = 0.44 \times 0.9 \times 1.5 \times 725000 = 430.65\text{kN} > 320\text{kN}$ 满足要求。

16.3 砌 体 局 部 受 压

局部受压是砌体结构中常见的受力形式，其特点在于轴向力仅作用在砌体的部分截面上，当砌体局部受压面积上的压应力呈均匀分布时，则称为局部均匀受压；当砌体局部受压面积上的压应力呈非均匀分布时，则称为局部不均匀受压。

试验研究结果表明，砌体局部受压大致分为以下三种破坏形态。

（1）因纵向裂缝发展而引起的破坏。

在局部压力作用下，第一批裂缝大多发生在距加载垫块 1～2 皮砖以下的砌体内，随着局部压力的增加，裂缝数量增多，裂缝程纵向或斜向分布，其中部分裂缝逐渐向上，向下延伸连成一条主要裂缝而引起破坏，如图 16-8（a）所示。

（2）劈裂破坏。

当砌体面积与局部受压面积之比很大时，在局部压应力的作用下产生的纵向裂缝少而集中，砌体一旦出现纵向裂缝，很快就发生劈裂破坏，开裂荷载与破坏荷载很接近，如图 16-8（b）所示。

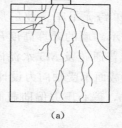
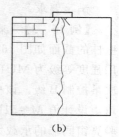

图 16-8　砌体局部均匀受压破坏形态
(a) 竖向裂缝发展引起的破坏；(b) 劈裂破坏

（3）与垫板直接接触的砌体局部破坏。

这种破坏在试验时很少出现，但在工程中当墙梁的梁高与跨度之比较大，砌体强度较低时，有可能产生梁支撑附近砌体被压碎现象。

16.3.1　砌体面积局部均匀受压

当荷载均匀的作用在砌体局部面积上是属于此情况，砌体在局部均匀受压时的承载力可按下式计算

$$N_l \leqslant \gamma f A_l \tag{16-33}$$

$$\gamma = 1 + 0.35\sqrt{\frac{A_0}{A_l} - 1} \tag{16-34}$$

式中　A_0——影响局部抗压强度的计算面积；

A_l——局部受压面积；

N_l——局部受压面积上荷载设计值产生的轴向力；

γ——局部抗压强度提高系数。

影响砌体局部抗压强度的计算面积 A_0（图 16-9）按以下规定计算：

1) 在（a）情况下 $A_0 = (a+c+h)h$。

2) 在（b）情况下 $A_0 = (b+2h)h$。

3) 在（c）情况下 $A_0 = (a+h)h + (b+h_1-h)h_1$。

4) 在（d）情况下 $A_0 = (a+h)h$。

式中　a、b——矩形局部受压面积 A_l 的边长；

　　　h、h_1——墙厚或柱的较小边长；

　　　c——矩形局部受压面积的外边缘至构件边缘的较小距离，当 $c>h$ 时，取等于 $c=h$。

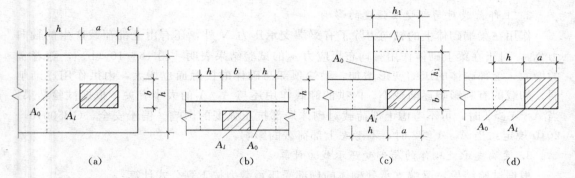

图 16-9　影响局部抗压强度的面积 A_0

为了避免 A_0/A_l 大于某一限值时出现劈裂破坏，规定对式（16-37）计算所得的 γ，尚应符合下列规定：

1) 在（a）情况下 $\gamma \leqslant 2.5$；

2) 在（b）情况下 $\gamma \leqslant 2.0$；

3) 在（c）情况下 $\gamma \leqslant 1.5$；

4) 在（d）情况下 $\gamma \leqslant 1.25$；

5) 对于多孔砖砌体和混凝土砌块灌孔砌体，除应满足 4) 情况外，还应符合 $\gamma \leqslant 1.5$，当未灌孔时 $\gamma = 1.0$。

16.3.2　砌体局部不均匀受压

1. 梁端的有效支承长度

如图 16-10（a），梁端支承处砌体局部受压时其压应力的分布是不均匀的，同时由于梁端的转角及梁的抗弯刚度与砌体压缩刚度的不同，梁端的有效支承长度 a_0 可能小于梁的实际支承长度 a，因而砌体局部受压面积应为 $A_1 = a_0 b$（b 为梁的宽度）。GB50010—2002 规定，梁端有效支承长度计算公式为

$$a_0 = 10\sqrt{\frac{h}{f}}$$

　　　　　　　　　　　　　　　　　　　　　　（16-35）

式中　　h——梁的截面高度，mm；

　　　　f——砌体抗压强度设计值，N/mm^2。

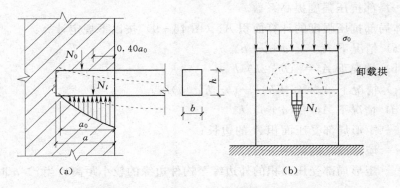

图 16-10　梁端支承处砌体的局部受压

2. 上部荷载对局部受压强度的影响

作用在梁端砌体上的轴向力除了有梁端支承压力 N_l 外，还有由上部荷载产生的轴向力 N_0，对于在梁上砌体作用有均布压应力 σ_0 的试验结果表明 [图 16-10 (b)]，随着 σ_0 的增大，上部砌体的压缩变形增加，梁端顶部与砌体的接触面也增大，内拱作用逐渐削弱，卸载的有利影响逐渐减小。内拱的卸载作用还与 A_0/A_l 的大小有关，根据试验结果，当 $A_0/A_l \geqslant 2$ 时，可不考虑上部荷载对砌体局部抗压强度的影响。偏于安全，GB50010—2010 规定：当 $A_0/A_l \geqslant 3$ 时，不考虑上部荷载的影响。

3. 梁端支承处砌体的局部受压承载力计算

根据试验结果，梁端支承处砌体的局部受压承载力按下列公式计算：

$$\varphi N_0 + N_l \leqslant \eta \gamma f A_l \tag{16-36}$$

$$\varphi = 1.5 - 0.5 \frac{A_0}{A_l} \tag{16-37}$$

式中　　φ——上部荷载折减系数；当 $A_0/A_l \geqslant 3$ 时，$\varphi = 0$；

　　　　N_0——由上部荷载设计值产生的轴向力，$N_0 = \sigma_0 A_l$；

　　　　N_l——梁端荷载设计值产生的支承压力；

　　　　σ_0——上部平均压应力设计值；

　　　　η——梁端底部应力图形的完整系数，一般取 0.7，对过梁和墙梁取 1.0；

　　　　A_l——局部受压面积 $A_l = a_0 b$，a_0 为梁的有效支承长度，当 a_0 大于 a 时，取 $a_0 = a$，b 为梁的截面宽度；

　　　　f——砌体抗压强度设计值。

4. 梁端设有垫块时的砌体局部受压

当梁端支承处砌体局部受压，可在梁端下设置刚性垫块（图 16-11），以增大局部受压面积，满足砌体局部受压承载力的要求。刚性垫块是指其高度 $t_b \geqslant 180mm$，垫块自梁边挑出的长度不大于 t_b 的垫块。刚性垫块伸入墙内长度 a_b 可以与梁的实际长度 a 相等或大于 a，如图 16-11 所示。梁下垫块通常采用预制刚性垫块，有时也将垫块与梁端现浇成整体。

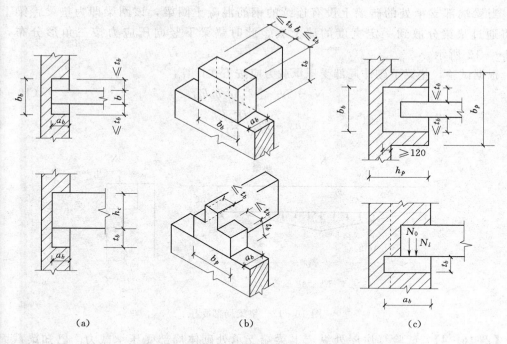

图 16-11　梁端刚性垫块（$A_b = a_b b_b$）

（a）预制垫块；（b）现浇垫块；（c）壁柱上的垫块

（1）刚性垫块下砌体的局部受压承载力应按下式计算：

$$N_0 + N_l \leqslant \varphi \gamma_1 f A_b \tag{16-38}$$

（2）梁端设有刚性垫块时，梁端有效支承长度 a_0 应按下式确定

$$a_0 = \delta_1 \sqrt{\frac{h}{f}} \tag{16-39}$$

式中　N_0——垫块面积 A_b 内上部轴向力设计值，$N_0 = \sigma_0 A_b$；

　　　　N_l——梁端荷载设计值产生的支承压力；

　　　　A_b——刚性垫块的面积 $A_b = a_b b_b$；

　　　　a_b——垫块深入墙内长度；

　　　　b_b——垫块的宽度。

刚性垫块的影响系数 δ_1 可按表 16-8 采用。

垫块上 N_l 的作用点的位置可取 $0.4 a_0$ 处 ［图 16-9（a）］。

表 16-8　　　　　　　　　　　刚性垫块的影响系数 δ_1

σ_0 / f	0	0.2	0.4	0.6	0.8
δ_1	5.4	5.7	6.0	6.9	7.8

5. 柔性垫梁下砌体局部受压

当梁端部支承处的砖墙上设有连续的钢筋混凝土圈梁，该圈梁即为垫梁，梁上荷载将通过垫梁分散到一定宽度的墙上去。此时垫梁下竖向压应力按三角形分布，如图 16-12 所示。

根据试验，垫梁下砌体局部受压承载力应按下式计算：

$$N_0 + N_l \leqslant 2.4\delta_2 h_0 b_b f \qquad (16-40)$$

$$h_0 = 2\sqrt[3]{\frac{E_c I_c}{EH}} \qquad (16-41)$$

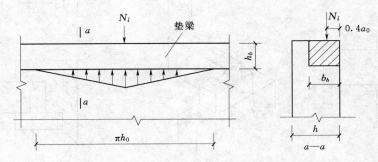

图 16-12　垫梁局部受压

【例 16-4】　试验算房屋处纵墙上梁端支承处砌体局部受压承载力。已知梁截面为 200mm×400mm，支承长度为 240mm，梁端承受的支承压力设计值 $N_l = 80$kN，上部荷载产生的轴向力设计值 $N_u = 260$kN，窗间墙截面为 1200mm×370mm（图 16-13），采用 MU10 烧结普通砖及 M5 混合砂浆砌筑。

【解】　查表得砌体抗压强度设计值 $f = 1.5$N/mm²。

有效支承长度：

$$a_0 = 10\sqrt{\frac{h}{f}} = 10 \times \sqrt{\frac{400}{1.5}} = 163.3\text{mm} < 240\text{mm}$$

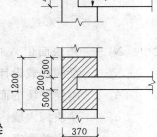

图 16-13　窗间墙平面图

取 $a_0 = 163.3$mm

局部受压面积：$A_l = a_0 b = 163.3 \times 200 = 32660$mm²

由图 16-9 得，局部受压计算面积

$$A_0 = h(2h+b) = 370 \times (2 \times 370 + 200) = 347800\text{mm}^2$$

$$A_0/A_l = 347800/32660 = 10.7 > 3$$

故上部荷载折减系数 $\varphi = 0$，可不考虑上部荷载的影响，梁底压力图形完整系数 $\eta = 0.7$。

局部抗压强度提高系数

$$\gamma = 1 + 0.35\sqrt{\frac{A_0}{A_l} - 1} = 1 + 0.35 \times \sqrt{10.7 - 1} = 2.09 > 2.0$$

取 $\gamma = 2.0$。

局部受压承载力按式（16-36）验算

$$\eta \gamma f A_l = 0.7 \times 2.0 \times 1.5 \times 32660 = 68586\text{N} = 68.586\text{kN} < \varphi N_0 + N_l = 80\text{kN}$$

不满足要求。

为了保证砌体的局部受压承载力，现设置预制混凝土垫块，$t_b=180$mm，$a_b=240$mm，自梁边算起的垫块挑出长度为 150mm$<t_b$，其尺寸符合刚性垫块的要求，如图 16-14 所示。

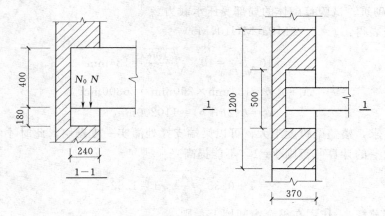

图 16-14　垫块位置及尺寸图

垫块面积　　　　　　　　$A_b=a_b b_b=240\times500=120000$mm^2

局部受压计算面积

$$A_0=h(2h+b_b)=370\times(2\times370+500)=458800\text{mm}^2$$

但 A_0 边长已超过窗间墙实际宽度，所以取

$$A_0=370\times1200=444000\text{mm}^2$$

局部抗压强度调整系数

$$\gamma=1+0.35\sqrt{\frac{A_0}{A_l}-1}=1+0.35\times\sqrt{\frac{444000}{120000}-1}=1.57<2.0$$

则得垫块处砌体面积的有利影响系数：

$$\gamma_1=0.8\gamma=0.8\times1.57=1.26$$

上部荷载在窗间墙上产生的平均压应力的设计值

$$\sigma_0=260000/1200\times370=0.58\text{N/mm}^2$$

垫块面积 A_b 的上部轴向力设计值

$$N_0=\sigma_0 A_b=0.58\times120000=69600\text{N}=69.6\text{kN}$$

梁在梁垫上表面的有效支承长度 a_0 及 N_l 作用点计算

$\sigma_0/f=0.387$　查表得 $\delta_1=5.82$

$$a_0=\delta_1\sqrt{\frac{h}{f}}=5.82\times\sqrt{\frac{400}{1.5}}=95.04\text{mm}\quad e=43.84\text{mm}$$

由 $e/a_b=0.182$ 和 $\beta\leqslant3$ 查表 16-4，得 $\varphi=0.716$。

垫块下砌体局部受压承载力按式（16-36）验算

$$\varphi\gamma_1 f A_b=0.716\times1.26\times1.5\times120000=162388.8\text{N}=162.388\text{kN}>N_0+N_l=149.6\text{kN}$$

满足要求。

【例 16-5】 混凝土小型空心砌块砌体外墙，支撑着钢筋混凝土楼盖梁。已知梁截面尺寸 $b \times h = 200\text{mm} \times 400\text{mm}$，梁支撑长度 $a = 190\text{mm}$，荷载设计值产生的支座反力 $N_l = 60\text{kN}$，墙体的上部荷载 $N_u = 260\text{kN}$，窗间墙截面 $1200\text{mm} \times 190\text{mm}$，采用 MU10 砌块、M5 混合砂浆砌筑。试验算砌体的局部受压承载力。

【解】 查表得：$f = 2.22\text{MPa}(\text{MU10,M5})$

$$a_0 = 10\sqrt{\frac{h_c}{f}} = 10 \times \sqrt{\frac{400}{2.22}} = 134\text{mm}$$

$$A_l = a_0 b = 134\text{mm} \times 200\text{mm} = 26800\text{mm}^2$$

$$A_0 = h(2h + b) = 110200\text{mm}^2$$

按构造要求，楼盖梁跨度不大，可以梁端支撑处灌实一皮砌块，此时才可以考虑局压强度提高系数 γ 的计算（否则 $\gamma = 1$，不能提高）

$$\gamma = 1 + 0.35\sqrt{\frac{A_0}{A_l} - 1} = 1.62$$

由于上部荷载 N_u 作用在整个窗间墙上，则

$$\sigma_0 = \frac{260000\text{N}}{190\text{mm} \times 1200\text{mm}} = 1.14\text{MPa}$$

$$N_0 = \sigma_0 A_l = 1.14\text{MPa} \times 26800\text{mm}^2 = 30552\text{kN}$$

$$\psi N_0 + N_l \leqslant \eta \gamma A_l f$$

由于 $\dfrac{A_0}{A_l} = 4.1 > 3$ 所以 $\psi = 0$

$$\eta \gamma A_l f = 0.7 \times 1.62 \times 26800\text{mm}^2 \times 2.22\text{MPa} = 67468.5\text{N} > N_l = 60000\text{N}$$

满足要求。

16.4 轴心受拉和受弯、受剪构件

16.4.1 轴向受拉构件

无筋砌体轴心受拉构件承载力应按下式计算：

$$N_t \leqslant f_t A \tag{16-42}$$

式中　N_t——轴心拉力设计值；

$\quad\quad f_t$——砌体轴心抗拉强度设计值；

$\quad\quad A$——受拉截面面积。

16.4.2 轴心受弯构件

对受弯构件除进行抗弯计算外，还应进行抗剪计算。

（1）无筋砌体受弯构件的承载力应按下式计算：

$$M \leqslant f_{tm} W \tag{16-43}$$

（2）无筋砌体受弯构件的受剪承载力应按下式计算：

$$V \leqslant f_v b Z \tag{16-44}$$

式中 M——弯矩设计值；

V——剪力设计值；

W——截面抵抗矩；

f_{tm}——砌体的弯曲抗拉强度设计值；

f_v——砌体的抗剪强度设计值；

b——截面宽度；

Z——内力臂，$Z=I/S$，当截面为矩形截面时，$Z=2h/3$；

I——截面惯性矩；

S——截面面积矩；

h——截面高度。

16.4.3 轴心受剪构件

沿通缝或沿阶梯形截面破坏时的受剪构件的承载力应按下式计算

$$V\leqslant(f_v+\alpha\mu\sigma_0)A \qquad (16-45)$$

当永久荷载分项系数 $\gamma_G=1.2$ 时

$$\mu=0.26-0.082\sigma_0/f \qquad (16-46)$$

当永久荷载分项系数 $\gamma_G=1.35$ 时

$$\mu=0.23-0.065\sigma_0/f \qquad (16-47)$$

式中 V——截面剪力设计值；

A——构件水平截面面积，当有孔洞时，取砌体净截面面积；

f_v——砌体抗剪强度设计值；

α——修正系数，当 $\gamma_G=1.2$ 时，对砖砌体取 0.60，混凝土砌块砌体取 0.64；当永久荷载分项系数 $\gamma_G=1.35$ 时，对砖砌体取 0.64，混凝土砌块砌体取 0.66；

μ——剪压复合受力影响系数；

σ_0/f——轴压比，且不大于 0.8。

【例 16-6】 有一圆形砖砌浅水池，壁厚 370mm，采用 MU10 烧结普通砖及 M10 水泥砂浆砌筑，池壁内承受环行拉力设计值 $N_t=53kN/m$，试验算池壁的受拉承载力。

【解】 当砂浆为 M10 时，查得沿齿缝截面的轴心抗拉强度设计值为 0.19N/mm²，应乘以调整系数 $\gamma_a=0.8$，故 $f_t=0.8\times0.19=0.15N/mm^2$。

取 1m 高池壁计算，则

$f_tA=0.15\times1000\times370=55500N=55.5kN>N_t=53kN$ 满足要求。

【例 16-7】 一矩形砖砌浅水池，如图 16-15 所示，壁高 $H=1.4m$，采用 MU10 烧结普通砖及 M10 混合砂浆砌筑，壁厚 $h=490mm$，若不考虑池壁自重产生的垂直压力的影响，试验算池壁受弯承载力。

【解】 池壁如固定在底板上的悬臂板一样受力，在竖直方向切取 1m 宽度竖向板带。则此板带按承受三角形水

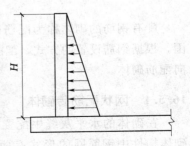

图 16-15 矩形浅水池

压力，上端自由，下端固定的悬臂梁计算。

池壁底端的弯矩 $M=\frac{1}{6}\rho H^3=\frac{1}{6}\times 10 \times 1.4^3 = 4.57\text{kN}\cdot\text{m/m}$

截面抵抗矩 $W=\frac{1}{6}bh^2=\frac{1}{6}\times 1000 \times 490^2 = 4 \times 10^7 \text{mm}^3$

$f_{tm}W=0.17\times 4\times 10^7=6.8\times 10^6 \text{N}\cdot\text{mm}=6.8 \text{ kN}\cdot\text{m}>M=4.57\text{kN}\cdot\text{m}$

受弯承载力满足要求。

【例 16-8】 试验算图 16-16 所示拱支座截面的受剪承载力。已知拱式过梁在拱支座处的水平推力设计值为 15kN，受剪截面积 $A=370\text{mm}\times 490\text{mm}$，作用在1-1截面上的垂直压力设计值 $N_k=25\text{kN}$，墙体采用 MU10 烧结普通砖及 M2.5 混合砂浆砌筑。

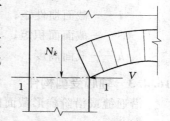

图 16-16 拱支座截面的受剪承载力

【解】 查表得 $f_v=0.08\text{N/mm}^2$，由表 16-4 查得 $f=1.3\text{N/mm}^2$。

$$A=370\times 490=181300\text{mm}^2=0.1813\text{m}^2<0.3\text{m}^2$$

$$\gamma_a=0.7+A=0.8813$$

$$\gamma_a f_v=0.8813\times 0.08=0.071\text{N/mm}^2$$

$$\sigma_0=25000/181300=0.138\text{N/mm}^2$$

因为所有内力均以恒载为主，故取 $\gamma_G=1.35$，$\gamma_Q=1.0$ 的组合为最不利。

$$\sigma_0/f=0.138/1.3=0.106$$

因 $$\gamma_G=1.35$$

$$\mu=0.23-0.65\sigma_0/f=0.23-0.65\times 0.106=0.161$$

修正系数 $\alpha=0.64$（$\gamma_G=1.35$ 砖砌体）

所以 $$\alpha\mu=0.64\times 0.161=0.103$$

由式（16-45）得

$$(f_v+\alpha\mu\sigma_0)A=(0.071+0.103\times 0.138)\times 181300=15.45\text{kN}>15\text{kN}$$

受剪承载力满足要求。

16.5 配 筋 砌 体 构 件

配有钢筋的砌体称为配筋砌体。配筋砌体可提高砌体结构的承载力，扩大其应用范围，根据钢筋设置的方式，配筋砌体可分为两种类型：一种是横向配筋砌体；另一种是纵向配筋砌体。

16.5.1 网状配筋砖砌体

在砌体的水平灰缝中配置钢筋网，称为网状配筋砌体或横向配筋砌体。网状配筋砖砌体构件中钢筋网的形式有两种：一种方格网，包括焊接方格网和绑扎方格网，如图 16-17（a）所示；另一种是连弯钢筋网，网的钢筋方向相互垂直，沿砌体高度交错设置，如图 16-17 （b） 所示。

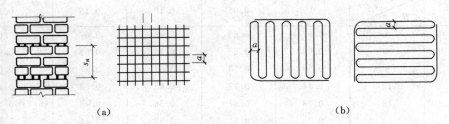

（a） （b）

图 16-17 网状配筋砌体

（a） 用方格网配筋的砖柱；（b） 连弯钢筋网

GB50010—2010 规定，网状配筋砖砌体受压构件的承载力应按下列公式计算

$$N \leqslant \varphi_n f_n A \tag{16-48}$$

$$f_n = f + 2\left(1 - \frac{2e}{y}\right)\frac{\rho}{100}f_y \tag{16-49}$$

$$\rho = \left(\frac{V_s}{V}\right) \times 100 \tag{16-50}$$

式中　N——轴向力设计值；

　　　f_n——网状配筋砖砌体的抗压强度设计值；

　　　A——截面面积；

　　　e——轴向力偏心距；

　　　ρ——体积配筋率，当采用截面面积为 A_s 的钢筋组成的方格网，网格尺寸为 a 和

　　　　钢筋网的间距为 s_n 时，$\rho = \dfrac{2A_s}{as_n \times 100}$；

　V_s、V——钢筋和砌体的体积；

　　　f_y——钢筋抗压强度设计值，当 $f_y > 320\text{MPa}$ 时，取 $f_y = 320\text{MPa}$；

　　　φ_n——高厚比和配筋率以及轴向力的偏心距对网状配筋砖砌体受压构件承载力的影
　　　　响系数，按下式计算，也可查表 16-9。

$$\varphi_n = \cfrac{1}{1 + 12\left[\dfrac{e}{h} + \sqrt{\dfrac{1}{12}\left(\dfrac{1}{\varphi_{on}} - 1\right)}\right]^2} \tag{16-51}$$

$$\varphi_{on} = \cfrac{1}{1 + \dfrac{1+3\rho}{667}\beta^2} \tag{16-52}$$

式中　φ_{on}——网状配筋砖砌体受压构件稳定系数；

　　　β——构件高厚比。

试验表明，当荷载偏心作用时，横向配筋的效果将随偏心距的增大而降低。因此，下列情况不宜采用网状配筋砖砌体：

（1） 偏心距超过截面核心范围，对于矩形截面 $e/h > 0.17$ 时；

（2） 偏心距虽未超过截面核心范围，但构件高厚比 $\beta = H_0/h > 16$ 或 $\lambda = H_0/l > 56$ 时。

表 16－9 　　　　　　　　　　影 响 系 数 φ_n

ρ	β	0	0.05	0.10	0.15	0.17
0.1	4	0.97	0.89	0.78	0.67	0.63
	6	0.93	0.84	0.73	0.62	0.58
	8	0.89	0.78	0.67	0.57	0.53
	10	0.84	0.72	0.62	0.52	0.48
	12	0.78	0.67	0.56	0.48	0.44
	14	0.72	0.61	0.52	0.44	0.41
	16	0.67	0.56	0.47	0.40	0.37
0.3	4	0.96	0.87	0.76	0.65	0.61
	6	0.91	0.80	0.69	0.59	0.55
	8	0.84	0.74	0.62	0.53	0.49
	10	0.78	0.67	0.56	0.47	0.44
	12	0.71	0.60	0.51	0.43	0.40
	14	0.64	0.54	0.46	0.38	0.36
	16	0.58	0.49	0.41	0.35	0.32
0.5	4	0.94	0.85	0.74	0.63	0.59
	6	0.88	0.77	0.66	0.56	0.52
	8	0.81	0.69	0.59	0.50	0.46
	10	0.73	0.62	0.52	0.44	0.41
	12	0.65	0.55	0.46	0.39	0.36
	14	0.58	0.49	0.41	0.35	0.32
	16	0.51	0.43	0.36	0.31	0.29
0.7	4	0.93	0.83	0.72	0.61	0.57
	6	0.86	0.75	0.63	0.53	0.50
	8	0.77	0.66	0.56	0.47	0.43
	10	0.68	0.58	0.49	0.41	0.38
	12	0.60	0.50	0.42	0.36	0.33
	14	0.52	0.44	0.37	0.31	0.30
	16	0.46	0.38	0.33	0.28	0.26
0.9	4	0.92	0.82	0.71	0.60	0.56
	6	0.83	0.72	0.61	0.52	0.48
	8	0.73	0.63	0.53	0.45	0.42
	10	0.64	0.54	0.46	0.38	0.36
	12	0.55	0.47	0.39	0.33	0.31
	14	0.48	0.40	0.34	0.29	0.27
	16	0.41	0.35	0.30	0.25	0.24
1.0	4	0.91	0.81	0.70	0.59	0.55
	6	0.82	0.71	0.60	0.51	0.47
	8	0.72	0.61	0.52	0.43	0.41
	10	0.62	0.53	0.44	0.37	0.35
	12	0.54	0.45	0.38	0.32	0.30
	14	0.46	0.39	0.33	0.28	0.26
	16	0.39	0.34	0.28	0.24	0.23

16.5.2　组合砖砌体构件

在砖砌体内配置纵向钢筋或设置部分钢筋混凝土或钢筋砂浆以共同工作都是组合砖砌体。当荷载偏心距较大超过截面核心范围，无筋砖砌体承载力又不足而借截面尺寸又受到限制时，可采用砖砌体和钢筋混凝土面层（图 16-18）或钢筋砂浆面层（图 16-19）组成的组合砖砌体构件。

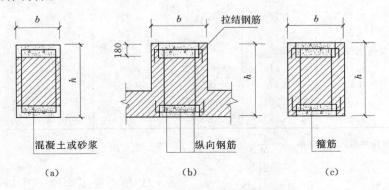

图 16-18　组合砖砌体构件截面

1. 组合砖砌体构件承载力计算
（1）轴心受压构件。
组合砖砌体受压构件承载力按下式计算

$$N \leqslant \varphi_{com}(Af + A_c f_c + \eta_s A_s' f_y') \qquad (16-53)$$

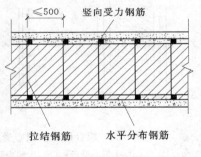

图 16-19　混凝土或
砂浆面层组合墙

式中　φ_{com}——组合砖砌体的稳定系数，与高厚比 β 及配筋率 ρ 有关，可查表 16-10，其 $\rho = \dfrac{A_s'}{bh}$ 中为组合砖砌体构件截面配筋率；

A_c、A——构件中混凝土（或砂浆）面层及砌体的截面面积；

f_c——混凝土或面层砂浆的轴心抗压强度设计值。砂浆的轴心抗压强度设计值可取相同等级混凝土轴心抗压强度设计值的 70%；当砂浆为 M15 时，其值为 5.2MPa；对于 M10 砂浆，其值为 3.5 MPa；对于 M7.5 砂浆，其值为 2.6 MPa；

η_s——受压构件的强度系数，当面层为混凝土时，$\eta_s = 1.0$；当面层为砂浆时，$\eta_s = 0.9$。

f_y'——受压钢筋强度设计值；

A_s'——受压钢筋截面面积。

表 16-10　　　　　　　　　　　　　组合砖砌体构件的稳定系数 φ_{com}

高厚比 β	配筋率 ρ（%）					
	0	0.2	0.4	0.6	0.8	≥1.0
8	0.91	0.93	0.95	0.97	0.99	1.00
10	0.87	0.90	0.92	0.94	0.96	0.98

高厚比 β	配 筋 率 ρ (%)					
	0	0.2	0.4	0.6	0.8	$\geqslant 1.0$
12	0.82	0.85	0.88	0.91	0.93	0.95
14	0.77	0.80	0.83	0.86	0.89	0.92
16	0.72	0.75	0.78	0.81	0.84	0.87
18	0.67	0.70	0.73	0.76	0.79	0.81
20	0.62	0.65	0.68	0.71	0.73	0.75
22	0.58	0.61	0.64	0.66	0.68	0.70
24	0.54	0.57	0.59	0.61	0.63	0.65
26	0.50	0.52	0.54	0.56	0.58	0.60
28	0.46	0.48	0.50	0.52	0.54	0.56

注 组合砖砌体构件截面的配筋率 $\rho = \dfrac{A'_s}{bh}$。

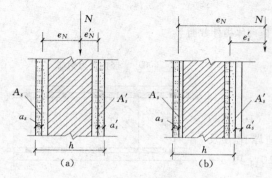

图 16-20 组合砖砌体偏心受压构件

(a) 小偏心受压；(b) 大偏心受压

（2）偏心受压构件（图 16-20）。

组合砖砌体偏心受压构件的承载力按下列公式计算

$$N \leqslant fA' + f_c A'_c + \eta_s f'_y A'_s - \sigma_s A_s \tag{16-54}$$

$$Ne_N \leqslant fS_s + f_c S_{c,s} + \eta_s f'_y A'_s (h_0 - a'_s) \tag{16-55}$$

此时受压区高度 x 可按下列公式确定

$$fS_N + f_c S_{c,N} + \eta_s f'_y A'_s e'_N - \sigma_s A_s e_N = 0 \tag{16-56}$$

$$e_N = e + e_a + \left(\frac{h}{2} - a_s\right) \tag{16-57}$$

$$e'_N = e + e_a - \left(\frac{h}{2} - a'_s\right) \tag{16-58}$$

$$e_a = \frac{\beta^2 h}{2200}(1 - 0.022\beta) \tag{16-59}$$

式中 σ_s ——钢筋 A_s 的应力；

A_s ——距轴向力 N 较远侧钢筋的截面面积；

A' ——砖砌体受压部分的面积；

A'_c ——混凝土或砂浆面层受压部分的面积；

S_s ——砖砌体受压部分的面积对钢筋 A_s 重心的面积矩；

$S_{c,s}$ ——混凝土或砂浆面层受压部分的面积对钢筋 A_s 重心的面积矩；

S_N ——砖砌体受压部分的面积对轴向力 N 作用点的面积矩；

$S_{c,N}$ ——混凝土或砂浆面层受压部分的面积对轴向力 N 作用点的面积矩；

e_N、e'_N ——钢筋 A_s 与重心之 A'_s 轴向力 N 作用点的距离；

e——轴向力初始偏心距按荷载设计值计算，当 e 小于 $0.05h$ 时，应取 $e=0.05h$；

e_a——组合砖砌体构件在轴向力 N 作用下的附加偏心距。

2. 构造要求

组合砖砌体应符合下列构造要求：

面层混凝土强度等级采用 C15 或 C20，面层水泥砂浆强度等级不得低于 M7.5。砌筑砂浆不得低于 M5，砖不低于 MU10。砂浆面层厚度可采用 $30\sim45$mm，当面层厚度大于 45mm 时，其面层宜采用混凝土。

受力钢筋一般采用 HPB235 级钢筋，对于混凝土面层宜采用 HRB335 级钢筋。受压钢筋一侧的配筋率对砂浆面层，不宜小于 0.1%；对于混凝土面层，不宜小于 0.2%。受拉钢筋的配筋率不应小于 0.1%。受力钢筋直径不应小于 8mm。钢筋净距不应小于 30mm。受力钢筋保护层厚度不应超过表 16-11 规定。

表 16-11　混凝土保护层最小厚度

单位：mm

环境条件 构件类别	室内正常环境	露天或室内潮湿环境
墙	15	25
柱	30	35

注　当面层为水泥砂浆时，对于柱，保护层厚度可减小 5mm。

箍筋直径不宜小于 4mm 及 0.2 倍的受压钢筋直径，并不宜大于 6mm。箍筋间距不应大于 20 倍受压钢筋直径及 500mm，并不应小于 120mm。当组合砖砌体构件一侧的受力钢筋多于 4 根时，应设附加箍筋或拉结钢筋。

对于截面长短边相差较大的构件如墙体等，应采用穿通墙体的拉结钢筋作为箍筋，同时设置水平分布钢筋。水平分布钢筋的竖向间距及拉结钢筋的水平间距均不应大于 500mm（图 16-19）。

组合砖砌体构件的顶部、底部以及牛腿部位，必须设置钢筋混凝土垫块，受力钢筋伸入垫块的长度，必须满足锚固要求。

16.5.3　配筋砌块砌体构件

配筋砌块砌体（图 16-21）是在砌体中配置一定数量的竖向和水平钢筋，竖向钢筋一般是插入砌块砌体上下贯通的孔中，用灌孔混凝土灌实使钢筋充分锚固，配筋砌体的灌孔率一般不大于 50%。水平钢筋一般可设置在水平灰缝中或设置箍筋，竖向钢筋和水平钢筋使砌块砌体形成一个整体共同工作。配筋砌块砌体在受力模式上类似于混凝土剪力墙结构。由于配筋砌块砌体的强度高、延性好，可用于大开间和高层建筑结构。配筋气块剪力墙结构在地震设防烈度为 6 度、7 度、8 度和 9 度地区建造房屋的允许层数可分别达到 18 层、16 层、14 层和 8 层。

配筋砌块砌体应根据结构分析所得的内力，分别按轴心受压、偏心受压或偏心受拉构件进行正截面和斜截面的承载力计算，并应根据结构分析所得的位移进行变形验算。

1. 正截面受压承载力计算

（1）轴心受压构件。

对于配筋砌块砌体剪力墙、柱，当配有箍筋或水平分布钢筋时，其正截面受压承载力 N 应按下列公式计算：

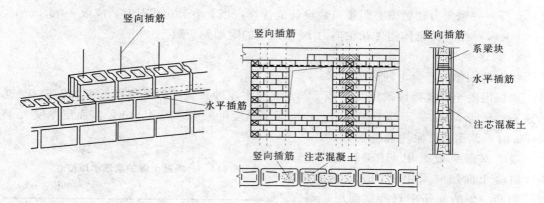

图 16-21　配筋砌块砌体

$$N \leqslant \varphi_0 \left(f_g A + 0.8 f'_y A'_s \right) \tag{16-60}$$

$$\varphi_0 = \frac{1}{1 + 0.001 \beta^2} \tag{16-61}$$

式中　N——轴向力设计值;

　　f_g——灌孔砌体的抗压强度设计值,应按 GB50010—2010 3.2.1 中式 (3.2.1.1) 计算;

　　A——构件毛截面面积;

　　A'_s——全部竖向钢筋的截面面积;

　　φ_0——轴心受压构件的稳定系数;

　　β——构件的高厚比;

　　f'_y——受压钢筋强度设计值。

当未配置箍筋或水平钢筋时,仍按上式计算,但应取 $f'_y A'_s = 0$。

(2) 矩形截面偏心受压构件。

矩形截面偏心受压砌块砌体剪力墙依据偏心距的大小,分别进行大偏心受压和小偏心受压两种计算。

1) 大、小偏心受压界限。

当 $x > \xi_b h_0$ 时,为小偏心受压;

当 $x \leqslant \xi_b h_0$ 时,为大偏心受压。

式中　x——截面受压区高度;

　　h_0——截面有效高度;

　　ξ_b——界限相对受压区高度,对 HPB235 级钢筋取 0.6,对 HRB335 级钢筋取 0.53。

2) 大偏心受压承载力计算。

矩形截面大偏心受压配筋砌块砌体破坏时截面上应力状态如图 16-22 (a) 所示。根据平衡条件有

$$N \leqslant f_G b x + f'_y A'_s - f_y A_s - \sum f_{si} A_{si} \tag{16-62}$$

$$N e_N \leqslant f_G b x \left(h_0 - \frac{x}{2} \right) + f'_y A'_s \left(h_0 - a'_s \right) - \sum f_{si} S_{si} \tag{16-63}$$

式中　f_G——灌孔砌体的抗压强度设计值；

　f_y、f'_y——竖向受拉、压主筋的强度设计值；

　A_s、A'_s——竖向受拉、压主筋的截面面积；

　　　　b——截面宽度；

　　　A_{si}——单根竖向分布钢筋的截面面积；

　　　f_{si}——单根竖向分布钢筋的强度设计值；

　　　S_{si}——第 i 跟竖向分布钢筋对竖向受拉主筋的面积矩；

　　　e_N——轴向力作用点到竖向受拉主筋合力点的距离。

当受压区高度 $x < 2A'_s$ 时，按下式计算：

$$Ne'_N \leqslant f_y A_s (h_0 - a'_s) \tag{16-64}$$

式中　e'_N——轴向力作用点到竖向受压主筋合力点的距离。

3）小偏心受压承载力计算。

矩形截面小偏心受压配筋砌块砌体破坏时截面上应力状态如图 16-22（b）所示。根据平衡条件有

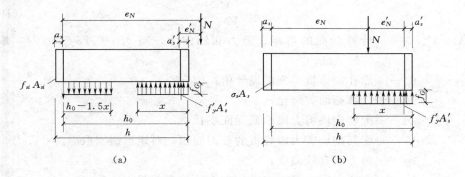

图 16-22　矩形截面偏心受压承载力计算图
(a) 大偏心受压；(b) 小偏心受压

$$N \leqslant f_G bx + f'_y A'_s - \sigma_s A_s \tag{16-65}$$

$$Ne_N \leqslant f_G bx \left(h_0 - \frac{x}{2} \right) + f'_y A'_s (h_0 - a'_s) \tag{16-66}$$

$$\sigma_s = \frac{f_y}{\xi_b - 0.8} \left(\frac{x}{h_0} - 0.8 \right) \tag{16-67}$$

矩形截面对称配筋砌块剪力墙小偏心受压时，可按下列近似公式计算

$$A_s = A'_s = \frac{Ne_N - \xi(1 - 0.5\xi) f_G b h_0^2}{f'_y (h_0 - a'_s)} \tag{16-68}$$

$$\xi = \frac{x}{h_0} = \frac{N - \xi_b f_G b h_0}{\dfrac{Ne_N - 0.43 f_G b h_0^2}{(0.8 - \xi_b)(h_0 - a'_s)_0} + f_G b h_0} + \xi_b \tag{16-69}$$

小偏心受压承载力计算中不考虑竖向分布筋的作用。

2. 斜截面受剪承载力计算

偏心受力配筋砌块砌体剪力墙，其斜截面受剪承载力按下列规定进行：

（1）剪力墙的截面应满足：

$$V \leqslant 0.25 f_g bh \tag{16-70}$$

式中　V——剪力墙剪力设计值；

f_g——单排孔且对空气筑的混凝土砌块灌孔砌体抗压强度设计值（简称灌孔砌体抗压强度设计值）；

b——剪力墙的截面宽度或 T 形、倒 L 形截面腹板宽度；

h——剪力墙截面宽度。

（2）剪力墙偏心受压时斜截面受剪承载力计算。

试验证明，压力的存在提高了斜截面受剪承载力。GB50010—2010 根据试验和理论分析，给出配筋砌块剪力墙在偏心受压时斜截面受剪承载力计算公式

$$V \leqslant \frac{1}{\lambda - 0.5}\left(0.6 f_{vg} bh_0 + 0.12 N \frac{A_w}{A}\right) + 0.9 f_{yh} \frac{A_{sh}}{s} h_0 \tag{16-71}$$

$$\lambda = \frac{M}{Vh_0} \tag{16-72}$$

式中　M、V、N——计算截面的弯矩、剪力和轴向力，当 $N > 0.25 f_g bh_0$ 时，取 $N = 0.25 f_g bh_0$；

f_{vg}——灌孔砌体抗剪强度设计值；

λ——计算截面剪跨比；

A——配筋砌块剪力墙的截面面积；

A_w——配筋砌块剪力墙腹板的截面面积，对矩形截面取 $A_w = A$；

h_0——剪力墙有效高度；

A_{sh}——配置在同一截面水平分布钢筋的全部截面面积；

f_{yh}——水平钢筋抗拉强度设计值；

s——水平分布钢筋竖向间距。

（3）剪力墙偏心受拉时斜截面受剪承载力计算：

试验证明，拉力的存在降低了斜截面受剪承载力。GB 50010—2010 根据试验和理论分析给出配筋砌块剪力墙在偏心拉力作用下的承载力计算公式

$$V \leqslant \frac{1}{\lambda - 0.5}\left(0.6 f_{vg} bh_0 - 0.22 N \frac{A_w}{A}\right) + 0.9 f_{yh} \frac{A_{sh}}{s} h_0 \tag{16-73}$$

【例 16-9】　一轴心受压柱，截面尺寸为 $490\text{mm} \times 490\text{mm}$，计算高度 $H_0 = 4200\text{mm}$，承受轴向力设计值为 $N = 500\text{kN}$，采用 MU10 砖和 M7.5 混合砂浆砌筑，试验算其承载力。若承载力不满足，采用网状配筋砌体试确定其配筋量。

【解】　砖柱截面面积

$$A = 0.49 \times 0.49 = 0.2401\text{m}^2 < 0.3\text{m}^2$$

砌体强度调整系数　$\gamma_a = A + 0.7 = 0.2401 + 0.7 = 0.9401$

砖砌体抗压强度设值

$$f = 1.69\text{MPa}$$

调整后 $f = 0.9401 \times 1.69 = 1.589 \text{MPa}$

$$\varphi = \frac{1}{1 + \alpha\beta^2} = \frac{1}{1 + 0.0015 \times 8.5714^2} = 0.9007$$

高厚比 $\beta = H_0/h = 4200/490 = 8.5714 < 16$

$\varphi f A = 0.9007 \times 1.589 \times 0.2401 \times 10^6 = 343634 \text{N} = 343.6 \text{kN} < N = 500 \text{kN}$

故该砖柱承载力不足，需采用网状配筋砌体。

网状配筋选用 $\phi 4$ 冷拔低碳钢丝（乙级）焊接网片，$f_y = 320 \text{MPa}$ 钢丝网络尺寸 $a = 50 \text{mm}$，钢丝网间距 $S_n = 260 \text{mm}$（四皮砖）。$A = 0.2401 \text{m}^2 > 0.2 \text{m}^2$，取 $\gamma_{a2} = 1$。

$$\rho = \frac{2A_s}{as_n} \times 100 = \frac{2 \times 12.6}{50 \times 260} \times 100 = 0.1938$$

$$f_n = f + 2\left(1 - 2\frac{e}{y}\right)\frac{\rho}{100} \times f_y = 1.69 + \frac{2 \times 0.1938}{100} \times 320 = 2.930 \text{MPa}$$

$$\varphi_n = \varphi_{n0} = \frac{1}{1 + \dfrac{1 + 3\rho}{667}\beta^2} = \frac{1}{1 + \dfrac{1 + 3 \times 0.1938}{667} \times 8.5714^2} = 0.8517$$

$$\varphi_n f_n A = 0.8517 \times 2.930 \times (0.2401 \times 10^6) = 599164 \text{N} = 599.2 \text{kN} > 500 \text{kN}$$

故承载力满足要求。

？ 复习思考题与习题

一、思考题

1. 砌体强度的标准值和设计值是如何确定的？

2. 砌体结构设计值可靠度与施工质量控制等级挂钩具有什么意义？

3. 砌体构件受压承载力计算中，系数 φ 表示什么意义？如何确定？

4. 如何计算 T 形截面、十字形截面的折算厚度？

5. 什么是梁端有效支撑长度？如何计算？

6. 砌体强度设计值的各项调整系数是考虑的什么问题？

7. 局部抗压强度提高系数限值 γ 的物理意义是什么？

8. 什么是配筋砌体砌块？

9. 在砌体结构中，对何类构件可采用配筋砌体？配筋砌体有哪几类？使用范围如何？

10. 何为组合砌体？偏心受压组合砌体的计算方法与钢筋混凝土偏心受压构件有和不同？

二、习题

1. 截面为 $b \times h = 490 \text{mm} \times 620 \text{mm}$ 的砖柱，采用 MU10 砖及 Mb7.5 的水泥砂浆砌筑，施工质量控制等级为 B 级，计算高度 $H_0 = 7 \text{m}$，承载轴向力设计值 $N = 300 \text{kN}$，沿长边方向弯矩设计值 $M = 9.3 \text{kN} \cdot \text{m}$，试计算该砖柱的受压承载力。

2. 某窗间墙截面尺寸为 $1000 \text{mm} \times 240 \text{mm}$，采用 MU10 砖、Mb5 混合砂浆砌筑，施工质量控制等级为 B 级，墙上支撑钢筋混凝土，支撑长度 240mm，梁截面尺寸 $b \times h = 200 \text{mm} \times 500 \text{mm}$，梁端支撑压力的设计值为 50kN，上部荷载传来的轴向力设计值为

120kN，试验算梁端局部受压承载力。

3. 某网状配筋砖柱，截面尺寸为 490mm×620mm，计算高度 $H_0=5$m，采用 MU10 砖，Mb7.5 混合砂浆砌筑，施工质量控制等级为 B 级，若承受轴向力设计值 $N=450$kN，沿长边方向弯矩设计值 $M=14$kN·m，试设计网状配筋。

4. 某组合砌体柱如图 16-23 所示，其计算高度 $H_0=3.6$m，受压轴心压力 $N=380$kN，组合砌体采用 MU10 砖，M7.5 砂浆，C20 混凝土。试计算其承载力。

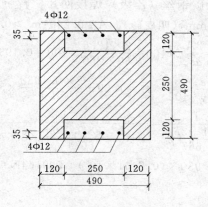

图 16-23 习题 4 附图

第 17 章 砌体结构房屋的墙体体系及其承载力验算

本章要点

- 了解房屋结构布置的四种方案的传力途径及其特点；
- 了解砌体结构房屋三种静力计算方案的特点；
- 掌握砌体墙、柱高厚比的验算方法；
- 熟练掌握砌体结构刚性方案多层房屋墙体设计计算方法。

17.1 房屋的结构布置方案

砌体结构房屋通常是指主要承重构件由砖、石、砌块等不同的材料组成的房屋。砌体结构房屋的墙体所用的材料符合因地制宜、就地取材的原则，因此砌体结构房屋具有造价低的优点，被广泛应用于多层住宅、宿舍、办公楼、教学楼、食堂等民用建筑中，同时还应用于中小型工业厂房、仓库等工业建筑中。

过去我国砌体结构房屋的墙体材料大多数采用黏土砖，由于黏土砖的烧制要占用大量农田，破坏环境资源。因此，近年来国家已经限制了黏土实心砖的使用。今后在砌体结构房屋的墙体材料的选择上，应尽量去选用黏土空心砖、蒸压灰砂砖、蒸压粉煤灰砖等。

墙体既是砌体结构房屋中的主要承重结构，又是围护结构，起到了分隔的作用。承重墙、柱的布置直接影响到房屋的平面划分、空间大小，荷载传递，结构强度、刚度、稳定、造价及施工的难易程度。因此，在砌体结构房屋的设计中，承重墙、柱的布置十分重要。

通常将沿房屋纵向（长向）布置的墙体称为纵墙；沿房屋横向（短向）布置的墙体称为横墙；房屋四周与外界隔离的墙体称外墙；外横墙又称山墙；其余墙体称为内墙。砌体结构房屋中的屋盖、楼盖、内外纵墙、横墙、柱和基础等是主要承重构件，它们互相连接，共同构成整个承重体系。根据结构的承重体系和荷载的传递路线，房屋的结构布置可分为四种方案：横墙承重方案、纵墙承重方案、纵横墙承重方案、内框架承重方案。

17.1.1 横墙承重方案

横墙承重方案就是将楼板和屋面板搁置在横墙上形成的结构布置方案，如图 17-1 所示。该方案适用于房屋开间较小，进深较大的情况。

横墙承重方案房屋的竖向荷载的主要传递路线为：

楼（屋）面板→横墙→基础→地基

横墙承重方案的特点如下：

（1）横墙是主要的承重墙。纵墙的作用主要是围护、隔断以及与横墙拉结在一起形成整体，所以对纵墙上设置门、窗洞口的限制较少，外纵墙的立面处理比较灵活。

（2）横墙数量较多、间距较小，同时又有纵墙与之拉结，因而房屋的刚度大，整体性好。对抵抗沿横墙方向作用的风力、地震作用以及调整地基的不均匀沉降等较为有利，是一种有利于抗震的结构承重方案。

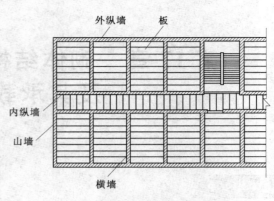

图 17-1　横墙承重方案

17.1.2　纵墙承重方案

纵墙承重方案是指纵墙（包括外纵墙和内纵墙）直接承受屋面、楼面荷载的结构方案。这种结构，楼（屋）面板分两种方式放在纵墙上：一种是直接搁置，即楼（屋）面板直接搁置在纵墙上；另一种是间接搁置，即将楼（屋）面板搁置于大梁上，大梁又放在纵墙上，这种方式是对于要求有较大空间的房屋（如单层工业厂房、仓库等）或隔墙位置可能变化的房屋，通常无内横墙或横墙间距很大

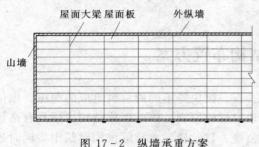

图 17-2　纵墙承重方案

的情况应用。如图 17-2 所示。

纵墙承重方案房屋的竖向荷载的主要传递路线为：

板→梁（屋架）→纵向承重墙→基础→地基

纵墙承重方案的特点如下：

（1）纵墙是主要的承重墙。横墙的设置主要是为了满足房间的使用要求，保证纵墙的侧向稳定和房屋的整体刚度，其间距可根据使用要求而定，因而房屋的划分比较灵活。

（2）由于纵墙承受的荷载较大，因此在纵墙上设置的门、窗洞口的大小及位置都受到一定的限制。

（3）与横墙承重方案相比，纵墙间距一般比较大，横墙数量相对较少，且楼盖材料用量相对较多，墙体的材料用量较少，因此房屋的横向刚度和空间刚度较差。

纵墙承重方案适用于使用上要求有较大空间的房屋（如教学楼、图书馆）以及常见的单层及多层空旷砌体结构房屋（如食堂、俱乐部、中小型工业厂房）等。

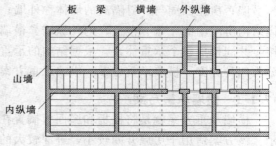

图 17-3　纵横墙承重方案

17.1.3　纵横墙承重方案

当建筑物的功能要求房间的大小变化较多时，为了结构布置的合理性，通常采用纵横墙混合承重方案，如图 17－3 所示。

纵横墙承重方案房屋的竖向荷载的主要传递路线为：

$$楼（屋面）板 \rightarrow \left\{ \begin{array}{l} 梁 \rightarrow 纵墙 \\ 横墙或纵墙 \end{array} \right\} \rightarrow 基础 \rightarrow 地基$$

这种承重方案的特点如下：

（1）纵横墙均作为承重构件，使得结构受力较为均匀，能避免局部墙体承载过大。

（2）房间布置较灵活，能较好地满足使用要求，结构的整体性较好，教学楼、办公楼、医院等建筑常采用该方案。

17.1.4　内框架承重方案

内框架砌体结构是房屋内部由钢筋混凝土柱和楼（屋）面梁组成内框架，外部由砌体墙组成。这种由内框架柱和外承重墙共同承担竖向荷载的承重方案称为内框架承重方案（图 17－4）。

这种方案房屋的竖向荷载的主要传递路线为：

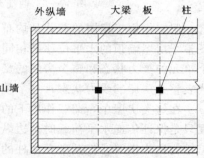

图 17－4　内框架承重方案

$$板 \rightarrow 梁 \rightarrow \left\{ \begin{array}{l} 外纵墙 \rightarrow 外纵墙基础 \\ 柱 \rightarrow 柱基础 \end{array} \right\} \rightarrow 地基$$

内框架承重方案的特点如下：

（1）外墙和钢筋混凝土柱为竖向承重构件，内墙可取消，因此有较大的使用空间，平面布置灵活。

（2）由于竖向承重构件材料不同，钢筋混凝土柱和砖墙的压缩量不一样，基础形式也不同，因此施工较复杂，容易引起地基不均匀沉降。

（3）横墙较少，房屋的空间刚度较差。

内框架承重方案一般用于多层工业车间、商店等建筑。此外，某些建筑的底层为了获得较大的使用空间，有时也采用这种承重方案。必须指出，对内框架承重房屋应充分注意两种不同结构材料所引起的不利影响，并在设计中选择符合实际受力情况的计算简图，正确地进行承重墙、柱的设计。

17.2　房屋的静力计算方案

17.2.1　房屋的空间工作性能

砌体结构房屋是由屋盖、楼盖、墙、柱、基础等主要承重构件组成的空间受力体系，共同承担作用在房屋上的各种竖向荷载（结构的自重和屋面、楼面的活荷载）、水平风荷载和地震作用。在外荷载的作用下，不仅直接承受荷载的构件起着抵抗荷载的作用，而且与其相连的其他构件也不同程度地参与了工作，这就体现了房屋的空间刚度。墙体的计算是砌体结构房屋设计的重要内容之一，包括墙体的内力计算和截面的承载力验算。

计算墙体的内力首先要确定计算简图，也就是如何确定房屋的静力计算方案的问题。计算简图既要尽量符合结构实际受力情况，又要使计算尽可能简单。现以各类单层房屋为例来讨论分析其受力特点。

第一种情况：图 17-5 为两端没有山墙的单层房屋，外纵墙承重，屋盖为装配式钢筋混凝土楼盖。该房屋的水平风荷载传力路径是：风荷载→纵墙→纵墙基础→地基；竖向荷载的传力路径是：屋面板→屋面梁→纵墙→纵墙基础→地基。

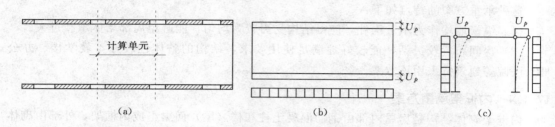

图 17-5　两端无山墙的单层房屋的受力状态及计算简图

假定作用于房屋的荷载是均布荷载，外纵墙的刚度都是相等的，所以在水平荷载作用下整个房屋墙顶的水平位移是相同的。如果从其中任意两个窗口中线截取一个单元，则这个单元的受力状态和整个房屋的受力状态是一样的。因此，可以用这个单元的受力状态来代表整个房屋的受力状态，这个单元就被称为计算单元。

在这类房屋中，荷载作用下的墙顶水平位移主要取决于纵墙的刚度，而屋盖结构的刚度只是保证传递水平荷载时两边纵墙的位移相同。如果把计算单元的纵墙比作排架柱、屋盖结构比作横梁，把基础看作柱的固定支座，屋盖结构和墙的连接点看作铰结点，假定这时横梁为绝对刚性的，则计算单元的受力状态就如同一个单跨平面排架，属于平面受力体系，其静力分析可采用结构力学中平面排架的分析方法。

第二种情况：图 17-6 为两端设置山墙的单层房屋。由于山墙的约束作用，水平荷载作用时屋盖的水平位移受到限制，整个房屋墙顶的水平位移不再相同，水平荷载的传力路径也发生了变化。屋盖结构可看作是水平方向的梁（跨度为两山墙间的距离），两端支承在山墙上；山墙可以看作竖向的悬臂梁支承在基础上。因此，该房屋的水平风荷载传力路径是：

$$风荷载→纵墙→\begin{cases}纵墙基础\\屋盖结构→山墙→山墙基础\end{cases}→地基$$

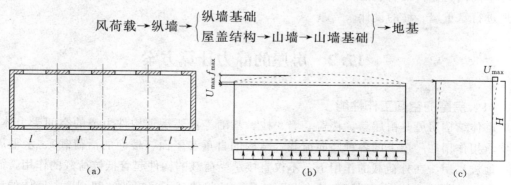

图 17-6　两端有山墙的单层房屋的受力状态及计算简图

从上面的分析可以看出，这类房屋中，风荷载的传力体系已经不是平面受力体系，即风荷载不仅在纵墙和屋盖组成的平面排架内传递，而且还通过屋盖平面和山墙平面进行传递，组成了空间受力体系。此时，墙体顶部的水平位移不仅与纵墙自身刚度有关，而且与屋盖结构水平刚度和山墙顶部水平方向的位移有关。

房屋空间作用的大小可以用空间性能影响系数 η 来表示房屋空间作用的大小。假定屋盖在水平面内为支承在横墙上的剪切型弹性地基梁，纵墙（柱）为弹性地基，由理论分析可以得到空间性能影响系数为

$$\eta = \frac{\mu_s}{\mu_p} = 1 - \frac{1}{\mathrm{ch}\,ks} \leqslant 1 \qquad\qquad (17-1)$$

式中　μ_s——考虑空间工作时，外荷载作用下房屋排架水平位移的最大值；

　　　　μ_p——在外荷载作用下，平面排架的水平位移；

　　　　k——屋盖系统的弹性系数，取决于屋盖的刚度；

　　　　s——横墙间距。

η 值越大，表明考虑空间作用后的排架柱顶最大水平位移与平面排架的柱顶位移越接近，房屋的空间作用越小；η 值越小，则表明房屋的空间作用越大。因此，η 又称为考虑空间作用后的侧移折减系数。按照相关理论来计算弹性系数 k 是比较困难的，GB50010—2010 采用半经验、半理论的方法来确定弹性系数 k：第一类屋盖，$k=0.03$；第二类屋盖，$k=0.05$；第三类屋盖，$k=0.065$。

横墙的间距 s 是影响房屋刚度和侧移大小的重要因素，不同横墙间距房屋的各层空间工作性能影响系数 η 可按式（17-1）计算得到。为了计算简便和偏于安全，GB50010—2010 取多层房屋的空间性能影响系数与单层房屋相同的数值，即按表 17-1 取用。

表 17-1　　　　　　　　　　房屋各层的空间性能影响系数 η_i

屋盖、楼盖类别	横墙间距屋盖或楼 s(m)														
	16	20	24	28	32	36	40	44	48	52	56	60	64	68	72
1	—	—	—	—	0.33	0.39	0.45	0.50	0.55	0.60	0.64	0.68	0.71	0.74	0.77
2	—	0.35	0.45	0.54	0.61	0.68	0.73	0.78	0.82	—	—	—	—	—	—
3	0.37	0.49	0.60	0.68	0.75	0.81	—	—	—	—	—	—	—	—	—

注　i 取 $1 \sim n$，n 为房屋的层数。

17.2.2　房屋的静力计算方案

影响房屋空间性能的因素很多，除上述的屋盖刚度和横墙间距外，还有屋架的跨度、排架的刚度、荷载类型及多层房屋层与层之间的相互作用等。为了方便计算，GB50010—2010 只考虑了屋盖刚度和横墙间距两个主要因素的影响，所以按房屋空间刚度的大小，将砌体结构房屋静力计算方案分为三种，如表 17-2 所示。

（1）刚性方案。

当房屋的横墙间距较小、楼（屋）面板刚度较大时，房屋的空间刚度大，空间工作性

能好。在水平风荷载作用下，墙、柱顶端的水平位移 $\mu_s \approx 0$。此时楼（屋）面板可视为纵向墙体上端的不动铰支座，墙柱内力可按上端有不动铰支承的竖向构件进行计算，这类房

表 17 - 2　　　　　　　　　　　　　　房屋的静力计算方案

	屋 盖 或 楼 盖 类 别	刚性方案	刚弹性方案	弹性方案
1	整体式、装配整体式和装配式无檩体系钢筋混凝土屋盖或钢筋混凝土楼盖	$s<32$	$32 \leqslant s \leqslant 72$	$s>72$
2	装配式有檩体系钢筋混凝土屋盖、轻钢屋盖和有密铺望板的木屋盖或楼盖	$s<20$	$20 \leqslant s \leqslant 48$	$s>48$
3	瓦材屋面的木屋盖和轻钢屋盖	$s<16$	$16 \leqslant s \leqslant 36$	$s>36$

注　1. s 为房屋横墙间距，m。

　　2. 当多层房屋的屋盖、楼盖类别不同或横墙间距不同时，可按本表规定分别确定各层（底层或顶部各层）房屋的静力计算方案。

　　3. 对无山墙或伸缩缝无横墙的房屋，应按弹性方案考虑。

屋称为刚性方案房屋。

（2）弹性方案。

当房屋的横墙间距较大、楼（屋）面板刚度较小时，房屋的空间刚度小，空间工作性能不好。在水平风荷载作用下 $\mu_s \approx \mu_p$，墙顶的最大水平位移接近于平面受力体系（无山墙房屋），其墙柱内力计算应按不考虑空间作用的平面排架或框架计算，这类房屋称为弹性方案房屋。

（3）刚弹性方案。

当房屋的横墙间距不太大、楼（屋）面板刚度不太小时，房屋的空间刚度介于上述两种方案之间。在水平风荷载作用下 $0<\mu_s<\mu_p$，纵墙顶端水平位移比弹性方案要小，但又不可忽略不计，其受力状态介于刚性方案和弹性方案之间。这时墙柱内力计算应按考虑空间作用的平面排架或框架计算，这类房屋称为刚弹性方案房屋。

17.2.3　GB50003—2011《砌体结构设计规范》对横墙的要求

由上面的分析可知，房屋墙、柱的静力计算方案是根据房屋空间刚度的大小确定的，而房屋的空间刚度则由两个主要因素确定，一是房屋中楼（屋）面板的类别，二是房屋中横墙间距及其刚度的大小。因此作为刚性和刚弹性方案房屋中的横墙，GB50003—2011 规定应符合下列要求：

（1）横墙中开有洞口时，洞口的水平截面面积不应超过横墙截面面积的 50%。

（2）横墙的厚度不宜小于 180mm。

（3）单层房屋的横墙长度不宜小于其高度，多层房屋的横墙长度不宜小于横墙总高度的 1/2。

（4）当横墙不能同时满足上述要求时，应对横墙刚度进行验算。如横墙的最大水平位移 $\mu_{max} \leqslant H/4000$（$H$ 为横墙总高度）时，仍可将其视作刚性或刚弹性方案房屋的横墙；凡符合此刚度要求的一段横墙或其他结构构件（如框架等），也可以视作刚性或刚弹性方案房屋的横墙。

17.3 墙、柱的高厚比验算

砌体结构房屋中的墙、柱一般是受压构件,对于受压构件,除了要满足承载力的要求外,还必须保证其稳定性。验算高厚比的目的就是防止墙、柱在施工和使用阶段因砌筑质量等原因产生过大变形,丧失稳定性。因此 GB50003—2011 规定:用验算墙、柱高厚比的方法来保证墙、柱的稳定性。高厚比就是指墙、柱的计算高度 H_0 与墙厚或柱截面边长 h 的比值。墙、柱的高厚比越大,其稳定性越差。

17.3.1 墙、柱的计算高度

墙、柱的计算高度是由墙、柱的实际高度 H,并根据房屋类别和构件两端的约束条件来确定的。在进行墙、柱承载力和高厚比验算时,GB50003—2011 规定,受压构件的计算高度 H_0 可按表 17 - 3 采用。

表 17 - 3 　　　　　　　　　受压构件的计算高度 H_0

房　屋　类　型			柱		带壁柱墙或周边拉结的墙		
			排架方向	垂直排架方向	$s>2H$	$2H \geqslant s > H$	$s \leqslant H$
有吊车的单层房屋	变截面柱上段	弹性方案	$2.5H_u$	$1.25H_u$	$2.5H_u$		
		刚性、刚弹性方案	$2.0H_u$	$1.25H_u$	$2.0H_u$		
	变截面柱下段		$1.0H_l$	$0.8H_l$	$1.0H_l$		
无吊车的单层房屋和多层房屋	单跨	弹性方案	$1.5H$	$1.0H$	$1.5H$		
		刚弹性方案	$1.2H$	$1.0H$	$1.2H$		
	多跨	弹性方案	$1.25H$	$1.0H$	$1.25H$		
		刚弹性方案	$1.10H$	$1.0H$	$1.10H$		
	刚性方案		$1.0H$	$1.0H$	$1.0H$	$0.4s+0.2H$	$0.6s$

注　1. 表中 H_u 为变截面柱的上段高度;H_l 为变截面柱的下段高度。

　　2. 对于上端为自由端的构件,$H_0 = 2H$。

　　3. 对独立柱,当无柱间支撑时,柱在垂直排架方向的 H_0 应按表中数值乘以 1.25 后采用。

　　4. s 为房屋横墙间距。

　　5. 自承重墙的计算高度应根据周边支承或拉接条件确定。

　　6. 表中的构件高度 H 应按下列规定采用:在房屋底层,为楼板顶面到构件下端支点的距离,下端支点的位置可取在基础顶面,当埋置较深且有刚性地坪时,可取室外地面下 500mm 处;在房屋的其他层,为楼板或其他水平支点间的距离;对于无壁柱的山墙,可取层高加山墙尖高度的 1/2;对于带壁柱山墙可取壁柱处山墙的高度。

表中的构件高度 H 应按下列规定采用:

(1) 在房屋底层,为楼板顶面到构件下端支点的距离。下端支点的位置,可取在基础顶面。当埋置较深且有刚性地坪时,可取室外地面下 500mm 处;

(2) 在房屋其他层次,为楼板或其他水平支点间的距离;

(3) 对于无壁柱的山墙,可取层高加山墙尖高度的 1/2;对于带壁柱的山墙可取壁柱处的山墙高度。

对有吊车的房屋,当荷载组合不考虑吊车作用时,变截面柱上段的计算高度可按表

17-3 规定采用；变截面柱下段的计算高度可按下列规定采用（本规定也适用于无吊车房屋的变截面柱）：

1）当 $H_u/H \leqslant 1/3$ 时，取无吊车房屋的 H_0；

2）当 $1/3 < H_u/H \leqslant 1/2$ 时，取无吊车房屋的 H_0 乘以修正系数 μ，其中 $\mu = 1.3 - 0.3 I_u/I_l$，I_u 为变截面柱上段的惯性矩，I_l 为变截面柱下段的惯性矩；

3）当 $H_u/H \geqslant 1/2$ 时，取无吊车房屋的 H_0；但在确定 β 值时，应采用上柱截面。

17.3.2 墙、柱的允许高厚比及高厚比的主要影响因素

1. 墙、柱的允许高厚比

墙、柱高厚比的允许极限值称允许高厚比，用 $[\beta]$ 表示。允许高厚比主要是根据实践经验规定的，它反映在一定的时期内材料的质量和施工的水平，GB50003—2011 规定的墙、柱的允许高厚比见表 17-4。

2. 高厚比的主要影响因素

影响墙、柱允许高厚比 $[\beta]$ 的因素比较复杂，难以用理论推导的公式来计算，GB50010—2010 规定的限值是综合考虑以下各种因素确定的：

（1）砂浆强度等级。

砂浆强度直接影响砌体的弹性模量，而

表 17-4 墙、柱允许高厚比 $[\beta]$ 值

砂浆强度等级	墙	柱
M2.5	22	15
M5.0	24	16
≥M7.5	26	17

注 1. 毛石墙、柱允许高厚比应按表中数值降低 20%。
　　2. 组合砖砌体构件的允许高厚比，可按表中数值提高 20%，但不得大于 28。
　　3. 验算施工阶段砂浆尚未硬化的新砌砌体高厚比时，允许高厚比对墙取 14，对柱取 11。

砌体弹性模量的大小又直接影响砌体的刚度。所以砂浆强度是影响允许高厚比的重要因素。砂浆强度越高，允许高厚比也相应增大。

（2）砌体类型。

毛石墙比一般砌体墙刚度差，允许高厚比要降低，而组合砌体由于钢筋混凝土的刚度好，允许高厚比可提高。

（3）横墙间距。

横墙间距愈小，墙体稳定性和刚度愈好；横墙间距愈大，墙体稳定性和刚度愈差。高厚比验算时用改变墙体的计算高度来考虑这一因素，柱子没有横墙联系，其允许高厚比应比墙小些。

（4）支承条件。

刚性方案房屋的墙、柱计算时在屋盖和楼盖支承处假定为不动铰支座，刚性好，允许高厚比可以大些；而弹性和刚弹性房屋的墙、柱在屋（楼）盖处侧移较大，稳定性差，允许高厚比相对小些。验算高厚比时用改变其计算高度来考虑这一因素。

（5）砌体截面刚度。

砌体截面惯性矩较大，稳定性则好。当墙上门窗洞口削弱较多时，允许高厚比值降低，可以通过有门窗洞口墙允许高厚比的修正系数来考虑此项影响。

（6）构造柱间距及截面。

构造柱间距愈小，截面愈大，对墙体的约束愈大，因此墙体稳定性愈好，允许高厚比可提高。通过修正系数来考虑。

(7) 构件重要性和房屋使用情况。

对次要构件，如自承重墙允许高厚比可以增大，通过修正系数考虑；对于使用时有振动的房屋则应酌情降低。

17.3.3 墙、柱高厚比验算

1. 一般墙、柱高厚比验算

$$\beta=\frac{H_0}{h}\leqslant\mu_1\mu_2[\beta] \qquad (17-2)$$

式中　$[\beta]$——墙、柱的允许高厚比，按表 17-4 采用；

　　　　H_0——墙、柱的计算高度，按表 17-3 采用；

　　　　h——墙厚或矩形柱与 H_0 相对应的边长；

　　　　μ_1——自承重墙允许高厚比的修正系数。对厚度 $h\leqslant240$mm 的自承重墙，按下列规定采用：当 $h=240$mm 时，$\mu_1=1.2$；当 $h=90$mm 时，$\mu_1=1.5$；当 90mm$<h<240$mm 时，μ_1 可按内插法取值。上端为自由端墙的允许高厚比，除按上述规定提高外，尚可提高 30%；对厚度小于 90mm 的墙，当双面用不低于 M10 的水泥砂浆抹面，包括抹面层的墙厚不小于 90mm 时，可按墙厚等于 90mm 验算高厚比；

　　　　μ_2——有门窗洞口的墙允许高厚比修正系数，应按下式计算

$$\mu_2=1-0.4\frac{b_s}{s} \qquad (17-3)$$

式中　b_s——在宽度 s 范围内的门窗洞口总宽度；

　　　　s——相邻窗间墙或壁柱之间的距离（图 17-7）。

当按式（17-3）计算得到的 $\mu_2<0.7$ 时，应取 $\mu_2=0.7$；当洞口高度等于或小于墙高的 1/5 时，取 $\mu_2=1.0$。

2. 带壁柱墙的高厚比验算

一般砌体结构房屋的纵墙，有时带有壁柱，其高厚比除验算整片墙的高厚比外，还需验算壁柱间墙的高厚比。

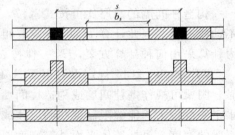

图 17-7　门窗洞口宽度示意图

（1）整片墙高厚比验算。

整片墙的高厚比验算相当于验算墙体的整体稳定性，可按下式计算：

$$\beta=\frac{H_0}{h_T}\leqslant\mu_1\mu_2[\beta] \qquad (17-4)$$

式中　H_0——带壁柱墙的计算高度，按表 17-3 采用，此时 s 应取相邻横墙间的距离；

　　　　h_T——带壁柱墙截面的折算厚度，$h_T=3.5i$，其中 i 为带壁柱墙截面的回转半径，$i=\sqrt{I/A}$，而 I、A 分别为带壁柱墙截面的惯性矩和截面面积。

在确定截面回转半径 i 时，带壁柱墙计算截面的翼缘宽度 b_f 可按下列规定采用：

1）多层房屋，当有门窗洞口时，可取窗间墙宽度；当无门窗洞口时，每侧翼墙宽度

可取壁柱高度的 1/3；

2）单层房屋，可取壁柱宽加 2/3 墙高，但不大于窗间墙宽度和相邻壁柱间距离；

3）计算带壁柱墙的条形基础时，可取相邻壁柱间的距离。

（2）壁柱间墙的高厚比验算。

壁柱间墙的高厚比验算相当于验算墙体的局部稳定性，可按无壁柱墙公式（17-2）进行验算。确定 H_0 时，s 应取相邻壁柱间距离，而且不论带壁柱墙体的房屋的静力计算采用何种计算方案，H_0 一律按表 17-3 中的刚性方案取用。

3. 带构造柱墙高厚比验算

带构造柱墙的高厚比验算方法与带壁柱墙相同，也需要验算整片墙的高厚比和构造柱间墙的高厚比。

（1）整片墙高厚比验算。

带构造柱墙整片墙的高厚比应按下式进行验算，当确定 H_0 时，s 取相邻横墙间距。

$$\beta = \frac{H_0}{h_T} \leqslant \mu_1 \mu_2 \mu_c [\beta] \tag{17-5}$$

$$\mu_c = 1 + \gamma \frac{b_c}{l} \tag{17-6}$$

式中　μ_c——带构造柱墙在使用阶段的允许高厚比提高系数；

　　　γ——系数。对细料石、半细料石砌体，$\gamma=0$；对混凝土砌块、粗料石、毛料石及毛砌体，$\gamma=1.0$；其他砌体，$\gamma=1.5$；

　　　b_c——构造柱沿墙长方向的宽度；

　　　l——构造柱的间距。当 $b_c/l > 0.25$ 时，取 $b_c/l=0.25$；当 $b_c/l < 0.05$ 时，取 $b_c/l=0$。

（2）构造柱间墙的高厚比验算。

构造柱间墙的高厚比可按式（17-2）进行验算。此时可将构造柱视为构造柱间墙的不动铰支座。因此计算 H_0 时，s 应取相邻构造柱间距离，而且不论带壁柱墙体的房屋的静力计算采用何种计算方案，H_0 一律按表 17-3 中的刚性方案取用。

GB50003—2011 规定设有钢筋混凝土圈梁的带壁柱墙或带构造柱墙，当 $b/s \geqslant 1/30$ 时，圈梁可视作壁柱间墙或构造柱间墙的不动铰支点（b 为圈梁宽度）。这是由于圈梁的水平刚度较大，能够限制壁柱间墙体或构造柱间墙的侧向变形。如果墙体条件不允许增加圈梁的宽度，可按墙体平面外等刚度原则增加圈梁高度，以满足壁柱间墙或构造柱间墙不动铰支点的要求。

【例 17-1】　某砌体结构房屋底层层高为 4.2m，室内承重砖柱截面尺寸为 370mm×490mm，采用 M5.0 混合砂浆砌筑，房屋静力计算方案为刚性方案，试验算砖柱的高厚比是否满足要求。

【解】　砖柱自室内地面至基础顶面距离取为 500mm。

根据表 17-3，当房屋为刚性方案时，计算高度为

$$H_0 = 1.0H = 1.0 \times (4.2 + 0.5) = 4.7 \text{m}$$

由表 17-4，当砂浆强度等级为 M5.0 时，$[\beta]=16$；对于砖柱，$\mu_1=1.0$，$\mu_2=1.0$，则

$$\beta = \frac{H_0}{h} = \frac{4700}{370} = 12.7 < \mu_1 \mu_2 [\beta] = 16$$

题中的砖柱高厚比满足要求。

【例 17-2】 某仓库外纵墙如图 17-8 所示，砖柱截面尺寸为 490mm×490mm，已知仓库长 36m，为刚弹性方案房屋，纵墙高度 $H = 5.1\text{m}$（算至基础顶面），采用 M7.5 混合砂浆砌筑。试验算外纵墙的高厚比。

【解】 计算带壁柱墙整片墙的高厚比时，取窗间墙截面如图 17-8 所示。

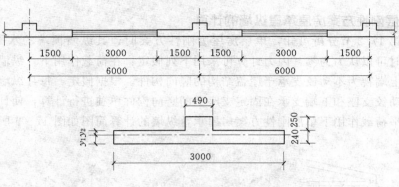

图 17-8 例 17-2 图

(1) 带壁柱墙截面几何特征：
$$A = 240 \times 3000 + 250 \times 490 = 842500\text{mm}^2$$

$$y_1 = \frac{240 \times 3000 \times \dfrac{240}{2} + 250 \times 490 \times \left(\dfrac{250}{2} + 240\right)}{842500} = 155.6\text{mm}$$

$$y_2 = 490 - y_1 = 490 - 155.6 = 334.4\text{mm}$$

$$I = \frac{3000}{12} \times 240^3 + 240 \times 3000 \times \left(155.6 - \frac{240}{2}\right)^2 + \frac{490}{12} \times 250^3 + 250 \times 490 \times \left(334.4 + \frac{250}{2}\right)^2$$
$$= 3.09 \times 10^{10}\text{mm}^4$$

$$h_T = 3.5\sqrt{\frac{I}{A}} = 3.5 \times \sqrt{\frac{3.09 \times 10^{10}}{842500}} = 670.3\text{mm}$$

(2) 整片墙的高厚比验算：
由刚弹性方案房屋查表 17-3 得
$$H_0 = 1.2H = 1.2 \times 5.1 = 6.12\text{m}$$
采用 M7.5 砂浆，由表 17-4 查得 $[\beta] = 26$，承重墙 $\mu_1 = 1.0$。
$$\mu_2 = 1 - 0.4\frac{b_s}{s} = 1 - 0.4 \times \frac{3000}{6000} = 0.8$$
$$\beta = \frac{H_0}{h_T} = \frac{6120}{670.3} = 9.1 < \mu_1\mu_2[\beta] = 1.0 \times 0.8 \times 26 = 20.8$$
满足要求。

(3) 壁柱间墙的高厚比验算：
由 $2H = 10.2\text{m} > s = 6.0\text{m} > H = 5.1\text{m}$
由表 17-3 得
$$H_0 = 0.4s + 0.2H = 0.4 \times 6 + 0.2 \times 5.1 = 3.42\text{m}$$

$$\beta=\frac{H_0}{h}=\frac{3420}{240}=14.25<\mu_1\mu_2[\beta]=1.0\times0.8\times26=20.8$$

满足要求。

17.4 单层房屋承重墙体的计算

17.4.1 单层刚性方案房屋承重纵墙的计算

由前述第 17.2 节分析可知，单层房屋为刚性方案时，其纵墙顶端的水平位移很小，在静力分析时可以认为为零，内力计算可采用下列假定：在荷载作用下，纵墙、柱下端嵌固于基础，上端视为不动铰支承于屋盖结构的竖向构件。根据假定，每片纵墙就可以按上端支承在不动铰支座和下端支承在固定支座上的竖向构件单独进行计算，使计算工作大为简化。在水平荷载作用下单层刚性方案房屋承重纵墙的计算简图如图 17-9 所示。

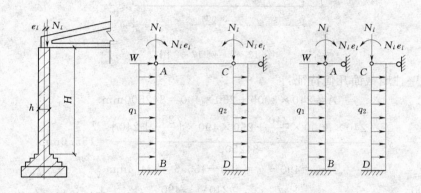

图 17-9 单层刚性方案房屋承重纵墙的计算简图

下面就对刚性方案下作用于单层房屋承重纵墙的荷载及内力进行分析与计算。

1. 屋面荷载作用

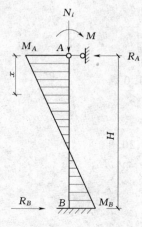

图 17-10 屋面荷载
作用下的内力图

屋面荷载包括屋盖构件的自重，屋面活荷载或雪荷载，这些荷载通过屋架或屋面大梁以集中力的形式作用于墙体顶端。通常情况下，屋架或屋面大梁传至墙体顶端的集中力 N_l 的作用点，对墙体中心线有一个偏心距 e_l，所以作用于墙体顶端的屋面荷载可看作由轴心压力 N_l 和弯矩 $M=N_l e_l$ 组成。因此，可计算出墙体的内力（图 17-10）。

$$\left.\begin{aligned} R_A&=-R_B=-\frac{3M}{2H}\\ M_A&=M\\ M_B&=-\frac{1}{2}M\\ M_x&=\frac{M}{2}\left(2-3\frac{x}{H}\right) \end{aligned}\right\} \qquad (17-7)$$

2. 风荷载作用

风荷载包括作用于屋面上的风荷载和作用于墙面上的风荷载两部分。屋面上的风荷载（包括作用在女儿墙上的风荷载）一般简化为作用于墙、柱顶端的集中力 W。对于刚性方案房屋，W 已通过屋盖直接传至横墙，再由横墙传至基础后传给地基，所以在纵墙上不产生内力。墙面风荷载为均布荷载 q，应考虑两种风向，即按迎风面为压力、背风面为吸力分别考虑。在均布荷载 q 作用下，墙体的内力为（图 17-11）。

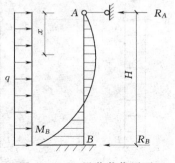

图 17-11 风荷载作用下内力图

$$\left.\begin{array}{l} R_A = \dfrac{3q}{8}H \\[2mm] R_B = \dfrac{5q}{8}H \\[2mm] M_B = \dfrac{1}{8}qH^2 \\[2mm] M_x = -\dfrac{1}{8}qHx\left(3 - 4\dfrac{x}{H}\right) \end{array}\right\} \qquad (17-8)$$

当 $x = \dfrac{3}{8}H$ 时，$M_{\max} = -\dfrac{9qH^2}{128}$。对迎风面 $q = q_1$；背风面 $q = q_2$。

3. 墙体自重作用

墙体自重包括砌体自重、内外粉刷层自重和门窗的自重，作用于墙体的轴线上。当墙柱为等截面时，自重不引起弯矩；当墙柱为变截面时，上阶柱自重 G_l 对下阶柱各截面产生弯矩为 $M_l = G_l e_l$（e_l 为上下阶柱轴线间距离）。由于 M_l 在施工阶段就已经存在，所以 M_l 在墙、柱产生的内力应按悬臂柱计算。

图 17-12 墙、柱的控制截面

4. 控制截面及内力组合

在进行承重墙、柱设计时，应先求出多种荷载作用下控制截面的内力，然后根据 GB50009—2001 考虑多种荷载组合，求出控制截面的内力组合，取最不利的内力组合进行墙、柱的承载力验算。

墙截面宽度取窗间墙宽度，其控制截面为墙、柱顶端 Ⅰ-Ⅰ 截面、墙、柱下端 Ⅱ-Ⅱ 截面和风荷载作用下的最大弯矩 $M_{\max}$ 对应的 Ⅲ-Ⅲ 截面，如图 17-12 所示。由于 Ⅰ-Ⅰ 截面不仅有轴力 N 还有弯矩 M，所以应按偏心受压验算承载力，同时还需验算梁下的砌体局部受压承载力；Ⅱ-Ⅱ、Ⅲ-Ⅲ 截面均按偏心受压验算承载力。

设计时，应先求出各种荷载单独作用下的内力，然后按照可能同时作用的荷载产生的内力进行组合，求出上述控制截面中的最不利内力，作为选择墙、柱截面尺寸和承载力验算的依据。

17.4.2 单层弹性方案房屋承重纵墙的计算

对于单层弹性方案房屋，由于横墙间距较大，空间刚度很小，所以在计算墙、柱内力

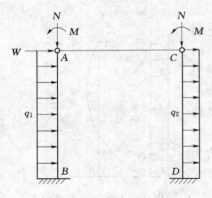

图 17-13　单层弹性方案
房屋的计算简图

时不考虑空间作用，按屋架或屋面大梁与墙（柱）铰接的有侧移的平面排架计算，并采用以下假定：在荷载作用下，屋架（或屋面梁）与墙、柱顶端铰接，下端嵌固于基础顶面；屋架（或屋面梁）视为刚度无限大的系杆，在轴力作用下无拉伸或压缩变形，柱顶水平位移相等。取一个开间为计算单元，其计算简图如图 17-13 所示。

弹性方案单层房屋在水平荷载 W 和 q_1、q_2 作用下，按有侧移的平面排架进行内力分析时的计算步骤如下（图 17-14）：

1）先在排架上端加一个假设的不动水平铰支座，形成无侧移的平面排架，计算出此时假设的不动水平铰支座的反力和相应的内力，其内力分析方法和刚性方案下单层房屋相同；

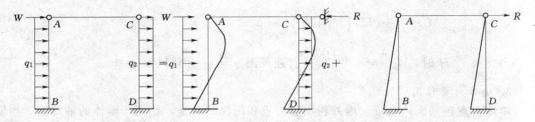

图 17-14　水平荷载作用下的内力分析

2）把已求出的假设柱顶支座反力反方向作用于排架顶端，求出这种受力情况下的内力；

3）将上述两种结果进行叠加，抵消了假设的柱顶反力，仍是有侧移平面排架，即可得到按弹性方案的计算结果。

在计算弹性方案房屋竖向荷载作用下的承重纵墙内力时，若房屋纵墙的刚度和荷载是对称的，此时的内力计算方法同刚性方案房屋，否则，按有侧移的平面排架计算。对于单层弹性方案房屋，墙、柱承载力的验算与刚性方案相同，墙、柱控制截面为柱顶 I-I 及柱底 Ⅲ-Ⅲ 截面。

17.4.3　单层刚弹性方案房屋承重纵墙的计算

刚弹性方案的单层房屋，由于房屋的空间作用，墙、柱顶在水平方向的侧移受到一定的约束作用，侧移值比弹性方案房屋小，但不能忽略。因此计算时应考虑房屋的空间工作，其计算简图采用弹性方案的计算简图并在平面排架的柱顶加一个弹性支座，如图 17-15所示。该弹性支座的刚度可用房屋空间性能影响系数 η 反映。

当水平集中力作用于排架柱顶时，由于空间作用的影响，柱顶水平侧移 $\mu_s = \eta\mu_p$，比平面排架的柱顶水平侧移 μ_p 减小，其差值为

$$\mu_p - \mu_s = (1-\eta)\mu_p \qquad (17-9)$$

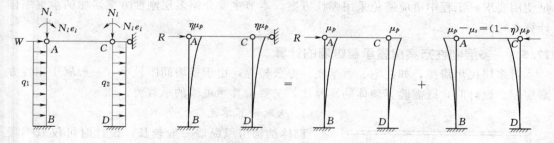

图 17-15　单层刚弹性方案房屋的计算简图

设 X 为弹性支座反力，根据位移与内力成正比的关系可以求出 X ，即

$$\mu_p : (1-\eta)\mu_p = R : X \qquad (17-10)$$

则

$$X = (1-\eta)R \qquad (17-11)$$

由以上分析可知，在水平荷载作用下，对于刚弹性方案单层房屋的内力计算，只需在其计算简图上附加一个由空间作用引起的弹性支座反力 X 的作用。刚弹性方案房屋墙、柱内力计算的步骤如下（图 17-16）：

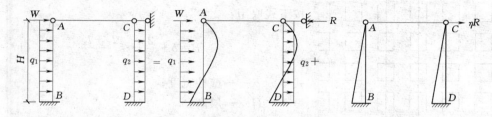

图 17-16　刚弹性方案单层房屋的内力计算

1）先在排架的顶端附加一个假设的水平不动铰支座形成无侧移的平面排架，计算出此时假设的不动水平铰支座的支座反力 R 和相应的内力，其内力分析方法和刚性方案下单层房屋相同；

2）把已求出的支座反力 R 反方向作用于排架顶端，并与柱顶弹性支座反力 $X = (1-\eta)R$ 进行叠加，即相当于在排架柱顶端反向作用 $R-(1-\eta)R = \eta R$ 的反力，然后求出墙、柱内力；

3）把上述两种情况的内力计算结果叠加，即得到按刚弹性方案房屋的内力计算结果。

对于单层刚弹性方案的房屋，在竖向荷载作用下，如果房屋及荷载对称，则房屋没有侧移，其内力计算结果与刚性方案相同。单层刚弹性方案房屋的墙、柱承载力的验算也与刚性方案相同，墙、柱控制截面为柱顶 I-I 截面及柱底 III-III 截面。

17.5　多层房屋承重墙体的计算

由于在实际工程中对房屋刚度的要求，尤其是抗震的要求，多层房屋一般都设计成刚性方案房屋，很少采用刚弹性方案。由于弹性方案房屋的整体性差，侧向位移大，很难满足使用要求，工程中更应避免采用弹性方案。本节主要介绍多层刚性方案房屋的承重墙体计算。

17.5.1 多层刚性方案房屋承重纵墙的计算

对多层民用房屋，如住宅、教学楼、办公楼等，由于横墙间距较小，一般属于刚性方案房屋。设计时，既需验算墙体的高厚比，又要验算承重墙的承载力。

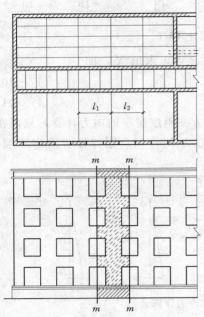

图 17-17 多层刚性方案房屋的计算单元

1. 选取计算单元

砌体结构房屋纵墙一般较长，设计时可仅取一段有代表性的墙柱即一个开间作为计算单元。

一般情况下，计算单元的受荷宽度为 $\frac{1}{2}(l_1+l_2)$，l_1、l_2 为相邻两开间的宽度，如图 17-17 所示。纵墙的计算截面宽度 B 为：有门窗洞口时，B 一般取一个开间的门间墙或窗间墙宽度；无门窗洞口时，B 取 $\frac{1}{2}(l_1+l_2)$；如壁柱间的距离较大且层高较小时，B 可按下式取用：

$$B=b+\frac{2}{3}H\leqslant\frac{l_1+l_2}{2} \qquad (17-12)$$

式中 b——壁柱宽度；

H——层高。

在同一房屋中，各个部分墙体的截面尺寸和承受的荷载可能不相同，应取的计算单元也就不止一个。在设计时，一般在墙体最薄弱的部位选取计算单元，进行墙体验算。

2. 水平荷载作用下的计算

在水平风荷载作用下，墙体为一竖向连续梁，屋盖、楼盖为连续梁的支承，如图17-18所示。为了简化计算，纵墙的支座弯矩及跨中弯矩可近似按下式计算

$$M=\frac{1}{12}qH_i^2 \qquad (17-13)$$

式中 q——沿楼层高均布的风荷载设计值，kN/m；

H_i——第 i 层墙体的高度，m。

当刚性方案的多层房屋外墙符合下列要求时，静力计算可不考虑风荷载的影响：

(1) 洞口水平截面面积不超过全截面面积的 2/3；

(2) 层高和总高不超过表 17-5 的规定；

(3) 屋面自重不小于 0.8kN/m^2。

图 17-18 风荷载作用下的计算简图

表 17 – 5 外墙不考虑风荷载影响时的最大高度

基本风压 (kN/m²)	层高 (m)	总高 (m)
0.4	4.0	28
0.5	4.0	24
0.6	4.0	18
0.7	3.5	18

注 对于多层砌块房屋 190mm 厚的外墙，当层高不大于 2.8m，总高不大于 19.6m，基本风压不大于 0.7kN/m² 时，可不考虑风荷载的影响。

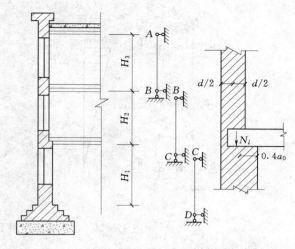

图 17 – 19 竖向荷载作用下墙体的计算简图

3. 竖向荷载作用下的计算

在竖向荷载作用下，由于楼盖的梁和板在墙体内均有一定支承长度，致使墙体的连续性受到削弱。为了简化计算，不考虑墙体在楼盖处的连续性，假定墙体在楼盖处和基础顶面处都为不动铰支座。这样，在竖向荷载作用下，刚性方案多层房屋的墙体在每层高度范围内，均可简化为两端铰接的竖向构件进行计算，如图 17 – 19 所示。

按照上述假定，多层房屋上下层墙体在楼盖支承处均为铰接。在计算某层墙体时，以上各层荷载传至该层墙体顶端支承截面处的弯矩为零；而在所计算层墙体顶端截面处，由楼盖传来的竖向力则应考虑其偏心距。

以图 17 – 19 所示的三层房屋的第二层和第一层墙为例，来说明在竖向荷载作用下纵墙的内力计算方法。

（1）对第二层墙，如图 17 – 20（a）所示。

上端截面内力：Ⅰ-Ⅰ 截面

$$\left.\begin{array}{l} N_I = N_u + N_l \\ M_I = N_l e_l \end{array}\right\} \tag{17 – 14}$$

下端截面内力：Ⅱ-Ⅱ 截面

$$\left.\begin{array}{l} N_{II} = N_u + N_l + G \\ M_{II} = 0 \end{array}\right\} \tag{17 – 15}$$

式中 N_l ——本层墙顶楼盖的梁或板传来的荷载即支承力；

N_u ——由上层墙传来的荷载；

e_l —— N_l 对本层墙体截面形心轴的偏心距，无壁柱墙取 $e_l = \dfrac{h}{2} - 0.4a_0$（$h$ 为墙厚）；

G ——本层墙体自重（包括内外粉刷，门窗自重等）。

（2）对底层，假定墙体在一侧加厚，则由于上下层墙厚不同，上下层墙轴线偏离 e_u，因此，由上层墙传来的竖向荷载 N_u 将对下层墙产生弯矩，如图 17 – 20（b）所示。

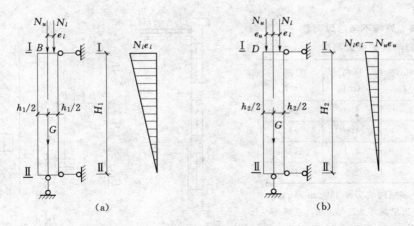

图 17-20　竖向荷载作用下墙体受力分析

上端截面内力：Ⅰ-Ⅰ截面

$$\left.\begin{array}{l}N_{\mathrm{I}} = N_u + N_l \\ M_{\mathrm{I}} = N_l e_l - N_u e_u\end{array}\right\} \qquad (17-16)$$

下端截面内力：Ⅱ-Ⅱ截面

$$\left.\begin{array}{l}N_{\mathrm{II}} = N_u + N_l + G \\ M_{\mathrm{II}} = 0\end{array}\right\} \qquad (17-17)$$

式中　　e_u —— N_u 对本层墙体截面形心轴的偏心距，取上、下层墙体形心轴之间的距离；
其余符号意义同上。

4. 控制截面与承载力验算

当不需考虑风荷载影响时，若墙厚、材料强度等级均不变，承重纵墙的控制截面位于底层墙的墙顶Ⅰ-Ⅰ截面和墙底Ⅱ-Ⅱ截面；若墙厚或材料强度等级有变化时，除底层墙的墙顶和基础顶面时控制截面外，墙厚或材料强度等级开始变化层的墙顶和墙底也是控制截面。

Ⅰ-Ⅰ截面位于墙顶部大梁底面，承受大梁传来的支座反力，此截面弯矩最大，应按偏心受压构件验算承载力，并验算梁端下砌体的局部受压承载力。Ⅱ-Ⅱ截面位于墙底面，此截面 $M = 0$，但轴向力 N 相对最大，应按轴心受压构件验算承载力。

17.5.2　多层刚性方案房屋承重横墙的计算

横墙承重的房屋中，横墙间距较小，纵墙间距也不会很大，所以房屋一般都属于刚性方案房屋。在计算这类房屋的横墙时，楼（屋）盖可作为墙体的不动铰支座，因此，承重横墙的计算简图和内力分析和刚性方案承重纵墙相同，但有以下特点。

（1）计算单元和计算简图。

横墙一般承受楼（屋）盖传来均布荷载，而且很少开设洞口，通常取单位宽度 $b=1\text{m}$ 的横墙作为计算单元，每层横墙视为两端不动铰接的竖向构件，如图 17-21 所示。构件的高度一般取为层高。但对于底层，取基础顶面至楼板顶面的距离，基础埋置较深且有刚性地坪时，可取室外地面下 500mm 处；对于顶层为坡屋顶时，则取层高加上山墙高度的一半。

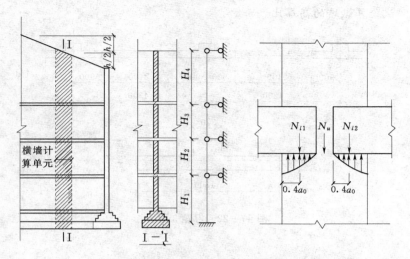

图 17-21　多层刚性方案房屋承重横墙的计算简图

（2）承载力验算。

横墙承受的荷载也和纵墙一样，但对中间墙则承受两边楼盖传来的竖向力。当由横墙两边的恒载和活载引起的竖向力相同时，沿整个横墙高度都承受轴心压力，横墙的控制截面应取该层墙体的底部。否则，应按偏心受压验算横墙顶部的承载力。

当横墙上有洞口时应考虑洞口削弱的影响。对直接承受风荷载的山墙，其计算方法与纵墙相同。

 复习思考题与习题

一、思考题

1. 在砌体结构房屋中，按照墙体的结构布置分为哪几种承重方案？其特点是什么？

2. 砌体结构的房屋静力计算方案有哪几种？

3. 为什么要验算墙、柱的高厚比？

4. 高厚比的影响因素是什么？

5. 怎样验算带壁柱墙的高厚比？

6. 刚性方案房屋墙、柱的静力计算简图是怎么样的？

二、习题

1. 某房屋砖柱截面为 490mm×370mm，用 MU15 烧结多孔砖和 M5.0 混合砂浆砌筑，层高 4.5m，假定为刚性方案，试验算该柱的高厚比。

2. 某带壁柱墙，柱距为 6m，窗宽 2.7m，横墙间距 30m，纵墙厚 240mm，包括纵墙在内的壁柱截面为 370mm×490mm，砂浆为 M5 混合砂浆，Ⅰ类屋盖体系，试验算其高厚比。

3. 已知某单层砖砌体房屋长 42m（内无隔墙），采用整体式钢筋混凝土屋盖，纵墙高度 $H=5.1m$（算至基础顶面），用 M7.5 混合砂浆砌筑，窗洞宽度及窗间墙尺寸如图

17-22所示。试验算纵墙的高厚比。

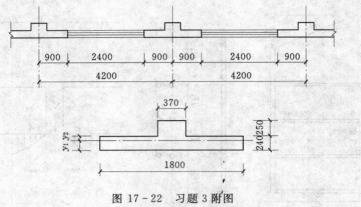

图 17-22　习题 3 附图

第 18 章　砌体结构的墙体设计

> **本章要点**
>
> - 熟悉砌体墙、柱的一般构造要求；
> - 掌握圈梁的作用、圈梁的布置原则以及构造要求；
> - 了解砌体墙体开裂的原因及其质量的影响因素；
> - 掌握防止或减轻墙体开裂的措施。

18.1　墙、柱的构造要求

为了保证房屋的空间刚度和良好的整体性，墙、柱除了要满足承载力计算和高厚比验算的要求外，还应满足下述的构造要求。

18.1.1　截面尺寸的规定

墙、柱的截面尺寸应与块材的尺寸相适应。为了避免墙、柱截面尺寸过小，导致稳定性能差和局部缺陷而影响构件的承载力，所以 GB50003－2011 规定了各种构件截面的最小尺寸：对于承重的独立砖柱截面尺寸不应小于 240mm×370mm；毛石墙的厚度不宜小于 350mm；毛料石柱较小边长不宜小于 400mm。当存在振动荷载时，墙、柱不宜采用毛石砌体。

18.1.2　墙、柱的连接构造

（1）跨度大于 6m 的屋架和跨度大于下列数值的梁，应在支承处砌体上设置混凝土或按构造要求配置双层钢筋网的钢筋混凝土垫块，当墙中设有圈梁时，垫块与圈梁宜浇成整体：

1）对砖砌体为 4.8m；

2）对砌块砌体和料石砌体为 4.2m；

3）对毛石砌体为 3.9m。

（2）当梁的跨度大于或等于下列数值时，其支承处宜加设壁柱，或采取其他加强措施，如下：

1）对 240mm 厚的砖墙为 6m；

2）对 180mm 厚的砖墙为 4.8m；

3）对砌块、料石墙为 4.8m。

（3）支承在墙、柱上的吊车梁、屋架及跨度大于或等于下列数值的预制梁的端部应采用锚固件与墙、柱上的垫块锚固在一起，以增强它们的整体性。同时，在墙、柱上的支承长度不宜小于 180～240mm：

1）对砖砌体为 9m；

2）对砌块和料石砌体为 7.2m。

（4）混凝土砌块墙体的下列部位，如果没有设置圈梁或混凝土垫块，应采用不低于 C20 的灌孔混凝土将孔洞灌实。

1）搁栅、檩条和钢筋混凝土楼板的支承面下，高度不应小于 200mm 的砌体；

2）屋架、梁等构件的支承面下，高度不应小于 600mm，长度不应小于 600mm 的砌体；

3）挑梁支承面下，距墙中心线每边不应小于 300mm，高度不应小于 600mm 的砌体。

（5）如果砌体中由于某些需求，必须在砌体中留槽洞、埋设管道时，应该严格遵守下列规定：

1）不应在截面长边小于 500mm 的承重墙体、独立柱内埋设管线；

2）不宜在墙体中穿行暗线或预留、开凿沟槽，当无法避免时应采取必要的措施或按削弱后的截面验算墙体的承载力；

3）对于受力较小或未灌孔的砌块砌体，允许在墙体的竖向孔洞中设置管线。

（6）预制钢筋混凝土板在墙上的支承长度不宜小于 100mm，这是考虑墙体施工时可能的偏斜、板在制作和安装时的误差等因素对墙体承载力和稳定性的不利影响而确定的。此时，板与墙一般不需要特殊的锚固措施，而能保证房屋的稳定性。如果板搁置在钢筋混凝土圈梁上则不宜小于 80mm；当利用板端伸出钢筋拉结和混凝土灌缝时，其支承长度可为 40mm，但板端缝宽不宜小于 80mm，灌缝混凝土等级不宜低于 C20。

（7）纵横墙的交接处应同时砌筑，而且必须错缝搭砌，以保证墙体的整体性。严禁无可靠拉结措施的内外墙分砌施工。对不能同时砌筑而又必须留置的临时间断处，应砌成斜槎，斜槎长度不应小于其高度的 2/3；对留斜槎有困难者，可做成直槎，但应加设拉结筋。拉结筋的数量为每半砖厚，且不应小于 1 根直径 $d \geqslant 4mm$ 的钢筋（但每道墙不得少于 2 根），其间距沿墙高不宜超过 500mm，其埋入长度从墙的留槎处算起，每边均不小于 500mm，且其末端应做弯构。

（8）填充墙、隔墙应采取措施与周边构件进行可靠连接。例如在框架结构中的填充墙可在框架柱上预留拉结钢筋，沿高度方向每隔 500mm 预埋两根直径 6mm 的钢筋。锚入钢筋混凝土柱内 200mm 深，外伸 500mm（抗震设防时外伸 1000mm），砌砖时将拉结筋嵌入墙体的水平灰缝内。

（9）山墙处的壁柱宜砌至山墙顶部，屋面构件与山墙要有可靠拉结。

18.1.3 砌块砌体的构造要求

混凝土小型空心砌块是当前墙体材料改革中最有竞争力的墙体材料，各地逐渐修建了不少砌块房屋，但是也出现了一些问题。因此，规范中加强了这方面的构造规定。

（1）砌体应分皮错缝搭砌，上下皮搭砌长度不得小于 90mm。当搭砌长度不满足这个要求时，应在水平灰缝内设置不少于 2φ4 的焊接钢筋网片（横向钢筋的间距不宜大于 200mm），网片每端均应超过该垂直缝，其长度不得小于 300mm。

（2）墙体与后砌隔墙交接外，应沿墙高每 400mm 在水平灰缝内设置不少于 2φ4，横筋间距不大于 200mm 的焊接钢筋网片，如图 18-1 所示。

（3）混凝土砌块房屋宜将纵横墙交接处，距墙中心线每边不小于 300mm 范围内的孔洞，采用不低于 C20 灌孔混凝土灌实，灌实高度应为墙身全高。

18.1.4 夹心墙的构造要求

夹心墙是一种具有承重、保温和装饰等多种功能的墙体，一般在北方寒冷地区房屋的外墙使用。它由两片独立的墙体组合在一起，分为内叶墙和外叶墙，中间夹层为高效保温材料，如苯板、岩棉、玻璃丝棉等。一般来说内叶墙用于承重，外叶墙作为保护层、用于装饰等，内外叶墙之间采用钢筋拉结或丁砖拉结，墙体的材料、拉结件的布置和拉结件的防腐等必须保证墙体在不同受力情况下的安全性和耐久性。这种夹心复合墙体从结构上看即是空腔墙。因此 GB50003—2011 规定必须符合以下构造要求：

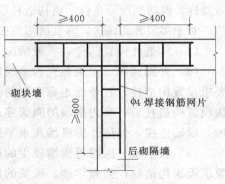

图 18-1 砌块墙与后砌隔墙
交接处钢筋网片示意

（1）夹心墙应符合下列规定：

1）混凝土砌块的强度等级不应低于 MU10；

2）夹心墙的夹层厚度不宜大于 100mm；

3）夹心墙外叶墙的最大横向支承间距不宜大于 9m。

（2）夹心墙内、外叶墙的连接应符合下列规定：

1）叶墙应用经防腐处理的拉结件或钢筋网片连接；

2）当采用环形拉结件时，钢筋直径不应小于 4mm；当为 Z 形拉结件时，钢筋直径不应小于 6mm。拉结件应沿竖向梅花形布置，拉结件的水平和竖向最大间距分别不宜大于 800mm 和 600mm；对有振动或有抗震设防要求时，其水平和竖向最大间距分别不宜大于 800mm 和 400mm。

（3）当采用钢筋网片作为拉结件时，网片横向钢筋的直径不应小于 4mm，其间距不应大于 400mm；网片的竖向间距不宜大于 600mm，对有振动或有抗震设防要求时，不宜大于 400mm。

（4）拉结件在内外叶墙上的搁置长度，不应小于叶墙厚度的 2/3，且不应小于 60mm。

（5）门窗洞口周边 300mm 范围内应附加间距不大于 600mm 的拉结件。

（6）对安全等级为一级或设计使用年限大于 50 年的房屋，当采用夹心墙时，夹心墙的内外叶墙间宜采用不锈钢拉结件。

18.1.5 砌体中构造柱的设置要求

为了加强房屋的整体性，提高结构的延性和抗震性能，除进行抗震验算以保证结构具有足够的承载能力外，GB50003—2011 还规定了墙体的一系列构造要求。这里只介绍有关多层砖房的混凝土构造柱的构造规定和多层砖房墙体间、楼（层）盖与墙体间的连接，至于圈梁，将在第二节介绍，对其他砌块房屋的要求可参阅相关规范。

1. 钢筋混凝土构造柱的设置要求

钢筋混凝土构造柱，是指先砌筑墙体，而后在墙体两端或纵横墙交接处现浇的钢筋混凝土柱。从唐山地震震害分析和近年来的试验都表明：钢筋混凝土构造柱可以明显提高房屋的变形能力，增加建筑物的延性，提高建筑物的抗侧力能力，防止或延缓建筑物在地震影响下发生突然倒塌，或减轻建筑物的损坏程度。因此，应根据房屋的用途，结构部位的重要性，设防烈度等条件、将构造柱设置在震害较重、连接比较薄弱、易产生应力集中的部位。对于多层普通砖房，多孔砖房应按下列要求设置钢筋混凝土构造柱（以下简称构造柱）：

（1）构造柱设置部位，一般情况下应符合表18-1的要求。

（2）外廊式和单面走廊式的多层房屋，应根据房屋增加一层后的层数，按表18-1的要求设置构造柱，且单面走廊两侧的纵墙均应按外墙处理。在外纵墙尽端与中间一定间距内设置构造柱后，将内横墙的圈梁穿过单面走廊与外纵墙的构造柱连接，以增强外廊的纵墙与横墙连接，保证外廊纵墙在水平地震效应作用下的稳定性。

（3）教学楼、医院等横墙较少的房屋，应根据房屋增加一层后的层数，按表18-1的要求设置构造柱；当教学楼、医院的横墙较少的房屋为外廊式或单面走廊式时，应按上面第二条要求设置构造柱，但6度不超过四层、7度不超过三层和8度不超过二层时，应按增加二层后的层数对待。

表 18-1 砖房构造柱设置要求

房屋层数				设置部位	
6 度	7 度	8 度	9 度		
四、五	三、四	二、三		外墙四角，错层部位横墙与外纵墙交接处，大房间内外墙交接处，较大洞口两侧	7、8度时，楼、电梯间的四角；隔15m或单元横墙与外纵墙交接处
六、七	五	四	三		隔开间横墙（轴线）与外墙交接处，山墙与内纵墙交接处；7～9度时，楼、电梯间的四角
八	六、七	五、六	三、四		内墙（轴线）与外墙交接处，内墙的局部较小墙垛处；7～9度时，楼、电梯间的四角；9度时内纵墙与横墙（轴线）交接处

注 较大洞口指宽度大于2m的洞口。

2. 构造柱的构造要求

（1）构造柱的最小截面可采用240mm×180mm。目前在实际应用中，一般构造柱截面多取240mm×240mm。纵向钢筋宜采用4φ12，箍筋间距不宜大于250mm，且在柱的上下端宜适当加密；7度时超过六层，8度时超过五层和9度时，构造柱纵向钢筋宜采用4φ14，箍筋间距不应大于200mm；房屋四角的构造柱可适当加大截面及配筋。

（2）构造柱与墙连接处应砌成马牙槎，并应沿墙高每隔500mm，设2φ6拉结钢筋，每边伸入墙内不宜小于1.0m，但当墙上门窗洞边到构造柱边（即墙马牙槎外齿边）的长度小于1.0m时，则伸至洞边上。

（3）构造柱与圈梁连接处，构造柱的纵筋应穿过圈梁，保证构造柱纵筋上下贯通。

（4）构造柱可不单独设置基础，但应伸入室外地面下500mm或与埋深小于500mm的基础圈梁相连。

18.2 墙体的布置及圈梁

18.2.1 墙体的布置

在砌体结构房屋中，墙体不仅要承受荷载的作用，而且还起到分隔空间、围护的作用，同时也直接影响到砌体房屋的楼盖、屋盖的结构平面布置和墙体基础的形式与构造，从而影响到整个建筑的整体刚度和经济效益。因此，在砌体设计中，墙体布置的是否合理占据非常重要的地位，必须加以重视。

在实际工程应用中，多层砌体房屋应优先采用横墙承重或纵横墙共同承重方案。静力计算方案应尽可能采用刚性方案，所以墙体的布置除了要满足刚性方案对横墙的构造要求外，还应满足以下要求。

（1）承重的纵墙和横墙的布置。

承重的纵横墙宜上下对齐，纵墙在水平面内宜尽量拉通，避免在某些部位断开。宜每隔一段距离设置一道横墙与内外纵墙连接。考虑抗震设防的房屋，砌体房屋的总高度和层数限值、每层墙体的高度及横墙最大间距的控制等参见 GB50011—2001 的相应抗震构造要求。

（2）隔墙的布置。

隔墙是非承重墙，其位置可以灵活布置，洞口开设也不受限制，在砌体房屋设计中可以留出较大空间，满足人们对空间进行分隔的要求。

（3）墙、柱的尺寸。

墙、柱尺寸除应满足前面一节所规定的要求外，对于宽度较小的窗间墙、壁柱、砖柱和宽度较小的实体墙的尺寸还应符合砖的模数，这是为了避免给施工带来不便和浪费，防止因组砌不合理或砍砖过多而直接影响砌体的强度和整体性。

（4）开有门窗洞口的墙体。

墙体上下洞口宜对齐，使上下层荷载能直接传递。宜避免在纵横墙交接处开门窗洞口以致破坏纵横墙的整体连接。

18.2.2 圈梁

在砌体结构房屋中，在同一高度处，沿墙体内连续设置并形成水平封闭状的钢筋混凝土梁或钢筋砖梁，称为圈梁。位于顶层屋面梁及板下的圈梁，称为檐口圈梁；在房屋±0.000 以下基础中设置的圈梁称为地圈梁或基础圈梁。

1. 圈梁的作用

为了增强房屋的整体刚度，防止由于地基的不均匀沉降或较大振动荷载等对房屋产生的不利影响，应在墙中设置现浇的钢筋混凝土圈梁。其中设置在基础顶面和檐口部位的圈梁对抵抗房屋的不均匀沉降效果最好。当房屋中部沉降比房屋两端大时，则位于檐口部位的圈梁作用较大。圈梁的存在，可以有效阻止墙体的开裂，与构造柱相配合还有助于提高砌体的抗震性能。同时，在验算壁柱间墙高厚比时圈梁可作为不动铰支座，以减小墙体的计算高度，提高墙体的稳定性。因此，设置圈梁是砌体结构墙体设计的一项重要构造措施。

2. 圈梁的设置规定

圈梁的布置应该根据地基情况、房屋的类型、层数以及所受的振动荷载等情况决定圈梁的设置位置和数量。具体规定如下：

（1）空旷的单层房屋，如车间、仓库、食堂等应按下列规定设置圈梁。

1）砖砌体房屋，檐口标高为 5～8m 时，应在檐口设置圈梁一道，檐口标高大于 8m

时，宜适当增设。

2）砌块及料石砌体房屋，檐口标高为 4～5m 时，应在檐口标高处设置圈梁一道，檐口标高大于 5m 时，应增加设置数量。

3）对有吊车或较大振动设备的单层工业房屋，除在檐口或窗顶标高处设置现浇钢筋混凝土圈梁外，尚宜在吊车梁标高处或其他适当位置增设。

（2）住宅、宿舍、办公室楼等多层砌体民用房屋，当层数为三或四层时，应在檐口标高处设置圈梁一道。当层数超过四层时，应在所有纵横墙上隔层设置。

（3）多层砌体工业房屋，应每层设置现浇钢筋混凝土圈梁。

（4）设置墙梁的多层砌体房屋，应在托梁、墙梁顶面和檐口标高处设置现浇钢筋混凝土圈梁，其他楼盖处宜在所有纵横墙上每层设置圈梁。

（5）采用现浇钢筋混凝土楼屋盖的多层砌体结构房屋，当层数超过五层时，除在檐口标高处设置一道圈梁外，可隔层设置圈梁，并与楼（屋）面板一起现浇。未设置圈梁的楼面板嵌入墙内的长度不宜小于 120mm，沿墙长设置的纵向钢筋不应小于 2φ10。

（6）建造在软弱地基或不均匀地基上的砌体房屋，除按上述规定之外，圈梁的设置尚应符合国家现行 GB50011—2001 的有关规定。

3. 圈梁的构造要求

为了保证圈梁发挥应有的作用，圈梁必须满足以下构造要求。

（1）圈梁宜连续地设在同一水平面上，并形成封闭状。当圈梁被门窗洞口截断时，应在洞口上部增设相同截面的附加圈梁。附加圈梁和圈梁的搭接长度不应小于其垂直间距的 2 倍，且不得小于 1m，如图 18-2 所示。

（2）纵横墙交接处的圈梁应有可靠的连接，如图 18-3 所示。刚弹性和弹性方案房屋，圈梁应与屋架、大梁等构件可靠连接。

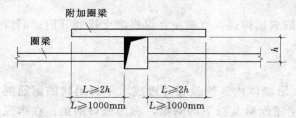

图 18-2 附加圈梁和圈梁的搭接

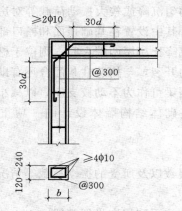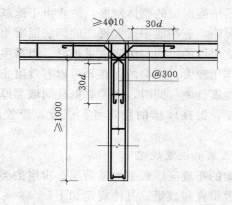

图 18-3 纵横墙交接处的圈梁的连接构造

（3）钢筋混凝土圈梁的宽度宜与墙厚相同，当墙厚 $h \geqslant 240\text{mm}$ 时，其宽度不宜小于 $2h/3$，圈梁高度不应小于 120mm，纵向钢筋不应少于 $4\phi10$，绑扎接头的搭接长度按受拉钢筋考虑，箍筋间距不应大于 300mm。

（4）圈梁兼作过梁时，在过梁部分的钢筋应按计算用量另行增配。

18.3　墙体质量及裂缝分析

18.3.1　墙体质量

衡量墙体质量的好坏主要是从是否达到施工验收规范的要求，是否满足使用功能的要求以及设计的要求等方面来考虑。影响墙体质量的因素多而复杂，从大体上可划分为三类：施工方面因素、设计方面因素、使用方面因素。

1. 墙体施工因素的影响

砖砌体是砖块和砂浆黏结成的组合体，砖与砂浆的接触面由于不平整，致使砖块处于受弯、受剪、受压和受拉的复杂应力状态下。砖砌体的受压破坏实质上是砖块折断后的竖向裂缝与竖向灰缝相连形成半砖小柱，而后在压力作用下产生失稳破坏。因此，砖砌体的施工质量问题涉及以下几个方面。

（1）墙体的组砌方法。

墙体的组砌方法对墙体的质量有很大的影响，如果组砌方法出现错误，会影响墙体的强度。一般规定上下两皮砖的搭接长度小于 25mm 的错缝为通缝，上下 4 皮砖连续通缝为不合格。连续通缝的皮数越多，在砖砌体受压时越容易形成纵向通缝，对砖砌体的强度和整体性的影响就越大。

还有两点要特别注意：一是不得采用先砌四周后填心的包心砌法，因为这是连续通缝中最严重的情况；二是所有丁砌层均用整砖砌筑，因为若用半截砖拼砌实际上就形成大面积的通缝情况。

（2）砂浆灰缝的饱满程度。

砂浆层的饱满程度与均匀性直接影响砖块在受压砌体中的受力状态是否有利。当其越饱满、越均匀，砖块在受压砌体中的受力状态越有利；否则，越不利。理论上，砖砌体的全部灰缝都应铺满砂浆，而实际上，要做到全部灰缝百分之百铺满砂浆很容易。因此，施工验收规范要求水平灰缝的砂浆饱满程度不得低于 80%；砖柱和宽度小于 1m 窗间墙的竖向灰缝砂浆饱满程度不得低于 60%。

同时，水平砂浆层也不宜过厚、过薄。过厚，在砌体受压时会增加砂浆层的横向变形，使砖块所受的拉力增加；过薄，使砖块受力状态不利。水平灰缝的厚度和竖向灰缝的宽度均不应小于 8mm，不应大于 12mm，以 10mm 为宜。

（3）墙体留槎。

保证墙体转角和纵横交接处砌体的接槎质量，也是确保墙体整体性的重要措施。由于施工时一层墙体的砌筑工作面不可能全面铺开，总存在着怎样留槎的问题。为了保证墙体的砌筑质量，砌墙时要避免留直槎。砌体的转角处和交接处应同时砌筑，对不能同时砌筑又必须留置的临时间断处，应砌成斜槎，斜槎的长度不应小于高度的 2/3。当留斜槎有困难时，也可做成直槎，但应加设拉结钢筋，而墙体转角处不得留直槎。

（4）砖砌体酥松脱皮。

在北方寒冷地区，许多砌体房屋使用若干年后，发生砖块酥松脱皮现象，致使砖表面坑洼不平，使砌体内部结构松软。它不但影响建筑物的外形美观，也降低了砖砌体的强度和砖构体的承载力。

2. 块材和砂浆本身强度的影响

块材和砂浆本身的强度是影响墙体强度的主要因素之一，材料强度越高，砌体的抗压强度越高。试验表明，提高块材的强度等级比提高砂浆的强度等级对增大砌体抗压强度的效果更好。这是因为砂浆强度等级提高后，水泥用量增多，所以在砖的强度等级一定时，过高地提高砂浆强度等级并不适宜。此外，砂浆具有明显的弹塑性性质，在砌体内采用变形率大的砂浆，单块砖内受到的弯、剪应力和横向拉应力增大，对砌体抗压强度产生不利影响。和易性好的砂浆，可以减小在砌体内产生的复杂应力，使砌体强度提高。

3. 设计因素的影响

设计人员对墙、柱等构件的结构做法及截面尺寸的设计也是影响墙体质量的一个重要因素。作用于房屋的各种荷载和房屋的墙柱布置对砖砌体的承载力有一定的影响。这些往往表现为设计人员的意图，但有时也会和施工人员自作主张地变更设计意图有关。所以要保证墙体的设计质量，设计人员应在以下几个方面把好关：

1）设计人员应充分考查、研究当地块材的性能及节能要求来选择合适的块材。

2）选择合理的结构方案，确定符合实际的计算方法。

3）采用合理的构造设计。

4）注明砌体施工的具体要求。

18.3.2 墙体的裂缝分析

砌体结构房屋墙体在使用过程中常常出现裂缝，甚至尚未正式使用便发现墙体开裂。墙体出现裂缝不仅影响房屋外观，给使用者造成心理压力，还会导致房屋刚度、整体性的削弱，严重的还会危及房屋的使用安全。引起砌体房屋墙体开裂的因素有很多，其中荷载作用、温度变化及砌体收缩、地基不均匀沉降、地基土的冻胀和地震作用是主要的影响因素。

1. 荷载作用而产生的裂缝

由荷载作用而产生的裂缝是由于墙体截面承载力不足而引起的。一旦出现这种裂缝要及时采取措施对墙体进行加固，否则裂缝的发展可能会导致房屋的倒塌。

荷载作用引起的裂缝通常有两种：一种是水平裂缝，当墙体高厚比过大、墙体中心受拉（拉力与砖顶面垂直）或墙体受到较大的偏心受压力时，在墙体中都会产生水平裂缝，如图 18-4 所示；另一种是垂直裂缝。因墙体不同部位的压缩变形差异过大而在压缩变形小的部分会出现垂直裂缝，当墙体受到较小的偏心压力或墙体在局部压力作用下时会产生垂直裂缝，在水平灰缝中配有网状钢筋的配筋砌体在压力的作用下，会把钢筋网

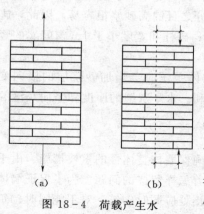

图 18-4 荷载产生水平裂缝示意图

（a）　　　　（b）

片之间的砌体压酥，出现大量密集、短小且平行于压力作用方向的垂直裂缝，如图 18-5 所示。

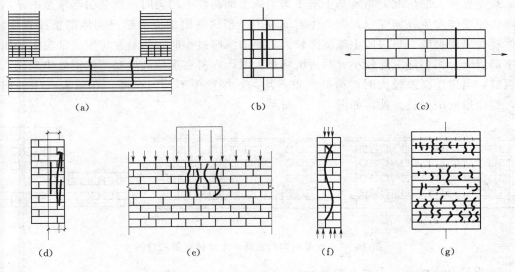

图 18-5　荷载产生垂直裂缝示意图

2. 因外界温度变化和砌体干缩变形而产生的裂缝

砌体结构的屋盖一般是采用钢筋混凝土材料，墙体是采用砖或砌块。由于混凝土的温度线膨胀系数约为砌体线膨胀系数的两倍，所以在屋顶温度升高后，混凝土屋盖的变形要比砖墙的变形大一倍以上。两者的变形不协调就会引起因约束变形而产生的附加应力。当这种附加应力大于砌体的抗拉、弯、剪应力时就会在墙体中产生裂缝。这类裂缝的主要形式有顶层窗口处的八字形裂缝、檐口下或顶层圈梁下外墙的水平裂缝和包角裂缝等，如图 18-6 所示。

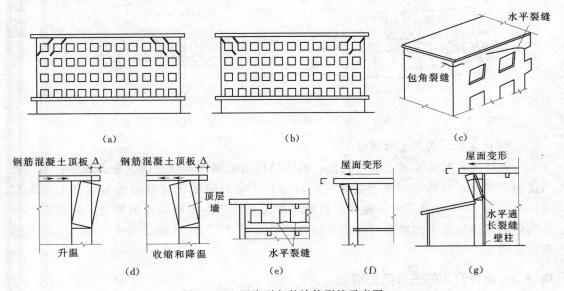

图 18-6　温度引起的墙体裂缝示意图

3. 因地基不均匀沉降而产生的裂缝

由于地基不均匀沉降引起的墙体裂缝往往出现在地基压缩性差异较大，或地基均匀、但荷载差异较大的情况。当地基土质不均匀或上部荷载不均匀时，就会引起地基的不均匀沉降，使墙体发生外加变形，而产生附加应力。当这些附加应力超过砌体的抗拉强度时，墙体就会出现裂缝。当房屋中部沉降较大、两边沉降过小时，容易在房屋底部窗洞处出现八字形裂缝；当中部沉降较小、两边沉降过大时，容易在房屋两端底部窗洞处出现倒八字形裂缝；当房屋高差较大时，荷载严重不均匀，则产生不均匀沉降，在墙上产生斜向裂缝，裂缝指向房屋较高处，如图 18-7 所示。

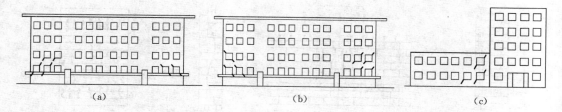

(a)   (b)   (c)

图 18-7 地基不均匀沉降产生墙体裂缝示意图

4. 因地基土的冻胀而产生的裂缝

当地基土上层温度降到 0℃ 以下时，冻胀土中的上部水开始冻结，下部水由于毛细管作用不断上升，在冻结层中形成水晶使其体积膨胀，向上隆起可达几毫米至几十毫米，且往往是不均匀的，建筑物的自重通常难以抗拒，因而建筑物的某一局部就被顶了起来，引起房屋墙体开裂。当房屋两端冻胀较多，中间较少时，在房屋两端门窗口角部产生形状为正八字形斜裂缝；当房屋两端冻胀较少、中间较多时，在房屋两端门窗口角部产生形状为倒八字形斜裂缝，如图 18-8 所示。

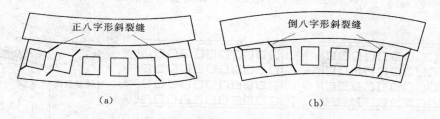

(a)   (b)

图 18-8 地基冻胀引起的墙体裂缝示意图

5. 因地震作用而产生的裂缝

与钢结构和钢筋混凝土结构相比，砌体结构的抗震性是较差的。事实表明：当地震烈度为 6 度时，砌体结构就有破坏性，对设计不合理或施工质量差的房屋就会引起裂缝；当遇到 7～8 度地震时，砌体结构的墙体大多会产生不同程度的裂缝，标准低的一些砌体房屋还会发生倒塌事故。常见的裂缝形式有 "X" 形裂缝、水平裂缝和垂直裂缝等，如图 18-9 所示。

18.3.3 墙体开裂的主要防治措施

砌体结构出现裂缝是非常普遍的质量事故之一。细小裂缝影响建筑物外观和使用功

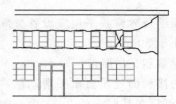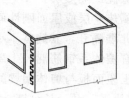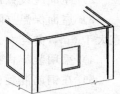

图 18-9 地震引起墙体裂缝示意图

能，严重的裂缝影响砌体的承载力，甚至引起倒塌。在很多情况下裂缝的发生与发展往往是大事故的先兆，对此必须认真分析，妥善处理。如前所述，引起砌体结构出现裂缝的因素非常复杂，往往难以进行定量计算，所以应针对具体情况加以分析，采取适当的措施予以解决。下面根据不同的影响因素，来谈谈所要采取的预防措施。

（1）防止由承载力不足而产生裂缝的措施。

当出现由于砌体强度不足而导致的裂缝时，应注意观察裂缝宽度、长度随时间的发展情况，在观测的基础上认真分析原因，及时采取有效措施，以避免重大事故的发生。

（2）温度差和砌体干缩引起裂缝的防止措施。

1）为避免因房屋长度过大由于砌体干缩或温度变形引起墙体竖向裂缝，应在墙体中设置伸缩缝。伸缩缝应设在因温度和收缩变形可能引起应力集中、砌体产生裂缝可能性最大的地方。伸缩缝的间距可按表 18-2 采用。

表 18-2　　　　　　　　砌体房屋伸缩缝的最大间距　　　　　　　　单位：m

屋 盖 或 楼 盖 类 别		间　距
整体式或装配整体式钢筋混凝土结构	有保温层或隔热层的屋盖、楼盖	50
	无保温层或隔热层的屋盖	40
装配式无檩体系钢筋混凝土结构	有保温层或隔热层的屋盖、楼盖	60
	无保温层或隔热层的屋盖	50
装配式有檩体系钢筋混凝土结构	有保温层或隔热层的屋盖	75
	无保温层或隔热层的屋盖	60
瓦材屋盖、木屋盖或楼盖、轻钢屋盖		100

注　1. 对烧结普通砖、多孔砖、配筋砌块砌体房屋取表中数值；对石砌体、蒸压灰砂砖、蒸压粉煤灰砖和混凝土砌块房屋取表中数值乘以 0.8 的系数。当有实践经验并采取有效措施时，可不遵守本表规定。
　　2. 在钢筋混凝土屋面上挂瓦的屋盖应按钢筋混凝土屋盖采用。
　　3. 按本表设置的墙体伸缩缝，一般不能同时防止由于钢筋混凝土屋盖的温度变形和砌体干缩变形引起的墙体局部裂缝。
　　4. 层高大于 5m 的烧结普通砖、多孔砖、配筋砌块砌体结构单层房屋，其伸缩缝间距可按表中数值乘以 1.3。
　　5. 温差较大且变化频繁地区和严寒地区不采暖的房屋及构筑物墙体的伸缩缝的最大间距，应按表中数值予以适当减小。
　　6. 墙体的伸缩缝应与结构的其他变形缝相重合，在进行立面处理时，必须保证缝隙的伸缩作用。

2）屋面应设置保温、隔热层。

3）屋面保温（隔热）层或屋面刚性面层及砂浆找平层应设置分隔缝，分隔缝间距不宜大于 6m，并与女儿墙隔开，其缝宽不小于 30mm。

4）采用装配式有檩体系钢筋混凝土屋盖和瓦材屋盖。

5）在钢筋混凝土屋面板与墙体圈梁的接触面处设置水平滑动层，滑动层可采用两层油毡夹滑石粉或橡胶片等；对于长纵墙，可只在其两端的 2～3 个开间内设置，对于横墙可只在其两端各 $L/4$ 范围内设置（L 为横墙长度）。

6）顶层屋面板下设置现浇钢筋混凝土圈梁，并沿内外墙拉通，房屋两端圈梁下的墙体内宜适当设置水平钢筋。

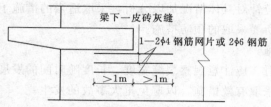

图 18-10　顶层挑梁下钢筋设置示意图

7）顶层挑梁末端下墙体灰缝内设置 3 道焊接钢筋网片（纵向钢筋不宜少于 $2\phi4$，横筋间距不宜大于 200mm）或 $2\phi6$ 钢筋，钢筋网片或钢筋应自挑梁末端伸入两边墙体不小于 1m，如图 18-10 所示。

8）顶层墙体有门窗等洞口时，在过梁上的水平灰缝内设置 2～3 道焊接钢筋网片或 $2\phi6$ 钢筋，并应伸入过梁两端墙内不小于 600mm。房屋顶层端部墙体内适当增设构造柱。

9）顶层及女儿墙砂浆强度等级不低于 M5。

10）女儿墙应设置构造柱，构造柱间距不宜大于 4m，构造柱应伸至女儿墙顶并与现浇钢筋混凝土压顶整浇在一起。

（3）防止由地基不均匀沉降引起裂缝的措施。

1）设置沉降缝。在房屋体型复杂，特别是高度相差较大时或地基承载相差过大时，则宜用沉降缝将房屋划分为几个刚度较好的单元。沉降缝将房屋从上部结构到基础全部断开，分成若干个独立的沉降单元。为保证沉降缝两侧房屋内倾时不互相碰撞、挤压，沉降缝宽度可按 GB50007—2002《建筑地基基础设计规范》的规定取用。抗震地区沉降缝宽度还应满足抗震缝宽度的要求。高压缩性地基上的房屋可在下列部位设置沉降缝：地基压缩性有显著差异处；房屋的相邻部分高差较大或荷载、结构刚度、地基的处理方法和基础类型有显著差异处；平面形状复杂的房屋转角处和过长房屋的适当部位；分期建筑的房屋交接处。

2）加强房屋整体刚度和强度。合理布置承重墙体，尽可能将纵墙拉通，避免断开和转折；每隔一定距离（不大于房屋宽度的 1.5 倍）设置一道横墙，并与内、外纵墙连接起来，形成一个具有相当空间刚度的整体，以提高抵抗不均匀沉降的能力。

适当设置钢筋混凝土圈梁。圈梁具有增强纵横墙连接、提高墙柱稳定性、增强房屋的空间刚度和整体性、调整房屋不均匀沉降的显著作用。

3）采用合理的建筑体型和结构形式。软土地基上房屋的体型避免立面高低起伏和平面凹凸曲折，否则，宜用沉降缝将其分割为若干个平面或立面形状简单的单元。软土地基上房屋的长高比控制在 2.5 以内。

（4）防止地基冻胀引起裂缝的措施。

1）要将基础的埋深置于冰冻线以下。不要因为是中小型建筑或附属结构而把基础置于冰冻线以上。有时设计人员对室内隔墙基础因有采暖而未置于冰冻线以下，从而引起事故。

2）当建筑物的基础不能做到冰冻线以下时，应采取换成非冻胀土等措施消除土的冻胀。

3）用单独基础。采用基础梁承担墙体重量，基础梁两端支于单独基础上，其下面应留有一定孔隙，防止土的冻胀顶裂基础和砖墙。

（5）防止地震作用引起裂缝的措施。

1）按"大震不倒，中震可修，小震不坏"的抗震设计原则对房屋进行抗震设计计算并符合 GB50011—2001。

2）按 GB50011—2001 要求设置圈梁。遇到地基不良，空旷房屋等还应适当加强。

3）设置构造柱，增加房屋整体性。

（6）其他措施。

1）对灰砂砖、粉煤灰砖、混凝土砌块等非烧结砖的砌体房屋因为其收缩性较大，抗剪能力差，因此在应力集中的部位如各层门窗过梁上方的水平缝内及窗台下第一和第二道水平灰缝内设置焊接钢筋网片。另外，这类墙体当长度大于 5m 时，也容易被拉开，所以也要适当配筋。

2）对于墙体转角处和纵横墙交接处是应力集中部位，为避免墙体间相互变形不协调出现裂缝而应适当加强配筋。

3）对防裂要求较高的墙体，可根据情况采取专门措施。

？ 复习思考题

1. 砌体结构中墙、柱的一般构造要求有哪些？
2. 什么是圈梁？圈梁的作用是什么？简述圈梁的设置原则。
3. 构造柱的作用是什么？简述构造柱的设置原则。
4. 圈梁的构造要求有哪些？
5. 构造柱的构造要求有哪些？
6. 防止基础不均匀沉降引起的墙体裂缝有哪些主要措施？
7. 防止收缩和温差引起的墙体裂缝有哪些主要措施？
8. 防止地震作用引起的墙体裂缝有哪些主要措施？
9. 防止地基冻胀作用引起的墙体裂缝有哪些主要措施？

第19章 过梁、墙梁和挑梁设计

- 理解过梁、墙梁和挑梁的受力特点、破坏过程；
- 了解过梁、墙梁和挑梁在受力过程中存在差异，也了解其共性——墙与梁共同工作，并在此基础上掌握构件的设计方法；
- 理解并掌握 GB50003—2001 中规定的相关构件应用范围、荷载取值、设计计算公式及构造要求。

19.1 过 梁 的 设 计

19.1.1 过梁的类型

过梁是砌体结构门窗洞口上常用的构件，主要有钢筋混凝土过梁、钢筋砖过梁、砖砌平拱过梁和砖砌弧拱过梁等几种不同的形式，如图 19-1 所示。

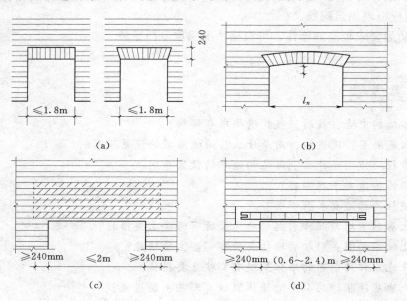

图 19-1 过梁的形式
(a) 砖砌平拱；(b) 砖砌弧拱；(c) 钢筋砖过梁；(d) 钢筋混凝土过梁

（1）砖砌平拱过梁。

用竖砖砌筑，又可分为竖放立砌和对称斜砌两种，其底面均呈平直线型。用竖砖砌筑的高度不应小于 240mm；砂浆不宜低于 M1；砖砌过梁计算截面高度内的砖不应低于 MU7.5；过梁净跨不宜超过 1.8m。这种过梁适用于无振动、地基的土质较好不需抗震设防的一般建筑物。

（2）砖砌弧拱过梁。

用竖砖砌筑，砌筑的高度不应小于 120mm。弧拱最大跨度与矢高 f 有关；当矢高 $f=(1/12\sim1/8)\ l$ 时，最大跨度为 $2.5\sim3.0$m；当矢高 $f=(1/6\sim1/5)\ l$ 时，最大跨度为 $3.0\sim4.0$m。弧拱砌筑时需用胎模，施工复杂，仅在对建筑外形有特殊要求的房屋中采用。

（3）钢筋砖过梁。

砌筑方法与一般墙体一样，仅在过梁底面先铺放厚度不小于 30mm 的砂浆层，然后放置纵向受力钢筋。钢筋直径为 $5\sim8$mm；根数不应少于两根；间距不宜大于 120mm；钢筋端部应带弯钩，伸入墙体内的长度不应小于 240mm。钢筋砖过梁截面计算高度内的砖，不应低于 MU7.5，砂浆不宜低于 M2.5。钢筋砖过梁的净跨不宜超过 2m。这种过梁适用性强，比较灵活，故常在中小型建筑中采用。

（4）钢筋混凝土过梁。

通常采用预制标准构件，常用的有矩形、L 形截面，可供不同的建筑要求选用。对于有较大振动荷载或可能产生不均匀沉降的房屋，或过梁跨度较大时，均应采用钢筋混凝土过梁。

19.1.2　过梁上的荷载

过梁上的荷载有两种：一种是仅承受墙体荷载；第二种是除承受墙体荷载外，还承受其上梁板传来的荷载。

（1）楼（屋）盖梁、板荷载。

对砖和小型砌块砌体，当楼（屋）盖梁、板下的墙体高度＜过梁的净跨时，可按梁、板传来的荷载采用；当梁、板下的墙体高度≥过梁的净跨时，可不考虑梁、板荷载，认为这些荷载已通过梁上砌体的拱作用，传给过梁两侧墙体。

（2）墙体荷载。

对于砖砌体，当过梁上的墙体高度＜1/3 的过梁净跨时，应按全部墙体高度的自重采用；墙体高度≥1/3 的过梁净跨时，应按高度为 1/3 过梁净跨的墙体均布自重采用。

19.1.3　过梁的计算

（1）砖砌平拱过梁的计算。

砖砌平拱过梁有三种可能的破坏情况，为此应进行三种承载力计算。砖砌平拱过梁的工作机理类似于三铰拱，除可能发生受弯破坏和受剪破坏，在跨中开裂后，还会产生水平推力。此水平推力由两端支座处的墙体承受。当此墙体的灰缝抗剪强度不足时，会发生支座滑动而破坏，这种破坏易发生在房屋端部的门窗洞口处墙体上，如图 19-2 所示。

1）为防止过梁因跨中正截面受弯承载力不足而破坏，需进行受弯承载力计算

$$M\leqslant f_{tm}W \tag{19-1}$$

式中　M——按简支梁计算的跨中弯矩设计值；

f_{tm}——砌体沿齿缝的弯曲抗拉强度设计值；

W——截面抵抗矩，当为矩形截面时 $W=bh^2/6$。

过梁的截面计算高度取过梁底面以上的墙体高度，但不大于 $l_n/3$。砖砌平拱中由于存在支座水平推力，过梁垂直裂缝的发展得以延缓，受弯承载力得以提高。因此，式（19-1）的 f_{tm} 取沿齿缝截面的弯曲抗拉强度设计值。

2）为防止过梁因支座附近受剪承载力不足，发生沿阶梯形斜裂缝破坏需进行受剪承载力计算

$$V \leqslant f_v bz \qquad (19-2)$$

式中　V——按简支梁计算的支座边缘剪力设计值；

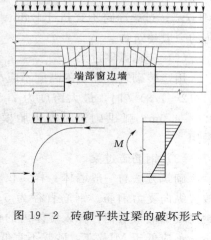

图 19-2　砖砌平拱过梁的破坏形式

　　　　f_v——砌体的抗剪强度设计值；

　　　　b——过梁截面宽度；

　　　　z——过梁截面内力臂，$z=I/S$，当截面为矩形时，$z=2h/3$；

　　I、S——过梁截面惯性矩、面积矩；

　　　　h——过梁截面计算高度，取过梁底面以上的墙体高度，但不大于 1/3 的过梁净跨；当考虑梁、板传来的荷载时，则按梁、板下的高度采用。

3）为防止过梁因支承处水平灰缝受剪承载力不足，发生支座滑动破坏，要进行房屋端部的门窗洞口过梁支承处墙体沿水平通缝的受剪承载力计算

$$H \leqslant (f_v + 0.18\sigma_K)A \qquad (19-3)$$

式中　H——过梁支座处的水平推力，近似取 $H=M/0.76h$ 计算；

　　　　A——承受过梁水平推力的尽端墙体的水平截面面积；

　　　　σ_K——尽端墙体水平截面上由恒载标准值产生的平均压应力。

（2）钢筋砖过梁计算。

钢筋砖过梁临破坏时如同带拉杆的三铰拱如图 19-3，在荷载作用下应进行跨中正截面受弯承载力和支座斜截面受剪承载力计算。

1）跨中正截面受弯承载力计算

$$M \leqslant 0.85h_0 f_y A_s \qquad (19-4)$$

式中　h_0——过梁截面的有效高度，$h_0=h-a_s$；

　　　　h——取过梁底面以上的墙体高度，但不大于 $l_n/3$；当考虑梁、板传来的荷载时，则按梁、板下的高度采用；

　　　　a_s——受拉钢筋重心至截面下边缘的距离；

　　　　f_y——受拉钢筋的强度设计值；

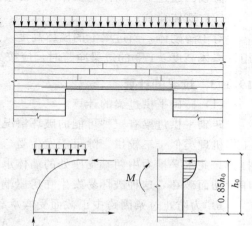

图 19-3　钢筋砖过梁的破坏形式

A_s——受拉钢筋的截面面积。

2) 支座处斜截面受剪承载力计算与砖砌平拱过梁的抗剪计算相同。

（3）钢筋混凝土过梁的计算。

钢筋混凝土过梁的承载力应按钢筋混凝土受弯构件计算。过梁的弯矩按简支梁计算，计算跨度取 (l_n+a) 和 $1.05l_n$ 二者中的较小值，其中 a 为过梁在支座上的支承长度。在验算过梁下砌体局部受压承载力时，可不考虑上部荷载的影响，即取 $\psi=0$。$N_1 \leqslant \gamma_f A_1$ 由于过梁与其上砌体共同工作，构成刚度很大的组合深梁，其变形非常小，故其有效支承长度可取过梁的实际支承长度，并取应力图形完整系数 $\eta=1$。

砌有一定高度墙体的钢筋混凝土过梁按受弯构件计算严格地说是不合理的。试验表明过梁也是偏拉构件。过梁与墙梁并无明确分界定义，主要差别在于过梁支承于平行的墙体上，且支承长度较长；一般跨度较小，承受的梁、板荷载较小。当过梁跨度较大或承受较大梁、板荷载时，应按墙梁设计。

【例 19-1】 已知砖砌平拱过梁净跨 $l_n=1.2$m，墙厚 240mm，过梁构造高度为 240mm，采用 MU10 普通烧结砖和 M7.5 混合砂浆砌筑而成，求该过梁所能承受的均布荷载设计值。

【解】 查表得：$f_{tm}=0.29$N/mm^2，$f_v=0.14$N/mm^2

平拱过梁计算高度：$h=l_n/3=1.2/3=0.4$m

受弯承载力为：$M \leqslant f_{tm} W_{tm}=0.29 \times 240 \times 400^2/6=1472000$N·mm

平拱的允许均布荷载设计值

$$q_1=(8 \times 1472000 \times 10^{-6})/1.2^2=8.18\text{kN}$$
$$Z=2h/3=2/3 \times 400=267\text{mm}$$
$$f_v bz=0.14 \times 240 \times 267=8971\text{N}=8.971\text{kN}$$

其允许均布荷载设计值

$$q_2=2 \times 8.971=14.95\text{kN/m}$$

取 q_1 和 q_2 中的较小值，则 $q=8.18$kN/m。

【例 19-2】 一钢筋砖过梁，其净跨 $l_n=1.5$m，墙厚为 240mm（过梁的宽度与墙厚相同），采用 MU10 烧结黏土砖和 M7.5 混合砂浆砌筑而成。在离洞口顶面 600mm 处作用有楼板传来的均布恒荷载标准值 $g_{k1}=6$kN/m，活荷载标准值 $q_k=4$kN/m。砖墙自重 $g_{k2}=5.24$kN/m^2。采用 HPB235 级钢筋。试设计该钢筋砖过梁。

【解】 查表得 $f_v=0.14$N/mm^2；钢筋的抗拉强度设计值 $f_y=210$N/mm^2。

（1）荷载计算。

楼板下的墙体高度 $h_w=600$mm$<$梁的净跨 $l_n=1500$mm，故应考虑梁板荷载。则作用在过梁上的均布荷载设计值为

$$P=\gamma_G(g_{k1}+g_{k2})+\gamma_Q q_k=1.2 \times (6+1.5 \times 5.24/3)+1.4 \times 4=15.944\text{kN/m}$$

$$M=\frac{Pl_n^2}{8}=4.48\text{kN/m}$$

$$V=\frac{Pl_n}{8}=11.96\text{kN}$$

（2）受弯承载力计算。

由于考虑梁板传来的荷载，故取梁高 h_b 为梁板以下的墙体高度，即取 $h_b=600\text{mm}$。按砂浆层厚度为 30mm，则有 $a_s=15\text{mm}$。从而截面有效高度 $h_0=h_b-a_s=600-15=585\text{mm}$。按式（19-4）计算。

$$A_s=\frac{M}{0.85f_yh_0}=42.9\text{mm}^2$$

选用 $2\phi6(57\text{mm}^2)$，满足要求。

（3）受剪承载力计算。

$$Z=2h/3=(2\times600)/3=400\text{mm}$$
$$V=11.96\text{kN}<f_vbz=0.14\times240\times400=13.44\text{kN}$$

受剪承载力满足要求。

19.2　墙　梁　的　设　计

由支承墙体的钢筋混凝土托梁及其以上计算高度范围内的墙体所组成的组合构件，称为墙梁。按承重情况的不同，划分为非承重墙梁和承重墙梁。非承重墙梁仅承受墙梁自重（即托梁自重及墙体自重）；承重墙梁除承受自重外，还承受楼（屋）盖或其他结构传来的荷载。两者都可以做成无洞口墙梁和有洞口墙梁。

19.2.1　墙梁的受力机构与破坏形态

（1）无洞口墙梁的受力机构。

在裂缝出现以前，无洞口墙梁的受力状态有如一墙体和托梁组成的组合深梁。图19-4为均布荷载下墙梁的主应力迹线，主压应力迹线在跨中为拱形分布，将荷载传至支座，托梁位于受拉区。随荷载增大，托梁中出现竖向裂缝，受压区高度上移。进一步加载主拉应力使墙体出现阶梯形斜裂缝，并在托梁顶部出现水平裂缝。到达极限状态时，墙梁的受力机构如同一拉杆拱，图19-5中阴影部分为拱体，托梁为拉杆。

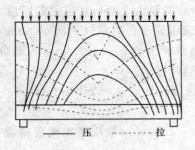

图19-4　主应力迹线图

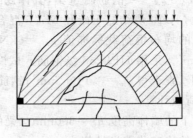

图19-5　受力机构图

（2）无洞口墙梁破坏形态。

1）受弯破坏。当托梁的配筋率较低、墙体强度较高时，将由于托梁中钢筋到达屈服，竖向裂缝①越过界面向墙体迅速延伸［图19-6（a）］，墙梁挠度急剧增大而破坏。

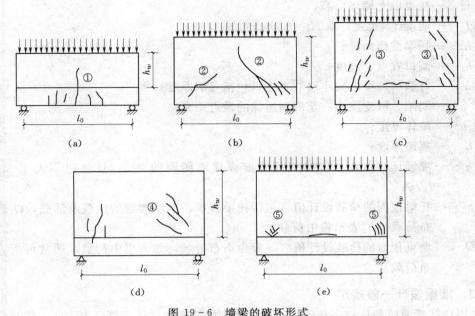

图 19 - 6　墙梁的破坏形式

(a) 受弯破坏；(b) 斜拉破坏；(c) 斜压破坏；(d) 劈裂破坏；(e) 局压破坏

2) 剪切破坏。又分为：

① 斜拉破坏——当墙体高度与其计算跨度之比<0.5 且砌体强度较低时，将发生斜拉破坏 [图 19 - 6 (b)]，即斜裂缝②一出现很快贯通墙高，墙体丧失承载能力；

② 斜压破坏——当墙体高度与其计算跨度之比>0.5 且砌体强度较高时，将发生斜压破坏，即支座斜上方斜裂缝间砌体在主压应力作用下的受压破坏，破坏时斜裂缝③较多 [图 19 - 6 (c)]，砌体被压碎，这种破坏的承载力较高；

③ 劈裂破坏——在集中荷载作用下，在支座至集中力的连线上突然出现贯穿墙体的斜裂缝④，破坏时承载力较低，称为脆性的劈裂破坏 [图 19 - 6 (d)]。

3) 局压破坏。当墙体高度与其计算跨度之比较大时，支座处竖向压应力高度集中，砌体因局部受压承载力不足而发生的破坏 [图 19 - 6 (e)]。

19.2.2　墙梁的计算简图

单跨墙梁的计算简图如图 19 - 7 所示，图中各符号的定义为：

l_0——墙梁计算跨度，取 1.05 倍的墙梁净跨或支座中心距离之较小值；

h_w——墙体计算高度，取托梁顶面一层层高，当 $h_w > l_0$ 时，取 $h_w = l_0$；

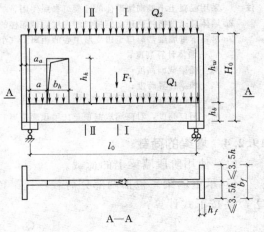

图 19 - 7　墙梁的计算简图

H——托梁以上墙体总高；

H_0——墙梁计算高度，取 $H_0 = 0.5h_b + h_w$；

h_b——托梁截面高度；

b_h、h_h——洞口宽度、高度；

a_s——有洞口墙梁的较小墙肢宽度（包括翼墙厚度）；

a——洞距，取支座中心至门洞边缘的最近距离；

h——墙体厚度；

h_f——翼墙厚度；

b_f——翼墙计算宽度，取窗间墙宽度或横墙间距的 2/3，且每边不大于 $3.5h$ 和 $l_0/6$；

Q_1、F_1——托梁顶面的荷载设计值（包括托梁自重、本层楼盖的恒载及活载，Q_1 表示均布荷载，F_1 表示集中荷载）；

Q_2——墙梁顶面的荷载设计值（一般为均布荷载，如为集中荷载，通常可折算为均布荷载）。

19.2.3 墙梁设计一般规定

采用烧结普通砖和烧结多孔砖砌体和配筋砌体的墙梁设计应符合表 19-1 的规定。墙梁计算高度范围内每跨允许设置一个洞口；洞口边至支座中心的距离 a_a（如图 19-7 所示），距边支座不应小于 $0.15l_{oi}$，距中支座不应小于 $0.07l_{oi}$。对多层房屋的墙梁，各层洞口宜设置在相同位置，并宜上、下对齐。

表 19-1　烧结普通砖、烧结多孔砖砌体、配筋砌体墙梁设计规定

墙梁类别	墙体总高度 (m)	跨度 (m)	墙高 h_w/l_{oi}	托梁高 h_b/l_{oi}	洞宽 b_h/l_{oi}	洞高 h_h
承重墙梁	≤18	≤9	≥0.4	$\geqslant\dfrac{1}{10}$	≤0.3	$\leqslant 5h_w/6$ 且 $h_w - h_h \geqslant 0.4\text{m}$
自承重墙梁	≤18	≤12	$\geqslant\dfrac{1}{3}$	$\geqslant\dfrac{1}{15}$	≤0.8	

注　1. 采用混凝土小型砌块砌体的墙梁可参照使用。

　　2. 墙体总高度指托梁顶面到檐口的高度，带阁楼的坡屋面应算到山尖墙 1/2 高度处。

　　3. 对自承重墙梁，洞口至边支座中心的距离不宜小于 $0.1l_{oi}$，门窗洞上口至墙顶的距离不应小于 0.5m。

　　4. h_w——墙体计算高度；

　　　h_b——托梁截面高度；

　　　l_{oi}——墙梁计算跨度；

　　　b_h——洞口宽度；

　　　h_h——洞口高度，对窗洞取洞顶至托梁顶面距离。

19.2.4 墙梁的荷载

（1）使用阶段墙梁上的荷载。

1）承重墙梁。包括两部分荷载：托梁顶面荷载设计值 Q_1、F_1，墙梁顶面荷载设计值 Q_2，Q_2 按下式计算：

$$Q_2 = g_w + \psi Q_i \tag{19-5}$$

$$\psi = 1/(1 + 2.5b_f h_f/l_0 h) \tag{19-6}$$

式中 g_w——托梁以上各层墙体自重；

Q_i——墙梁顶面及以上各层楼盖的恒载和活载；

ψ——考虑翼墙影响的楼盖荷载折减系数，当 $\psi < 0.5$ 时，应取 $\psi = 0.5$；对于单层墙梁、翼墙为承重墙梁以及翼墙与墙梁无可靠连接时，应取 $\psi = 1$；当墙梁两侧翼墙计算面积不相等时，可按较小值取用。

对于墙梁顶面及以上各层的每个集中荷载，不大于该层墙体自重及楼盖均布荷载总和的 20% 时，集中荷载可除以计算跨度近似化为均布荷载，因此墙梁顶面的荷载设计值 Q_2 通常为均布荷载。

2）非承重墙梁。包括托梁自重和托梁以上墙体自重。

（2）施工阶段托梁上的荷载。

1）托梁自重及本层楼盖的恒载；

2）本层楼盖的施工活载；

3）墙体自重，可取高度为 1/3 计算跨度的墙体自重，开洞时尚应按洞顶以下实际分布的墙体自重复核。

19.2.5 墙梁承载力计算

（1）墙梁使用阶段正截面受弯承载力计算。

1）计算截面。无洞口墙梁取跨中截面Ⅰ—Ⅰ；有洞口墙梁取洞口边缘截面Ⅱ—Ⅱ，并对Ⅰ—Ⅰ截面按无洞口墙梁进行验算。

2）托梁的弯矩 M_b 及轴心拉力 N_{bt}

$$M_b = M_1 + \alpha M_2 \qquad (19-7)$$

$$N_{bt} = \xi_1 (1-\alpha) M_2 / \gamma H_0 \qquad (19-8)$$

$$\gamma = 0.1(4.5 + l_0/H_0)$$

$$\xi_1 = 0.7 + a/l_0$$

式中 M_1——Q_1、F_1 在计算截面产生的简支梁弯矩；

M_2——Q_2 在计算截面产生的简支梁弯矩；

γ——内力臂系数；

ξ_1——有洞口墙梁内力臂修正系数，当 $a/l_0 > 0.3$ 时，应取 $a/l_0 = 0.3$；

α——托梁弯矩系数，可按下式计算

对无洞口墙梁 $\qquad\qquad \alpha = \psi_1 h_b / \gamma H_0$

对有洞口墙梁 $\qquad \alpha = \psi_1 h_b / \gamma H_0 + [1.2 l_0 / (a + 0.1 l_0) - 2] h_b / l_0$

式中 ψ_1——系数，对承重墙梁应取 $\psi_1 = 0.4$，对非承重墙梁应取 $\psi_1 = 0.35$。

求得托梁的弯矩 M_b 及轴心拉力 N_{bt} 后，便可按钢筋混凝土偏心受拉构件计算托梁的纵向受拉钢筋。

（2）墙梁使用阶段斜截面受剪承载力计算。

1）墙体斜截面承载力计算

$$V_2 \leqslant \xi_2 \xi_3 (0.2 + h_b/l_0) f_h h_w \qquad (19-9)$$

$$\xi_3 = 1/(1 + 5 F_2 a_F / Q_2 l_0^2) \qquad (19-10)$$

式中　　V_2——Q_2产生的最大剪力；

　　　　ξ_2——洞口影响系数，无洞口墙梁 $\xi_2=1$；单层有洞口墙梁取 $\xi_2=0.5+1.25a/l_0$，且 ξ_2 不应大于 0.9；多层有洞口墙梁取 $\xi_2=0.9$；

　　　　ξ_3——当墙梁顶面直接作用集中荷载时受剪承载力折减系数（无集中荷载时 $\xi_3=1$）；

　　　　F_2——直接作用于墙梁顶面的集中荷载，多于一个时可按较大值取用；

　　　　a_F——集中力至支座的距离。

非承重墙梁可不进行墙体受剪承载力验算。

2）托梁受剪承载力计算

托梁端部（包括有洞口、无洞口墙梁）的剪力设计值 V_e

$$V_e=V_1+\beta_v V_2 \tag{19-11}$$

偏开洞口墙梁的托梁 Ⅱ—Ⅱ 截面剪力设计值 V_h

$$V_h=V_{1h}+1.25\alpha M_2/(a+b_h) \tag{19-12}$$

式中　　V_1——Q_1、F_1产生的支座边缘剪力；

　　　　V_{1h}——Q_1、F_1在 Ⅱ—Ⅱ 截面产生的剪力；

　　　　β_v——考虑组合作用的托梁剪力系数，无洞口墙梁边支座取 0.6，中支座取 0.7；有洞口墙梁边支座取 0.7，中支座取 0.8。对自承重墙梁，无洞口时取 0.45，有洞口时取 0.5。

对于托梁梁端受剪承载力，按钢筋混凝土受弯构件计算；对于偏开洞口洞边 Ⅱ—Ⅱ 截面的受剪承载力，按偏心受拉构件计算，且洞口范围内托梁的箍筋用量，不得少于梁端箍筋用量。

（3）托梁支座上部砌体局部受压承载力计算。

当 $h_w/l_0>0.75$ 且无翼墙，砌体抗压强度较低时，往往发生托梁支座上部砌体局部受压破坏。托梁支座上部砌体局部受压承载力按下式计算：

$$Q_2\leqslant\xi f_h \tag{19-13}$$
$$\xi=0.25+0.08b_f/h \tag{19-14}$$

式中　　ξ——局压系数，当 $\xi>0.81$ 时，取 $\xi=0.81$。

当 $b_f/h\geqslant5$ 或墙梁支座处设置上、下贯通的落地构造柱时可不验算托梁支座上部砌体局部受压承载力。式（19-13）是根据弹性有限元分析和 16 个发生局压破坏的无梁墙构件的试验结果得出的。除上述验算以外，托梁尚应按混凝土受弯构件进行施工阶段的受弯、受剪承载力验算。对于非承重墙梁，砌体有足够的局部受压承载力，因而可不必验算。

（4）施工阶段托梁的承载力验算。

在墙梁的施工阶段，墙体仅作为施加在托梁上的荷载而不参与承载，故只需对托梁按钢筋混凝土受弯构件进行施工阶段的受弯、受剪承载力验算，作用在托梁上的荷载按前述方法采用。

19.2.6　墙梁的构造要求

1. 按非抗震设计时的构造要求

墙梁应符合现行混凝土结构设计规范和下列构造要求。

（1）材料。

1）梁的混凝土强度等级不应低于 C30。

2）纵向钢筋宜采用 HRB335、HRB400 或 RRB400 级钢筋。

3）承重墙梁的块体强度等级不应低于 MU10，计算高度范围内墙体的砂浆强度等级不应低于 M10。

（2）墙体。

1）框支墙梁的上部砌体房屋，以及设有承重的简支墙梁或连续墙梁的房屋，应满足刚性方案房屋的要求。

2）墙梁的计算高度范围内的墙体厚度，对砖砌体不应小于 240mm，对混凝土小型砌块砌体不应小于 190mm。

3）墙梁洞口上方应设置混凝土过梁，其支承长度不应小于 240mm；洞口范围内不应施加集中荷载。

4）承重墙梁的支座处应设置落地翼墙，翼墙厚度，对砖砌体不应小于 240mm，对混凝土砌块砌体不应小于 190mm，翼墙宽度不应小于墙梁墙体厚度的 3 倍，并与墙梁墙体同时砌筑。当不能设置翼墙时，应设置落地且上、下贯通的构造柱。

5）当墙梁墙体在靠近支座 1/3 跨度范围内开洞时，支座处应设置落地且上、下贯通的构造柱，并应与每层圈梁连接。

6）墙梁计算高度范围内的墙体，每天可砌高度不应超过 1.5m，否则，应加设临时支撑。

（3）托梁。

1）有墙梁的房屋的托梁两边各一个开间及相邻开间处应采用现浇混凝土楼盖，楼板厚度不宜小于 120mm，当楼板厚度大于 150mm 时，宜采用双层双向钢筋网，楼板上应少开洞，洞口尺寸大于 800mm 时应设洞边梁。

2）托梁每跨底部的纵向受力钢筋应通长设置，不得在跨中段弯起或截断。钢筋接长应采用机械连接或焊接。

3）墙梁的托梁跨中截面纵向受力钢筋总配筋率不应小于 0.6%。

4）托梁距边支座边 $l_0/4$ 范围内，上部纵向钢筋面积不应小于跨中下部纵向钢筋面积的 1/3。连续墙梁或多跨框支墙梁的托梁中支座上部附加纵向钢筋从支座边算起每边延伸不少于 $l_0/4$。

5）承重墙梁的托梁在砌体墙、柱上的支承长度不应小于 350mm。纵向受力钢筋伸入支座应符合受拉钢筋的锚固要求。

6）当托梁高度 $h_b \geqslant 500mm$ 时，应沿梁高设置通长水平腰筋，直径不应小于 12mm，间距不应大于 200mm。

7）墙梁偏开洞口的宽度及两侧各一个梁高 h_b 范围内直至靠近洞口的支座边的托梁箍筋直径不宜小于 8mm，间距不应大于 100mm（图 19-8）。

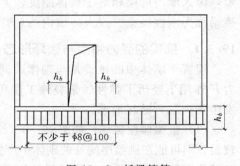

图 19-8 托梁箍筋

2. 按抗震设计时的构造要求

底部框架－抗震墙房屋的结构布置，应符合下列要求：

1）上部的砌体抗震墙与底部的框架梁或抗震墙应对齐或基本对齐。

2）房屋的底部，应沿纵横两个方向设置一定数量的抗震墙，并应均匀对称布置或基本均匀对称布置。6、7度且总层数不超过五层的底层框架－抗震墙房屋，应允许采用嵌砌于框架之间的砌体抗震墙，但应计入砌体墙对框架的附加轴力和附加剪力；其余情况应采用钢筋混凝土抗震墙。

3）底层框架－抗震墙房屋的纵横两个方向，第二层与底层侧向刚度的比值，6、7度时不应大于 2.5，8度时不应大于 2.0，且均不应小于 1.0。

4）底部两层框架－抗震墙房屋的纵横两个方向，底层与底部第二层侧向刚度应接近，第三层与底部第二层侧向刚度的比值，6、7度时不应大于 2.0，8度时不应大于 1.5，且均不应小于 1.0。

5）底部框架－抗震墙房屋的抗震墙应设置条形基础、筏式基础或桩基。

高层建筑混凝土结构规程条对部分框支剪力墙中落地剪力墙作了具体规定。因为剪力墙和柱侧向刚度差别很大，在刚度突变处结构受力复杂，地震震害表明破坏严重，乃至倒塌。

在框支剪力墙中，砖墙侧向刚度较混凝土墙小很多，故有可能控制刚度比以保证安全。框支墙梁上层承重墙应沿纵、横两个方向按底部框架和抗震墙的轴线布置，宜上下对齐，分布均匀，使各层刚度中心接近质量中心。应在墙体中的框架柱上方和纵横墙交接处设置符合抗震规范要求的混凝土构造柱。框支墙梁的框架柱、抗震墙和托梁的混凝土强度等级不应低于 C30，托梁上一层墙体的砂浆强度等级不应低于 M10，其余墙体的砂浆强度等级不应低于 M5。

在抗震设防地区，一般多层房屋不得采用由砖墙、砖柱支承的简支墙梁和连续墙梁结构。如用墙梁结构，则应优先选用框支墙梁结构。

19.3　挑　梁　的　设　计

在砌体结构房屋中，为了支承挑廊、阳台、雨篷等，常设有埋入砌体墙内的钢筋混凝土悬臂构件，即挑梁。当埋入墙内的长度较大且梁相对于砌体的刚度较小时，梁发生明显的挠曲变形，将这种挑梁称为弹性挑梁，如阳台挑梁，外廊挑梁等；当埋入墙内的长度较短，埋入墙内的梁相对于砌体刚度较大，挠曲变形很小，主要发生刚体转动变形，将这种挑梁称为刚性挑梁。嵌入砖墙内的悬臂雨篷梁属于刚性挑梁。

19.3.1　挑梁的受力特点与破坏形态

埋置于墙体中的挑梁是与砌体共同工作的。在墙体上的均布荷载 P 和挑梁端部集中力 F 作用下经历了弹性、带裂缝工作和破坏等三个受力阶段，如图 19-9 所示。挑梁可能发生下列三种破坏形态。

（1）挑梁倾覆破坏，如图 19-9（c）所示。当挑梁埋入端的砌体强度较高且埋入段长 l_1 较短，则可能在挑梁尾端处的砌体中产生阶梯形斜裂缝。如挑梁砌入端斜裂缝范围内的砌体及其他上部荷载不足以抵抗挑梁的倾覆力矩，此斜裂缝将继续发展，直至挑梁产生倾覆破

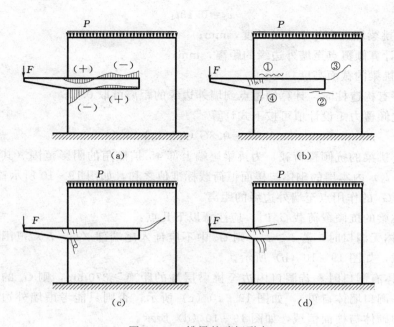

图 19-9　挑梁的破坏形态
(a) 弹性阶段；(b) 带裂缝工作阶段；(c) 倾覆破坏；(d) 局压破坏

坏。发生倾覆破坏时，挑梁绕其下表面与砌体外缘交点处稍向内移的一点 O 转动。

（2）挑梁下砌体局部受压破坏，如图 19-9（d）所示。当挑梁埋入端的砌体强度较低且埋入段长度 l_1 较长，在斜裂缝发展的同时，下界面的水平裂缝也在延伸，使挑梁下砌体受压区的长度减小、砌体压应力增大。若压应力超过砌体的局部抗压强度，则挑梁下的砌体将发生局部受压破坏。

（3）挑梁弯曲破坏或剪切破坏。挑梁由于正截面受弯承载力或斜截面受剪承载力不足引起弯曲破坏或剪切破坏。

19.3.2　挑梁的承载力验算

对于挑梁，需要进行抗倾覆验算、挑梁下砌体的局部承压验算以及挑梁本身的承载力验算。

（1）抗倾覆验算。

砌体墙中钢筋混凝土挑梁的抗倾覆应按下式验算。

$$M_{ov} \leqslant M_r \qquad\qquad (19-15)$$

式中　M_{ov}——挑梁的荷载设计值对计算倾覆点产生的倾覆力矩；

M_r——挑梁的抗倾覆力矩设计值。

挑梁计算倾覆点至墙外边缘的距离可按下列规定采用。

1）当 $l_1 \geqslant 2.2h_b$ 时

$$x_0 = 0.3h_b \qquad\qquad (19-16)$$

且不大于 $0.13l_1$。

2）当 $l_1 < 2.2h_b$ 时

$$x_0 = 0.13l_1 \qquad\qquad (19-17)$$

式中 l_1——挑梁埋入砌体墙中的长度，mm；

　　　x_0——计算倾覆点至墙外边缘的距离，mm；

　　　h_b——挑梁的截面高度，mm。

　　当挑梁下有构造柱时，计算倾覆点到墙外边缘的距离可取 $0.5x_0$。

　　挑梁的抗倾覆力矩设计值可按下式计算

$$M_r = 0.8G_r(l_2 - x_0) \qquad\qquad (19-18)$$

式中 G_r——挑梁的抗倾覆荷载，为挑梁尾端上部 45°扩散角的阴影范围（其水平长度为 l_3）内本层的砌体与楼面恒荷载标准值之和，如图 19-10 所示；

　　　l_2——G_r 的作用点至墙外边缘的距离。

　　在确定挑梁的抗倾覆荷载 G_r 时，应注意以下几点：

　　1）当墙体无洞口时，若 $l_3 > l_1$，则 G_r 中不应计入尾端部（$l_3 - l_1$）范围内的本层砌体和楼面恒载，如图 19-10（b）所示。

　　2）当墙体有洞口时，若洞口内边至挑梁层端的距离≥370mm，则 G_r 的取法与上述相同（应扣除洞口墙体自重），如图 19-10（c）所示；否则只能考虑墙外边至洞口外边范围内本层的砌体与楼面恒载，如图 19-10（d）所示。

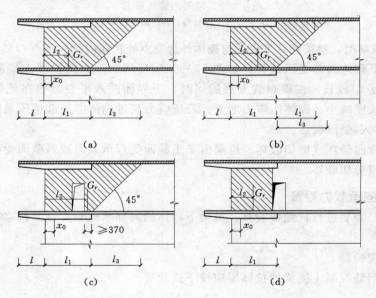

图 19-10　挑梁的抗倾覆荷载 G_r 的取值范围

(a) $l_3 \leqslant l_1$；(b) $l_3 > l_1$；(c) 洞在 l_1 之内；(d) 洞在 l_1 之外

（2）挑梁下砌体的局部受压承载力验算。

挑梁下砌体的局部受压承载力，可按下式验算

$$N_l \leqslant \eta\gamma fA_l \qquad\qquad (19-19)$$

式中 N_l——挑梁下的支承压力，可取 $N_l = 2R$，R 为挑梁的倾覆荷载设计值；

　　　η——梁端底面压应力图形的完整系数，可取 0.7；

γ——砌体局部抗压强度提高系数，对如图 19-11 （a） 所示可取 1.25；对图 19-11 （b）可取 1.5；

A_l——挑梁下砌体局部受压面积，可取 $A_l = 1.2bh_b$，b 为挑梁的截面宽度，h_b 为挑梁的截面高度。

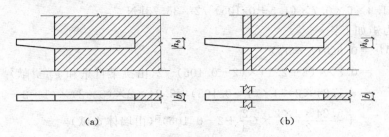

图 19-11 挑梁下砌体局部受压
(a) 挑梁支承在一字墙上；(b) 挑梁支承在丁字墙上

（3）挑梁本身的承载力验算。

挑梁的最大弯矩设计值 $M_{\max}$ 与最大剪力设计值 $V_{\max}$，可按下列公式计算

$$M_{\max} = M_{oV} \tag{19-20}$$

$$V_{\max} = V_o \tag{19-21}$$

式中 V_o——挑梁的荷载设计值在挑梁墙外边缘处截面产生的剪力。

（4）挑梁的构造要求。

挑梁的设计除应符合现行混凝土结构设计规范外，尚应满足下列要求：

1）纵向受力钢筋至少应有 1/2 的钢筋面积伸入梁尾端，且不少于 2φ412。其余钢筋伸入支座的长度不应小于 $2l_1/3$。

2）挑梁埋入砌体长度 l_1 与挑出长度 l 之比宜大于 1.2；当挑梁上无砌体时，l_1 与 l 之比宜大于 2。

【例 19-3】 某钢筋混凝土挑梁承受的荷载如图 19-12 所示。其中集中荷载 $F = 4.0$kN，均布恒荷载标准值 g_{1k}、g_{2k}、g_{3k} 分别为 10.0kN/m、8.0kN/m、12.0kN/m，均布活荷载标准值 q_{1k}、q_{2k}、q_{3k} 分别为 6.0kN/m、5.0kN/m、5.0kN/m，挑梁自重标准值为 2.1kN/m。挑梁截面为 $b \times h_b = 240$mm$\times 350$mm，挑出长度 $l = 1.5$m，埋长 $l_1 = 2.0$m，房屋层高 3.00m，墙厚 240mm。挑梁置于 T 形墙体上。

若该墙体采用 MU10 普通烧结砖、M5 混合砂浆砌筑，试设计此挑梁。

【解】 （1）抗倾覆验算。

$$l_1 = 2000\text{mm} > 2.2h_b = 2.2 \times 350 = 770$$

故，$x_0 = 0.3h_b = 105\text{mm} < 0.13l_1 = 260\text{mm}$

倾覆力矩如下所示。

组合一：

$$M_{ov} = 1.2 \times [4 \times (1.5 + 0.105) + (10 + 2.1)$$

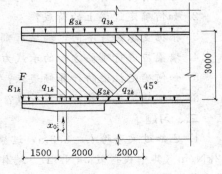

图 19-12 例 19-3 图

$$\times(1.5+0.105)^2]+1.3\times6\times(1.5+0.105)^2/2$$
$$=1.2\times22.0+1.3\times7.73=36.45\text{kN}$$

组合二：
$$M_{ov}=1.35\times[4\times(1.5+0.105)+(10+2.1)\times(1.5+0.105)^2]$$
$$+1.3\times6\times0.7\times(1.5+0.105)^2/2=36.73\text{kN}$$

抗倾覆力矩如下：
$$M_r=0.8G_r(l_2-x_0)$$
$$=0.8\times[(8+2.1)\times(2-0.105)^2/2\text{（由挑梁自重和 }g_{2k}\text{ 贡献）}$$
$$+5.24\times2\times3\times(1-0.105)+5.24\times2\times(3-2)\times(1+2-0.105)$$
$$+\frac{5.24\times2\times2}{2}\times(\frac{2}{3}+2-0.105)]\text{（由墙体贡献）}$$
$$=82.77\text{kN}\cdot\text{m}>M_{ov}=36.73\text{kN}\text{，故挑梁抗倾覆安全。}$$

（2）挑梁下砌体局部受压验算。

$$N_l=2R=2\times\{1.2\times[4+(10+2.1)\times(1.5+0.105)]+1.3\times6\times(1.5+0.105)\}=81.25\text{kN}$$

取压应力图形完整系数 $\eta=0.7$；局部受压强度提高系数 $\gamma=1.5$。查表得砌体抗压强度设计值 $f=1.5\text{N/mm}^2$。局部受压面积 $A_l=1.2bh_b=1.2\times240\times350=100800\text{mm}^2$。从而，

$$\eta\gamma fA_l=0.7\times1.5\times1.5\times100800=158760\text{N}>N_l$$

挑梁下砌体局部抗压强度满足要求。

（3）挑梁承载力计算。

挑梁最大弯矩 $M_{max}=M_{ov}=36.73\text{kN}\cdot\text{m}$；最大剪力 $V_{max}=V_0=1.2\times[4+(10+2.1)\times1.5]+1.3\times6\times1.5=38.28\text{kN}$（以恒载为主时的剪力小于此值）。

采用 C20 混凝土，HRB335 钢筋，算得纵筋面积 $A_s=421.5\text{mm}^2$，箍筋按构造配置。选用 3Φ14 纵筋和 φ6@200 双肢箍筋。

复习思考题与习题

一、思考题

1. 过梁有哪几种类型？各自的应用范围如何？
2. 如何确定过梁上的荷载？
3. 根据支承条件不同，墙梁有哪几种类型？
4. 墙梁应进行哪些方面的承载力计算？
5. 如何确定挑梁的计算倾覆点？
6. 如何确定挑梁的抗倾覆荷载？

二、习题

1. 已知过梁净跨 $l_n=3.3\text{m}$，过梁上墙体高度 1.0m，墙厚 240mm，承受梁、板荷载 12kN/m（其中获荷载 5kN/m）。墙体采用 MU10 黏土砖，M7.5 混合砂浆，过梁混凝土强度等级 C20，纵筋为 HRB335 级钢筋，箍筋为 HPB235 级钢筋。试设计该混凝土过梁。

2. 阳台的钢筋混凝土挑梁埋置于 T 形截面墙段，如图 19-13 所示，挑出长度 $l=$ 1.8m，埋入长度 $l_1 = 2.2$m；挑梁截面 $b = 240$mm，$h_b = 350$mm，挑出端截面高度为 150mm；挑梁墙体净高 2.8m，墙厚 $h = 240$mm；采用 MU10 烧结多孔砖、M5 混合砂浆；荷载标准值：$F_k = 6$kN，$g_{1k} = g_{2k} = 17.75$kN/m，$q_{1k} = 8.25$kN/m，$q_{2k} = 4.95$kN/m。挑梁采用 C20 混凝土，纵筋为 HRB335 级钢筋，箍筋为 HPB235 级钢筋；挑梁自重：挑出段为 1.725kN/m，埋入段为 2.31kN/m。试设计此挑梁。

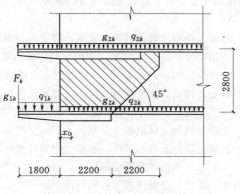

图 19-13 习题 2 附图

参 考 文 献

[1] 东南大学，天津大学，同济大学合编．混凝土结构设计原理（第三版）．北京：中国建筑工业出版社，2005.

[2] 杨晓光，张颂娟 主编．混凝土结构与砌体结构．北京：清华大学出版社，2006.

[3] 混凝土结构设计规范（GB50010—2010）．北京：中国建筑工业出版社，2011.

[4] 建筑结构荷载规范（2006年版）（GB50009—2001）．北京：中国建筑工业出版社，2006.

[5] 徐有邻，周氏 编著．混凝土结构设计规范理解与应用．北京：中国建筑工业出版社，2002.

[6] 张学宏 主编．建筑结构（第三版）．北京：中国建筑工业出版社，2007.

[7] 许成祥，何培玲 主编．混凝土结构设计原理．北京：北京大学出版社，2006.

[8] 腾志明，张惠英 主编．混凝土结构及砌体结构．北京：中央广播电视大学出版社，1994.

[9] 施楚贤 主编．砌体结构．北京：中国建筑工业出版社，1997.

[10] 丁大钧 主编．砌体结构学．北京：中国建筑工业出版社，1997.

[11] 中华人民共和国建设部 主编．砌体结构设计规范（GB50003—2011）．北京：中国建筑工业出版社，2012.

[12] 建筑结构可靠度设计统一标准（GB50068—2001）．北京：中国建筑工业出版社，2001.

[13] 建筑抗震设计规范（GB50011—2001）．北京：中国建筑工业出版社，2001.

[14] 王振东 主编．混凝土及砌体结构（第二版）．北京：中国建筑工业出版社，2003.

[15] 唐岱新 主编．砌体结构设计规范理解与应用．北京：中国建筑工业出版社，2002.

[16] 丁大钧 主编．砌体结构．北京：中国建筑工业出版社，2004.

[17] 侯治国 主编．混凝土结构．武汉：武汉理工大学出版社，2006.

[18] 沈蒲生 主编．混凝土结构设计原理．北京：高等教育出版社，2004.

[19] 张誉 主编．混凝土结构基本原理．北京：中国建筑工业出版社，2005.

[20] 吴培明 主编．混凝土结构．武汉：武汉理工大学出版社，2004.

[21] 叶列平 编著．混凝土结构件．北京：清华大学出版社，2005.

[22] 高层建筑混凝土结构技术规程（JGJ3—2002）．北京：中国建筑工业出版社，2002.

[23] 赵顺波 主编．混凝土结构设计原理．上海：同济大学出版社，2004.

[24] 蓝宗建，朱万福 主编．混凝土与砌体结构．南京：东南大学出版社，2003.

[25] 张建勋 主编．砌体结构（第二版）．武汉：武汉理工大学出版社，2002.

[26] 周克荣，顾祥林，苏小卒 编著．混凝土结构设计．上海：同济大学出版社，2001.

[27] 彭少民 主编．混凝土结构（下册）．武汉理工大学出版社，2003.

[28] 梁兴文，史庆轩，童岳生 编著．钢筋混凝土结构设计．北京：科学技术文献出版社，1998.

[29] 罗向荣 主编．钢筋混凝土结构．北京：高等教育出版社，2003.

[30] 张学宏 主编．建筑结构．北京：中国建筑工业出版社，2006.

[31] 王振东 主编．混凝土及砌体结构．北京：中国建筑工业出版社，2002.

[32] 何培玲，尹维新 主编．砌体结构．北京：北京大学出版社，2006.

[33] 王祖华 主编．混凝土结构与砌体结构．广州：华南理工大学出版社，2000.